工科数学分析
习题课教程

（上册）

潮小李 贺丹 周吴杰 李慧玲 陈和 编著

东南大学出版社
·南京·

内 容 提 要

本书为东南大学"工科数学分析"课程习题课用书，配套潮小李等编写的《工科数学分析（上册）》教材，内容涉及一元函数的极限与连续、一元函数微分学及其应用、一元函数积分学及其应用、常微分方程等。全书按照习题课的学时安排以及教学内容分为16讲，每一讲的内容包括内容提要、例题与释疑解难、练习题三部分。同时，书末还提供了4套综合练习卷，供学生期末复习时巩固、加深对所学知识的理解，提高知识的综合运用能力。

本书可作为高等院校大一年级理工科类相关专业学生学习"工科数学分析"或"高等数学"课程的配套用书，还可作为报考硕士研究生的相关人员的复习参考书。

图书在版编目(CIP)数据

工科数学分析习题课教程. 上册 / 潮小李等编著.
南京：东南大学出版社，2024.9. -- ISBN 978-7-5766-1553-1

Ⅰ. O17-44

中国国家版本馆 CIP 数据核字第 2024JK4623 号

责任编辑：吉雄飞　　责任校对：韩小亮　　封面设计：顾晓阳　　责任印制：周荣虎

工科数学分析习题课教程（上册）
Gongke Shuxue Fenxi Xitike Jiaocheng (Shangce)

编　　著	潮小李　贺丹　周吴杰　李慧玲　陈和
出版发行	东南大学出版社
出 版 人	白云飞
社　　址	南京市四牌楼2号（邮编：210096）
经　　销	全国各地新华书店
印　　刷	兴化印刷有限责任公司
开　　本	700 mm×1000 mm　1/16
印　　张	18.25
字　　数	358千字
版　　次	2024年9月第1版
印　　次	2024年9月第1次印刷
书　　号	ISBN 978-7-5766-1553-1
定　　价	45.00元

本社图书若有印装质量问题，请直接与营销部联系，电话：025-83791830。

前　言

本书为东南大学"工科数学分析"课程习题课用书,配套潮小李等编写的《工科数学分析(上册)》教材,内容涉及一元函数的极限与连续、一元函数微分学及其应用、一元函数积分学及其应用、常微分方程等。全书按照习题课的学时安排以及教学内容分为16讲,每一讲的内容包括内容提要、例题与释疑解难、练习题三部分。同时,书末还提供了4套综合练习卷,供学生期末复习时巩固、加深对所学知识的理解,提高知识的综合运用能力。

本书中的每一讲都具有相对独立性,且重点内容讲解充实,大量典型例题解析详尽,配套练习题难易适中,教师可根据实际教学情况调整选用;同时,每一讲注重总结学习规律,通过提出和解决疑难问题,有助于学生提高分析问题、解决问题的能力。

参加本书编写的有贺丹(负责编写第1—4讲)、李慧玲(负责编写第5—8讲)、周吴杰(负责编写第10—13讲)、陈和(负责编写第9和14—16讲)、潮小李(负责编写综合练习卷),全书由潮小李、贺丹统稿。在本书编写过程中,编者得到了东南大学数学学院和东南大学出版社的大力支持和帮助,也得到了数学教学团队成员的鼎力相助,在此表示衷心的感谢。

由于编者水平所限,书中不妥甚至错误之处在所难免,敬请读者批评指正。

编　者
2024年7月

目 录

第 1 讲 数列的极限 ··· 1
    1.1 内容提要 ··· 1
    1.2 例题与释疑解难 ··· 3
    1.3 练习题 ·· 16

第 2 讲 函数的极限 ··· 18
    2.1 内容提要 ··· 18
    2.2 例题与释疑解难 ··· 22
    2.3 练习题 ·· 31

第 3 讲 无穷小量与无穷大量 ··· 33
    3.1 内容提要 ··· 33
    3.2 例题与释疑解难 ··· 35
    3.3 练习题 ·· 45

第 4 讲 函数的连续性 ·· 47
    4.1 内容提要 ··· 47
    4.2 例题与释疑解难 ··· 50
    4.3 练习题 ·· 62

第 5 讲 导数的概念与计算 ·· 66
    5.1 内容提要 ··· 66
    5.2 例题与释疑解难 ··· 69
    5.3 练习题 ·· 79

第 6 讲 高阶导数与微分 ··· 82
    6.1 内容提要 ··· 82
    6.2 例题与释疑解难 ··· 84
    6.3 练习题 ·· 94

第7讲　微分中值定理 ………………………………………………………… 96
7.1　内容提要 ………………………………………………………………… 96
7.2　例题与释疑解难 ………………………………………………………… 97
7.3　练习题 …………………………………………………………………… 103

第8讲　洛必达法则与泰勒公式 …………………………………………… 106
8.1　内容提要 ………………………………………………………………… 106
8.2　例题与释疑解难 ………………………………………………………… 109
8.3　练习题 …………………………………………………………………… 118

第9讲　函数性态的研究 …………………………………………………… 121
9.1　内容提要 ………………………………………………………………… 121
9.2　例题与释疑解难 ………………………………………………………… 124
9.3　练习题 …………………………………………………………………… 134

第10讲　定积分的概念与性质 ……………………………………………… 136
10.1　内容提要 ……………………………………………………………… 136
10.2　例题与释疑解难 ……………………………………………………… 139
10.3　练习题 ………………………………………………………………… 153

第11讲　不定积分的计算 …………………………………………………… 155
11.1　内容提要 ……………………………………………………………… 155
11.2　例题与释疑解难 ……………………………………………………… 157
11.3　练习题 ………………………………………………………………… 172

第12讲　定积分的计算 ……………………………………………………… 174
12.1　内容提要 ……………………………………………………………… 174
12.2　例题与释疑解难 ……………………………………………………… 175
12.3　练习题 ………………………………………………………………… 191

第13讲　定积分的应用 ……………………………………………………… 193
13.1　内容提要 ……………………………………………………………… 193
13.2　例题与释疑解难 ……………………………………………………… 195
13.3　练习题 ………………………………………………………………… 207

第14讲　反常积分的计算和判敛 …………………………………………… 209

14.1 内容提要 ································· 209

14.2 例题与释疑解难 ························· 214

14.3 练习题 ··································· 224

第 15 讲 几类简单的微分方程 ·············· 225

15.1 内容提要 ································· 225

15.2 例题与释疑解难 ························· 228

15.3 练习题 ··································· 238

第 16 讲 高阶线性微分方程 ·················· 239

16.1 内容提要 ································· 239

16.2 例题与释疑解难 ························· 242

16.3 练习题 ··································· 249

附录 综合练习卷 ······························ 250

综合练习卷(一) ····························· 250

综合练习卷(二) ····························· 253

综合练习卷(三) ····························· 256

综合练习卷(四) ····························· 259

参考答案 ·· 262

第 1 讲　数列的极限

1.1　内容提要

一、数列极限的 ε-N 定义

设 $\{a_n\}$ 为数列，a 为常数. 若对于任意给定的正数 ε，总存在正整数 N，使得当 $n>N$ 时，恒有 $|a_n-a|<\varepsilon$，则称数列 $\{a_n\}$ 以 a 为极限，或称数列 $\{a_n\}$ 收敛于 a，记为

$$\lim_{n\to\infty} a_n = a\ (n\to\infty) \quad \text{或} \quad a_n \to a\ (n\to\infty).$$

若不存在常数 a，使得 $\lim\limits_{n\to\infty} a_n = a$ 成立，则称数列 $\{a_n\}$ 没有极限，或称数列 $\{a_n\}$ 发散.

上述 ε-N 定义可用的逻辑符号表示为

$$\lim_{n\to\infty} a_n = a \Leftrightarrow \forall \varepsilon>0, \exists N\in \mathbf{N}_+, \text{使得} \forall n>N, \text{恒有} |a_n-a|<\varepsilon.$$

数列 $\{a_n\}$ 不以数 a 为极限的定义为

$$\lim_{n\to\infty} a_n \neq a \Leftrightarrow \exists\, \text{某个}\, \varepsilon_0>0, \forall N\in \mathbf{N}_+, \exists n_0>N, \text{使得}\, |x_{n_0}-a|\geq \varepsilon_0.$$

二、数列极限的性质

1) 唯一性：若数列收敛，则其极限值必唯一.

2) 有界性：若数列收敛，则必有界. 即若 $\lim\limits_{n\to\infty} a_n$ 存在，则 $\exists M>0$，使得 $\forall n\in \mathbf{N}_+$，有 $|a_n|\leq M$.

注　有界性的等价命题为：若 $\{a_n\}$ 无界，则 $\{a_n\}$ 发散.

3) 保序性：设 $\lim\limits_{n\to\infty} a_n = a$，$\lim\limits_{n\to\infty} b_n = b$.

(1) 若 $a<b$，则 $\exists N\in \mathbf{N}_+$，使得当 $n>N$ 时，总有 $a_n<b_n$.

(2) 若 $\exists N\in \mathbf{N}_+$，使得当 $n>N$ 时，恒有 $a_n\leq b_n$，则 $a\leq b$.

注　在(2)中，若将条件"$a_n\leq b_n$"替换成"$a_n<b_n$"，结论仍为 $a\leq b$，而不是 $a<b$. 例如取 $a_n=-\dfrac{1}{n}, b_n=\dfrac{1}{n}$.

4) 保号性：设 $\lim\limits_{n\to\infty} a_n = a$.

(1) 若 $a>0$，则 $\exists N\in \mathbf{N}_+$，使得当 $n>N$ 时，恒有 $a_n>\dfrac{a}{2}>0$.

(2) 若 $a<0$,则 $\exists N\in \mathbf{N}_+$,使得当 $n>N$ 时,恒有 $a_n<\dfrac{a}{2}<0$.

5) 绝对值性质:若 $\lim\limits_{n\to\infty}a_n=a$,则数列 $\{|a_n|\}$ 也收敛,且 $\lim\limits_{n\to\infty}|a_n|=|a|$.

注 上述结论的逆命题不成立,例如取 $a_n=(-1)^n$. 但当 $a=0$ 时,有
$$\lim_{n\to\infty}a_n=0 \Leftrightarrow \lim_{n\to\infty}|a_n|=0.$$

6) 数列极限的拉链法则: $\lim\limits_{n\to\infty}a_n=a \Leftrightarrow \lim\limits_{n\to\infty}a_{2n-1}=\lim\limits_{n\to\infty}a_{2n}=a$.

三、数列极限的四则运算法则

设 $\lim\limits_{n\to\infty}a_n=a$, $\lim\limits_{n\to\infty}b_n=b$,则

(1) $\lim\limits_{n\to\infty}(a_n\pm b_n)=\lim\limits_{n\to\infty}a_n\pm\lim\limits_{n\to\infty}b_n=a\pm b$;

(2) $\lim\limits_{n\to\infty}a_nb_n=\lim\limits_{n\to\infty}a_n\cdot\lim\limits_{n\to\infty}b_n=ab$,特别地,有
$$\lim_{n\to\infty}ca_n=ca \quad (c\ 为常数);$$

(3) $\lim\limits_{n\to\infty}\dfrac{a_n}{b_n}=\dfrac{\lim\limits_{n\to\infty}a_n}{\lim\limits_{n\to\infty}b_n}=\dfrac{a}{b}$ $(b\neq 0)$.

四、数列极限的夹逼定理

若 $\exists N_0\in\mathbf{N}_+$,使得 $a_n\leqslant b_n\leqslant c_n(n>N_0)$,且 $\lim\limits_{n\to\infty}a_n=\lim\limits_{n\to\infty}c_n=a$,则数列 $\{b_n\}$ 收敛,并有 $\lim\limits_{n\to\infty}b_n=a$.

五、数列极限的单调有界准则

单调有界数列必收敛. 即若数列 $\{a_n\}$ 单增且有上界(或单减且有下界),则极限 $\lim\limits_{n\to\infty}a_n$ 必存在.

六、数列极限的 Cauchy(柯西) 收敛准则

数列 $\{a_n\}$ 收敛的充要条件是 $\forall \varepsilon>0$, $\exists N\in\mathbf{N}_+$,使得 $\forall m,n>N$,恒有
$$|a_m-a_n|<\varepsilon.$$

此时称 $\{a_n\}$ 为 Cauchy 列.

数列 $\{a_n\}$ 为 Cauchy 列的等价描述为: $\forall \varepsilon>0$, $\exists N\in\mathbf{N}_+$,使得 $\forall n>N$ 及 $\forall p\in\mathbf{N}_+$,都有 $|a_{n+p}-a_n|<\varepsilon$.

七、数列极限的 Stolz(施托尔茨) 公式

设数列 $\{y_n\}$ 严格单增并趋于正无穷大 $(n\to\infty)$,且 $\lim\limits_{n\to\infty}\dfrac{x_{n+1}-x_n}{y_{n+1}-y_n}=a$,其中 a 可以为有限数, $+\infty$ 或 $-\infty$,则必有 $\lim\limits_{n\to\infty}\dfrac{x_n}{y_n}=a$.

1.2 例题与释疑解难

一、问题 1：数列的 ε-N 定义应注意什么？

我们通过下面一道例题来回答这个问题.

例 1 下列说法是否与数列 $\{a_n\}$ 以 a 为极限的定义等价？

(1) $\forall \varepsilon > 0, \exists N \in \mathbf{N}_+$, 使得当 $n > N$ 时, 恒有
$$|a_n - a| < k\sqrt{\varepsilon}, \quad \text{其中 } k \text{ 为正常数};$$

(2) $\exists N \in \mathbf{N}_+$, 使得 $\forall \varepsilon > 0$, 当 $n \geqslant N$ 时, 总有 $|a_n - a| < \varepsilon$;

(3) 对无穷多个 $\varepsilon > 0$, 总 $\exists N \in \mathbf{N}_+$, 使得当 $n > N$ 时, 恒有 $|a_n - a| < \varepsilon$;

(4) $\forall \varepsilon > 0, \exists N \in \mathbf{N}_+$, 使得当 $n > N$ 时, 总有无穷多项 a_n, 使得
$$|a_n - a| < \varepsilon;$$

(5) $\forall m \in \mathbf{N}_+, \exists N \in \mathbf{N}_+$, 使得当 $n > N$ 时, 总有 $|a_n - a| \leqslant \dfrac{1}{2m}$;

(6) $\forall \varepsilon > 0, \exists N \in \mathbf{N}_+$, 使得 $\forall p \in \mathbf{N}_+$, 恒有 $|a_{N+p} - a| < \varepsilon$;

(7) $\forall k \in \mathbf{N}_+$, 只有有限多项 a_n 位于区间 $\left(a - \dfrac{1}{k}, a + \dfrac{1}{k}\right)$ 之外.

解 (1) 等价. 因为在极限的定义中, ε 为任意的正常数, 所以由 k 为正常数可知 $k\sqrt{\varepsilon}$ 也是任意的正常数.

(2) 不等价. 这里需要注意的是在极限的定义中, ε 和 N 的前后逻辑顺序不能变, 一般情况下 N 是依赖于 ε 的. 例如, 我们知道数列 $\left\{\dfrac{1}{n}\right\}$ 的极限为 0, 若是对任意的 $N \in \mathbf{N}_+$, 取 $\varepsilon = \dfrac{1}{N+2}$, 则第 $N+1$ 项大于 ε, 也即找不到 $N \in \mathbf{N}_+$, 使得 $\forall \varepsilon > 0$, 当 $n > N$ 时, 总有 $|a_n - a| < \varepsilon$. 即由该题中的说法, 数列 $\left\{\dfrac{1}{n}\right\}$ 的极限不存在.

(3) 不等价. 无穷多个和任意的概念是不同的. 例如, 对于数列 $\{(-1)^n\}$, 取 $a = 0$, 则所有大于 1 的正数 ε 都满足题意, 但是数列 $\{(-1)^n\}$ 的极限不存在.

(4) 不等价. 例如, 对于数列 $\{(-1)^n\}$, 取 $a = 1$, 则所有的偶数项和 a 的差都为 0, 但是数列 $\{(-1)^n\}$ 的极限不存在.

(5) 等价. 因为对任意 $\varepsilon > 0$ (不妨限定 $0 < \varepsilon < 1$), 取 $m = \left[\dfrac{1}{2\varepsilon}\right] + 1 \in \mathbf{N}_+$, 则有 $m > \dfrac{1}{2\varepsilon}$, 即 $\varepsilon > \dfrac{1}{2m}$, 所以对这个 m, 由题意知 $\exists N \in \mathbf{N}_+$, 使得当 $n > N$ 时, 总有 $|a_n - a| \leqslant \dfrac{1}{2m} < \varepsilon$, 故数列 $\{a_n\}$ 的极限为 a.

(6) 等价. 显然 $\forall p \in \mathbf{N}_+, a_{N+p}$ 表示了从 $N+1$ 开始的所有项.

(7) 等价. 因为 $\forall \varepsilon > 0$(不妨限定 $0 < \varepsilon < 1$),取 $k = \left[\dfrac{1}{\varepsilon}\right] + 1 \in \mathbf{N}_+$,类似(5) 可得 $\varepsilon > \dfrac{1}{k}$,再对这个 k,设位于 $\left(a - \dfrac{1}{k}, a + \dfrac{1}{k}\right)$ 之外的项号最大的项为第 N 项, 即从第 $N+1$ 项开始所有项都满足 $|a_n - a| < \dfrac{1}{k} < \varepsilon$,故 $\{a_n\}$ 的极限为 a.

二、问题 2:如何利用定义来证明数列的极限?

利用定义来证明数列 $\{a_n\}$ 的极限为 a 的关键步骤就是求解出定义中的 N 的值. 注意到 N 是不唯一的,因此可由下面方法进行求解:

(1) 求最小的 N. 对于任意给定的 ε,通过解不等式 $|a_n - a| < \varepsilon$ 来求出 n. 也即 $|a_n - a| < \varepsilon$ 等价于 $n > N(\varepsilon)$,从而令 $N = N(\varepsilon)$,则当 $n > N$ 时,有
$$|a_n - a| < \varepsilon.$$

(2) 适当放大法. 如果不等式 $|a_n - a| < \varepsilon$ 比较复杂,不便由此求解出 n,则可以考虑将表达式 $|a_n - a|$ 适当简化、放大,使之成为 n 的一个新函数,记为 $y(n)$, 即 $|a_n - a| < y(n)$. 于是要使 $|a_n - a| < \varepsilon$,只要 $y(n) < \varepsilon$. 通过求解不等式 $y(n) < \varepsilon$ 得到 $n > N(\varepsilon)$,从而令 $N = N(\varepsilon)$,则当 $n > N$ 时,有 $|a_n - a| < \varepsilon$.

(3) 分步法. 有时表达式 $|a_n - a|$ 很难进行适当放大,不妨对 n 做某些限制, 如假定在 $n > N_1 \in \mathbf{N}_+$ 的条件下可以得到 $|a_n - a| < y(n)$. 于是通过求解不等式 $y(n) < \varepsilon$ 得到 $n > N(\varepsilon)$,从而令 $N = \max\{N_1, N(\varepsilon)\}$,则当 $n > N$ 时,有
$$|a_n - a| < \varepsilon.$$

注 将 $|a_n - a|$ 适当放大为 $y(n)$ 时要注意两点:

(1) $y(n)$ 的形式要比较简单,这样不等式 $y(n) < \varepsilon$ 容易求解;

(2) $y(n)$ 应满足 $y(n) \to 0 (n \to \infty)$,这是因为要使 $y(n) < \varepsilon$,则 $y(n)$ 必须能任意小.

例 2 用定义证明:$\lim\limits_{n \to \infty} \dfrac{n^2 - n + 4}{2n^2 + n - 4} = \dfrac{1}{2}$.

证明 由 $\left|\dfrac{n^2 - n + 4}{2n^2 + n - 4} - \dfrac{1}{2}\right| = \left|\dfrac{3n - 12}{2(2n^2 + n - 4)}\right|$ 可知,当 $n > 4$ 时,有
$$\left|\dfrac{3n - 12}{2(2n^2 + n - 4)}\right| < \dfrac{3n}{4n^2} < \dfrac{1}{n}.$$

于是 $\forall \varepsilon > 0$,取 $N = \max\left\{4, \left[\dfrac{1}{\varepsilon}\right]\right\}$,则当 $n > N$ 时,成立
$$\left|\dfrac{n^2 - n + 4}{2n^2 + n - 4} - \dfrac{1}{2}\right| < \dfrac{1}{n} < \varepsilon,$$

因此 $\lim\limits_{n\to\infty}\dfrac{n^2-n+4}{2n^2+n-4}=\dfrac{1}{2}$.

例3 用定义证明：若 $\lim\limits_{n\to\infty}a_n=a$，则对任意正整数 k，有 $\lim\limits_{n\to\infty}a_{n+k}=a$.

证明 由 $\lim\limits_{n\to\infty}a_n=a$ 和极限的定义可得，$\forall\varepsilon>0,\exists N\in\mathbf{N}_+$，使得 $\forall n>N$，恒有 $|a_n-a|<\varepsilon$. 又对任意正整数 k，当 $n>N$ 时满足 $n+k>N$，于是
$$|a_{n+k}-a|<\varepsilon,\quad 即 \quad \lim\limits_{n\to\infty}a_{n+k}=a.$$

例4 用定义证明：若 $a_n>0(n=1,2,\cdots)$，且 $\lim\limits_{n\to\infty}a_n=a\geqslant 0$，则 $\lim\limits_{n\to\infty}\sqrt{a_n}=\sqrt{a}$.

证明 当 $a\neq 0$ 时，由 $\lim\limits_{n\to\infty}a_n=a$ 和极限的定义可得，$\forall\varepsilon>0,\exists N\in\mathbf{N}_+$，使得 $\forall n>N$，恒有 $|a_n-a|<\varepsilon$. 于是
$$|\sqrt{a_n}-\sqrt{a}|=\dfrac{|a_n-a|}{\sqrt{a_n}+\sqrt{a}}<\dfrac{|a_n-a|}{\sqrt{a}}<\dfrac{\varepsilon}{\sqrt{a}},$$

故 $\lim\limits_{n\to\infty}\sqrt{a_n}=\sqrt{a}$.

当 $a=0$ 时，由 $|a_n-0|=|a_n|<\varepsilon$ 可得 $|\sqrt{a_n}-0|<\sqrt{\varepsilon}$，从而得证.

三、问题3：使用四则运算法则求数列极限时，需要注意什么？

需要注意两个方面的问题：一方面是数列极限的四则运算法则的前提条件是两个数列均收敛，并且在除法运算中还要求作为分母的那个数列的极限值不为0；另一方面是加减法和乘法运算只能推广到有限个数列的加减法或者乘法运算中.

例5 下面结论是否正确？

(1) 若数列 $\{a_n\}$ 和 $\{b_n\}$ 都发散，则它们的和与积也必发散.

(2) 若数列 $\{a_n\}$ 收敛，数列 $\{b_n\}$ 发散，则 $\{a_n+b_n\}$ 一定发散.

解 (1) 不正确. 例如，假设 $a_n=(-1)^n,b_n=(-1)^{n-1}$，则数列 $\{a_n\}$ 和 $\{b_n\}$ 都发散，但是 $a_n+b_n=0,a_n\cdot b_n=-1$，它们的和与积均收敛.

(2) 正确. 利用反证法来说明. 假设 $\{a_n+b_n\}$ 收敛，且数列 $\{a_n+b_n\}$ 与 $\{a_n\}$ 逐项相减得到的数列为 $\{b_n\}$，则由 $\{a_n\}$ 收敛可得 $\{b_n\}$ 收敛，矛盾.

例6 下面的运算是否正确？为什么？

(1) $\lim\limits_{n\to\infty}\dfrac{1+2+3+\cdots+n}{n^2}=\lim\limits_{n\to\infty}\left(\dfrac{1}{n^2}+\dfrac{2}{n^2}+\cdots+\dfrac{n}{n^2}\right)$
$$=\lim\limits_{n\to\infty}\dfrac{1}{n^2}+\lim\limits_{n\to\infty}\dfrac{2}{n^2}+\cdots+\lim\limits_{n\to\infty}\dfrac{n}{n^2}=0;$$

(2) $\lim\limits_{n\to\infty}\dfrac{\sin n}{n}=\lim\limits_{n\to\infty}\dfrac{1}{n}\cdot\lim\limits_{n\to\infty}\sin n=0$.

解 (1) 不正确. 因为收敛数列的加法运算法则只能推广到求有限个收敛数列之和. 此题的正确做法如下：

$$\lim_{n\to\infty}\frac{1+2+3+\cdots+n}{n^2}=\lim_{n\to\infty}\frac{\frac{n(n+1)}{2}}{n^2}=\lim_{n\to\infty}\frac{n^2+n}{2n^2}=\frac{1}{2}.$$

(2) 不正确. 因为数列 $\{\sin n\}$ 的极限不存在, 所以极限的乘法运算法则不适用. 此题利用不等式 $\left|\dfrac{\sin n}{n}\right|<\dfrac{1}{n}$ 及极限的定义易证明极限值为 0.

注 在数列极限的运算中, 可以使用下面常用数列极限的结论:

(1) $\lim\limits_{n\to\infty}\dfrac{1}{n^\alpha}=0\ (\alpha>0)$;   (2) $\lim\limits_{n\to\infty}q^n=0\ (|q|<1)$;

(3) $\lim\limits_{n\to\infty}\sqrt[n]{a}=1\ (a>0)$;   (4) $\lim\limits_{n\to\infty}\sqrt[n]{n}=1$.

例 7 求下列极限:

(1) $\lim\limits_{n\to\infty}\left(\left(\dfrac{2}{3}\right)^n+\sqrt[n]{\dfrac{1}{4}}+\dfrac{1}{5}\sqrt[n]{n}+\dfrac{\sin n!}{n}\right)$;

(2) $\lim\limits_{n\to\infty}\left(1-\dfrac{1}{2^2}\right)\left(1-\dfrac{1}{3^2}\right)\cdots\left(1-\dfrac{1}{n^2}\right)$;

(3) $\lim\limits_{n\to\infty}(\sqrt{1+2+\cdots+n}-\sqrt{1+2+\cdots+(n-1)})$;

(4) $\lim\limits_{n\to\infty}\sqrt{n}\,(\sqrt[4]{n^2+1}-\sqrt{n+1})$;

(5) $\lim\limits_{n\to\infty}\dfrac{\cos^n\theta-\sin^n\theta}{\cos^n\theta+\sin^n\theta}\ \left(0\leqslant\theta\leqslant\dfrac{\pi}{2}\right)$;

(6) $\lim\limits_{n\to\infty}\dfrac{n^x-n^{-x}}{n^x+n^{-x}}$;

(7) $\lim\limits_{n\to\infty}\left(\dfrac{1}{2}+\dfrac{3}{2^2}+\dfrac{5}{2^3}+\cdots+\dfrac{2n-1}{2^n}\right)$.

解 (1) 因为

$$\lim_{n\to\infty}\left(\frac{2}{3}\right)^n=0,\quad \lim_{n\to\infty}\sqrt[n]{\frac{1}{4}}=1,\quad \lim_{n\to\infty}\sqrt[n]{n}=1,\quad \lim_{n\to\infty}\frac{\sin n!}{n}=0,$$

所以 $\lim\limits_{n\to\infty}\left(\left(\dfrac{2}{3}\right)^n+\sqrt[n]{\dfrac{1}{4}}+\dfrac{1}{5}\sqrt[n]{n}+\dfrac{\sin n!}{n}\right)=0+1+\dfrac{1}{5}+0=\dfrac{6}{5}.$

(2) 原式 $=\lim\limits_{n\to\infty}\dfrac{1\cdot 3}{2^2}\cdot\dfrac{2\cdot 4}{3^2}\cdot\cdots\cdot\dfrac{(n-1)(n+1)}{n^2}$

$=\lim\limits_{n\to\infty}\dfrac{n+1}{2n}=\dfrac{1}{2}.$

(3) 原式 $=\lim\limits_{n\to\infty}\dfrac{(1+2+\cdots+n)-(1+2+\cdots+(n-1))}{\sqrt{1+2+\cdots+n}+\sqrt{1+2+\cdots+(n-1)}}$

$$= \lim_{n\to\infty} \frac{n}{\sqrt{\frac{n(n+1)}{2}} + \sqrt{\frac{n(n-1)}{2}}} = \lim_{n\to\infty} \frac{\sqrt{2}\,n}{\sqrt{n^2+n} + \sqrt{n^2-n}}$$

$$= \lim_{n\to\infty} \frac{\sqrt{2}}{\sqrt{1+\frac{1}{n}} + \sqrt{1-\frac{1}{n}}} = \frac{\sqrt{2}}{2}.$$

(4) 因为

$$\sqrt{n}(\sqrt[4]{n^2+1} - \sqrt{n+1}) = \frac{\sqrt{n}}{\sqrt[4]{n^2+1} + \sqrt{n+1}} \cdot (\sqrt{n^2+1} - (n+1)),$$

$$\lim_{n\to\infty} \frac{\sqrt{n}}{\sqrt[4]{n^2+1} + \sqrt{n+1}} = \lim_{n\to\infty} \frac{1}{\sqrt[4]{\frac{n^2+1}{n^2}} + \sqrt{1+\frac{1}{n}}} = \frac{1}{2},$$

$$\lim_{n\to\infty}(\sqrt{n^2+1} - (n+1)) = \lim_{n\to\infty} \frac{n^2+1-(n+1)^2}{\sqrt{n^2+1}+n+1} = \lim_{n\to\infty} \frac{-2n}{\sqrt{n^2+1}+n+1}$$

$$= -1,$$

故 $\lim\limits_{n\to\infty} \sqrt{n}(\sqrt[4]{n^2+1} - \sqrt{n+1}) = -\frac{1}{2}.$

(5) 注意到等比数列极限的结论为 $\lim\limits_{n\to\infty} q^n = 0 (|q|<1)$，于是当 $0 \leqslant \theta < \frac{\pi}{4}$ 时，有 $0 \leqslant \tan\theta < 1$，则

$$\lim_{n\to\infty} \frac{\cos^n\theta - \sin^n\theta}{\cos^n\theta + \sin^n\theta} = \lim_{n\to\infty} \frac{1-\tan^n\theta}{1+\tan^n\theta} = 1;$$

当 $\frac{\pi}{4} < \theta \leqslant \frac{\pi}{2}$ 时，有 $0 \leqslant \cot\theta < 1$，则

$$\lim_{n\to\infty} \frac{\cos^n\theta - \sin^n\theta}{\cos^n\theta + \sin^n\theta} = \lim_{n\to\infty} \frac{\cot^n\theta - 1}{\cot^n\theta + 1} = -1;$$

当 $\theta = \frac{\pi}{4}$ 时，显然有 $\lim\limits_{n\to\infty} \frac{\cos^n\theta - \sin^n\theta}{\cos^n\theta + \sin^n\theta} = 0.$

(6) 由结论 $\lim\limits_{n\to\infty} \frac{1}{n^\alpha} = 0$（其中 $\alpha > 0$ 为常数）可知，当 $x > 0$ 时，有

$$\lim_{n\to\infty} \frac{n^x - n^{-x}}{n^x + n^{-x}} = \lim_{n\to\infty} \frac{1 - \frac{1}{n^{2x}}}{1 + \frac{1}{n^{2x}}} = 1;$$

当 $x < 0$ 时，有

$$\lim_{n\to\infty}\frac{n^x-n^{-x}}{n^x+n^{-x}}=\lim_{n\to\infty}\frac{\frac{1}{n^{-2x}}-1}{\frac{1}{n^{-2x}}+1}=-1;$$

当 $x=0$ 时,显然有 $\lim\limits_{n\to\infty}\dfrac{n^x-n^{-x}}{n^x+n^{-x}}=0$.

(7) 设 $a_n=\dfrac{1}{2}+\dfrac{3}{2^2}+\dfrac{5}{2^3}+\cdots+\dfrac{2n-1}{2^n}$,则

$$\frac{a_n}{2}=\frac{1}{2^2}+\frac{3}{2^3}+\cdots+\frac{2n-3}{2^n}+\frac{2n-1}{2^{n+1}},$$

于是上面两式相减,可得

$$\frac{a_n}{2}=\frac{1}{2}+\frac{1}{2}+\frac{1}{2^2}+\cdots+\frac{1}{2^{n-1}}-\frac{2n-1}{2^{n+1}}=\frac{1}{2}+\left(1-\frac{1}{2^{n-1}}\right)-\frac{2n-1}{2^{n+1}}.$$

因为 $\lim\limits_{n\to\infty}\dfrac{1}{2^{n-1}}=0$ 及 $\lim\limits_{n\to\infty}\dfrac{2n-1}{2^{n+1}}=0$,所以 $\lim\limits_{n\to\infty}\dfrac{a_n}{2}=\dfrac{3}{2}$,故

$$\lim_{n\to\infty}\left(\frac{1}{2}+\frac{3}{2^2}+\frac{5}{2^3}+\cdots+\frac{2n-1}{2^n}\right)=3.$$

四、问题 4:利用数列极限的夹逼定理求极限时应注意什么?

使用夹逼定理求数列 $\{a_n\}$ 的极限时,对其通项 a_n 进行适当放大和缩小后得到不等式 $b_n\leqslant a_n\leqslant c_n$,其中"适当"的含义是指数列 $\{b_n\}$ 和 $\{c_n\}$ 均收敛于同一值. 另外,由极限的思想,上述不等式可以减弱为从某一项以后开始成立.

例 8 求下列极限:

(1) $\lim\limits_{n\to\infty}\left(\dfrac{1}{n^2+n+1}+\dfrac{2}{n^2+n+2}+\cdots+\dfrac{n}{n^2+n+n}\right)$;

(2) $\lim\limits_{n\to\infty}\left(\dfrac{n}{(n+1)^2}+\dfrac{n}{(n+2)^2}+\cdots+\dfrac{n}{(n+n)^2}\right)$;

(3) $\lim\limits_{n\to\infty}\sum\limits_{k=n^2}^{(n+1)^2}\dfrac{1}{\sqrt{k}}$;   (4) $\lim\limits_{n\to\infty}\sqrt[n]{2+\sin^2 n}$;

(5) $\lim\limits_{n\to\infty}\sqrt[n]{1+x^n+\left(\dfrac{x^2}{2}\right)^n}$ $(x\geqslant 0)$;   (6) $\lim\limits_{n\to\infty}\dfrac{(2n-1)!!}{(2n)!!}$.

解 (1) 设 $a_n=\dfrac{1}{n^2+n+1}+\dfrac{2}{n^2+n+2}+\cdots+\dfrac{n}{n^2+n+n}$,则

$$\frac{n^2+n}{2(n^2+2n)}=\frac{1+2+\cdots+n}{n^2+n+n}\leqslant a_n\leqslant\frac{1+2+\cdots+n}{n^2+n+1}=\frac{n^2+n}{2(n^2+n+1)}.$$

因为 $\lim\limits_{n\to\infty}\dfrac{n^2+n}{2(n^2+n+1)}=\lim\limits_{n\to\infty}\dfrac{n^2+n}{2(n^2+2n)}=\dfrac{1}{2}$,所以

$$\lim_{n\to\infty}\left(\frac{1}{n^2+n+1}+\frac{2}{n^2+n+2}+\cdots+\frac{n}{n^2+n+n}\right)=\frac{1}{2}.$$

(2) 设 $a_n=\dfrac{n}{(n+1)^2}+\dfrac{n}{(n+2)^2}+\cdots+\dfrac{n}{(n+n)^2}$,则

$$a_n\geqslant\frac{n}{(n+1)(n+2)}+\frac{n}{(n+2)(n+3)}+\cdots+\frac{n}{2n(2n+1)}$$

$$=n\cdot\left(\frac{1}{n+1}-\frac{1}{2n+1}\right)=\frac{n^2}{(n+1)(2n+1)},$$

$$a_n\leqslant\frac{n}{n(n+1)}+\frac{n}{(n+1)(n+2)}+\cdots+\frac{n}{(2n-1)\cdot(2n)}$$

$$=n\cdot\left(\frac{1}{n}-\frac{1}{2n}\right)=\frac{1}{2}.$$

因为 $\lim\limits_{n\to\infty}\dfrac{n^2}{(n+1)(2n+1)}=\lim\limits_{n\to\infty}\dfrac{1}{2}=\dfrac{1}{2}$,所以

$$\lim_{n\to\infty}\left(\frac{n}{(n+1)^2}+\frac{n}{(n+2)^2}+\cdots+\frac{n}{(n+n)^2}\right)=\frac{1}{2}.$$

(3) 设 $a_n=\sum\limits_{k=n^2}^{(n+1)^2}\dfrac{1}{\sqrt{k}}=\dfrac{1}{\sqrt{n^2}}+\dfrac{1}{\sqrt{n^2+1}}+\dfrac{1}{\sqrt{n^2+2}}+\cdots+\dfrac{1}{\sqrt{(n+1)^2}}$,则 a_n 为 $2n+2$ 项之和,于是有

$$\frac{2n+2}{n+1}=\frac{2n+2}{\sqrt{(n+1)^2}}\leqslant a_n\leqslant\frac{2n+2}{\sqrt{n^2}}=\frac{2n+2}{n}.$$

由 $\lim\limits_{n\to\infty}\dfrac{2n+2}{n+1}=\lim\limits_{n\to\infty}\dfrac{2n+2}{n}=2$ 可得

$$\lim_{n\to\infty}\sum_{k=n^2}^{(n+1)^2}\frac{1}{\sqrt{k}}=2.$$

(4) 因为

$$\sqrt[n]{2}\leqslant\sqrt[n]{2+\sin^2 n}\leqslant\sqrt[n]{3},$$

且 $\lim\limits_{n\to\infty}\sqrt[n]{2}=\lim\limits_{n\to\infty}\sqrt[n]{3}=1$,所以

$$\lim_{n\to\infty}\sqrt[n]{2+\sin^2 n}=1.$$

(5) 设 $a=\max\left\{1,x,\dfrac{x^2}{2}\right\}$,则当 $x\geqslant 0$ 时,有

$$a\leqslant\sqrt[n]{1+x^n+\left(\frac{x^2}{2}\right)^n}\leqslant a\cdot\sqrt[n]{3}.$$

由 $\lim\limits_{n\to\infty}a = \lim\limits_{n\to\infty}a \cdot \sqrt[n]{3} = a$,可得

$$\lim_{n\to\infty}\sqrt[n]{1+x^n+\left(\frac{x^2}{2}\right)^n} = a = \max\left\{1,x,\frac{x^2}{2}\right\} = \begin{cases} 1, & 0 \leqslant x < 1, \\ x, & 1 \leqslant x \leqslant 2, \\ \dfrac{x^2}{2}, & x > 2. \end{cases}$$

(6) 设 $a_n = \dfrac{(2n-1)!!}{(2n)!!} = \dfrac{1 \cdot 3 \cdot \cdots \cdot (2n-1)}{2 \cdot 4 \cdot \cdots \cdot (2n)}$. 因为

$$\frac{1}{2} < \frac{2}{3}, \quad \frac{3}{4} < \frac{4}{5}, \quad \cdots, \quad \frac{2n-1}{2n} < \frac{2n}{2n+1},$$

所以

$$a_n = \frac{1}{2} \cdot \frac{3}{4} \cdot \cdots \cdot \frac{2n-1}{2n} < \frac{2}{3} \cdot \frac{4}{5} \cdot \cdots \cdot \frac{2n-2}{2n-1} \cdot \frac{2n}{2n+1} = \frac{1}{a_n \cdot (2n+1)},$$

于是有 $0 < a_n < \sqrt{\dfrac{1}{2n+1}}$. 故由 $\lim\limits_{n\to\infty}\sqrt{\dfrac{1}{2n+1}} = 0$ 可得

$$\lim_{n\to\infty}a_n = \lim_{n\to\infty}\frac{(2n-1)!!}{(2n)!!} = 0.$$

五、问题 5：怎么利用单调有界准则讨论数列的极限？

一般递归数列的极限问题不能直接在递归关系式（通常为 a_n 与 a_{n-1} 的关系式）两侧取极限来求解，这是因为极限的四则运算法则成立的条件是极限必须存在. 我们可先利用单调有界准则判断数列 $\{a_n\}$ 收敛，然后设其极限为 A，由递归关系式两端取极限得到关于 A 的方程，求解方程即得极限值. 若方程有多个根，则需结合极限的保序性舍去不合适的解.

例 9 设 $a_1 = 10, a_{n+1} = \sqrt{6+a_n}$ $(n = 1, 2, \cdots)$，试证数列 $\{a_n\}$ 的极限存在，并求此极限.

解 由题意可知 $a_2 = 4 < a_1$. 再假设 $a_n < a_{n-1}$，则

$$a_{n+1} = \sqrt{6+a_n} < \sqrt{6+a_{n-1}} = a_n,$$

所以由数学归纳法知数列 $\{a_n\}$ 单减. 又对任意 $n \in \mathbf{N}_+$，有 $x_n > 0$，即数列 $\{x_n\}$ 有下界 0. 从而由单调有界准则知数列 $\{a_n\}$ 收敛.

设 $\lim\limits_{n\to\infty}a_n = A$，则由极限的保号性可得 $A \geqslant 0$，且

$$\lim_{n\to\infty}a_{n+1} = \lim_{n\to\infty}\sqrt{6+a_n},$$

即 $A = \sqrt{6+A}$，解此方程可得 $A = 3$ 或 $A = -2$（舍去）. 故 $\lim\limits_{n\to\infty}a_n = 3$.

例 10 设 $\{a_n\}$ 满足 $a_1 > 0$,且 $a_{n+1} = \sqrt{6+a_n}$ ($n=1,2,\cdots$),试证数列 $\{a_n\}$ 的极限存在,并求此极限.

解 注意到
$$a_{n+1} - a_n = \sqrt{6+a_n} - a_n = \frac{6+a_n-a_n^2}{\sqrt{6+a_n}+a_n} = \frac{(2+a_n)(3-a_n)}{\sqrt{6+a_n}+a_n}. \quad (*)$$

(1) 当 $0 < a_1 < 3$ 时,若 $a_n < 3$,则 $a_{n+1} = \sqrt{6+a_n} < 3$,于是对任意 $n \in \mathbf{N}_+$,有 $a_n < 3$,即数列 $\{a_n\}$ 有上界 3. 且由(*)式知 $a_{n+1} - a_n > 0$,即数列 $\{a_n\}$ 单增.

(2) 当 $a_1 \geqslant 3$ 时,若 $a_n \geqslant 3$,则 $a_{n+1} = \sqrt{6+a_n} \geqslant 3$,于是对任意 $n \in \mathbf{N}_+$,有 $a_n \geqslant 3$,即数列 $\{a_n\}$ 有下界 3. 且由(*)式知 $a_{n+1} - a_n \leqslant 0$,即数列 $\{a_n\}$ 单减.

综上,数列 $\{a_n\}$ 单调有界,所以极限存在. 同上面例题一样,可求得该数列的极限值为 3.

例 11 设 $a_1 > 0$,$a_{n+1} = \dfrac{3(1+a_n)}{3+a_n}$ ($n=1,2,\cdots$),证明数列 $\{a_n\}$ 的极限存在,并求此极限.

解 显然 $0 < a_n < 3$ ($\forall n \in \mathbf{N}_+$ 且 $n \neq 1$),即数列 $\{a_n\}$ 有界. 又因为
$$a_{n+1} - a_n = \frac{3(1+a_n)}{3+a_n} - \frac{3(1+a_{n-1})}{3+a_{n-1}} = \frac{6(a_n - a_{n-1})}{(3+a_n)(3+a_{n-1})},$$
所以 $a_{n+1} - a_n$ 与 $a_n - a_{n-1}$ 的符号一致,则由数学归纳法知数列 $\{a_n\}$ 单调. 于是数列 $\{a_n\}$ 的极限存在,并设 $\lim\limits_{n\to\infty} a_n = A$,则由极限的保号性可得 $A \geqslant 0$,且
$$\lim_{n\to\infty} a_{n+1} = \lim_{n\to\infty} \frac{3(1+a_n)}{3+a_n},$$
即 $A = \dfrac{3(1+A)}{3+A}$,解此方程可得 $A = \sqrt{3}$ 或 $A = -\sqrt{3}$(舍去). 故 $\lim\limits_{n\to\infty} a_n = \sqrt{3}$.

注 例 10 和例 9 的区别在于没有给出第一项 a_1 的值,无法比较 a_1 和 a_2 的大小,此时数列 $\{a_n\}$ 的单调性无法确定,所以根据 a_1 的范围分了两种情况进行讨论. 对于例 11,虽然题目中也没有给出 a_1 的值,但是根据递归表达式的特点很容易得到数列 $\{a_n\}$ 的一个上界和下界,所以只需要判断出单调性(无论是单减还是单增)就可得证数列是收敛的.

例 12 设 $a_1 = 1$,$a_n = 1 + \dfrac{1}{a_{n-1}+1}$ ($n=2,3,\cdots$),证明数列 $\{a_n\}$ 的极限存在,并求此极限.

解法 1 显然有 $a_n > 0$ ($\forall n \in \mathbf{N}_+$). 因为 $a_1 = 1 < \sqrt{2}$,$a_2 = \dfrac{3}{2} > \sqrt{2}$,且由

$$a_n - \sqrt{2} = 1 + \frac{1}{a_{n-1}+1} - \sqrt{2} = \frac{-(a_{n-1}-\sqrt{2})(\sqrt{2}-1)}{a_{n-1}+1},$$

可得 $a_n - \sqrt{2}$ 与 $a_{n-1} - \sqrt{2}$ 异号,所以由数学归纳法有 $0 < a_{2n-1} < \sqrt{2}$ 及 $a_{2n} > \sqrt{2}$. 又由

$$a_{n+2} - a_n = \frac{3a_n + 4}{2a_n + 3} - a_n = \frac{2(2-a_n^2)}{2a_n + 3},$$

可得 $\{a_{2n}\}$ 单减,$\{a_{2n-1}\}$ 单增. 从而数列 $\{a_{2n}\}$ 和 $\{a_{2n-1}\}$ 均收敛.

由递归表达式 $a_n = 1 + \dfrac{1}{a_{n-1}+1}$ 可得

$$a_{2n+2} = 1 + \frac{1}{a_{2n+1}+1} = 1 + \frac{1}{1+\dfrac{1}{a_{2n}+1}+1} = \frac{3a_{2n}+4}{2a_{2n}+3}.$$

设 $\lim\limits_{n\to\infty} a_{2n} = A$,有 $A = \dfrac{3A+4}{2A+3}$,解得 $A = \sqrt{2}$($-\sqrt{2}$ 舍去),即 $\lim\limits_{n\to\infty} a_{2n} = \sqrt{2}$. 同理,由

$$a_{2n+1} = \frac{3a_{2n-1}+4}{2a_{2n-1}+3}$$

可得 $\lim\limits_{n\to\infty} a_{2n-1} = \sqrt{2}$. 故由拉链法则知 $\{a_n\}$ 收敛,且极限值为 $\sqrt{2}$.

解法 2 显然 $0 < a_n < 2 (\forall n \in \mathbf{N}_+)$,所以 $\{a_n\}$ 有界. 又由 $a_{2n+2} = \dfrac{3a_{2n}+4}{2a_{2n}+3}$ 可得

$$a_{2n+2} - a_{2n} = \frac{3a_{2n}+4}{2a_{2n}+3} - \frac{3a_{2n-2}+4}{2a_{2n-2}+3} = \frac{a_{2n}-a_{2n-2}}{(2a_{2n}+3)(2a_{2n-2}+3)},$$

则 $a_{2n+2} - a_{2n}$ 与 $a_{2n} - a_{2n-2}$ 的符号一致,所以由数学归纳法知 $\{a_{2n}\}$ 单调. 从而数列 $\{a_{2n}\}$ 收敛,同解法 1 可求得 $\lim\limits_{n\to\infty} a_{2n} = \sqrt{2}$.

同理也可以判断出数列 $\{a_{2n-1}\}$ 收敛并可求得 $\lim\limits_{n\to\infty} a_{2n-1} = \sqrt{2}$. 故 $\lim\limits_{n\to\infty} a_n = \sqrt{2}$.

注 对于上面这道例题,由递归表达式可得

$$a_n - a_{n-1} = \frac{1}{a_{n-1}+1} - \frac{1}{a_{n-2}+1} = \frac{a_{n-2}-a_{n-1}}{(a_{n-1}+1)(a_{n-2}+1)},$$

则 $a_n - a_{n-1}$ 与 $a_{n-1} - a_{n-2}$ 异号,所以奇数列 $\{a_{2n-1}\}$ 和偶数列 $\{a_{2n}\}$ 的单调性不同.

例 13 给定两个正数 $a, b (b > a)$,作两个数列 $\{x_n\}$ 和 $\{y_n\}$,它们满足

$$x_1 = a, \quad y_1 = b, \quad x_{n+1} = \sqrt{x_n y_n}, \quad y_{n+1} = \frac{x_n + y_n}{2}.$$

证明:数列 $\{x_n\}$,$\{y_n\}$ 均收敛,且 $\lim\limits_{n\to\infty} x_n = \lim\limits_{n\to\infty} y_n$.

证明 因为 $y_{n+1} = \dfrac{x_n + y_n}{2} \geqslant \sqrt{x_n y_n} = x_{n+1}$，且 $x_1 = a < b = y_1$，所以对任意 $n \in \mathbf{N}_+$，有 $y_n \geqslant x_n$. 于是

$$x_{n+1} = \sqrt{x_n y_n} \geqslant \sqrt{x_n \cdot x_n} = x_n, \quad y_{n+1} = \dfrac{x_n + y_n}{2} \leqslant \dfrac{y_n + y_n}{2} = y_n,$$

从而数列 $\{x_n\}$ 单增，数列 $\{y_n\}$ 单减. 又

$$a = x_1 < x_n \leqslant y_n < y_1 = b,$$

所以数列 $\{x_n\}$ 有上界 b，数列 $\{y_n\}$ 有下界 a. 故数列 $\{x_n\}$，$\{y_n\}$ 均收敛. 设 $\lim\limits_{n\to\infty} x_n = A$，$\lim\limits_{n\to\infty} y_n = B$，则由

$$\lim_{n\to\infty} y_{n+1} = \lim_{n\to\infty} \dfrac{x_n + y_n}{2}$$

可得 $B = \dfrac{A+B}{2}$，即 $A = B$，得证.

例 14 求极限 $\lim\limits_{n\to\infty} \dfrac{a^n}{n!}$，其中 $a > 0$ 为常数.

解法 1（夹逼定理） 若 $0 < a < 1$，则 $\lim\limits_{n\to\infty} a^n = 0$，故 $\lim\limits_{n\to\infty} \dfrac{a^n}{n!} = 0$.

当 $a \geqslant 1$ 时，则总存在 $k \in \mathbf{N}_+$ 满足 $\dfrac{a}{k} \geqslant 1$ 且 $\dfrac{a}{k+1} < 1$，于是

$$0 < \dfrac{a^n}{n!} = \dfrac{a}{1} \cdot \dfrac{a}{2} \cdots \dfrac{a}{k} \cdot \dfrac{a}{k+1} \cdots \dfrac{a}{n-1} \cdot \dfrac{a}{n} < \dfrac{a^k}{k!} \cdot \dfrac{a}{n} = \dfrac{a^{k+1}}{k!} \cdot \dfrac{1}{n}.$$

因为 $\lim\limits_{n\to\infty} \dfrac{a^{k+1}}{k!} \cdot \dfrac{1}{n} = 0$，所以 $\lim\limits_{n\to\infty} \dfrac{a^n}{n!} = 0$.

解法 2（单调有界准则） 设 $x_n = \dfrac{a^n}{n!}$，则

$$x_{n+1} = \dfrac{a^{n+1}}{(n+1)!} = \dfrac{a \cdot a^n}{(n+1) \cdot n!} = \dfrac{a}{n+1} x_n.$$

再由 $\lim\limits_{n\to\infty} \dfrac{x_{n+1}}{x_n} = \lim\limits_{n\to\infty} \dfrac{a}{n+1} = 0 < 1$ 及极限的保序性可知，存在 $N \in \mathbf{N}_+$，当 $n > N$ 时有 $\dfrac{x_{n+1}}{x_n} < 1$，即数列 $\{x_n\}$ 单减. 又 $x_n > 0$，所以 $\{x_n\}$ 收敛.

设 $\lim\limits_{n\to\infty} x_n = A$，则由 $x_{n+1} = \dfrac{a}{n+1} x_n$ 可得 $A = 0$，故 $\lim\limits_{n\to\infty} \dfrac{a^n}{n!} = 0$.

六、问题 6：如何理解 Cauchy 列以及怎么证明一个数列为 Cauchy 列？

我们通过下面的例题来讨论该问题.

例 15 关于 Cauchy 列,下面命题是否正确?

(1) 设数列 $\{a_n\}$ 满足 $\lim\limits_{n\to\infty}|a_{n+1}-a_n|=0$,则 $\{a_n\}$ 一定是 Cauchy 列.

(2) 设数列 $\{a_n\}$ 满足 $|a_{n+1}-a_n|<\dfrac{1}{2^n}(n=1,2,\cdots)$,则 $\{a_n\}$ 一定是 Cauchy 列.

解 (1) 不一定正确. 例如取 $a_n=\sqrt{n}$,则

$$\lim_{n\to\infty}|a_{n+1}-a_n|=\lim_{n\to\infty}(\sqrt{n+1}-\sqrt{n})=\lim_{n\to\infty}\frac{1}{\sqrt{n+1}+\sqrt{n}}=0,$$

但是数列 $\{\sqrt{n}\}$ 发散,不是 Cauchy 列.

(2) 数列 $\{a_n\}$ 一定是 Cauchy 列. 证明如下:$\forall n,p\in \mathbf{N}_+$,有

$$|a_{n+p}-a_n|\leqslant|a_{n+p}-a_{n+p-1}|+|a_{n+p-1}-a_{n+p-2}|+\cdots+|a_{n+1}-a_n|$$

$$<\frac{1}{2^{n+p-1}}+\frac{1}{2^{n+p-2}}+\cdots+\frac{1}{2^n}=\frac{\dfrac{1}{2^n}\left(1-\dfrac{1}{2^p}\right)}{1-\dfrac{1}{2}}<\frac{1}{2^{n-1}},$$

故 $\forall \varepsilon>0$(不妨设 $0<\varepsilon<1$),取 $N=\left[\log_2\dfrac{1}{\varepsilon}\right]+1\in\mathbf{N}_+$,则 $\forall n>N,\forall p\in\mathbf{N}_+$,有 $|a_{n+p}-a_n|<\varepsilon$. 于是数列 $\{a_n\}$ 是 Cauchy 列.

例 16 设 $a_n=1-\dfrac{1}{2}+\dfrac{1}{3}-\cdots+\dfrac{(-1)^{n+1}}{n}$,用 Cauchy 收敛准则证明数列 $\{a_n\}$ 收敛.

证明 对任意 $n,p\in\mathbf{N}_+$,有

$$|a_{n+p}-a_n|=\left|\pm\left(\frac{1}{n+1}-\frac{1}{n+2}+\frac{1}{n+3}-\cdots+\frac{(-1)^{p-1}}{n+p}\right)\right|.$$

若 p 为奇数,则

$$|a_{n+p}-a_n|=\frac{1}{n+1}-\left(\frac{1}{n+2}-\frac{1}{n+3}\right)-\cdots-\left(\frac{1}{n+p-1}-\frac{1}{n+p}\right)$$

$$<\frac{1}{n+1},$$

若 p 为偶数,则

$$|a_{n+p}-a_n|=\frac{1}{n+1}-\left(\frac{1}{n+2}-\frac{1}{n+3}\right)-\cdots-\left(\frac{1}{n+p-2}-\frac{1}{n+p-1}\right)$$

$$-\frac{1}{n+p}$$

$$< \frac{1}{n+1}.$$

故 $\forall \varepsilon > 0 \left(不妨设 0 < \varepsilon < \frac{1}{2} \right)$，取 $N = \left[\frac{1}{\varepsilon} \right] - 1 \in \mathbf{N}_+$，则 $\forall n > N, \forall p \in \mathbf{N}_+$，有

$$|a_{n+p} - a_n| < \frac{1}{n+1} < \varepsilon,$$

从而数列 $\{a_n\}$ 收敛.

例 17 设对任意 $n \in \mathbf{N}_+$，有
$$|a_2 - a_1| + |a_3 - a_2| + \cdots + |a_n - a_{n-1}| < C,$$
其中 C 为常数，证明：数列 $\{a_n\}$ 收敛.

证明 设 $S_n = |a_2 - a_1| + |a_3 - a_2| + \cdots + |a_n - a_{n-1}|$，则 $\{S_n\}$ 单增且有上界 C，于是数列 $\{S_n\}$ 收敛. 因此，由 Cauchy 收敛准则可得，$\forall \varepsilon > 0, \exists N \in \mathbf{N}_+$，使得 $\forall n > N, \forall p \in \mathbf{N}_+$，都有 $|S_{n+p} - S_n| < \varepsilon$，即

$$S_{n+p} - S_n = |a_{n+p} - a_{n+p-1}| + |a_{n+p-1} - a_{n+p-2}| + \cdots + |a_{n+1} - a_n| < \varepsilon.$$

又

$$|a_{n+p} - a_n| \leqslant |a_{n+p} - a_{n+p-1}| + |a_{n+p-1} - a_{n+p-2}| + \cdots + |a_{n+1} - a_n|$$
$$= S_{n+p} - S_n,$$

所以 $|a_{n+p} - a_n| < \varepsilon$，即数列 $\{a_n\}$ 为 Cauchy 列，故 $\{a_n\}$ 收敛.

七、问题 7：如何使用 Stolz 公式求一些数列极限？

Stolz 公式在处理满足特定条件的两个数列之商的极限问题时尤为方便，故在使用时最关键的一步就是将所求极限的数列视为两个数列的商，并验证这两个数列是否满足 Stolz 公式的条件.

例 18 求极限 $\lim\limits_{n \to \infty} \dfrac{1 + \sqrt{2} + \sqrt{3} + \cdots + \sqrt{n}}{n^{\frac{3}{2}}}$.

解 设 $x_n = 1 + \sqrt{2} + \sqrt{3} + \cdots + \sqrt{n}, y_n = n^{\frac{3}{2}} (n = 1, 2, \cdots)$，则数列 $\{y_n\}$ 严格单增并趋向正无穷大，且

$$\lim_{n \to \infty} \frac{x_{n+1} - x_n}{y_{n+1} - y_n} = \lim_{n \to \infty} \frac{\sqrt{n+1}}{(n+1)^{\frac{3}{2}} - n^{\frac{3}{2}}} = \lim_{n \to \infty} \frac{\sqrt{n+1} \cdot ((n+1)^{\frac{3}{2}} + n^{\frac{3}{2}})}{(n+1)^3 - n^3}$$
$$= \lim_{n \to \infty} \frac{(n+1)^2 + n\sqrt{n^2 + n}}{3n^2 + 3n + 1} = \frac{2}{3},$$

所以由 Stolz 公式得

$$\lim_{n\to\infty} \frac{1+\sqrt{2}+\sqrt{3}+\cdots+\sqrt{n}}{n^{\frac{3}{2}}} = \frac{2}{3}.$$

例 19 证明:若 $\lim\limits_{n\to\infty} a_n = a$,则 $\lim\limits_{n\to\infty} \dfrac{a_1+a_2+\cdots+a_n}{n} = a$.

证明 设 $x_n = a_1+a_2+\cdots+a_n, y_n = n (n=1,2,\cdots)$,则数列 $\{y_n\}$ 严格单增并趋于正无穷大,且

$$\lim_{n\to\infty} \frac{x_{n+1}-x_n}{y_{n+1}-y_n} = \lim_{n\to\infty} a_{n+1} = a,$$

所以由 Stolz 公式有 $\lim\limits_{n\to\infty} \dfrac{a_1+a_2+\cdots+a_n}{n} = a$,得证.

1.3 练习题

1. 用定义证明下列极限:

(1) $\lim\limits_{n\to\infty}(n-\sqrt{n^2-n}) = \dfrac{1}{2}$;　　(2) $\lim\limits_{n\to\infty} \dfrac{n^2+2\sin n}{2n^2-5} = \dfrac{1}{2}$.

2. 求下列极限:

(1) $\lim\limits_{n\to\infty} \dfrac{x^n-x^{-n}}{x^n+x^{-n}}\ (x\neq 0)$;　　(2) $\lim\limits_{n\to\infty} \dfrac{x+x^2\mathrm{e}^{nx}}{1+\mathrm{e}^{nx}}$;

(3) $\lim\limits_{n\to\infty}(1+x)(1+x^2)(1+x^4)\cdots(1+x^{2^n})\ (|x|<1)$;

(4) $\lim\limits_{n\to\infty}\cos\dfrac{x}{2}\cos\dfrac{x}{2^2}\cdots\cos\dfrac{x}{2^n}$;　　(5) $\lim\limits_{n\to\infty} \sqrt[n]{n^4+4^n}$;

(6) $\lim\limits_{n\to\infty}\sum\limits_{k=1}^{n} \dfrac{1}{1+2+\cdots+k}$;　　(7) $\lim\limits_{n\to\infty}\sum\limits_{k=1}^{n} \dfrac{1}{k(k+1)(k+2)}$.

3. 已知数列 $\{a_n\}$ 满足 $\lim\limits_{n\to\infty} \dfrac{a_1+a_2+\cdots+a_n}{n} = a$($a$ 为有限数),求极限 $\lim\limits_{n\to\infty} \dfrac{a_n}{n}$.

4. 求极限 $\lim\limits_{n\to\infty}\left(\dfrac{n+1}{n^2+n\sin 1}+\dfrac{n+2}{n^2+n\sin 2}+\cdots+\dfrac{n+n}{n^2+n\sin n}\right)$.

5. 求极限 $\lim\limits_{n\to\infty}\sum\limits_{k=0}^{n-1} \dfrac{\mathrm{e}^{\frac{1+k}{n}}}{n+\dfrac{k^2}{n^2}}$.

6. 设

$$a_n = 1+\frac{1}{2}+\cdots+\frac{1}{n}-\ln n\ \ (n=1,2,\cdots),$$

利用不等式 $\frac{1}{n+1} < \ln\left(1+\frac{1}{n}\right) < \frac{1}{n}$ $(n=1,2,\cdots)$ 证明：数列 $\{a_n\}$ 收敛.

7. 设数列 $\{a_n\}$ 满足 $0 < a_n < 1$ $(n=1,2,\cdots)$，且 $a_{n+1} = -a_n^2 + 2a_n$，证明 $\{a_n\}$ 收敛，并求其极限值.

8. 设 $x_1 = \sqrt{a}$，$x_2 = \sqrt{a+\sqrt{a}}$，$\cdots$，$x_n = \sqrt{a+\sqrt{a+\sqrt{a+\cdots}}}$ $(a>0)$，证明数列 $\{x_n\}$ 收敛，并求其极限值.

9. 已知数列 $\{a_n\}$ 满足
$$a_1 = 1, \quad a_2 = \frac{1}{2}, \quad a_n = \frac{1+a_{n-2}}{2+a_{n-2}} \ (n \geqslant 3),$$
判断 $\{a_n\}$ 是否收敛. 若收敛，求其极限值.

10. 设 $x_n = 1 + \frac{\cos 2}{1!} + \frac{\cos 4}{2!} + \cdots + \frac{\cos 2n}{n!}$ $(n=1,2,\cdots)$，证明：数列 $\{x_n\}$ 收敛.

11. 设数列 $\{a_n\}$ 满足 $a_1 = 1, a_{n+1} = a_n + \frac{1}{a_n}$ $(n=1,2,\cdots)$，证明数列 $\{a_n\}$ 发散，并求极限 $\lim\limits_{n\to\infty} \frac{a_n^2}{n}$.

第 2 讲　函数的极限

2.1　内容提要

一、函数极限的概念

1) 自变量 x 趋于无穷大时函数 $f(x)$ 的极限.

自变量 x 趋于无穷大包括以下三种情形：

(1) x 取正值且无限趋大，此时称 x 趋于正无穷大，记为 $x \to +\infty$；

(2) x 取负值且 $|x|$ 无限趋大，此时称 x 趋于负无穷大，记为 $x \to -\infty$；

(3) x 既可以取正值也可以取负值，且 $|x|$ 无限趋大，此时称 x 趋于无穷大，记为 $x \to \infty$.

下面用逻辑符号简要描述上述三种情形下函数极限的概念：

(1) $\lim\limits_{x \to +\infty} f(x) = a \Leftrightarrow \forall \varepsilon > 0, \exists X > 0,$ 使得 $\forall x > X,$ 恒有
$$|f(x) - a| < \varepsilon;$$

(2) $\lim\limits_{x \to -\infty} f(x) = a \Leftrightarrow \forall \varepsilon > 0, \exists X > 0,$ 使得 $\forall x < -X,$ 恒有
$$|f(x) - a| < \varepsilon;$$

(3) $\lim\limits_{x \to \infty} f(x) = a \Leftrightarrow \forall \varepsilon > 0, \exists X > 0,$ 使得 $\forall |x| > X,$ 恒有
$$|f(x) - a| < \varepsilon.$$

结论　根据上述定义，容易证明
$$\lim_{x \to \infty} f(x) = a \Leftrightarrow \lim_{x \to +\infty} f(x) = \lim_{x \to -\infty} f(x) = a.$$

2) 自变量 x 趋于有限值时函数 $f(x)$ 的极限.

类似地，x 趋于 x_0 也包括以下三种情形：

(1) $x > x_0$ 且 x 趋于 x_0，它表示在数轴上动点 x 只能从定点 x_0 的右侧趋于这个定点 x_0，记为 $x \to x_0^+$；

(2) $x < x_0$ 且 x 趋于 x_0，它表示在数轴上动点 x 只能从定点 x_0 的左侧趋于这个定点 x_0，记为 $x \to x_0^-$；

(3) x 既可以大于 x_0 也可以小于 x_0，且 x 趋于 x_0，它表示在数轴上动点 x 可以从定点 x_0 的左右两侧趋于 x_0，记为 $x \to x_0$.

下面用逻辑符号简要描述上述三种情形下函数极限的概念：

第 2 讲 函数的极限

(1) $\lim\limits_{x \to x_0^+} f(x) = a \Leftrightarrow \forall \varepsilon > 0, \exists \delta > 0,$ 使得当 $0 < x - x_0 < \delta$ 时,恒有
$$|f(x) - a| < \varepsilon;$$

(2) $\lim\limits_{x \to x_0^-} f(x) = a \Leftrightarrow \forall \varepsilon > 0, \exists \delta > 0,$ 使得当 $0 < x_0 - x < \delta$ 时,恒有
$$|f(x) - a| < \varepsilon;$$

(3) $\lim\limits_{x \to x_0} f(x) = a \Leftrightarrow \forall \varepsilon > 0, \exists \delta > 0,$ 使得当 $0 < |x - x_0| < \delta$ 时,恒有
$$|f(x) - a| < \varepsilon.$$

注 (1) 上述自变量 x 趋于有限值时函数 $f(x)$ 的极限定义常称为 ε-δ 定义;

(2) 前两种情形分别称为函数 $f(x)$ 在点 x_0 处的右极限和左极限,统称为单侧极限,也可以分别记为
$$f(x_0 + 0) = a \quad \text{和} \quad f(x_0 - 0) = a.$$

结论 根据上述定义容易证明
$$\lim_{x \to x_0} f(x) = a \Leftrightarrow f(x_0 + 0) = f(x_0 - 0) = a.$$

二、函数极限的性质

考虑函数极限时,自变量的变化过程有以下六种:
$$x \to x_0, \quad x \to x_0^-, \quad x \to x_0^+, \quad x \to \infty, \quad x \to +\infty, \quad x \to -\infty.$$
为了方便起见,下面仅就 $x \to x_0$ 的情形加以叙述,其他情形的结论可类似得到.

1) 唯一性:若 $\lim\limits_{x \to x_0} f(x)$ 存在,则极限值必唯一.

2) 局部有界性:若 $\lim\limits_{x \to x_0} f(x)$ 存在,则函数 $f(x)$ 在点 x_0 的某去心邻域内有界,即存在常数 $\delta > 0$ 和 $L > 0$,当 $x \in \mathring{N}(x_0, \delta)$ 时,恒有 $|f(x)| \leqslant L$.

3) 局部保序性:若 $\lim\limits_{x \to x_0} f(x) = a, \lim\limits_{x \to x_0} g(x) = b$ 且 $a < b$,则存在常数 $\delta > 0$,使得当 $x \in \mathring{N}(x_0, \delta)$ 时,恒有 $f(x) < g(x)$.

注 由局部保序性可得结论:设 $\lim\limits_{x \to x_0} f(x) = a, \lim\limits_{x \to x_0} g(x) = b$,若存在 $\delta > 0$,使得当 $x \in \mathring{N}(x_0, \delta)$ 时,恒有 $f(x) \leqslant g(x)$,则必有 $a \leqslant b$.

4) 局部保号性:若
$$\lim_{x \to x_0} f(x) = a < 0 \quad (\text{或 } a > 0),$$
则存在 $\delta > 0$,使得当 $x \in \mathring{N}(x_0, \delta)$ 时,恒有 $f(x) < 0$(或 $f(x) > 0$).

三、函数极限的归并原理(Heine 定理)

函数极限 $\lim\limits_{x \to x_0} f(x) = a$ 成立的充要条件是对函数 $f(x)$ 的定义域中任何以 x_0 为极限的数列 $\{x_n\}(x_n \neq x_0, n = 1, 2, \cdots)$,相应的函数值数列 $\{f(x_n)\}$ 都收敛于 a. 也就是说,对于满足 $x_n \neq x_0 (n = 1, 2, \cdots)$ 的任何点列 $\{x_n\}$,只要 $\lim\limits_{n \to \infty} x_n = x_0$,

就有 $\lim\limits_{n\to\infty} f(x_n) = a$.

四、函数极限的四则运算法则

设 $\lim\limits_{x\to x_0} f(x) = a$，$\lim\limits_{x\to x_0} g(x) = b$，则由 $f(x)$ 与 $g(x)$ 作和、差、积与商运算所得的函数 $f(x) \pm g(x)$，$f(x) \cdot g(x)$ 与 $\dfrac{f(x)}{g(x)}$（此时还要求 $b \neq 0$）在点 x_0 处的极限也存在，且

(1) $\lim\limits_{x\to x_0}(f(x) \pm g(x)) = \lim\limits_{x\to x_0} f(x) \pm \lim\limits_{x\to x_0} g(x) = a \pm b$；

(2) $\lim\limits_{x\to x_0}(f(x) \cdot g(x)) = \lim\limits_{x\to x_0} f(x) \cdot \lim\limits_{x\to x_0} g(x) = ab$，特别地，若 $g(x)$ 为常值函数 C，则有

$$\lim\limits_{x\to x_0} Cf(x) = C \lim\limits_{x\to x_0} f(x) = Ca;$$

(3) $\lim\limits_{x\to x_0} \dfrac{f(x)}{g(x)} = \dfrac{\lim\limits_{x\to x_0} f(x)}{\lim\limits_{x\to x_0} g(x)} = \dfrac{a}{b}$ $(b \neq 0)$.

结论 由上述(1)和(2)中的结论，可以得到函数极限的线性运算法则：设

$$\lim\limits_{x\to x_0} f(x) = a, \quad \lim\limits_{x\to x_0} g(x) = b,$$

若 $k_i \in \mathbf{R}(i=1,2)$，则函数 $k_1 f(x) + k_2 g(x)$ 在点 x_0 处的极限也存在，且

$$\lim\limits_{x\to x_0}(k_1 f(x) + k_2 g(x)) = k_1 \lim\limits_{x\to x_0} f(x) + k_2 \lim\limits_{x\to x_0} g(x) = k_1 a + k_2 b.$$

五、复合函数的极限运算法则

设函数 $y = f(g(x))$ 是由 $y = f(u)$ 与 $u = g(x)$ 复合而成．若

$$\lim\limits_{x\to x_0} g(x) = u_0, \quad \lim\limits_{u\to u_0} f(u) = a,$$

且存在常数 $\delta_0 > 0$，使得在点 x_0 的去心邻域 $\mathring{N}(x_0, \delta_0)$ 内处处有 $g(x) \neq u_0$，则函数 $y = f(g(x))$ 在点 x_0 处的极限也存在，且

$$\lim\limits_{x\to x_0} f(g(x)) = \lim\limits_{u\to u_0} f(u) = a.$$

注 (1) 复合函数的极限运算法则是换元求极限的理论根据．

(2) 若条件"在点 x_0 的某去心邻域内处处有 $g(x) \neq u_0$"不成立，则即便其他条件都成立，也不能保证该运算法则的结论成立．例如：设

$$g(x) = 0 \ (\forall x \in \mathbf{R}), \quad f(u) = \begin{cases} 1, & u = 0, \\ u, & u \neq 0, \end{cases}$$

则 $y = f(g(x)) = 1(\forall x \in \mathbf{R})$．取 $x_0 = 0$，有 $\lim\limits_{x\to 0} g(x) = 0 = u_0$．于是

$$\lim\limits_{u\to u_0} f(u) = \lim\limits_{u\to 0} u = 0, \quad 但是 \quad \lim\limits_{x\to 0} f(g(x)) = 1 \neq 0.$$

六、函数极限的判敛法则

1) 函数极限的夹逼定理.

设函数 $f(x),g(x)$ 和 $h(x)$ 同时满足以下两个条件：

(1) 存在 $\delta_0 > 0$，使得 $\forall x \in \mathring{N}(x_0,\delta_0)$，恒有 $g(x) \leqslant f(x) \leqslant h(x)$；

(2) $\lim\limits_{x \to x_0} g(x) = \lim\limits_{x \to x_0} h(x) = a$，

则函数 $f(x)$ 在点 x_0 处的极限存在，且 $\lim\limits_{x \to x_0} f(x) = a$.

2) 单调有界原理.

(1) 设函数 $f(x)$ 在区间 $[a,+\infty)(a \in \mathbf{R})$ 上单增有上界(或单减有下界)，则极限 $\lim\limits_{x \to +\infty} f(x)$ 存在.

(2) 设函数 $f(x)$ 在开区间 I 内单调，则 $f(x)$ 在 I 内每一点的左、右极限都存在. 若 I 是半开半闭区间或者闭区间，则在闭的那个端点处函数 $f(x)$ 的单侧极限也存在.

3) Cauchy(柯西)收敛原理：设 $f(x)$ 在 $\mathring{N}(x_0,\delta_0)$ 内有定义，则 $\lim\limits_{x \to x_0} f(x)$ 存在的充要条件是 $\forall \varepsilon > 0, \exists \delta \in (0,\delta_0)$，使得 $\forall x_1,x_2 \in \mathring{N}(x_0,\delta)$，都有

$$|f(x_1) - f(x_2)| < \varepsilon.$$

七、两个重要极限

1) 重要极限一：$\lim\limits_{x \to 0} \dfrac{\sin x}{x} = 1$.

2) 重要极限二：$\lim\limits_{x \to \infty} \left(1 + \dfrac{1}{x}\right)^x = \mathrm{e}$.

注 由复合函数极限的运算法则，可以将上述两个极限推广为如下形式：

$$\lim\limits_{\square \to 0} \dfrac{\sin \square}{\square} = 1, \quad \lim\limits_{\square \to \infty} \left(1 + \dfrac{1}{\square}\right)^\square = \mathrm{e}, \quad \lim\limits_{\square \to 0}(1 + \square)^{\frac{1}{\square}} = \mathrm{e}.$$

例如，有

$$\lim\limits_{x \to 0}(\cos x)^{\frac{1}{\cos x - 1}} = \lim\limits_{x \to 0}(1 + \cos x - 1)^{\frac{1}{\cos x - 1}} = \mathrm{e} \quad (\text{这里} \square = \cos x - 1).$$

3) 由重要极限一可得到如下结论：

(1) $\lim\limits_{\square \to 0} \dfrac{1 - \cos \square}{\square^2} = \dfrac{1}{2}$； (2) $\lim\limits_{\square \to 0} \dfrac{\tan \square}{\square} = 1$；

(3) $\lim\limits_{\square \to 0} \dfrac{\arcsin \square}{\square} = 1$； (4) $\lim\limits_{\square \to 0} \dfrac{\arctan \square}{\square} = 1$.

2.2 例题与释疑解难

一、问题 1：如何理解当 $x \to x_0$ 时，函数 $f(x)$ 极限的 ε-δ 定义？

（1）函数极限定义中的 ε 与数列极限定义中的 ε 一样，是用来刻画变量 $f(x)$ 与常数 a 的接近程度. 它具有两重性：一是任意性，从而能刻画变量 $f(x)$ 无限接近于常数 a；二是具有给定性，因此对于给定的 ε 可以找到 δ 的值.

（2）δ 是正数，其作用是用来刻画 x 与 x_0 的接近程度. 当 x_0 给定后，一方面，δ 依赖于 ε，一般来说，ε 越小则 δ 越小；另一方面，δ 不是唯一的，若 δ_1 能满足定义，则小于 δ_1 的所有正数都能满足定义.

（3）研究函数 $f(x)$ 在 x_0 点的极限，即为研究当 x 无限接近于 x_0 时对应函数值 $f(x)$ 的变化趋势，所以函数在 x_0 点可以没有定义，也可不满足 $f(x_0)$ 和常数 a 的距离任意小，故在定义中要求 $0<|x-x_0|<\delta$，即此不等式限制了 $x \neq x_0$.

二、问题 2：在不同变化趋势下函数极限的定义有什么相同点和不同点？

在不同变化趋势下，函数极限都是在描述函数值的某种固定变化趋势，也即函数值和某固定常数的距离能够任意小；不同点在于因为变化趋势不同，所以满足函数值和固定常数之间的距离可以任意小的那些点不同，也就是考虑的点的范围不同. 下面通过表格分别叙述各种变化趋势下函数极限的定义：

x 的变化趋势	$f(x) \to a$
$x \to x_0$	$\forall \varepsilon>0, \exists \delta>0$，使得当 $0<\|x-x_0\|<\delta$，都有 $\|f(x)-a\|<\varepsilon$
$x \to x_0^+$	$\forall \varepsilon>0, \exists \delta>0$，使得当 $0<x-x_0<\delta$，都有 $\|f(x)-a\|<\varepsilon$
$x \to x_0^-$	$\forall \varepsilon>0, \exists \delta>0$，使得当 $-\delta<x-x_0<0$，都有 $\|f(x)-a\|<\varepsilon$
$x \to \infty$	$\forall \varepsilon>0, \exists X>0$，使得 $\forall \|x\|>X$，恒有 $\|f(x)-a\|<\varepsilon$
$x \to +\infty$	$\forall \varepsilon>0, \exists X>0$，使得 $\forall x>X$，恒有 $\|f(x)-a\|<\varepsilon$
$x \to -\infty$	$\forall \varepsilon>0, \exists X>0$，使得 $\forall x<-X$，恒有 $\|f(x)-a\|<\varepsilon$

三、问题 3：如何利用定义证明函数的极限？

利用定义证明函数的极限，最关键的一步就是对任意给定的 ε，求出满足条件的 δ（或 X）. 这里 δ（或 X）的值可通过求不等式 $|f(x)-a|<\varepsilon$ 或将该不等式适当放大后解得，注意在适当放大的过程中可以根据变化趋势将 x 限定在某一范围.

例 1 用定义证明下列函数的极限：

(1) $\lim\limits_{x \to 1} \dfrac{x-1}{x^3-1} = \dfrac{1}{3}$； (2) $\lim\limits_{x \to +\infty} \dfrac{\sqrt{x}-1}{\sqrt{x+2}} = 1$.

第 2 讲　函数的极限

证明　(1) $\forall \varepsilon > 0$，要使得
$$\left|\frac{x-1}{x^3-1}-\frac{1}{3}\right| = \left|\frac{(x-1)(x+2)}{3(x^2+x+1)}\right| < \varepsilon.$$

由于 $x \to 1$，因此只需要在点 $x_0 = 1$ 的去心邻域内考虑，于是可以限定 x 满足
$$0 < |x-1| < 1, \quad \text{即} \quad 0 < x < 2 \text{ 且 } x \neq 1.$$

此时 $|x^2+x+1| > 1$，$|x+2| = |x-1+3| \leq |x-1|+3 < 4$，则
$$\left|\frac{x-1}{x^3-1}-\frac{1}{3}\right| < \frac{4|x-1|}{3}.$$

故只要 $\frac{4|x-1|}{3} < \varepsilon$，即 $|x-1| < \frac{3\varepsilon}{4}$ 且 $|x-1| < 1$ 即可。取 $\delta = \min\left\{1, \frac{3\varepsilon}{4}\right\}$，则当 $0 < |x-1| < \delta$ 时，恒有
$$\left|\frac{x-1}{x^3-1}-\frac{1}{3}\right| < \varepsilon,$$

由函数极限的定义可知 $\lim\limits_{x\to 1}\frac{x-1}{x^3-1}=\frac{1}{3}$.

(2) $\forall \varepsilon > 0$，要使得
$$\left|\frac{\sqrt{x}-1}{\sqrt{x+2}}-1\right| = \frac{|\sqrt{x}-1-\sqrt{x+2}|}{\sqrt{x+2}} < \varepsilon.$$

由于 $x \to +\infty$，因此可以限定 $x > 1$。此时 $\sqrt{x} > 1$，于是
$$\frac{|\sqrt{x}-1-\sqrt{x+2}|}{\sqrt{x+2}} = \frac{2\sqrt{x}+1}{\sqrt{x+2}(\sqrt{x}-1+\sqrt{x+2})} < \frac{3\sqrt{x}}{x+2} < \frac{3}{\sqrt{x}}.$$

从而只要 $\frac{3}{\sqrt{x}} < \varepsilon$ 且 $x > 1$ 即可。于是取 $X = \max\left\{1, \frac{9}{\varepsilon^2}\right\}$，则当 $x > X$ 时，恒有
$$\left|\frac{\sqrt{x}-1}{\sqrt{x+2}}-1\right| < \varepsilon,$$

由函数极限的定义可知 $\lim\limits_{x\to +\infty}\frac{\sqrt{x}-1}{\sqrt{x+2}}=1$.

四、问题 4：如何利用函数极限的归并原理（Heine 定理）来讨论函数的极限？

利用归并原理证明函数的极限需要取遍所有满足条件的数列，这一般较难做到。但我们可以利用归并原理的逆否命题来证明函数极限不存在，这主要包括如下两种情形：

(1) 若存在满足条件 $\lim\limits_{n\to\infty} x_n = x_0$ 与 $x_n \neq x_0 (n=1,2,\cdots)$ 的数列 $\{x_n\}$，使得极限 $\lim\limits_{n\to\infty} f(x_n)$ 不存在，则 $\lim\limits_{x\to x_0} f(x)$ 不存在。

(2) 若存在两个数列$\{x'_n\}$和$\{x''_n\}$满足$\lim\limits_{n\to\infty}x'_n = \lim\limits_{n\to\infty}x''_n = x_0$,且
$$x'_n \neq x_0, \quad x''_n \neq x_0 \quad (n=1,2,\cdots),$$
但$\lim\limits_{n\to\infty}f(x'_n) \neq \lim\limits_{n\to\infty}f(x''_n)$,则$\lim\limits_{x\to x_0}f(x)$不存在.

对其他几种自变量变化趋势下的函数的极限也有类似的结论.

例 2 证明:极限$\lim\limits_{x\to 0^+}\sin\dfrac{\pi}{x}$不存在.

证明 设$f(x) = \sin\dfrac{\pi}{x}$. 取$x_n = \dfrac{1}{n+\dfrac{1}{2}}$,则$\lim\limits_{n\to\infty}x_n = 0$且$x_n > 0$. 而

$$f(x_n) = f\left(\dfrac{2}{2n+1}\right) = \sin\left(n\pi + \dfrac{\pi}{2}\right) = (-1)^n,$$

于是由数列$\{(-1)^n\}$的极限不存在及归并原理知极限$\lim\limits_{x\to 0^+}\sin\dfrac{\pi}{x}$不存在.

例 3 给出命题:若$\lim\limits_{n\to\infty}f\left(\dfrac{1}{n}\right) = a$,则$\lim\limits_{x\to 0^+}f(x) = a$. 判断该命题是否正确. 如正确,请给出证明;若不正确,请举出反例.

解 命题不正确. 因为根据归并原理,若要得到$\lim\limits_{x\to 0^+}f(x) = a$,需要对任意满足条件$\lim\limits_{n\to\infty}x_n = 0(x_n > 0)$且$x_n \neq 0$的数列$\{x_n\}$,都有$\lim\limits_{n\to\infty}f(x_n) = a$. 而该命题仅讨论了数列$\left\{\dfrac{1}{n}\right\}$,所以不正确. 例如,取

$$f(x) = \begin{cases} 1, & x\text{ 为有理数}, \\ 0, & x\text{ 为无理数}, \end{cases} \quad \text{或} \quad f(x) = \sin\dfrac{\pi}{x},$$

它们均满足数列$\left\{f\left(\dfrac{1}{n}\right)\right\}$极限存在的条件,但是$\lim\limits_{x\to 0^+}f(x)$不存在.

例 4 设函数$f(x)$在$(0,+\infty)$内满足方程$f(3x) = f(x)$,且$\lim\limits_{x\to+\infty}f(x) = a$. 证明:$f(x) \equiv a$,$\forall x \in (0,+\infty)$.

证明 用反证法证明. 假设存在一点$x_0 \in (0,+\infty)$,有$f(x_0) = b$且$b \neq a$. 于是由条件$f(3x) = f(x)$可得

$$f(3^n x_0) = f(3^{n-1}x_0) = \cdots = f(3^2 x_0) = f(3x_0) = f(x_0) = b,$$

从而得到数列$\{3^n x_0\}$. 记$x_n = 3^n x_0$,则有$\lim\limits_{n\to\infty}x_n = +\infty$,由$\lim\limits_{x\to+\infty}f(x) = a$及归并原理可得$\lim\limits_{n\to\infty}f(x_n) = a$. 这与

$$\lim\limits_{n\to\infty}f(x_n) = \lim\limits_{n\to\infty}f(3^n x_0) = b$$

矛盾. 故假设不成立,即$\forall x \in (0,+\infty)$,有$f(x) \equiv a$,得证.

第 2 讲　函数的极限

五、问题 5：使用函数极限的四则运算法则需要注意什么？

函数极限的四则运算法则与数列极限的四则运算法则类似，下面我们通过例题加以说明.

例 5　下面结论是否正确？若正确，请给出证明；若不正确，请举出反例.

(1) $\lim\limits_{x \to x_0} f(x) = a$ 的充要条件是 $\lim\limits_{x \to x_0} |f(x)| = |a|$；

(2) $\lim\limits_{x \to x_0} f(x) = a$ 的充要条件是 $\lim\limits_{x \to x_0} (f(x))^2 = a^2$；

(3) 若 $\lim\limits_{x \to x_0} f(x)$ 与 $\lim\limits_{x \to x_0} (f(x) + g(x))$ 都存在，则 $\lim\limits_{x \to x_0} g(x)$ 必存在；

(4) 若 $\lim\limits_{x \to x_0} f(x)$ 与 $\lim\limits_{x \to x_0} f(x)g(x)$ 都存在，则 $\lim\limits_{x \to x_0} g(x)$ 必存在.

解　(1) 当 $a = 0$ 时，结论成立；当 $a \neq 0$ 时，必要性由极限的定义可得，充分性不正确. 例如，取函数 $f(x) = \begin{cases} -1, & x \leqslant 0, \\ 1, & x < 0, \end{cases}$ 有 $\lim\limits_{x \to x_0} |f(x)| = 1$，但是 $\lim\limits_{x \to x_0} f(x)$ 不存在.

(2) 同 (1).

(3) 正确. 由 $g(x) = (f(x) + g(x)) - f(x)$ 以及函数极限的减法运算法则即可得到结论.

(4) 不正确. 例如，取函数 $f(x) = \sin x, g(x) = \dfrac{1}{x}$，则

$$\lim\limits_{x \to 0} f(x) = 0 \quad \text{且} \quad \lim\limits_{x \to 0} f(x)g(x) = \lim\limits_{x \to 0} \dfrac{\sin x}{x} = 1,$$

但是 $\lim\limits_{x \to 0} g(x)$ 不存在.

例 6　下面各题的计算是否正确？

(1) $\lim\limits_{x \to 0} \dfrac{\tan 5x}{\sqrt{1 - \cos 2x}} = \dfrac{1}{\sqrt{2}} \lim\limits_{x \to 0} \dfrac{\tan 5x}{\sin x} = \dfrac{5}{\sqrt{2}}$；

(2) $\lim\limits_{x \to 0^+} \sqrt{x} \sin \dfrac{1}{x} = \lim\limits_{x \to 0^+} \sqrt{x} \cdot \lim\limits_{x \to 0^+} \sin \dfrac{1}{x} = 0$；

(3) $\lim\limits_{x \to \infty} \dfrac{x - \sin x}{x} = \lim\limits_{x \to \infty} \left(1 - \dfrac{\sin x}{x}\right) = 1 - 1 = 0$；

(4) $\lim\limits_{x \to -\infty} (\sqrt{x^2 - x + 1} - \sqrt{x^2 + x + 2}) = \lim\limits_{x \to -\infty} \dfrac{-2x - 1}{\sqrt{x^2 - x + 1} + \sqrt{x^2 + x + 2}}$

$= \lim\limits_{x \to -\infty} \dfrac{-2 - \dfrac{1}{x}}{\sqrt{1 - \dfrac{1}{x} + \dfrac{1}{x^2}} + \sqrt{1 + \dfrac{1}{x} + \dfrac{2}{x^3}}} = -1.$

解　(1) 不正确. 在 $x \to 0$ 变化趋势下，x 可正可负，因此本题需要考虑函数的

左右极限. 因为

$$\lim_{x\to 0^+}\frac{\tan 5x}{\sqrt{1-\cos 2x}}=\lim_{x\to 0^+}\frac{\tan 5x}{\sqrt{2}\sin x}=\frac{1}{\sqrt{2}}\lim_{x\to 0^+}\frac{\tan 5x}{\sin x}=\frac{5}{\sqrt{2}},$$

$$\lim_{x\to 0^-}\frac{\tan 5x}{\sqrt{1-\cos 2x}}=\lim_{x\to 0^-}\frac{\tan 5x}{|\sqrt{2}\sin x|}=-\frac{1}{\sqrt{2}}\lim_{x\to 0^-}\frac{\tan 5x}{\sin x}=-\frac{5}{\sqrt{2}},$$

于是左右极限不相等,故 $\lim\limits_{x\to 0}\dfrac{\tan 5x}{\sqrt{1-\cos 2x}}$ 不存在.

(2) 不正确. 利用函数极限的四则运算法则的前提条件是函数的极限都要存在,而在本题中,极限 $\lim\limits_{x\to 0^+}\sin\dfrac{1}{x}$ 不存在,所以不能用极限的乘法运算法则. 可以用函数极限的定义来证明 $\lim\limits_{x\to 0^+}\sqrt{x}\sin\dfrac{1}{x}=0$,过程如下:

$\forall \varepsilon > 0$,由 $\left|\sin\dfrac{1}{x}\right| < 1$ 可知,要使得

$$\left|\sqrt{x}\sin\dfrac{1}{x}-0\right|<\sqrt{x}<\varepsilon,$$

只要 $x<\varepsilon^2$. 于是取 $\delta=\varepsilon^2$,当 $0<x<\delta$ 时,恒有 $\left|\sqrt{x}\sin\dfrac{1}{x}-0\right|<\varepsilon$,得证.

注 由上证明过程可以看出,若 $f(x)$ 在点 x_0 的邻域内有界,且 $\lim\limits_{x\to x_0}g(x)=0$,则 $\lim\limits_{x\to x_0}f(x)g(x)=0$. 对其他变化趋势下的极限,也有类似的结论.

(3) 不正确. 对于重要极限 $\lim\limits_{x\to 0}\dfrac{\sin x}{x}=1$,其自变量的变化趋势为 $x\to 0$,而本题中自变量的变化趋势为 $x\to\infty$,故 $\lim\limits_{x\to\infty}\dfrac{\sin x}{x}\neq 1$. 因为 $|\sin x|\leqslant 1$,且 $\lim\limits_{x\to\infty}\dfrac{1}{x}=0$,所以类似(2)可得 $\lim\limits_{x\to\infty}\dfrac{\sin x}{x}=0$,故

$$\lim_{x\to\infty}\left(1-\dfrac{\sin x}{x}\right)=1-\lim_{x\to\infty}\dfrac{\sin x}{x}=1-0=1.$$

(4) 不正确. 因为变化趋势 $x\to -\infty$ 意味着 $x<0$,所以第二步应该是分子分母同除以 $-x$. 正确解法如下:

$$原式=\lim_{x\to-\infty}\frac{-2x-1}{\sqrt{x^2-x+1}+\sqrt{x^2+x+2}}$$

$$=\lim_{x\to-\infty}\frac{-2x-1}{|x|\sqrt{1-\dfrac{1}{x}+\dfrac{1}{x^2}}+|x|\sqrt{1+\dfrac{1}{x}+\dfrac{2}{x^3}}}$$

$$= \lim_{x\to\infty} \frac{2+\dfrac{1}{x}}{\sqrt{1-\dfrac{1}{x}+\dfrac{1}{x^2}}+\sqrt{1+\dfrac{1}{x}+\dfrac{2}{x^3}}} = 1.$$

六、问题 6：如何求函数的极限？

这里我们主要利用函数极限的四则运算法则、复合函数极限的运算法则、重要极限、夹逼准则等结论来求函数的极限，后期我们会学到更多的方法. 下面给出几个常用的结论：

(1) 若 $P_n(x), Q_m(x)$ 都是多项式函数，对于有理函数 $\dfrac{P_n(x)}{Q_m(x)}$，有

$$\lim_{x\to x_0}\frac{P_n(x)}{Q_m(x)} = \frac{\lim\limits_{x\to x_0}P_n(x)}{\lim Q_m(x)} = \frac{P_n(x_0)}{Q_m(x_0)} \quad (Q_m(x_0)\neq 0),$$

$$\lim_{x\to\infty}\frac{a_0 x^n + a_1 x^{n-1} + \cdots + a_n}{b_0 x^m + b_1 x^{m-1} + \cdots + b_m} = \begin{cases} \dfrac{a_0}{b_0}, & n=m, \\ 0, & n<m \end{cases} \quad (b_0\neq 0, m,n\in \mathbf{N}_+).$$

(2) $\lim\limits_{x\to 0}\dfrac{\sqrt[n]{1+x}-1}{x} = \dfrac{1}{n}$ ($n\in \mathbf{N}_+$)，也可表示为 $\lim\limits_{\square\to 0}\dfrac{\sqrt[n]{1+\square}-1}{\square} = \dfrac{1}{n}$.

例 7 设 $P(x)$ 为多项式函数，且

$$\lim_{x\to\infty}\frac{P(x)-2x^3}{x^2} = 2, \quad \lim_{x\to 0}\frac{P(x)}{x} = 1,$$

求 $P(x)$.

解 因为 $P(x)$ 为多项式函数，且 $\lim\limits_{x\to\infty}\dfrac{P(x)-2x^3}{x^2}=2$，所以根据结论(1)中第二个极限式，可设 $P(x)=2x^3+2x^2+ax+b$. 于是

$$1 = \lim_{x\to 0}\frac{P(x)}{x} = \lim_{x\to 0}\frac{2x^3+2x^2+ax+b}{x} = a + \lim_{x\to 0}\frac{b}{x},$$

从而有 $a=1, b=0$. 故 $P(x)=2x^3+2x^2+x$.

例 8 计算下列函数的极限：

(1) $\lim\limits_{x\to 0}\dfrac{(1+\cos x)(\sqrt[3]{1-x}-1)}{3\sin x + x^2\cos\dfrac{1}{x}}$;

(2) $\lim\limits_{x\to 0}\left(\dfrac{2+\mathrm{e}^{\frac{1}{x}}}{1+\mathrm{e}^{\frac{4}{x}}} + \dfrac{\sin x}{|x|}\right)$;

(3) $\lim\limits_{x\to -\infty}\dfrac{\sqrt{4x^2+x+1}+x+1}{\sqrt{x^2+\sin x}}$;

(4) $\lim\limits_{x\to 1}\dfrac{1+\cos(\pi x)}{(x-1)^2}$;

(5) $\lim\limits_{x \to 0} \dfrac{1 - \cos x \cos 2x}{\arcsin x^2}$;   (6) $\lim\limits_{x \to \infty} \left(\dfrac{x^2 + 3}{x^2 + 1}\right)^{-x^2}$.

解 (1) 原式 $= \lim\limits_{x \to 0}(1 + \cos x) \cdot \lim\limits_{x \to 0} \dfrac{\sqrt[3]{1-x} - 1}{-x} \cdot \lim\limits_{x \to 0} \dfrac{-x}{3\sin x + x^2 \cos \dfrac{1}{x}}$

$$= 2 \cdot \dfrac{1}{3} \cdot \lim\limits_{x \to 0} \dfrac{-1}{\dfrac{3\sin x}{x} + x \cos \dfrac{1}{x}} = -\dfrac{2}{3} \cdot \dfrac{1}{3+0} = -\dfrac{2}{9}.$$

(2) 由于 $\lim\limits_{x \to 0^-} e^{\frac{1}{x}} = 0$, 而 $\lim\limits_{x \to 0^+} e^{\frac{1}{x}}$ 不存在, 并且当 x 趋向于 0 时, 函数 $\dfrac{\sin x}{|x|}$ 的左右极限不相等, 所以本题需要分左右极限来讨论. 因为

$$\lim\limits_{x \to 0^-} \left(\dfrac{2 + e^{\frac{1}{x}}}{1 + e^{\frac{4}{x}}} + \dfrac{\sin x}{|x|}\right) = \lim\limits_{x \to 0^-} \dfrac{2 + e^{\frac{1}{x}}}{1 + e^{\frac{4}{x}}} - \lim\limits_{x \to 0^-} \dfrac{\sin x}{x} = \dfrac{2 + 0}{1 + 0} - 1 = 1,$$

$$\lim\limits_{x \to 0^+} \left(\dfrac{2 + e^{\frac{1}{x}}}{1 + e^{\frac{4}{x}}} + \dfrac{\sin x}{|x|}\right) = \lim\limits_{x \to 0^+} \dfrac{2e^{-\frac{4}{x}} + e^{-\frac{3}{x}}}{e^{-\frac{4}{x}} + 1} + \lim\limits_{x \to 0^+} \dfrac{\sin x}{x} = \dfrac{0 + 0}{1 + 0} + 1 = 1,$$

所以原式 $= 1$.

(3) 因为

$$原式 = \lim\limits_{x \to -\infty} \dfrac{|x|\sqrt{4 + \dfrac{1}{x} + \dfrac{1}{x^2}} + x + 1}{|x|\sqrt{1 + \dfrac{\sin x}{x^2}}} = \lim\limits_{x \to -\infty} \dfrac{\sqrt{4 + \dfrac{1}{x} + \dfrac{1}{x^2}} - 1 - \dfrac{1}{x}}{\sqrt{1 + \dfrac{\sin x}{x^2}}},$$

又 $\lim\limits_{x \to -\infty} \dfrac{\sin x}{x^2} = 0$, 所以原式 $= 1$.

(4) 令 $x - 1 = t$, 则当 $x \to 1$ 时, 有 $t \to 0$, 于是

$$原式 = \lim\limits_{t \to 0} \dfrac{1 + \cos(\pi + \pi t)}{t^2} = \pi^2 \lim\limits_{t \to 0} \dfrac{1 - \cos(\pi t)}{(\pi t)^2} = \dfrac{\pi^2}{2}.$$

(5) 由积化和差公式有 $\cos x \cos 2x = \dfrac{1}{2}(\cos x + \cos 3x)$, 故

$$原式 = \lim\limits_{x \to 0} \dfrac{2 - \cos x - \cos 3x}{2x^2} \cdot \lim\limits_{x \to 0} \dfrac{x^2}{\arcsin x^2} = \dfrac{1}{2} \lim\limits_{x \to 0} \dfrac{2 - \cos x - \cos 3x}{x^2}$$

$$= \dfrac{1}{2}\left(\lim\limits_{x \to 0} \dfrac{1 - \cos x}{x^2} + \lim\limits_{x \to 0} \dfrac{9(1 - \cos 3x)}{(3x)^2}\right) = \dfrac{1}{2}\left(\dfrac{1}{2} + \dfrac{9}{2}\right) = \dfrac{5}{2}.$$

(6) 令 $\dfrac{x^2 + 3}{x^2 + 1} = 1 + t$, 即 $t = \dfrac{2}{x^2 + 1}$, 则当 $x \to \infty$ 时, 有 $t \to 0$, 且 $x^2 = \dfrac{2}{t} - 1$,

故
$$\text{原式} = \lim_{x\to\infty}\left(1+\frac{2}{x^2+1}\right)^{-x^2} = \lim_{t\to 0}(1+t)^{-\frac{2}{t}+1}$$
$$= \lim_{t\to 0}((1+t)^{\frac{1}{t}})^{-2} \cdot \lim_{t\to 0}(1+t) = e^{-2}.$$

例 9 确定常数 a,b,c 的值,使得下列等式成立:

(1) $\lim\limits_{x\to\infty}\dfrac{ax+2|x|}{bx-|x|}\arctan x = \dfrac{\pi}{2}$;

(2) $\lim\limits_{x\to+\infty}(3x-\sqrt{ax^2-x+1}) = b$;

(3) $\lim\limits_{x\to\infty}(\sqrt[3]{1-x^3}-ax-b) = 0$;

(4) $\lim\limits_{x\to -1}\dfrac{x^3+ax+b}{2x^3+3x^2-1} = c$;

(5) $\lim\limits_{x\to 1}\dfrac{a(x-1)^2+b(x-1)+c-\sqrt{x^2+3}}{(x-1)^2} = 0$.

解 (1) 因为
$$\lim_{x\to+\infty}\frac{ax+2|x|}{bx-|x|}\arctan x = \frac{a+2}{b-1}\cdot\frac{\pi}{2} = \frac{\pi}{2},$$
所以 $a+2 = b-1$;又因为
$$\lim_{x\to-\infty}\frac{ax+2|x|}{bx-|x|}\arctan x = \frac{a-2}{b+1}\cdot\left(-\frac{\pi}{2}\right) = \frac{\pi}{2},$$
所以 $a-2 = -1-b$. 解得 $a = -1, b = 2$.

(2) 由
$$\lim_{x\to+\infty}(3x-\sqrt{ax^2-x+1}) = \lim_{x\to+\infty}\frac{(9-a)x^2+x-1}{3x+\sqrt{ax^2-x+1}} = b,$$
可得 $\begin{cases} 9-a=0, \\ \dfrac{1}{3+\sqrt{a}}=b, \end{cases}$ 解得 $a=9, b=\dfrac{1}{6}$.

(3) 因为 $\lim\limits_{x\to\infty}\dfrac{1}{x}=0$,所以 $\lim\limits_{x\to\infty}\dfrac{\sqrt[3]{1-x^3}-ax-b}{x}=0$,于是
$$a = \lim_{x\to\infty}\frac{\sqrt[3]{1-x^3}-b}{x} = \lim_{x\to\infty}\left(\sqrt[3]{\frac{1}{x^3}-1}-\frac{b}{x}\right) = -1,$$
从而
$$b = \lim_{x\to\infty}(\sqrt[3]{1-x^3}+x) = \lim_{x\to\infty}\left(-x\sqrt[3]{1-\frac{1}{x^3}}+x\right)$$

$$= \lim_{x \to \infty} \frac{1 - \sqrt[3]{1 - \frac{1}{x^3}}}{\frac{1}{x^3}} \cdot \frac{1}{x^2} = \frac{1}{3} \cdot 0 = 0.$$

(4) 因为 $\lim_{x \to -1} \dfrac{x^3 + ax + b}{2x^3 + 3x^2 - 1}$ 存在且 $\lim_{x \to -1}(2x^3 + 3x^2 - 1) = 0$,所以

$$\lim_{x \to -1}(x^3 + ax + b) = 0,$$

则 $-1 - a + b = 0$,即 $b = a + 1$. 于是

$$\lim_{x \to -1} \frac{x^3 + ax + a + 1}{2x^3 + 3x^2 - 1} = \lim_{x \to -1} \frac{(x^3 + 1) + a(x + 1)}{2(x^3 + x^2) + (x^2 - 1)}$$

$$= \lim_{x \to -1} \frac{x^2 - x + 1 + a}{2x^2 + x - 1} = c.$$

同理,有 $\lim_{x \to -1}(x^2 - x + 1 + a) = 0$,求得 $a = -3$,则 $b = a + 1 = -2$. 而

$$c = \lim_{x \to -1} \frac{x^2 - x - 2}{2x^2 + x - 1} = \lim_{x \to -1} \frac{x - 2}{2x - 1} = 1.$$

(5) 因为 $\lim_{x \to 1} \dfrac{a(x-1)^2 + b(x-1) + c - \sqrt{x^2 + 3}}{(x-1)^2}$ 存在且 $\lim_{x \to 1}(x-1)^2 = 0$,故

$$\lim_{x \to 1}(a(x-1)^2 + b(x-1) + c - \sqrt{x^2 + 3}) = 0,$$

于是 $c = 2$. 从而

$$原式 = \lim_{x \to 1} \frac{a(x-1)^2 + b(x-1) + \dfrac{1 - x^2}{2 + \sqrt{x^2 + 3}}}{(x-1)^2}$$

$$= \lim_{x \to 1} \frac{a(x-1) + b - \dfrac{x + 1}{2 + \sqrt{x^2 + 3}}}{x - 1}$$

$$= 0.$$

同理,有 $\lim_{x \to 1}\left(a(x-1) + b - \dfrac{x+1}{2 + \sqrt{x^2 + 3}}\right) = 0$,于是 $b = \dfrac{1}{2}$. 又因为

$$0 = \lim_{x \to 1} \frac{a(x-1) + \dfrac{1}{2} - \dfrac{x+1}{2 + \sqrt{x^2 + 3}}}{x - 1} = \lim_{x \to 1} \frac{a(x-1) + \dfrac{\sqrt{x^2 + 3} - 2x}{2(2 + \sqrt{x^2 + 3})}}{x - 1}$$

$$= \lim_{x \to 1} \frac{a(x-1) + \dfrac{3 - 3x^2}{2(2 + \sqrt{x^2 + 3})(\sqrt{x^2 + 3} + 2x)}}{x - 1}$$

$$= \lim_{x \to 1}\left(a - \frac{3(1+x)}{2(2+\sqrt{x^2+3})(\sqrt{x^2+3}+2x)}\right) = a - \frac{3}{16},$$

所以 $a = \dfrac{3}{16}$.

例 10 利用函数极限的夹逼定理求极限 $\lim\limits_{x \to +\infty} x^{\frac{1}{x}}$.

证明 不妨设 $x \geqslant 1$，$[x]$ 表示不超过 x 的最大整数，则 $[x] \leqslant x < [x]+1$. 记 $[x] = n$，则 $n \in \mathbf{N}_+$，且 $x \to +\infty \Leftrightarrow n \to \infty$，并有
$$n^{\frac{1}{n+1}} < x^{\frac{1}{x}} < (n+1)^{\frac{1}{n}},$$

由 $\lim\limits_{n \to \infty} \sqrt[n]{n} = 1$ 可得
$$\lim_{n \to \infty} n^{\frac{1}{n+1}} = \lim_{n \to \infty} \sqrt[n+1]{n} = 1, \quad \lim_{n \to \infty}(n+1)^{\frac{1}{n}} = \lim_{n \to \infty} \sqrt[n]{n+1} = 1,$$

故 $\lim\limits_{x \to +\infty} x^{\frac{1}{x}} = 1$.

2.3 练习题

1. 用定义证明下列函数的极限：

(1) $\lim\limits_{x \to 3} \dfrac{\sqrt{1+x}-2}{x-3} = \dfrac{1}{4}$；

(2) $\lim\limits_{x \to 0^-} a^{\frac{1}{x}} = 0 \ (a > 1)$；

(3) $\lim\limits_{x \to \infty} \dfrac{3x^2+2x}{x^2-5} = 3$；

(4) $\lim\limits_{x \to +\infty} \arctan x = \dfrac{\pi}{2}$.

2. 填空题.

(1) 设 $\lim\limits_{x \to 1} f(x)$ 存在，且 $f(x) = x^2 + 3\lim\limits_{x \to 1} f(x)$，则 $f(x) = $ _____.

(2) 若 $\lim\limits_{x \to 0} \dfrac{\sqrt{1+f(x)\tan x}-1}{\arctan x} = 2$，则 $\lim\limits_{x \to 0} f(x) = $ _____.

(3) $\lim\limits_{x \to \infty} \dfrac{(x-1)^{30}(2x+3)^{70}}{(5x-9)^{100}} = $ _____.

(4) $\lim\limits_{x \to \infty} \dfrac{x^2 - 5\cos x}{3x^2 + 6\sin x} = $ _____.

3. 讨论下列函数的极限是否存在：

(1) $f(x) = \dfrac{1}{1+\mathrm{e}^{\frac{x}{x-1}}}$，$x \to 1$；

(2) $f(x) = \dfrac{\mathrm{e}^{\frac{1}{x}}}{\mathrm{e}^{\frac{1}{x}} - \mathrm{e}^{-\frac{1}{x}}}$，$x \to 0$；

(3) $f(x) = x - [x]$，$x \to 0$（其中 $[x]$ 表示不超过 x 的最大整数）；

(4) $f(x) = \dfrac{1}{x}\cos\dfrac{1}{x}$, $x \to \infty$.

4. 设 $f(x)$ 为三次多项式函数，且
$$\lim_{x \to 1}\dfrac{f(x)}{x-1} = \lim_{x \to 3}\dfrac{f(x)}{x-3} = 2,$$
求函数 $f(x)$ 以及极限 $\lim\limits_{x \to 2}\dfrac{f(x)}{x-2}$.

5. 求下列函数的极限：

(1) $\lim\limits_{x \to 0}\dfrac{\sqrt{1+x}+\sqrt{1-x}-2}{x^2}$;

(2) $\lim\limits_{x \to 0}\left(\dfrac{\pi+e^{\frac{1}{x}}}{1+e^{\frac{2}{x}}}+\arctan\dfrac{1}{x}\right)$;

(3) $\lim\limits_{x \to 0}\dfrac{\cos x - \cos(\sin 3x)}{x^2}$;

(4) $\lim\limits_{x \to +\infty}\left(\sqrt{x+\sqrt{2x+\sqrt{3x}}}-\sqrt{x}\right)$;

(5) $\lim\limits_{x \to +\infty}\left(\dfrac{x+1}{x-1}\right)^x$;

(6) $\lim\limits_{n \to \infty}\left(1+\dfrac{2}{3n}\right)^{2n}$.

6. 确定常数 a, b 的值，使得下列等式成立：

(1) $\lim\limits_{x \to -2}\dfrac{x^2-ax+b}{x^2-4} = \dfrac{1}{4}$;

(2) $\lim\limits_{x \to 1}\left(\dfrac{a}{1-x^2}-\dfrac{bx}{1-x}\right) = \dfrac{3}{2}$;

(3) $\lim\limits_{x \to +\infty}(\sqrt{x^2+2x+3}+ax+b) = 0$;

(4) $\lim\limits_{x \to \infty}(\sqrt[3]{1+x^2+x^3}-ax-b) = 0$.

第3讲 无穷小量与无穷大量

3.1 内容提要

一、无穷小量的概念

若 $\lim\limits_{x\to x_0}f(x)=0$，则称函数 $f(x)$ 是当 $x\to x_0$ 时的无穷小量.

类似地，对如下形式的极限

$$\lim_{x\to x_0^+}f(x),\quad \lim_{x\to x_0^-}f(x),\quad \lim_{x\to +\infty}f(x),\quad \lim_{x\to -\infty}f(x),\quad \lim_{x\to \infty}f(x),\quad \lim_{n\to \infty}a_n,$$

也可得到相应的无穷小量的概念.

二、无穷小量的性质

在自变量有相同变化趋势的条件下，无穷小量具有以下性质：

(1) 有限个无穷小量的和（积）是无穷小量；

(2) 无穷小量与有界变量之积仍然是无穷小量.

注 由极限的绝对值性质以及极限的加减法运算法则，在自变量有相同变化趋势的条件下，容易得到下面两个结论：

(1) $f(x)$（或 a_n）为无穷小量 $\Leftrightarrow |f(x)|$（或 $|a_n|$）为无穷小量.

(2) 在某种变化趋势下，函数 $f(x)$（或 a_n）的极限值为 $A \Leftrightarrow f(x)=A+\alpha$（或 $a_n=A+\alpha$），其中 α 为该变化趋势下的无穷小量. 此结论表示函数与其极限值之间相差一个无穷小量，也即函数极限与无穷小量之间存在转换关系.

三、无穷小量阶的定义

下面用 X,Y,Z 表示因变量 $f(x)$ 或 a_n，用 lim 表示七种极限过程中的任何一种. 设 X 与 Y 是同一极限过程中的两个无穷小量，且 $Y\neq 0$.

(1) 若 $\lim\dfrac{X}{Y}=0$，则称 X 是 Y 的高阶无穷小，也称 Y 是 X 的低阶无穷小，记为 $X=o(Y)$. 特别地，记号 $Z=o(1)$ 表示变量 Z 本身是为无穷小量.

(2) 若存在常数 $L>0$，使得在该点的某去心邻域内恒有 $\left|\dfrac{X}{Y}\right|\leqslant L$，则称 $\dfrac{X}{Y}$ 是局部有界的，记为 $X=O(Y)$. 特别地，记号 $Z=O(1)$ 表示变量 Z 在该点的去心邻域内有界.

(3) 若 $X=O(Y)$,且 $Y=O(X)$,即存在两个正数 K 与 L,使得在该点的去心邻域内恒有 $K \leqslant \left|\dfrac{X}{Y}\right| \leqslant L$,则称 X 与 Y 是同阶无穷小. 特别地,若 $\lim \dfrac{X}{Y}=c \neq 0$,则 X 与 Y 是同阶无穷小.

(4) 若 $\lim \dfrac{X}{Y}=1$,则称 X 与 Y 是等价无穷小,记为 $X \sim Y$.

(5) 若存在常数 $k>0$,使得 $\lim \dfrac{X}{Y^k}=c \neq 0$,则称 X 是 Y 的 k 阶无穷小.

四、等价无穷小量的性质

1) 若 $X \sim Y$,则 $X-Y=o(X)=o(Y)$.

2) (1) 自反性:$X \sim X$;

  (2) 对称性:若 $X \sim Y$,则 $Y \sim X$;

  (3) 传递性:若 $X \sim Y$ 且 $Y \sim Z$,则 $X \sim Z$.

3) 若 $X \sim \widetilde{X}, Y \sim \widetilde{Y}$,且 $\lim \dfrac{\widetilde{X}}{\widetilde{Y}}=A$,则 $\lim \dfrac{X}{Y}$ 也存在,且

$$\lim \dfrac{\widetilde{X}}{\widetilde{Y}} = \lim \dfrac{X}{Y} = A.$$

该性质表明,在极限的乘除法运算中,等价的无穷小量可以互相代换,称之为无穷小的等价代换.

注 当 $\square \to 0$ 时,有如下常用的等价无穷小量关系式:

(1) $\sin\square \sim \square$; (2) $\tan\square \sim \square$;

(3) $1-\cos\square \sim \dfrac{1}{2}\square^2$; (4) $\arcsin\square \sim \square$;

(5) $\arctan\square \sim \square$; (6) $(1+\square)^\alpha - 1 \sim \alpha\square$ $(\alpha \in \mathbf{R})$;

(7) $\log_a(1+\square) \sim \dfrac{1}{\ln a}\square$ $(a>0)$; (8) $\ln(1+\square) \sim \square$;

(9) $a^\square - 1 \sim \square \ln a$ $(a>0)$; (10) $e^\square - 1 \sim \square$.

五、无穷大量的定义

设函数 $f(x)$ 在点 x_0 的某去心邻域 $\mathring{N}(x_0)$ 内有定义. 若对任意 $G>0$,总存在 $\delta>0$,使得当 $0<|x-x_0|<\delta$ 时,恒有 $|f(x)|>G$,则称 $f(x)$ 是当 $x \to x_0$ 时的无穷大量,记为

$$\lim_{x \to x_0} f(x) = \infty \quad \text{或} \quad f(x) \to \infty \quad (x \to x_0).$$

注 (1) 将上述定义中的不等式 $|f(x)|>G$ 替换为 $f(x)>G$ 或 $f(x)<-G$,则称 $f(x)$ 是当 $x \to x_0$ 时的正无穷大量或负无穷大量,分别记为

$$\lim_{x \to x_0} f(x) = +\infty \quad \text{或} \quad f(x) \to +\infty \quad (x \to x_0),$$
$$\lim_{x \to x_0} f(x) = -\infty \quad \text{或} \quad f(x) \to -\infty \quad (x \to x_0).$$

(2) 类似可以定义其他极限过程 ($x \to x_0^+, x_0^-, \infty, -\infty, +\infty$) 的无穷大量、正无穷大量和负无穷大量.

六、无穷大量的性质

1) 有限个无穷大量的乘积仍然是无穷大量.

2) 无穷大量与有界变量之和仍然是无穷大量.

3) 若 X 是无穷大量,则 $\frac{1}{X}$ 是无穷小量;反之,若 X 是无穷小量且 $X \neq 0$,则 $\frac{1}{X}$ 是无穷大量.

七、无穷大量的比较

与无穷小量类似,无穷大量也能进行阶的比较. 下面仅给出极限过程 $x \to x_0$ 时的定义,其他极限过程的定义类似可得.

设当 $x \to x_0$ 时,$u(x)$ 与 $v(x)$ 均为无穷大量.

(1) 若极限 $\lim\limits_{x \to x_0} \dfrac{u(x)}{v(x)} = \infty$,即当 $x \to x_0$ 时 $u(x)$ 比 $v(x)$ 发散到 ∞ 的速度快,则称 $u(x)$ 是 $v(x)$ 的高阶无穷大,或称 $v(x)$ 是 $u(x)$ 的低阶无穷大.

(2) 若存在正数 L 与 δ,使得在 $\mathring{N}(x_0, \delta)$ 内恒有 $\left| \dfrac{u(x)}{v(x)} \right| \leqslant L$,则称当 $x \to x_0$ 时,$\dfrac{u(x)}{v(x)}$ 局部有界,记为 $u(x) = O(v(x))(x \to x_0)$.

(3) 若当 $x \to x_0$ 时,有 $u(x) = O(v(x))$ 和 $v(x) = O(u(x))$,即存在正数 K,L 与 δ,使得在 $\mathring{N}(x_0, \delta)$ 内恒有 $K \leqslant \left| \dfrac{u(x)}{v(x)} \right| \leqslant L$,则称 $u(x)$ 与 $v(x)$ 是同阶无穷大. 特别地,若 $\lim\limits_{x \to x_0} \dfrac{u(x)}{v(x)} = c \neq 0$,则 $u(x)$ 与 $v(x)$ 是同阶无穷大.

(4) 若 $\lim\limits_{x \to x_0} \dfrac{u(x)}{v(x)} = 1$,则称当 $x \to x_0$ 时 $u(x)$ 与 $v(x)$ 是等价无穷大,记为
$$u(x) \sim v(x) \quad (x \to x_0).$$

3.2 例题与释疑解难

一、问题 1:无穷小量和无穷大量的概念应如何理解?

首先,无穷大量和无穷小量与自变量的变化过程有关. 例如,$\dfrac{1}{x}$ 是当 $x \to \infty$ 时

的无穷小量,而当 $x \to 0$ 时,$\dfrac{1}{x}$ 为无穷大量;当 $x \to \dfrac{\pi}{2}$ 时,$\tan x$ 是无穷大量;当 $x \to +\infty$ 时,e^x 是正无穷大量,而当 $x \to -\infty$ 时,e^x 是无穷小量;当 $x \to 0^+$ 时,$\ln x$ 是负无穷大量.

其次,无穷小量是以 0 为极限的变量,任何一个非零常数,不论其绝对值如何小,都不是无穷小量. 而 0 作为常值函数,是任何变化趋势下的无穷小量. 同理,无穷大量也是某个极限过程中的一个变量,说一个很大的数是无穷大量是不正确的.

例 1 回答下面关于无穷小量和无穷大量的问题:

(1) 一个无穷小量除以一个非零的有界函数,是否一定是无穷小量?

(2) 一个无穷大量除以一个非零的有界函数,是否一定是无穷大量?

(3) 无穷小量的倒数都是无穷大量吗? 无穷大量的倒数都是无穷小量吗?

(4) 两个无穷大量的和一定是无穷大量吗?

(5) 无穷大量与有界变量的乘积一定是无穷大量吗?

解 (1) 不一定. 例如,当 $x \to 0$ 时,x 是无穷小量,且 $\sin x$ 在 $x=0$ 的去心邻域内为一个非零的有界函数,但是 $\lim\limits_{x \to 0} \dfrac{x}{\sin x} = 1$,即当 $x \to 0$ 时,$\dfrac{x}{\sin x}$ 不是无穷小量.

(2) 正确. 设 $\lim\limits_{x \to x_0} f(x) = \infty$,且当 $0 < |x - x_0| < \delta$ 时 $|g(x)| \leqslant M (M > 0)$. 由无穷大量的定义,即 $\forall G > 0, \exists \delta_1 > 0$,使得当 $0 < |x - x_0| < \delta_1$ 时,有
$$|f(x)| > MG.$$
令 $\eta = \min\{\delta, \delta_1\}$,则当 $0 < |x - x_0| < \eta$ 时,有
$$\left|\dfrac{f(x)}{g(x)}\right| > \dfrac{MG}{M} = G,$$
故 $\lim\limits_{x \to x_0} \dfrac{f(x)}{g(x)} = \infty$. 其他变化趋势类似可证.

(3) 前面提到:若 X 是无穷大量,则 $\dfrac{1}{X}$ 是无穷小量;反之,若 X 是无穷小量且 $X \neq 0$,则 $\dfrac{1}{X}$ 是无穷大量. 于是对于本问,无穷大量的倒数一定是无穷小量,但是,无穷小量的倒数不一定是无穷大量. 例如,当 $x \to 0$ 时,$f(x) = x \sin \dfrac{1}{x}$ 是无穷小量,而对于 $g(x) = \dfrac{1}{x \sin \dfrac{1}{x}}$,若取 $x_n = \dfrac{1}{n\pi}$,则由 $f(x_n) = 0$ 可知,在点 $x_0 = 0$ 的任意去心邻域 $\mathring{N}(x_0)$ 中总有使 $g(x)$ 没有定义的点,所以不符合无穷大量的定义,即 $f(x)$ 的倒数不是无穷大量.

(4) 不一定. 例如, 设 $f(x)=2x+\dfrac{1}{x}, g(x)=-2x$, 则
$$\lim_{x\to+\infty} f(x)=+\infty, \quad \lim_{x\to+\infty} g(x)=-\infty,$$
但是 $\lim\limits_{x\to+\infty}(f(x)+g(x))=0.$

又如, 设 $f(x)=2x+\sin x, g(x)=-2x$, 则
$$\lim_{x\to+\infty} f(x)=+\infty, \quad \lim_{x\to+\infty} g(x)=-\infty,$$
但是 $\lim\limits_{x\to+\infty}(f(x)+g(x))=\lim\limits_{x\to+\infty}\sin x$ 不存在.

(5) 不一定. 例如, 当 $x\to 0$ 时, $\dfrac{1}{x}$ 是无穷大量, $\sin\dfrac{1}{x}$ 是有界变量, 但 $\dfrac{1}{x}\sin\dfrac{1}{x}$ 不是无穷大量.

例 2 用定义证明:

(1) $\lim\limits_{n\to\infty}\dfrac{n^2+3}{2n+1}=+\infty$; (2) $\lim\limits_{x\to -2^+}\dfrac{x^2}{x^2-4}=-\infty.$

解 (1) $\forall G>0$, 由于
$$\frac{n^2+3}{2n+1}\geqslant \frac{n^2}{2n+n}=\frac{n}{3},$$
因此要使得 $\dfrac{n^2+3}{2n+1}>G$, 只要 $n>3G$. 于是取 $N=[3G]+1$, 当 $n>N$ 时, 恒有
$$\frac{n^2+3}{2n+1}\geqslant \frac{n}{3}>\frac{N}{3}=\frac{[3G]+1}{3}>G,$$
所以由正无穷大量的定义即得 $\lim\limits_{n\to\infty}\dfrac{n^2+3}{2n+1}=+\infty.$

(2) $\forall G>0$, 要使得
$$\frac{x^2}{x^2-4}=\frac{x^2}{(x+2)(x-2)}<-G.$$
由于 $x\to -2^+$, 因此限定 $0<x+2<1$, 即 $-2<x<-1$, 则 $x^2<4$ 且 $\dfrac{1}{x-2}<-\dfrac{1}{4}$.
于是
$$\frac{x^2}{x^2-4}=\frac{x^2}{(x+2)(x-2)}<\frac{4}{x+2}\cdot\left(-\frac{1}{4}\right)=-\frac{1}{x+2},$$
从而只要 $-\dfrac{1}{x+2}<-G$ 且 $0<x+2<1$ 即可. 此时取 $\delta=\min\left\{1,\dfrac{1}{G}\right\}$, 则当 $0<x+2<\delta$ 时, 恒有
$$\frac{x^2}{x^2-4}<-G,$$

从而由负无穷大量的定义即得 $\lim\limits_{x\to -2^+}\dfrac{x^2}{x^2-4}=-\infty.$

例 3 已知 $\lim\limits_{x\to x_0}f(x)=A>0$, 且 $\lim\limits_{x\to x_0}g(x)=+\infty$, 用定义证明:
$$\lim_{x\to x_0}f(x)g(x)=+\infty.$$

证明 因为 $\lim\limits_{x\to x_0}f(x)=A>\dfrac{A}{2}$, 所以由函数极限的局部保号性可得, 存在 $\delta_1>0$, 当 $0<|x-x_0|<\delta_1$ 时, 有 $f(x)>\dfrac{A}{2}>0$.

又因为 $\lim\limits_{x\to x_0}g(x)=+\infty$, 则 $\forall G>0$, 存在 $\delta_2>0$, 当 $0<|x-x_0|<\delta_2$ 时, 有 $g(x)>G$.

取 $\delta=\min\{\delta_1,\delta_2\}$, 则当 $0<|x-x_0|<\delta$ 时, 有
$$f(x)g(x)>\dfrac{AG}{2}>0.$$

因为 G 为任意常数, 所以 $\dfrac{AG}{2}$ 本质上也是一个大于 0 的任意常数, 从而由正无穷大量的定义可得 $\lim\limits_{x\to x_0}f(x)g(x)=+\infty.$

二、问题 2：无穷大量和无界函数两个概念是否等价？两者有何关系？

无穷大量和无界函数是两个不同的概念. 一方面, 无穷大量需要指定自变量的变化趋势, 而无界函数一般需要指定区间; 另一方面, 无穷大量需要考虑一个区间内的所有点的函数值, 而无界函数仅需要考虑指定区间内的某些点的函数值. 例如, $\lim\limits_{x\to x_0}f(x)=\infty$ 指的是：对任意 $M>0$, 存在 $\delta>0$, 当 $0<|x-x_0|<\delta$ 时, 总有 $|f(x)|>M$; 而函数 $f(x)$ 在区间 (x_0,a) (a 为常数) 内无界指的是：对任意 $M>0$, 存在点 $\bar{x}\in(x_0,a)$, 使得 $|f(\bar{x})|>M$.

由上面两个定义不难看出：若函数 $f(x)$ 在 $x\to x_0$ 时是无穷大量, 则该函数在点 x_0 的邻域内是无界函数.

例 4 证明：函数 $f(x)=\dfrac{1}{x}\sin\dfrac{1}{x}$ 在区间 $(0,1]$ 上无界, 但当 $x\to 0^+$ 时, $f(x)$ 不是无穷大量.

证明 $\forall M>0$, 取正整数 n 使得 $2n\pi+\dfrac{\pi}{2}>M$, 则 $\bar{x}=\dfrac{1}{2n\pi+\dfrac{\pi}{2}}\in(0,1]$,

而 $|f(\bar{x})|=2n\pi+\dfrac{\pi}{2}>M$, 因此函数 $f(x)=\dfrac{1}{x}\sin\dfrac{1}{x}$ 在区间 $(0,1]$ 上无界.

再取 $x_n=\dfrac{1}{2n\pi}>0$, 则当 $n\to\infty$ 时, $x_n\to 0^+$, 且 $f(x_n)=0$, 因此由 Heine 定

理可知,当 $x \to 0^+$ 时,$f(x)$ 不是无穷大量.

例 5 若数列 $\{x_n\}$ 和 $\{y_n\}$ 满足 $\{x_n y_n\}$ 为无穷小量,则下面命题正确的是
( )

(A) 若 $\{x_n\}$ 发散,则 $\{y_n\}$ 必发散

(B) 若 $\{x_n\}$ 无界,则 $\{y_n\}$ 必有界

(C) 若 $\{x_n\}$ 无界,则 $\{y_n\}$ 必为无穷小量

(D) 若 $\left\{\dfrac{1}{x_n}\right\}$ 为无穷小量,则 $\{y_n\}$ 必为无穷小量

(E) 若 $\{x_n\}$ 有界,则 $\{y_n\}$ 为无穷小量

解 由题意可知 $\lim\limits_{n\to\infty} x_n y_n = 0$. 若 $\lim\limits_{n\to\infty} \dfrac{1}{x_n} = 0$,则 $\lim\limits_{n\to\infty} \dfrac{1}{x_n} \cdot (x_n y_n) = \lim\limits_{n\to\infty} y_n = 0$,即 $\{y_n\}$ 为无穷小量. 选项(D)正确.

对于选项(A),取 $x_n = n, y_n = \dfrac{1}{n^2}$,则命题不成立.

对于选项(B)和(C),取 $x_n = n + n(-1)^n, y_n = n - n(-1)^n$,则 $x_n y_n = 0$,但数列 $\{x_n\}$ 和 $\{y_n\}$ 都无界,故(B)和(C)不正确.

对于选项(E),取 $x_n = \dfrac{1}{n^2}, y_n = n$,则命题不成立.

三、问题 3:如何理解无穷小量的阶?利用无穷小量的等价代换求极限时需要注意什么?

由无穷小量的性质可知,同一极限过程中两个无穷小量的和、差、积仍为无穷小量,而两个无穷小量的商不一定为无穷小量. 我们通常称两个无穷小量之比的极限为 $\dfrac{0}{0}$ 型未定式,不同的结果说明这两个无穷小量趋于零的速度不一样. 无穷小量阶的概念就是为了定量地描述无穷小量趋于零的速度的快慢而引入.

无穷小量的等价代换是指在极限的乘除法运算中,等价的无穷小量可以互相代换. 即在求 $\dfrac{0}{0}$ 型未定式极限时,若未定式的分子或者分母为若干个因子的乘积,则可对其中的任意一个或者几个无穷小量因子用等价无穷小量来代换. 但是,若未定式中含有函数的加、减运算,则一般不能对其中被加或被减的函数进行无穷小量的等价代换.

例 6 下列运算是否正确?如有错误,请指出错在何处.

(1) $\lim\limits_{x\to 0} \dfrac{\tan x - \sin x}{x^2} = \lim\limits_{x\to 0} \dfrac{x - x}{x^2} = 0$;

(2) $\lim\limits_{x\to 0}\dfrac{\sin\left(x^2\sin\dfrac{1}{x}\right)}{x}=\lim\limits_{x\to 0}\dfrac{x^2\sin\dfrac{1}{x}}{x}=\lim\limits_{x\to 0}x\sin\dfrac{1}{x}=0.$

解 (1) 错误. 这里需要注意的是分子是减法运算, 不能作等价无穷小代换. 正确解法如下：

$$\lim_{x\to 0}\frac{\tan x-\sin x}{x^2}=\lim_{x\to 0}\frac{\dfrac{\sin x}{\cos x}-\sin x}{x^2}=\lim_{x\to 0}\frac{\sin x(1-\cos x)}{x^2\cos x}$$

$$=\lim_{x\to 0}\frac{x\cdot\dfrac{1}{2}x^2}{x^2\cos x}=0.$$

(2) 错误. 这是需要注意的是在等价无穷小量的定义中, 要求作为分母的那个无穷小量不为零, 所以不能说 $\sin\left(x^2\sin\dfrac{1}{x}\right)$ 与 $x^2\sin\dfrac{1}{x}$ 为等价无穷小. 正确解法如下: 因为

$$0\leqslant\left|\frac{\sin\left(x^2\sin\dfrac{1}{x}\right)}{x}\right|\leqslant\left|\frac{x^2\sin\dfrac{1}{x}}{x}\right|=\left|x\sin\dfrac{1}{x}\right|,$$

且 $\lim\limits_{x\to 0}x\sin\dfrac{1}{x}=0$, 所以由夹逼定理以及极限的绝对值性质知

$$\lim_{x\to 0}\frac{\sin\left(x^2\sin\dfrac{1}{x}\right)}{x}=0.$$

例 7 设 n,m,c 为非零常数, 且 $n>m$. 若当 $x\to 0$ 时, $f(x)$ 是 x 的 n 阶无穷小量, $g(x)$ 是 x 的 m 阶无穷小量, 问 $f(x)+g(x),cf(x),f(x)g(x),\dfrac{f(x)}{g(x)}$ 分别是 x 的几阶无穷小量？

解 由题可设 $\lim\limits_{x\to 0}\dfrac{f(x)}{x^n}=c_1,\lim\limits_{x\to 0}\dfrac{g(x)}{x^m}=c_2$, 其中 c_1 和 c_2 为非零常数, 则

$$\lim_{x\to 0}\frac{f(x)+g(x)}{x^m}=\lim_{x\to 0}\frac{f(x)}{x^n}\cdot x^{n-m}+\lim_{x\to 0}\frac{g(x)}{x^m}=c_1\cdot 0+c_2=c_2\neq 0,$$

$$\lim_{x\to 0}\frac{cf(x)}{x^n}=cc_1\neq 0,$$

$$\lim_{x\to 0}\frac{f(x)g(x)}{x^{n+m}}=\lim_{x\to 0}\frac{f(x)}{x^n}\cdot\lim_{x\to 0}\frac{g(x)}{x^m}=c_1c_2\neq 0,$$

$$\lim_{x\to 0}\frac{\dfrac{f(x)}{g(x)}}{x^{n-m}}=\lim_{x\to 0}\frac{f(x)}{x^n}\cdot\lim_{x\to 0}\frac{x^m}{g(x)}=\frac{c_1}{c_2}\neq 0,$$

故 $f(x)+g(x)$ 是 x 的 m 阶无穷小量，$cf(x)$ 是 x 的 n 阶无穷小量，$f(x)g(x)$ 是 x 的 $n+m$ 阶无穷小量，$\dfrac{f(x)}{g(x)}$ 是 x 的 $n-m$ 阶无穷小量.

注 (1) 当 $m=n$ 时，显然 $f(x)+g(x)$ 为 x 的 m（或 n）阶无穷小量. 于是，更一般地，可以说 $f(x)+g(x)$ 是 x 的 $\min\{m,n\}$ 阶无穷小量.

(2) 对 x 的高阶无穷小量，同理可得类似的结果（n,m,c 为非零常数）：

① 当 $x \to 0$ 时，$o(x^n)+o(x^m)=o(x^l)$，其中 $l=\min\{m,n\}$；

② 当 $x \to 0$ 时，$o(cx^n)=o(x^n)(c \neq 0)$；

③ 当 $x \to 0$ 时，$o(x^n) \cdot o(x^m)=o(x^{n+m})$；

④ 当 $x \to 0$ 时，$\dfrac{o(x^n)}{o(x^m)}=o(x^{n-m})(n>m)$.

例 8 若 $\lim\limits_{x \to 0} \dfrac{a\tan x+b(1-\cos x)}{c\ln(1-2x)+d(1-e^{-x^2})}=2(a^2+c^2 \neq 0)$，则 （　　）

(A) $a=-4c$　　　(B) $a=4c$　　　(C) $b=-4d$　　　(D) $b=4d$

解 当 $x \to 0$ 时，因为 $\tan x$ 是 x 的 1 阶无穷小量，$1-\cos x$ 为 x 的 2 阶无穷小量，所以由上一题的结论可得 $a\tan x+b(1-\cos x)$ 为 x 的 1 阶无穷小量；同理，由 $\ln(1-2x)$ 和 $1-e^{-x^2}$ 分别为 x 的 1 阶无穷小量和 2 阶无穷小量，可得 $c\ln(1-2x)+d(1-e^{-x^2})$ 为 x 的 1 阶无穷小量. 于是

$$\lim_{x \to 0} \frac{a\tan x+b(1-\cos x)}{c\ln(1-2x)+d(1-e^{-x^2})}$$

$$=\lim_{x \to 0} \frac{a\tan x+b(1-\cos x)}{x} \cdot \frac{x}{c\ln(1-2x)+d(1-e^{-x^2})}$$

$$=\lim_{x \to 0}\left(\frac{a\tan x}{x}+\frac{b(1-\cos x)}{x}\right) \cdot \frac{1}{\lim\limits_{x \to 0}\dfrac{c\ln(1-2x)}{x}+\lim\limits_{x \to 0}\dfrac{d(1-e^{-x^2})}{x}}=-\frac{a}{2c},$$

故 $-\dfrac{a}{2c}=2$，即 $a=-4c$. 选项 (A) 正确.

例 9 求下列无穷小量的阶：

(1) 当 $x \to 0$ 时，$e^{x\cos x^2}-e^x$ 是 x 的几阶无穷小量？

(2) 当 $x \to 1$ 时，$\sqrt[3]{1-\sqrt[3]{x}}$ 是 $x-1$ 的几阶无穷小量？

(3) 设 k 为非零常数，当 $n \to \infty$ 时，$\sin^2(\pi\sqrt{n^2+k^2})$ 是 $\dfrac{1}{n}$ 的几阶无穷小量？

解 (1) 因为当 $x \to 0$ 时，有

$$e^{x\cos x^2}-e^x=e^x(e^{x\cos x^2-x}-1) \sim e^x(x\cos x^2-x)=e^x \cdot x(\cos x^2-1),$$

所以
$$\lim_{x\to 0}\frac{e^{x\cos x^2}-e^x}{x^5}=\lim_{x\to 0}\frac{e^x\cdot x(\cos x^2-1)}{x^5}=\lim_{x\to 0}e^x\cdot\lim_{x\to 0}\frac{\cos x^2-1}{x^4}$$
$$=\lim_{x\to 0}\frac{-\frac{1}{2}x^4}{x^4}=-\frac{1}{2},$$

故当 $x\to 0$ 时, $e^{x\cos x^2}-e^x$ 是 x 的 5 阶无穷小量.

(2) 将问题化为求常数 $k>0$,使得
$$\lim_{x\to 1}\frac{\sqrt[3]{1-\sqrt[3]{x}}}{(x-1)^k}=c\quad(c\ne 0).$$

令 $1-\sqrt[3]{x}=t$,则 $x=(1-t)^3$,且当 $x\to 1$ 时,有 $t\to 0$,于是
$$\lim_{x\to 1}\frac{\sqrt[3]{1-\sqrt[3]{x}}}{(x-1)^k}=\lim_{t\to 0}\frac{\sqrt[3]{t}}{((1-t)^3-1)^k}=\lim_{t\to 0}\frac{\sqrt[3]{t}}{(-3t+3t^2-t^3)^k}$$
$$=\lim_{t\to 0}\frac{\sqrt[3]{t}}{t^k(-3+3t-t^2)^k},$$

从而当 $k=\frac{1}{3}$ 时,有
$$\lim_{x\to 1}\frac{\sqrt[3]{1-\sqrt[3]{x}}}{(x-1)^k}=-\frac{1}{\sqrt[3]{3}}.$$

故当 $x\to 1$ 时, $\sqrt[3]{1-\sqrt[3]{x}}$ 是 $x-1$ 的 $\frac{1}{3}$ 阶无穷小量.

(3) 因为
$$\sin^2(\pi\sqrt{n^2+k^2})=\sin^2(\pi\sqrt{n^2+k^2}-n\pi)=\sin^2\frac{k^2\pi}{\sqrt{n^2+k^2}+n},$$

所以当 $n\to\infty$ 时, $\sin^2(\pi\sqrt{n^2+k^2})$ 为无穷小量,且
$$\lim_{n\to\infty}\frac{\sin^2(\pi\sqrt{n^2+k^2})}{\frac{1}{n^2}}=\lim_{n\to\infty}\frac{\sin^2\frac{k^2\pi}{\sqrt{n^2+k^2}+n}}{\frac{1}{n^2}}=\lim_{n\to\infty}\left(\frac{k^2\pi}{\sqrt{n^2+k^2}+n}\right)^2\cdot n^2$$
$$=k^4\pi^2\lim_{n\to\infty}\left(\frac{n}{\sqrt{n^2+k^2}+n}\right)^2=k^4\pi^2\lim_{n\to\infty}\left(\frac{1}{\sqrt{1+\frac{k^2}{n^2}}+1}\right)^2$$
$$=\frac{k^4\pi^2}{4},$$

第3讲 无穷小量与无穷大量

故当 $n \to \infty$ 时,$\sin^2(\pi\sqrt{n^2+k^2})$ 是 $\dfrac{1}{n}$ 的 2 阶无穷小量.

例 10 设当 $x \to 1$ 时,$1 - \dfrac{m}{1+x+x^2+\cdots+x^{m-1}}$ 与 $x-1$ 为等价无穷小,求常数 m 的值.

解 因为

$$\lim_{x \to 1} \dfrac{1 - \dfrac{m}{1+x+x^2+\cdots+x^{m-1}}}{x-1}$$

$$= \lim_{x \to 1} \dfrac{1+x+x^2+\cdots+x^{m-1} - m}{(1+x+x^2+\cdots+x^{m-1})(x-1)}$$

$$= \lim_{x \to 1} \dfrac{(x-1)+(x^2-1)+\cdots+(x^{m-1}-1)}{m(x-1)}$$

$$= \dfrac{1}{m} \lim_{x \to 1}(1+(x+1)+\cdots+(1+x+\cdots+x^{m-2})) = \dfrac{1+2+\cdots+(m-1)}{m},$$

由题意可得 $\dfrac{m(m-1)}{2m} = 1$,故 $m = 3$.

例 11 计算下列函数的极限:

(1) $\lim\limits_{x \to 0} \dfrac{(1+mx)^n - (1+nx)^m}{x^2}$ $(m, n \in \mathbf{N}_+)$;

(2) $\lim\limits_{x \to +\infty}(\sin\sqrt{x+1} - \sin\sqrt{x})$;   (3) $\lim\limits_{x \to -3} \dfrac{(x^2-9)\ln(4+x)}{\arctan^2(x+3)}$;

(4) $\lim\limits_{x \to 0} \dfrac{\sqrt{1+x^2} - \sqrt[3]{1+2\sin^2 x}}{\tan^2 x}$;   (5) $\lim\limits_{x \to 0} \dfrac{\sin^2 x}{\sqrt[3]{1+x\tan x} - \sqrt{\cos x}}$;

(6) $\lim\limits_{x \to \infty}(\sqrt[5]{x^5 - 2x^4 + 1} - x)$.

解 (1) 当 $m = n = 1$ 时,显然有 $(1+mx)^n - (1+nx)^m = 0$,则原式 $= 0$;

当 $m = 1, n = 2$ 时,有 $(1+mx)^n - (1+nx)^m = x^2$,则原式 $= 1$;

当 $m = 2, n = 1$ 时,有 $(1+mx)^n - (1+nx)^m = -x^2$,则原式 $= -1$;

当 $m, n \geqslant 2$ 时,有

$$(1+mx)^n - (1+nx)^m$$

$$= 1 + mnx + m^2 C_n^2 x^2 + m^3 C_n^3 x^3 + \cdots + m^n x^n$$

$$\quad - (1 + mnx + n^2 C_m^2 x^2 + n^3 C_m^3 x^3 + \cdots + n^m x^m)$$

$$= (m^2 C_n^2 - n^2 C_m^2) x^2 + o(x^2) = \dfrac{mn(n-m)}{2} x^2 + o(x^2),$$

则

$$\lim_{x\to 0}\frac{(1+mx)^n-(1+nx)^m}{x^2}=\lim_{x\to 0}\frac{\frac{mn(n-m)}{2}x^2+o(x^2)}{x^2}=\frac{mn(n-m)}{2}.$$

综上,对任意 $m,n\in \mathbf{N}_+$,有

$$\lim_{x\to 0}\frac{(1+mx)^n-(1+nx)^m}{x^2}=\frac{mn(n-m)}{2}.$$

(2) 因为

$$\sin\sqrt{x+1}-\sin\sqrt{x}=2\cos\frac{\sqrt{x+1}+\sqrt{x}}{2}\sin\frac{\sqrt{x+1}-\sqrt{x}}{2},$$

且 $\left|\cos\frac{\sqrt{x+1}+\sqrt{x}}{2}\right|\leqslant 1$ 以及

$$\lim_{x\to +\infty}\sin\frac{\sqrt{x+1}-\sqrt{x}}{2}=\lim_{x\to +\infty}\sin\frac{1}{2(\sqrt{x+1}+\sqrt{x})}=0,$$

所以由无穷小量乘以有界变量仍为无穷小量即得

$$\lim_{x\to +\infty}(\sin\sqrt{x+1}-\sin\sqrt{x})=0.$$

(3) 原式 $=\lim_{x\to -3}\frac{(x-3)(x+3)\ln(1+(x+3))}{(x+3)^2}=\lim_{x\to -3}(x-3)=-6.$

(4) 原式 $=\lim_{x\to 0}\frac{\sqrt{1+x^2}-\sqrt[3]{1+2\sin^2 x}}{x^2}=\lim_{x\to 0}\left(\frac{\sqrt{1+x^2}-1}{x^2}-\frac{\sqrt[3]{1+2\sin^2 x}-1}{x^2}\right)$

$=\lim_{x\to 0}\frac{\frac{1}{2}x^2}{x^2}-\lim_{x\to 0}\frac{\frac{1}{3}\cdot 2\sin^2 x}{x^2}=\frac{1}{2}-\frac{2}{3}=-\frac{1}{6}.$

(5) 原式 $=\lim_{x\to 0}\frac{x^2}{\sqrt[3]{1+x\tan x}-\sqrt{\cos x}}=\lim_{x\to 0}\frac{1}{\frac{\sqrt[3]{1+x\tan x}-\sqrt{\cos x}}{x^2}}$

$$=\frac{1}{\lim_{x\to 0}\frac{\sqrt[3]{1+x\tan x}-1}{x^2}+\lim_{x\to 0}\frac{1-\sqrt{\cos x}}{x^2}}$$

$$=\frac{1}{\lim_{x\to 0}\frac{\frac{1}{3}x\tan x}{x^2}+\lim_{x\to 0}\frac{1-\cos x}{x^2(1+\sqrt{\cos x})}}=\frac{1}{\frac{1}{3}+\frac{1}{4}}=\frac{12}{7}.$$

(6) 原式 $=\lim_{x\to \infty}x\left(\sqrt[5]{1-\frac{2}{x}+\frac{1}{x^5}}-1\right)=\lim_{x\to \infty}x\cdot\frac{1}{5}\left(-\frac{2}{x}+\frac{1}{x^5}\right)=-\frac{2}{5}.$

例 12 已知存在正整数 $n(n>4)$ 使得极限
$$\lim_{x\to+\infty}((x^n+7x^4+2)^\alpha-x)=c \quad (c\neq 0),$$
求常数 α 和 c 的值.

解 因为
$$\lim_{x\to+\infty}((x^n+7x^4+2)^\alpha-x)=\lim_{x\to+\infty}x\left(\left(x^{n-\frac{1}{\alpha}}+7x^{4-\frac{1}{\alpha}}+2x^{-\frac{1}{\alpha}}\right)^\alpha-1\right)$$
$$=c\neq 0,$$
且 $\lim\limits_{x\to+\infty}x=+\infty$,所以
$$\lim_{x\to+\infty}\left(\left(x^{n-\frac{1}{\alpha}}+7x^{4-\frac{1}{\alpha}}+2x^{-\frac{1}{\alpha}}\right)^\alpha-1\right)=0.$$
因此 $\alpha>0$,且由 $n>4$ 知 $n-\dfrac{1}{\alpha}=0$,即 $n=\dfrac{1}{\alpha}$. 于是 $4-\dfrac{1}{\alpha}<0$,则
$$\left(x^{n-\frac{1}{\alpha}}+7x^{4-\frac{1}{\alpha}}+2x^{-\frac{1}{\alpha}}\right)^\alpha-1=\left(1+7x^{4-\frac{1}{\alpha}}+2x^{-\frac{1}{\alpha}}\right)^\alpha-1$$
$$\sim\alpha(7x^{4-\frac{1}{\alpha}}+2x^{-\frac{1}{\alpha}}), \quad x\to+\infty.$$
再由
$$c=\alpha\lim_{x\to+\infty}x\cdot(7x^{4-\frac{1}{\alpha}}+2x^{-\frac{1}{\alpha}})=\alpha\lim_{x\to+\infty}(7x^{5-\frac{1}{\alpha}}+2x^{1-\frac{1}{\alpha}})$$
可知 $5-\dfrac{1}{\alpha}=0$ 且 $c=7\alpha$,故 $\alpha=\dfrac{1}{5},c=\dfrac{7}{5}.$

3.3 练习题

1. 选择题.

(1) 已知 $a_n=n-(-1)^n n+\dfrac{1}{n}(n=1,2,\cdots)$,则数列 $\{a_n\}$ 是 ( )

(A) 无穷小量 (B) 无穷大量 (C) 有界数列 (D) 无界数列

(2) 设当 $x\to x_0$ 时,$\alpha(x)$ 和 $\beta(x)$ 都是无穷小量($\beta(x)\neq 0$),则当 $x\to x_0$ 时,下列表达式中不一定为无穷小量的是 ( )

(A) $\dfrac{\alpha(x)}{\beta(x)}$ (B) $\alpha^2(x)+\beta^2(x)\sin\dfrac{1}{x}$

(C) $\ln(1+\alpha(x)\cdot\beta(x))$ (D) $|\alpha(x)|+|\beta(x)|$

2. 填空题.

(1) 若当 $x\to 0$ 时,$(1+ax^2)^{\frac{1}{3}}-1$ 与 $1-\cos x$ 是等价无穷小,则常数 $a=$ _____.

(2) 若当 $x \to 0$ 时,$(1-\cos x)\ln(1+x^2)$ 是比 $x\sin x^n$ 高阶的无穷小,而 $x\sin x^n$ 是比 $e^{x^2}-1$ 高阶的无穷小,则正整数 $n=$ _____.

(3) 若当 $x \to 0$ 时,$2x^2+3x^3$ 与 $\sin\dfrac{ax^2}{3}$ 是等价无穷小,则常数 $a=$ _____.

(4) 若当 $x \to 0$ 时,$e^{x^2}-ax-b$ 是 x 的高阶无穷小,则常数 $a=$ _____,$b=$ _____.

3. 若 $\lim\limits_{x \to x_0} f(x)=\infty$,又当 $0<|x-x_0|<\delta$ 时 $|g(x)|\geqslant r>0$,证明:
$$\lim\limits_{x \to x_0} f(x)g(x)=\infty.$$

4. 求下列极限:

(1) $\lim\limits_{n \to \infty} \sin^2(\pi\sqrt{n^2+n})$;

(2) $\lim\limits_{x \to 0^+} \dfrac{\sqrt{1-e^{-x}}-\sqrt{1-\cos x}}{\sqrt{\sin 2x}}$;

(3) $\lim\limits_{x \to 0} \dfrac{\sqrt{1+x^2}+\sqrt{1-x^2}-2}{\sqrt{1+x^4}-1}$;

(4) $\lim\limits_{x \to 0} \dfrac{\sqrt[3]{1+x^2}-1-x^2}{1-\cos x}$;

(5) $\lim\limits_{x \to 0} \dfrac{1-\cos x\cos 2x\cos 3x}{x^2\cos x^2}$;

(6) $\lim\limits_{x \to 0} \dfrac{e^{\cos x}-e+x^3\sin\dfrac{1}{x}}{\sqrt[3]{1+x^2}-1}$.

5. 求常数 k,使得当 $x \to 0$ 时,$\sqrt{1+x\arcsin x}-e^{x^{3/2}}$ 与 kx^2 为等价无穷小.

第 4 讲 　函数的连续性

4.1 　内容提要

一、函数连续的概念

1) 设函数 $y=f(x)$ 定义在 x_0 的某邻域内,当自变量从 x_0 变到 x 时,对应的函数值从 $f(x_0)$ 变到 $f(x)$. 称 $\Delta x = x - x_0$ 为自变量 x 在点 x_0 处的增量,也称为改变量,简称为自变量的增量;称 $\Delta y = f(x) - f(x_0) = f(x_0 + \Delta x) - f(x_0)$ 为函数 $y=f(x)$ 在点 x_0 处的增量.

2) 函数在一点处连续的定义:设函数 $y=f(x)$ 在点 x_0 的某个邻域内有定义,并成立
$$\lim_{x \to x_0} f(x) = f(x_0) \quad \text{或} \quad \lim_{\Delta x \to 0} \Delta y = 0,$$
则称函数 $y=f(x)$ 在点 x_0 处连续,并称点 x_0 为函数 $y=f(x)$ 的连续点.

3) 借助于函数极限的 ε-δ 定义,"函数 $y=f(x)$ 在点 x_0 连续"可表达为:$\forall \varepsilon > 0, \exists \delta > 0$,使得当 $|x-x_0| < \delta$ 时,恒有 $|f(x)-f(x_0)| < \varepsilon$.

4) 单侧连续的定义:若函数 $f(x)$ 在点 x_0 的左邻域 $(x_0-\delta, x_0]$ 或者右邻域 $[x_0, x_0+\delta)$ 上有定义,且
$$\lim_{x \to x_0^-} f(x) = f(x_0) \quad \text{或} \quad \lim_{x \to x_0^+} f(x) = f(x_0),$$
则称 $f(x)$ 在点 x_0 处左连续或右连续. 左、右连续统称为单侧连续.

结论 　函数 $f(x)$ 在点 x_0 处连续当且仅当函数 $f(x)$ 在点 x_0 处左连续且右连续,即
$$\lim_{x \to x_0^-} f(x) = f(x_0) = \lim_{x \to x_0^+} f(x).$$

5) 函数在区间内(上)连续的定义:若对任意 $x_0 \in (a,b)$,函数 $f(x)$ 在点 x_0 处连续,则称函数 $f(x)$ 在开区间 (a,b) 内连续;若函数 $f(x)$ 在开区间 (a,b) 内连续,且在左端点 $x=a$ 处右连续,在右端点 $x=b$ 处左连续,则称函数 $f(x)$ 在闭区间 $[a,b]$ 上连续. 类似可定义其他区间上的连续性.

若函数 $f(x)$ 在区间 I 上连续,则称 $f(x)$ 是区间 I 上的连续函数. 一般地,用 $C(I)$ 表示区间 I 上连续函数构成的集合.

二、连续函数的性质

1) 连续函数的四则运算法则:设函数 f,g 都在点 x_0 处连续,则函数

$$f(x) \pm g(x), \quad f(x) \cdot g(x), \quad \frac{f(x)}{g(x)} \ (g(x_0) \neq 0)$$

也都在点 x_0 处都连续.

2) 复合函数的连续性:设函数 $u=g(x)$ 在点 x_0 处连续,而函数 $y=f(u)$ 在点 $u=u_0$ 处连续,且 $u_0=g(x_0)$,则复合函数 $y=f(g(x))$ 也在点 x_0 处连续.

结论 复合函数连续性的结论可用如下的极限形式来进行表述:

$$\lim_{x \to x_0} f(g(x)) = f(g(x_0)) = f\left(\lim_{x \to x_0} g(x)\right).$$

即在连续的条件下,极限符号"lim"可以与函数符号"f"交换次序. 另外,如果仅仅是求极限,可将条件"$g(x)$ 在点 x_0 处连续"减弱为"$g(x)$ 在点 x_0 处的极限为 u_0",则极限符号"lim"仍然可以与函数符号"f"交换次序.

3) 反函数的连续性:设函数 $y=f(x)$ 在区间 I_x 上严格单增(或严格单减).若函数 $y=f(x)$ 在区间 I_x 上连续,则它的反函数 $x=f^{-1}(y)$ 在对应的区间

$$I_y = \{y \in \mathbf{R} \mid y=f(x), x \in I_x\}$$

上处处有定义,并且 $x=f^{-1}(y)$ 在区间 I_y 上严格单增(或严格单减)且连续.

三、初等函数的连续性

1) 常值函数、幂函数、指数函数、对数函数、三角函数及反三角函数在其定义域内都是连续的,即基本初等函数在其定义域内都是连续的.

2) 初等函数在其定义域内的任何区间(即定义区间)内是连续的.

3) 若 x_0 是初等函数 $F(x)$ 定义区间内的点,则有

$$\lim_{x \to x_0} F(x) = F(x_0).$$

四、幂指函数的连续性与极限

1) 幂指函数:形如 $[u(x)]^{v(x)} (x \in I)$ 的函数,其中 $u(x) > 0 (\forall x \in I)$.

2) 幂指函数 $y=[u(x)]^{v(x)} = e^{v(x)\ln u(x)}$ 可以看作 $y=e^w$ 和 $w=v(x)\ln u(x)$ 的复合函数,若函数 $u(x)$ 与 $v(x)$ 都在点 x_0 处连续,则幂指函数 $y=[u(x)]^{v(x)}$ 也在点 x_0 处连续.

3) 若 $\lim_{x \to x_0} u(x) = A > 0$,且 $\lim_{x \to x_0} v(x) = B$,则

$$\lim_{x \to x_0} [u(x)]^{v(x)} = e^{\lim_{x \to x_0}(v(x) \cdot \ln u(x))} = e^{\lim_{x \to x_0} v(x) \cdot \ln(\lim_{x \to x_0} u(x))} = e^{B \ln A} = A^B.$$

五、函数间断点的定义

1) 间断点的定义:设函数 $f(x)$ 在点 x_0 的某去心邻域内有定义,若 $f(x)$ 在点 x_0 处不连续,则称点 x_0 为 $f(x)$ 的间断点.

2) 由上面的定义,若点 x_0 为 $f(x)$ 的间断点,则必满足下列情况之一:

(1) 函数 $f(x)$ 在点 x_0 处无定义;

(2) 函数 $f(x)$ 在点 x_0 处有定义,但 $\lim\limits_{x\to x_0}f(x)$ 不存在;

(3) 函数 $f(x)$ 在点 x_0 处有定义,且 $\lim\limits_{x\to x_0}f(x)$ 存在,但 $\lim\limits_{x\to x_0}f(x)\neq f(x_0)$.

六、函数间断点的分类

设 x_0 是函数 $f(x)$ 的间断点,根据 $f(x)$ 在点 x_0 处左右极限的情况,可以将间断点分为两大类.

1) 第一类间断点:函数 $f(x)$ 在点 x_0 处的左右极限都存在,即 $f(x_0+0)$ 和 $f(x_0-0)$ 都存在.

(1) 若 $f(x_0+0)\neq f(x_0-0)$,称 x_0 是 $f(x)$ 的跳跃间断点;

(2) 若 $f(x_0+0)=f(x_0-0)$,称 x_0 是 $f(x)$ 的可去间断点.

2) 第二类间断点:非第一类间断点,也即 $f(x_0+0)$ 和 $f(x_0-0)$ 中至少有一个不存在.

(1) 若不存在的极限为无穷大量,称 x_0 是 $f(x)$ 的无穷间断点;

(2) 若不存在的极限在取极限过程中,函数值在两个数(或正负无穷大)之间无限次变动,称 x_0 是 $f(x)$ 的振荡间断点.

七、闭区间上连续函数的性质

1) 有界性定理:若函数 $f(x)\in C([a,b])$,则 $f(x)$ 在 $[a,b]$ 上有界.

2) 最值存在定理:设函数 $f(x)\in C([a,b])$,则 $f(x)$ 在 $[a,b]$ 上必取得最大值和最小值,即存在 $\xi,\eta\in[a,b]$,使得

$$f(\xi)=\max_{x\in[a,b]}\{f(x)\},\quad f(\eta)=\min_{x\in[a,b]}\{f(x)\}.$$

3) 零点存在定理:若函数 $f(x)\in C([a,b])$,且 $f(a)f(b)<0$,则至少存在一点 $\xi\in(a,b)$,使得 $f(\xi)=0$.

4) 介值定理:设函数 $f(x)\in C([a,b])$,若

$$m=\min_{x\in[a,b]}f(x),\quad M=\max_{x\in[a,b]}f(x),$$

则对任意常数 $\mu\in[m,M]$,至少存在一点 $\xi\in[a,b]$,使得 $f(\xi)=\mu$.

八、函数的一致连续性

1) 函数一致连续的定义:设函数 $f(x)$ 在区间 I 上有定义,若 $\forall\varepsilon>0,\exists\delta>0$,使得 $\forall x_1,x_2\in I$,只要 $|x_1-x_2|<\delta$,就有 $|f(x_1)-f(x_2)|<\varepsilon$,则称 $f(x)$ 在区间 I 上一致连续.

2) 函数 $f(x)$ 在区间 I 上不一致连续可以表示为: $\exists\varepsilon_0>0$,使得 $\forall\delta>0$,总存在 $x_1,x_2\in I$,虽然 $|x_1-x_2|<\delta$,但是 $|f(x_1)-f(x_2)|\geqslant\varepsilon_0$.

3) Cantor 定理:若函数 $f(x)\in C([a,b])$,则 $f(x)$ 在 $[a,b]$ 上一致连续.

4) 两个判断函数一致连续的充要条件.

(1) 设函数 $f(x)$ 在区间 I 上有定义,则 $f(x)$ 在 I 上一致连续的充要条件是对 I 中的任意两个数列 $\{x'_n\}$ 与 $\{x''_n\}$,只要 $\lim\limits_{n\to\infty}|x'_n-x''_n|=0$,就有
$$\lim_{n\to\infty}|f(x'_n)-f(x''_n)|=0.$$

(2) 设 $a,b(a<b)$ 都是常数,若函数 $f(x)\in C((a,b))$,则 $f(x)$ 在 (a,b) 内一致连续的充要条件是 $f(a+0)$ 与 $f(b-0)$ 都存在.

4.2 例题与释疑解难

一、问题 1:函数 $f(x)$ 在点 x_0 处连续与 $f(x)$ 在点 x_0 处的极限有何关系和区别? 如何利用定义证明函数在点 x_0 处连续?

函数 $f(x)$ 在点 x_0 处连续的定义是由极限给出的,描述如下:
$$\lim_{x\to x_0}f(x)=f(x_0) \quad 或 \quad \lim_{\Delta x\to 0}(f(x_0+\Delta x)-f(x_0))=0.$$

因此,函数 $f(x)$ 在点 x_0 处连续必须同时满足以下三点:一是函数 $f(x)$ 点 x_0 处有定义;二是极限 $\lim\limits_{x\to x_0}f(x)$ 存在;三是极限值为点 x_0 处的函数值 $f(x_0)$. 由此可知,如果函数 $f(x)$ 在点 x_0 处连续,则极限 $\lim\limits_{x\to x_0}f(x)$ 存在,且等于 $f(x_0)$;反之,如果仅仅是考虑极限,则不需要考虑函数在点 x_0 处是否有定义,且极限值也不一定等于函数值,所以极限 $\lim\limits_{x\to x_0}f(x)$ 存在不能推出函数 $f(x)$ 在点 x_0 处连续.

读者可以用 ε-δ 语言写出函数 $f(x)$ 在点 x_0 处连续与 $\lim\limits_{x\to x_0}f(x)=A$,并比较两者的区别.

例 1 回答下列问题:

(1) 若函数 $f(x)$ 在点 x_0 处连续,$g(x)$ 在点 x_0 处间断,能否断定 $f(x)+g(x)$ 和 $f(x)g(x)$ 在点 x_0 处间断?

(2) 若函数 $f(x)$ 和 $g(x)$ 均在点 x_0 处间断,能否断定 $f(x)g(x)$ 在点 x_0 处间断?

(3) 若 $|f(x)|$ 在点 x_0 处连续,能否断定 $f(x)$ 在点 x_0 处必连续?

(4) 分段函数是否一定有间断点?

解 (1) 函数 $f(x)+g(x)$ 在点 x_0 处一定间断,由反证法及连续函数的加减法运算法则即可得证. 而函数 $f(x)g(x)$ 在点 x_0 处不一定间断. 例如,设 $f(x)=1$,则 $f(x)g(x)=g(x)$ 在点 x_0 处间断;又如,设

$$f(x)=x, \quad g(x)=\begin{cases}\sin x, & x\neq 0,\\ 1, & x=0,\end{cases}$$

则 $f(x)$ 在点 $x=0$ 处连续,$g(x)$ 在 $x=0$ 处间断,但是函数

$$f(x)g(x)=\begin{cases} x\sin x, & x\neq 0, \\ 0, & x=0 \end{cases}$$

在点 $x=0$ 处连续.

(2) 不能. 例如,设

$$f(x)=g(x)=\begin{cases} 1, & x\geqslant 0, \\ -1, & x<0, \end{cases}$$

则 $f(x)$ 和 $g(x)$ 在点 $x=0$ 处间断,但是 $f(x)g(x)=1$ 在点 $x=0$ 处连续.

(3) 不能. 这里 $f(x)$ 取第(2)问中的函数即可说明.

(4) 不一定. 例如,设

$$f(x)=\begin{cases} \dfrac{\sin x}{x}, & x>0, \\ 1, & x\leqslant 0, \end{cases} \quad g(x)=\begin{cases} \dfrac{\sin x}{x}, & x>0, \\ 0, & x\leqslant 0, \end{cases}$$

则分段函数 $f(x)$ 在点 $x=0$ 处连续,而 $g(x)$ 点 $x=0$ 处间断.

例 2 设函数 $f(x)$ 满足对任意 $t\in(-\infty,+\infty)$ 有 $f(x+t)=f(x)+f(t)$. 证明:若函数 $f(x)$ 在点 $x_0=0$ 处连续,则 $f(x)$ 在 $(-\infty,+\infty)$ 内连续.

证明 对任意 $x\in(-\infty,+\infty)$,只要证明函数 $f(x)$ 在点 x 处连续即可.

因为 $f(x)$ 在点 $x_0=0$ 处连续,所以

$$\lim_{x\to 0} f(x)=f(0),$$

于是由 $f(x+t)=f(x)+f(t)$ 可得

$$\lim_{\Delta x\to 0}\Delta y=\lim_{\Delta x\to 0}(f(x+\Delta x)-f(x))=\lim_{\Delta x\to 0}f(\Delta x)=f(0).$$

再在等式 $f(x+t)=f(x)+f(t)$ 中令 $t=0$,得 $f(x+0)=f(x)+f(0)$,从而得到 $f(0)=0$,于是

$$\lim_{\Delta x\to 0}(f(x+\Delta x)-f(x))=0.$$

故由连续的定义知 $f(x)$ 在点 x 处连续,得证.

例 3 下面关于复合函数连续性的命题是否成立? 若成立,请给出证明;若不成立,请举出反例.

(1) 若 $\lim\limits_{x\to x_0}\varphi(x)=u_0$ 且 $\lim\limits_{u\to u_0}f(u)$ 存在,则 $\lim\limits_{x\to x_0}f(\varphi(x))=\lim\limits_{u\to u_0}f(u)$.

(2) 若 $\lim\limits_{x\to x_0}\varphi(x)=u_0$ 且 $y=f(u)$ 在点 u_0 处连续,则 $\lim\limits_{x\to x_0}f(\varphi(x))=f(u_0)$.

解 (1) 命题不一定成立. 例如,设

$$\varphi(x)=\begin{cases} 1, & x=0, \\ 0, & x\neq 0, \end{cases} \quad f(u)=\begin{cases} 0, & u=0, \\ 1, & u\neq 0, \end{cases}$$

则 $\lim\limits_{x\to 0}\varphi(x)=0$,从而 $u_0=0$,且 $\lim\limits_{u\to 0}f(u)=1$,但是由

$$f(\varphi(x)) = \begin{cases} 1, & x = 0, \\ 0, & x \neq 0 \end{cases}$$

知 $\lim\limits_{x \to 0} f(\varphi(x)) = 0$, 故 $\lim\limits_{x \to 0} f(\varphi(x)) \neq \lim\limits_{u \to 0} f(u)$.

(2) 命题成立. 证明如下: $\forall \varepsilon > 0$, 因为函数 $y = f(u)$ 在点 u_0 处连续, 所以 $\exists \delta_1 > 0$, 使得当 $|u - u_0| < \delta_1$ 时, 有 $|f(u) - f(u_0)| < \varepsilon$.

又由 $\lim\limits_{x \to x_0} \varphi(x) = u_0$, 可得对上面的 $\delta_1 > 0$, $\exists \delta > 0$, 使得当 $0 < |x - x_0| < \delta$ 时, 有 $|\varphi(x) - u_0| < \delta_1$ 成立, 即 $|u - u_0| < \delta_1$ 成立.

从而 $\forall \varepsilon > 0$, $\exists \delta > 0$, 使得当 $0 < |x - x_0| < \delta$ 时, 有 $|f(u) - f(u_0)| < \varepsilon$ 成立, 故 $\lim\limits_{x \to x_0} f(\varphi(x)) = f(u_0)$.

例 4 设函数

$$f(x) = \begin{cases} \dfrac{(1-x)^\alpha - 1}{x}, & x < 0, \\ -\dfrac{1}{3}, & x = 0, \\ 2^{-\frac{1}{x}} + c, & x > 0 \end{cases}$$

在点 $x = 0$ 处连续, 求常数 α 和 c 的值.

解 函数 $f(x)$ 在点 $x = 0$ 处连续等价于 $\lim\limits_{x \to 0} f(x) = f(0) = -\dfrac{1}{3}$. 而

$$f(0+0) = \lim_{x \to 0^+} f(x) = \lim_{x \to 0^+} (2^{-\frac{1}{x}} + c) = c,$$

$$f(0-0) = \lim_{x \to 0^-} f(x) = \lim_{x \to 0^-} \frac{(1-x)^\alpha - 1}{x} = \lim_{x \to 0^-} \frac{-\alpha x}{x} = -\alpha,$$

因此由 $f(0+0) = f(0-0) = f(0) = -\dfrac{1}{3}$ 可得 $\alpha = \dfrac{1}{3}$, $c = -\dfrac{1}{3}$.

二、问题 2: 如何求幂指函数的极限?

对于幂指函数 $[u(x)]^{v(x)}$, 若 $\lim\limits_{x \to x_0} u(x) = A > 0$, 且 $\lim\limits_{x \to x_0} v(x) = B$, 则由连续性可得

$$\lim_{x \to x_0} [u(x)]^{v(x)} = A^B.$$

但若 $\lim\limits_{x \to x_0} u(x) = 1$, 且 $\lim\limits_{x \to x_0} v(x) = \infty$, 此时极限 $\lim\limits_{x \to x_0} [u(x)]^{v(x)}$ 称为 1^∞ 型未定式.

若 $\lim\limits_{x \to x_0} v(x)(u(x) - 1) = C$, 由上述结论以及重要极限 $\lim\limits_{\square \to 0} (1 + \square)^{\frac{1}{\square}} = e$ 可得

$$\lim_{x \to x_0} [u(x)]^{v(x)} = \lim_{x \to x_0} (1 + u(x) - 1)^{\frac{1}{u(x)-1} \cdot (u(x)-1) \cdot v(x)}$$

$$= e^{\lim\limits_{x\to x_0}(u(x)-1)\cdot v(x)} = e^C.$$

例 5 试问 $\lim\limits_{x\to 2}(1-2x)^{2+x} = (-3)^4 = 81$ 是否正确？

解 不正确. 这里需要注意的是, 幂指函数 $[u(x)]^{v(x)}$ 的定义域需满足 $u(x) > 0$, 且在幂指函数极限的结论中要求 $\lim\limits_{x\to x_0}u(x) = A > 0$, 故本题计算不正确.

例 6 求下列幂指函数的极限：

(1) $\lim\limits_{x\to+\infty}((x+2)\ln(x+2) - 2(x+1)\ln(x+1) + x\ln x)$；

(2) $\lim\limits_{x\to 1}(2-x)^{\sec\frac{\pi x}{2}}$； (3) $\lim\limits_{x\to\infty}\left(\sin\frac{4}{x} + \cos\frac{2}{x}\right)^x$；

(4) $\lim\limits_{x\to 0}\left(\dfrac{a^x+b^x+c^x}{3}\right)^{\frac{1}{x}}$； (5) $\lim\limits_{x\to\frac{\pi}{2}}(\sin x)^{\tan x}$.

解 (1) 原式 $=\lim\limits_{x\to+\infty}((x+2)\ln(x+2) - (x+2+x)\ln(x+1) + x\ln x)$

$$=\lim_{x\to+\infty}\left((x+2)\ln\frac{x+2}{x+1} + x\ln\frac{x}{x+1}\right)$$

$$=\lim_{x\to+\infty}\left(\frac{x+2}{x+1}\ln\left(1+\frac{1}{x+1}\right)^{x+1} - \frac{x}{x+1}\ln\left(1-\frac{1}{x+1}\right)^{-(x+1)}\right)$$

$$=\lim_{x\to+\infty}\frac{x+2}{x+1} - \lim_{x\to+\infty}\frac{x}{x+1} = 0.$$

(2) 因为

$$\lim_{x\to 1}(2-x)^{\sec\frac{\pi x}{2}} = \lim_{x\to 1}(1+1-x)^{\frac{1}{1-x}\cdot(1-x)\sec\frac{\pi x}{2}},$$

且

$$\lim_{x\to 1}(1-x)\sec\frac{\pi x}{2} = \lim_{x\to 1}\frac{1-x}{\cos\frac{\pi x}{2}} = \lim_{x\to 1}\frac{1-x}{\sin\left(\frac{\pi}{2}-\frac{\pi}{2}x\right)} = \frac{2}{\pi},$$

所以原式 $= e^{\frac{2}{\pi}}$.

(3) 令 $\dfrac{1}{x} = t$, 则当 $x\to\infty$ 时, 有 $t\to 0$, 于是

原式 $=\lim\limits_{t\to 0}(\sin 4t + \cos 2t)^{\frac{1}{t}} = \lim\limits_{t\to 0}(1+\sin 4t + \cos 2t - 1)^{\frac{1}{\sin 4t+\cos 2t-1}\cdot\frac{\sin 4t+\cos 2t-1}{t}}$

$$= e^{\lim\limits_{t\to 0}\frac{\sin 4t+\cos 2t-1}{t}} = e^{\lim\limits_{t\to 0}\left(\frac{\sin 4t}{t}+\frac{\cos 2t-1}{t}\right)} = e^4.$$

(4) 因为

原式 $=\lim\limits_{x\to 0}\left(1+\dfrac{a^x+b^x+c^x-3}{3}\right)^{\frac{3}{a^x+b^x+c^x-3}\cdot\frac{a^x+b^x+c^x-3}{3x}}$,

且

$$\lim_{x\to 0}\frac{a^x+b^x+c^x-3}{x}=\lim_{x\to 0}\left(\frac{a^x-1}{x}+\frac{b^x-1}{x}+\frac{c^x-1}{x}\right)$$
$$=\ln a+\ln b+\ln c=\ln abc,$$

所以原式 $=e^{\frac{\ln abc}{3}}=\sqrt[3]{abc}$.

（5）因为
$$\lim_{x\to\frac{\pi}{2}}(\sin x)^{\tan x}=\lim_{x\to\frac{\pi}{2}}(1+\sin x-1)^{\frac{1}{\sin x-1}\cdot(\sin x-1)\tan x},$$

且
$$\lim_{x\to\frac{\pi}{2}}(\sin x-1)\tan x=\lim_{x\to\frac{\pi}{2}}\frac{(\sin x-1)\sin x}{\cos x}=\lim_{x\to\frac{\pi}{2}}\frac{\cos\left(\frac{\pi}{2}-x\right)-1}{\sin\left(\frac{\pi}{2}-x\right)}$$
$$=\lim_{x\to\frac{\pi}{2}}\frac{-\frac{1}{2}\left(\frac{\pi}{2}-x\right)^2}{\frac{\pi}{2}-x}=0,$$

所以原式 $=e^0=1$.

三、问题 3：如何讨论分段函数的连续性？函数的间断点可分为哪些类型？

因为初等函数在其定义区间内连续，所以研究分段函数的连续性，在分段区间内可直接由所对应的解析表达式利用初等函数的连续性结论进行判断，而在分段点处则要用连续性的定义进行判断.

函数的间断点是根据该点处的左右极限是否都存在进行分类. 若左右极限都存在，则称为第一类间断点，进一步，由左右极限是否相等分为可去间断点和跳跃间断点；若左右极限至少有一个不存在，则称为第二类间断点，进一步，由不存在的那个极限的变化趋势分为无穷间断点和振荡间断点. 下面我们通过例题来说明如何判断间断点的类型.

例 7 讨论下列函数的连续性，并指出间断点的类型.

(1) $f(x)=\begin{cases}(x-1)\arctan\dfrac{1}{x^2-1}, & |x|\neq 1,\\ 1, & |x|=1;\end{cases}$

(2) $f(x)=\begin{cases}\dfrac{1}{(x-1)^a}\cos\dfrac{1}{x-1}, & x>1,\\ 0, & x\leq 1.\end{cases}$

解 (1) 这是一个分段函数，$x=\pm 1$ 是分段点. 根据初等函数的连续性可知函数 $f(x)$ 在 $\{x\in\mathbf{R}\mid |x|\neq 1\}$ 上连续.

对于点 $x=1$,因为

$$\lim_{x\to 1}f(x)=\lim_{x\to 1}(x-1)\arctan\frac{1}{x^2-1}=0\neq f(1)=1,$$

所以 $f(x)$ 在点 $x=1$ 处间断,且 $x=1$ 为第一类的可去间断点.

对于点 $x=-1$,因为

$$\lim_{x\to -1^+}f(x)=\lim_{x\to -1^+}(x-1)\arctan\frac{1}{x^2-1}=\pi,$$

$$\lim_{x\to -1^-}f(x)=\lim_{x\to -1^-}(x-1)\arctan\frac{1}{x^2-1}=-\pi,$$

所以 $\lim_{x\to -1}f(x)$ 不存在,则 $f(x)$ 在点 $x=-1$ 处间断,且 $x=-1$ 为第一类的跳跃间断点.

(2) 显然,函数 $f(x)$ 在 $\{x\in \mathbf{R}\mid x\neq 1\}$ 上连续. 当 $x=1$ 时,由于

$$\lim_{x\to 1^+}f(x)=\lim_{x\to 1^+}\frac{1}{(x-1)^\alpha}\cos\frac{1}{x-1}\begin{cases}=0, & \alpha<0,\\ \text{不存在}, & \alpha\geqslant 0,\end{cases}$$

$$\lim_{x\to 1^-}f(x)=0,$$

所以当 $\alpha<0$ 时,有 $\lim_{x\to 1}f(x)=0=f(1)$,则 $f(x)$ 在点 $x=1$ 处连续;当 $\alpha\geqslant 0$ 时,函数 $f(x)$ 在点 $x=1$ 处间断,且 $x=1$ 为 $f(x)$ 的第二类间断点.

例 8 设函数 $f(x)=\lim_{n\to\infty}\dfrac{x^{2n-1}+ax^2+bx}{x^{2n}+1}$ 连续,求常数 a,b 的值.

解 由结论 $\lim_{n\to\infty}q^n=0(\mid q\mid<1)$ 可求得 $f(x)$ 的表达式为

$$f(x)=\lim_{n\to\infty}\frac{x^{2n-1}+ax^2+bx}{x^{2n}+1}=\begin{cases}\dfrac{1}{x}, & \mid x\mid>1,\\ ax^2+bx, & \mid x\mid<1,\\ \dfrac{a+b+1}{2}, & x=1,\\ \dfrac{a-b-1}{2}, & x=-1.\end{cases}$$

显然,当 $\mid x\mid\neq 1$ 时,函数 $f(x)$ 连续,下面求 a,b 的值使得 $f(x)$ 在点 $x=\pm 1$ 处连续即可.

由于

$$\lim_{x\to 1^+}f(x)=\lim_{x\to 1^+}\frac{1}{x}=1,\quad \lim_{x\to 1^-}f(x)=\lim_{x\to 1^-}(ax^2+bx)=a+b,$$

所以由 $f(x)$ 在点 $x=1$ 处连续有 $a+b=1$.

同理,由 $f(x)$ 在点 $x=-1$ 处连续可得 $a-b=-1$.

解方程组 $\begin{cases} a+b=1, \\ a-b=-1, \end{cases}$ 得 $a=0, b=1$.

例9 已知函数 $f(x) = \lim\limits_{t \to +\infty} \dfrac{x^2 \mathrm{e}^{(x-2)t} + 2}{x + \mathrm{e}^{(x-2)t}}(x > 0)$, 判断 $f(x)$ 的连续性, 如果在区间 $(0, +\infty)$ 内有间断点, 请判断类型.

解 因为 $\lim\limits_{t \to +\infty} \mathrm{e}^t = +\infty$, $\lim\limits_{t \to -\infty} \mathrm{e}^t = 0$, 所以

$$\lim_{t \to +\infty} \mathrm{e}^{(x-2)t} = \begin{cases} +\infty, & x > 2, \\ 0, & 0 < x < 2, \\ 1, & x = 2, \end{cases}$$

由此可得

$$f(x) = \lim_{t \to +\infty} \dfrac{x^2 \mathrm{e}^{(x-2)t} + 2}{x + \mathrm{e}^{(x-2)t}} = \begin{cases} x^2, & x > 2, \\ \dfrac{2}{x}, & 0 < x < 2, \\ 2, & x = 2. \end{cases}$$

由上可得

$$f(2+0) = \lim_{x \to 2^+} x^2 = 4, \quad f(2-0) = \lim_{x \to 2^-} \dfrac{2}{x} = 1,$$

则 $f(2+0) \neq f(2-0)$, 故 $x=2$ 为 $f(x)$ 的间断点, 且为第一类的跳跃间断点. 从而函数 $f(x)$ 在 $(0,2) \cup (2,+\infty)$ 上连续.

四、问题 4：闭区间上连续函数有哪些性质？运用这些性质时需要注意什么？

闭区间上的连续函数具有很好的整体性质. 所谓整体性质, 就是指这些性质在整个区间上都适用, 而不仅仅是点的某个邻域. 这些性质主要包括有界性定理、最值存在定理、零点存在定理和介值定理, 运用这些定理时一定要注意定理的条件. 下面我们通过例题来进行说明.

例10 判断下面命题是否正确：

(1) 无穷区间或开区间上的连续函数一定有界.

(2) 开区间上的连续且有界的函数不一定能取到最大(小) 值.

(3) 若函数 $f(x)$ 在闭区间 $[a,b]$ 上有界, 但存在间断点, 则 $f(x)$ 在 $[a,b]$ 上不一定存在最大(小) 值.

(4) 若函数 $f(x)$ 在闭区间 $[a,b]$ 上连续, 且 $f(a)f(b) > 0$, 则方程 $f(x) = 0$ 在 (a,b) 内必无实根.

解 (1) 不正确. 例如, 函数 $f(x) = x$ 在 $(-\infty, +\infty)$ 上连续, 但是无界; 函数 $g(x) = \dfrac{1}{x}$ 在 $(0,1)$ 内连续, 但是无上界.

(2) 正确. 例如, 函数 $f(x)=x$ 在 $(0,1)$ 内连续, 但在该区间内无最大(小)值.

(3) 正确. 例如, 函数 $f(x)=\begin{cases} x+1, & x\in[-1,0), \\ 0, & x=0, \\ x-1, & x\in(0,1] \end{cases}$ 在区间 $[-1,1]$ 上有界, 但在该区间内无最大(小)值.

(4) 不正确. 例如, 函数 $f(x)=x^2-2x-3$ 在 $[-2,4]$ 上连续, 且 $f(-2)f(4)=25>0$, 但是 $f(-1)=f(3)=0$.

例 11 设方程 $\dfrac{a_1}{x-\lambda_1}+\dfrac{a_2}{x-\lambda_2}+\dfrac{a_3}{x-\lambda_3}=0$, 其中常数 $a_1,a_2,a_3>0$, $\lambda_1<\lambda_2<\lambda_3$, 证明: 方程在区间 (λ_1,λ_2) 和 (λ_2,λ_3) 内至少各有一个实根.

证法 1 令 $f(x)=\dfrac{a_1}{x-\lambda_1}+\dfrac{a_2}{x-\lambda_2}+\dfrac{a_3}{x-\lambda_3}$, 则 $f(x)$ 在 (λ_1,λ_2) 内连续. 因为

$$\lim_{x\to\lambda_1^+}f(x)=\lim_{x\to\lambda_1^+}\left(\dfrac{a_1}{x-\lambda_1}+\dfrac{a_2}{x-\lambda_2}+\dfrac{a_3}{x-\lambda_3}\right)=+\infty,$$

$$\lim_{x\to\lambda_2^-}f(x)=\lim_{x\to\lambda_2^-}\left(\dfrac{a_1}{x-\lambda_1}+\dfrac{a_2}{x-\lambda_2}+\dfrac{a_3}{x-\lambda_3}\right)=-\infty,$$

所以必存在 $x_1,x_2\in(\lambda_1,\lambda_2)$ 且 $x_1<x_2$, 使得 $f(x_1)>0, f(x_2)<0$. 从而由 $f(x)$ 在 $[x_1,x_2]$ 上连续及零点存在定理知, 必存在 $\xi\in(x_1,x_2)$ 使得 $f(\xi)=0$, 即原方程在 (λ_1,λ_2) 内至少存在一个实根. 同理可证方程在 (λ_2,λ_3) 内也至少存在一个实根.

证法 2 原问题等于证明方程

$$a_1(x-\lambda_2)(x-\lambda_3)+a_2(x-\lambda_1)(x-\lambda_3)+a_3(x-\lambda_1)(x-\lambda_2)=0$$

在区间 (λ_1,λ_2) 和 (λ_2,λ_3) 内至少各有一个实根. 于是设

$$f(x)=a_1(x-\lambda_2)(x-\lambda_3)+a_2(x-\lambda_1)(x-\lambda_3)+a_3(x-\lambda_1)(x-\lambda_2),$$

则 $f(x)$ 在闭区间 $[\lambda_1,\lambda_2]$ 和 $[\lambda_2,\lambda_3]$ 上连续, 且

$$f(\lambda_1)=a_1(\lambda_1-\lambda_2)(\lambda_1-\lambda_3)>0, \quad f(\lambda_2)=a_2(\lambda_2-\lambda_1)(\lambda_2-\lambda_3)<0,$$

$$f(\lambda_3)=a_3(\lambda_3-\lambda_1)(\lambda_3-\lambda_2)>0,$$

故由零点存在定理可知, 存在 $\xi_1\in(\lambda_1,\lambda_2)$ 和 $\xi_2\in(\lambda_2,\lambda_3)$ 使得

$$f(\xi_i)=0 \quad (i=1,2),$$

得证.

例 12 设 $0\leqslant k\leqslant 1$ 为常数, 证明: 方程 $x-k\sin x=0$ 有且仅有一个实根.

证明 设 $f(x)=x-k\sin x$, 则 $f(x)$ 在区间 $\left[-\dfrac{\pi}{2},\dfrac{\pi}{2}\right]$ 上连续, 且

$$f\left(-\frac{\pi}{2}\right) \cdot f\left(\frac{\pi}{2}\right) = \left(\frac{\pi}{2} - k\right) \cdot \left(k - \frac{\pi}{2}\right) < 0,$$

故由零点存在定理可知,存在 $\xi \in \left(-\frac{\pi}{2}, \frac{\pi}{2}\right)$ 使得 $f(\xi) = 0$,即方程 $x - k\sin x = 0$ 至少存在一个实根.

另一方面,对任意 $-\frac{\pi}{2} < x_1 < x_2 < \frac{\pi}{2}$,因为 $0 \leqslant k \leqslant 1$,所以

$$\begin{aligned} f(x_2) - f(x_1) &= x_2 - x_1 - k(\sin x_2 - \sin x_1) \\ &= x_2 - x_1 - 2k\cos\frac{x_2 + x_1}{2}\sin\frac{x_2 - x_1}{2} \\ &> x_2 - x_1 - 2k\frac{x_2 - x_1}{2} \geqslant 0, \end{aligned}$$

从而 $f(x)$ 在区间 $\left(-\frac{\pi}{2}, \frac{\pi}{2}\right)$ 内单增,故 $f(x)$ 在 $\left(-\frac{\pi}{2}, \frac{\pi}{2}\right)$ 内有且仅有一个零点.

又当 $x \leqslant -\frac{\pi}{2}$ 时 $f(x) < 0$,当 $x \geqslant \frac{\pi}{2}$ 时 $f(x) > 0$,故方程 $x - k\sin x = 0$ 有且仅有一个实根.

例13 设函数 $f(x) \in C([a,b])$,常数 $c, d \in (a,b)$,且 $t_1, t_2 > 0$,证明:存在 $\xi \in [a,b]$,使得 $t_1 f(c) + t_2 f(d) = (t_1 + t_2) f(\xi)$.

证明 因为 $f(x)$ 在闭区间 $[a,b]$ 上连续,所以由最值存在定理可知,存在 m, M 使得

$$\min_{x \in [a,b]} f(x) = m, \qquad \max_{x \in [a,b]} f(x) = M.$$

于是 $m \leqslant f(c) \leqslant M$ 且 $m \leqslant f(d) \leqslant M$,从而

$$m \leqslant \frac{t_1 f(c) + t_2 f(d)}{t_1 + t_2} \leqslant M,$$

故由连续函数的介值定理知,存在 $\xi \in [a,b]$,使得

$$f(\xi) = \frac{t_1 f(c) + t_2 f(d)}{t_1 + t_2},$$

即 $t_1 f(c) + t_2 f(d) = (t_1 + t_2) f(\xi)$.

例14 已知函数 $f(x) \in C([0, 2a])$,且 $f(0) = f(2a)$,证明:存在一点 $\xi \in [0, a]$,使得 $f(\xi) = f(a + \xi)$.

证明 构造辅助函数 $F(x) = f(a + x) - f(x)$,则 $F(x)$ 在闭区间 $[0, a]$ 上连续,且由 $f(0) = f(2a)$ 可得

$$\begin{aligned} F(0) \cdot F(a) &= (f(a) - f(0)) \cdot (f(2a) - f(a)) \\ &= -(f(a) - f(0))^2 \leqslant 0. \end{aligned}$$

若 $f(a) = f(0)$,取 $\xi = 0$ 即有 $f(\xi) = f(a+\xi)$;若 $f(a) \neq f(0)$,则 $F(0) \cdot F(a) < 0$,由零点存在定理知,存在 $\xi \in (0,a)$,使得 $F(\xi) = 0$,即 $f(\xi) = f(a+\xi)$.

例 15 设函数 $f(x) \in C([a,b])$,且 $f(a) = f(b)$,证明:至少存在一个区间 $[\alpha,\beta] \subset [a,b]$ 且 $\beta - \alpha = \dfrac{b-a}{2}$,使得 $f(\alpha) = f(\beta)$.

证明 构造辅助函数 $F(x) = f\left(x + \dfrac{b-a}{2}\right) - f(x)$,则 $F(x)$ 在 $\left[a, \dfrac{b+a}{2}\right]$ 上连续,且

$$F(a) = f\left(\dfrac{b+a}{2}\right) - f(a),$$

$$F\left(\dfrac{a+b}{2}\right) = f(b) - f\left(\dfrac{a+b}{2}\right) = f(a) - f\left(\dfrac{a+b}{2}\right).$$

若 $f(a) = f\left(\dfrac{a+b}{2}\right)$,令 $\alpha = a$,$\beta = \dfrac{a+b}{2}$,即知结论成立.

若 $f(a) \neq f\left(\dfrac{a+b}{2}\right)$,则 $F(a) F\left(\dfrac{a+b}{2}\right) < 0$,由连续函数零点存在定理知,存在 $\xi \in \left(a, \dfrac{a+b}{2}\right)$,使得 $F(\xi) = 0$,即 $f\left(\xi + \dfrac{b-a}{2}\right) = f(\xi)$. 令 $\alpha = \xi$,$\beta = \xi + \dfrac{b-a}{2}$,则 $\beta - \alpha = \dfrac{b-a}{2}$,$[\alpha, \beta] \subset [a,b]$,且 $f(\alpha) = f(\beta)$.

例 16 设函数 $f(x) \in C([0,1])$,$f(1) = 0$,且 $\lim\limits_{x \to \frac{1}{2}} \dfrac{f(x) - 1}{\left(x - \dfrac{1}{2}\right)^2} = 1$,证明:

(1) 存在一点 $\xi \in (0,1)$,使得 $f(\xi) = \xi$;

(2) 函数 $f(x)$ 在 $[0,1]$ 上的最大值大于 1.

证明 (1) 因为 $\lim\limits_{x \to \frac{1}{2}} \dfrac{f(x) - 1}{\left(x - \dfrac{1}{2}\right)^2}$ 存在且 $\lim\limits_{x \to \frac{1}{2}} \left(x - \dfrac{1}{2}\right)^2 = 0$,故 $\lim\limits_{x \to \frac{1}{2}} (f(x) - 1) = 0$,再由函数 $f(x)$ 在 $[0,1]$ 上连续可得 $f\left(\dfrac{1}{2}\right) = 1$.

设 $F(x) = f(x) - x$,则 $F(x)$ 在闭区间 $[0,1]$ 上连续,且

$$F\left(\dfrac{1}{2}\right) = f\left(\dfrac{1}{2}\right) - \dfrac{1}{2} = \dfrac{1}{2} > 0, \quad F(1) = f(1) - 1 = -1 < 0,$$

故由零点存在定理知,存在 $\xi \in \left(\dfrac{1}{2}, 1\right) \subset (0,1)$,使得 $F(\xi) = 0$,即 $f(\xi) = \xi$.

(2) 因为

$$\lim_{x\to\frac{1}{2}}\frac{f(x)-1}{\left(x-\frac{1}{2}\right)^2}=1>0,$$

故由极限的局部保号性可知,存在 $\delta>0$,当 $x\in \mathring{N}\left(\frac{1}{2},\delta\right)$ 时,有 $\dfrac{f(x)-1}{\left(x-\frac{1}{2}\right)^2}>0$,即 $f(x)>1$. 故函数 $f(x)$ 在 $[0,1]$ 上的最大值大于 1.

例 17 设 $f(x)\in C([0,1])$,且 $f(0)=f(1)$,证明:对 $n\geqslant 2(n\in \mathbf{N}_+)$,必存在一点 $\xi\in(0,1)$,使得 $f(\xi)=f\left(\xi+\dfrac{1}{n}\right)$.

证明 设 $F(x)=f(x)-f\left(x+\dfrac{1}{n}\right)(n\geqslant 2)$,则 $F(x)$ 在闭区间 $\left[0,1-\dfrac{1}{n}\right]$ 上连续,且

$$F(0)=f(0)-f\left(\frac{1}{n}\right), \quad F\left(\frac{1}{n}\right)=f\left(\frac{1}{n}\right)-f\left(\frac{2}{n}\right), \quad \cdots,$$

$$F\left(1-\frac{1}{n}\right)=f\left(1-\frac{1}{n}\right)-f(1)=f\left(1-\frac{1}{n}\right)-f(0).$$

将上面各式相加可得

$$F(0)+F\left(\frac{1}{n}\right)+F\left(\frac{2}{n}\right)+\cdots+F\left(1-\frac{1}{n}\right)=0.$$

若对任意 $i\in\{0,1,\cdots,n-1\}$ 都有 $F\left(\dfrac{i}{n}\right)=0$,取 $\xi=\dfrac{i}{n}$ 即有 $f(\xi)=f\left(\xi+\dfrac{1}{n}\right)$.

若存在 $i\in\{0,1,\cdots,n-1\}$ 有 $F\left(\dfrac{i}{n}\right)>0$,那么一定存在 $j\in\{0,1,\cdots,n-1\}$ 且 $j\neq i$,满足 $F\left(\dfrac{j}{n}\right)<0$. 不妨设 $i<j$,于是由 $F(x)$ 在 $\left[\dfrac{i}{n},\dfrac{j}{n}\right]$ 上连续可知,存在 $\xi\in\left(\dfrac{i}{n},\dfrac{j}{n}\right)\subset(0,1)$ 使得 $F(\xi)=0$,即 $f(\xi)=f\left(\xi+\dfrac{1}{n}\right)$.

五、问题 5:函数连续与一致连续有什么区别和联系?如何证明函数在给定区间上一致连续和非一致连续?

函数 $f(x)$ 在区间 I 上连续,是指 $f(x)$ 在区间 I 上的每一个点都连续,体现的是 $f(x)$ 的局部性态,也常称为逐点连续.

函数 $f(x)$ 在区间 I 上一致连续是指 $\forall \varepsilon>0$,$\exists \delta>0$,使得 $\forall x_1,x_2\in I$,只要 $|x_1-x_2|<\delta$,就有

$$|f(x_1)-f(x_2)|<\varepsilon.$$

上述定义中的 δ 仅与 ε 有关,与点 x 无关,它体现的是函数在区间 I 上的整体性质.

第4讲 函数的连续性

由定义可知函数一致连续与连续的关系如下:若函数在区间 I 上一致连续,则它在区间 I 上必连续;反之不一定成立. 根据 Cantor 定理,若区间 I 为闭区间,则连续与一致连续是等价的.

若函数 $f(x)$ 在区间 I 上满足条件:存在常数 $L>0$,使得
$$|f(x_1)-f(x_2)|\leqslant L|x_1-x_2|,\quad \forall x_1,x_2\in I,$$
则 $\forall \varepsilon>0$,取 $\delta=\dfrac{\varepsilon}{L}$,即可证明函数 $f(x)$ 在区间 I 上一致连续. 上述条件称为 Lipschitz(利普希茨) 条件.

若在 I 中找两个数列 $\{x'_n\}$ 与 $\{x''_n\}$,它们满足
$$\lim_{n\to\infty}|x'_n-x''_n|=0, \quad \text{但} \quad \lim_{n\to\infty}|f(x'_n)-f(x''_n)|\neq 0,$$
则函数 $f(x)$ 在 I 上非一致连续.

例 18 证明:函数 $f(x)=\sqrt{x}$ 在 $[1,+\infty)$ 上一致连续.

证明 $\forall x_1,x_2\in[1,+\infty)$,由于
$$|f(x_1)-f(x_2)|=|\sqrt{x_1}-\sqrt{x_2}|=\frac{|x_1-x_2|}{\sqrt{x_1}+\sqrt{x_2}}\leqslant\frac{|x_2-x_1|}{2},$$
所以 $\forall \varepsilon>0$,取 $\delta=2\varepsilon$,使得 $\forall x_1,x_2\in[1,+\infty)$,只要 $|x_1-x_2|<\delta$,就有
$$|f(x_1)-f(x_2)|\leqslant\frac{|x_2-x_1|}{2}<\varepsilon,$$
从而 $f(x)=\sqrt{x}$ 在 $[1,+\infty)$ 上一致连续.

例 19 设常数 $l>0$,证明:函数 $f(x)=\sin x^2$ 在区间 $(-l,l)$ 内一致连续,而在区间 $(-\infty,+\infty)$ 上非一致连续.

证明 $\forall x_1,x_2\in(-l,l)$,由于
$$|f(x_1)-f(x_2)|=|\sin x_1^2-\sin x_2^2|=2\left|\cos\frac{x_1^2+x_2^2}{2}\sin\frac{x_1^2-x_2^2}{2}\right|$$
$$\leqslant 2\left|\sin\frac{x_1^2-x_2^2}{2}\right|\leqslant|x_1^2-x_2^2|<2l|x_1-x_2|,$$
所以 $\forall \varepsilon>0$,取 $\delta=\dfrac{\varepsilon}{2l}$,使得 $\forall x_1,x_2\in(-l,l)$,只要 $|x_1-x_2|<\delta$,就有
$$|f(x_1)-f(x_2)|<2l|x_1-x_2|<\varepsilon,$$
从而 $f(x)=\sin x^2$ 在 $(-l,l)$ 内一致连续.

另一方面,取 $x'_n=\sqrt{2n\pi+\dfrac{\pi}{2}}$,$x''_n=\sqrt{2n\pi}$,则 $x'_n,x''_n\in(-\infty,+\infty)$,且
$$|x'_n-x''_n|=\left|\sqrt{2n\pi+\frac{\pi}{2}}-\sqrt{2n\pi}\right|=\frac{\dfrac{\pi}{2}}{\sqrt{2n\pi+\dfrac{\pi}{2}}+\sqrt{2n\pi}}\to 0\quad(n\to\infty),$$

但是
$$|f(x'_n)-f(x''_n)|=\sin\left(2n\pi+\frac{\pi}{2}\right)-\sin(2n\pi)=1,$$
故 $f(x)$ 在 $(-\infty,+\infty)$ 上非一致连续.

例 20 设函数 $f(x)$ 在 $(0,+\infty)$ 上一致连续,证明 $\lim\limits_{n\to\infty}\dfrac{f(n)}{n^2}=0$.

证明 因为函数 $f(x)$ 在 $(0,+\infty)$ 上一致连续,所以对 $\varepsilon=1$,存在 $\delta>0$,当 $x_1,x_2\in(0,+\infty)$ 且 $|x_1-x_2|<\delta$ 时,有 $|f(x_1)-f(x_2)|<1$. 又对任意 $x,y\in(0,+\infty)$ 且 $x<y$,存在 $n\in\mathbf{N}_+(n>1)$,使得

$$\frac{|x-y|}{n}<\delta \quad 且 \quad \frac{|x-y|}{n-1}>\delta.$$

于是在 x,y 之间插入 $n-1$ 个点将区间 (x,y) 等分,即令

$$x=x_0<x_1<x_2<\cdots<x_{n-1}<y=x_n,$$

且 $|x_i-x_{i+1}|=\dfrac{|x-y|}{n}<\delta\ (i=0,1,\cdots,n-1)$,则有

$$|f(x)-f(y)|\leqslant|f(x)-f(x_1)|+|f(x_1)-f(x_2)|+\cdots+|f(x_{n-1})-f(y)|$$
$$<1+1+\cdots+1=n<\frac{|x-y|}{\delta}+1.$$

从而,若设 $a\in(0,+\infty)$ 为常数,则

$$0\leqslant\frac{|f(n)-f(a)|}{n^2}\leqslant\frac{\frac{|n-a|}{\delta}+1}{n^2}\to 0\quad(n\to\infty),$$

于是 $\lim\limits_{n\to\infty}\dfrac{f(n)-f(a)}{n^2}=0$. 故

$$\lim_{n\to\infty}\frac{f(n)}{n^2}=\lim_{n\to\infty}\left(\frac{f(n)-f(a)}{n^2}+\frac{f(a)}{n^2}\right)=0.$$

4.3 练习题

1. 选择题.

(1) 极限 $\lim\limits_{x\to\infty}x\left(\ln\left(1+\dfrac{4}{x}\right)-\ln\left(1-\dfrac{1}{x}\right)\right)$ ( )

(A) 不存在 (B) 等于 5 (C) 等于 3 (D) 等于 0

(2) 若函数 $f(x)=\dfrac{x-b}{(x-a)(x-1)}$ 有第一类间断点 $x=1$ 和第二类间断点 $x=0$,则常数 a,b 的值为 ( )

(A) $a=0,b=0$ (B) $a=0,b=1$ (C) $a=1,b=0$ (D) $a=1,b=1$

(3) 已知函数 $f(x)$ 在点 $x=0$ 的某个邻域内连续，且 $\lim\limits_{x\to 0}\dfrac{f(x)}{1-\cos x}=-1$，则 $f(x)$ 在点 $x=0$ 的去心邻域内 （   ）

(A) $f(x)>f(0)$ (B) $f(x)<f(0)$
(C) $f(x)=f(0)$ (D) 与 $f(0)$ 的大小关系无法判断

(4) 已知函数
$$f(x)=\begin{cases}0, & x\geqslant 0,\\ \dfrac{e^{\frac{1}{x}}\arctan\dfrac{1}{1+x}}{x^2}, & x<0,\end{cases}$$
则 $f(x)$ 的间断点情况为 （   ）

(A) 有一个跳跃间断点
(B) 有一个跳跃间断点和一个可去间断点
(C) 有两个跳跃间断点
(D) 有一个第一类间断点和一个第二类间断点

(5) 设 $f(x)=\dfrac{x}{a-e^{bx}}$ 在 $(-\infty,+\infty)$ 上连续，且 $\lim\limits_{x\to+\infty}f(x)=0$，则 （   ）

(A) $b>0, a\leqslant 0$ (B) $b>0, a<0$
(C) $a>0, b>0$ (D) $a>0, b\leqslant 0$

2. 填空题.

(1) 设 $\lim\limits_{x\to\infty}\left(\dfrac{x+2a}{x-a}\right)^x=8$，则常数 $a=$ _____；

(2) 已知函数
$$f(x)=\begin{cases}x, & x\geqslant 0,\\ 0, & x<0,\end{cases}\quad g(x)=\begin{cases}x+1, & x<1,\\ 1, & x\geqslant 1,\end{cases}$$
则函数 $f(x)+g(x)$ 的间断点为 _____；

(3) 已知函数
$$f(x)=\begin{cases}\dfrac{\ln(\cos x)}{x^2}, & x\neq 0,\\ a, & x=0\end{cases}$$
在点 $x=0$ 处连续，则常数 $a=$ _____；

(4) 已知函数
$$f(x)=\begin{cases}\dfrac{\sqrt{2-2\cos x}}{x}, & x<0,\\ ae^x, & x\geqslant 0\end{cases}$$

在点 $x=0$ 处连续,则常数 $a = $ _____ .

(5) 已知函数

$$f(x) = \begin{cases} \dfrac{\sqrt{1-ax}-1}{x}, & x < 0, \\ ax+b, & 0 \leqslant x \leqslant 1, \\ \arctan\dfrac{1}{x-1}, & x > 1 \end{cases}$$

在所定义的区间上连续,则常数 $a = $ _____ ,$b = $ _____ .

3. 求下列极限:

(1) $\lim\limits_{x \to 0}(x+\mathrm{e}^x)^{\frac{1}{x}}$;

(2) $\lim\limits_{x \to 0}(\cos\pi x)^{1/x^2}$;

(3) $\lim\limits_{x \to 0^+}\sqrt[x]{\cos\sqrt{x}}$;

(4) $\lim\limits_{x \to 0}\left(\dfrac{3^x+3^{2x}+\cdots+3^{nx}}{n}\right)^{\frac{1}{x}}$.

4. 判断函数 $f(x) = \dfrac{x-x^3}{\sin\pi x}$ 的间断点及类型.

5. 讨论下列函数的连续性,如有间断点,判断其类型.

(1) $f(x) = \arctan\dfrac{1}{x-1} + \dfrac{\sin x}{x^2(\pi-x)}$;

(2) $f(x) = \dfrac{x}{|1-x|}\ln|x|$;

(3) $f(x) = \begin{cases} \mathrm{e}^{\frac{1}{x-1}}, & x \geqslant 0, \\ \ln(1+x), & -1 < x < 0; \end{cases}$

(4) $f(x) = \lim\limits_{n \to \infty}\arctan(1+x^n)$;

(5) $f(x) = \lim\limits_{n \to \infty}\sqrt[n]{1+2^n+x^n}$ $(x > 0)$.

6. 设函数 f 在点 x_0 处连续,且 $f(x_0) > 0$,证明:存在 x_0 的某个邻域 $N(x_0)$,使得当 $x \in N(x_0)$ 时,有 $kf(x) > f(x_0)$,其中 $k > 1$.

7. 设 $f(x) = \dfrac{1}{|a|+a\mathrm{e}^{bx}}$ 在 $(-\infty, +\infty)$ 上连续,且 $\lim\limits_{x \to -\infty}f(x) = 0$.

(1) 确定常数 a 和 b 的符号;

(2) 求 $\lim\limits_{x \to +\infty}f(x)$.

8. 设函数 $f(x)$ 在 $[a, +\infty)$ 上连续,且 $\lim\limits_{x \to +\infty}f(x) = A$,证明:$f(x)$ 在 $[a, +\infty)$ 上有界.

9. 设 $f(x)$ 对一切实数满足 $f(x^2) = f(x)$,且在 $x=0$ 与 $x=1$ 处连续,证明:$f(x)$ 恒为常数.

第4讲　函数的连续性

10. 证明:方程 $2^x = 1 + x^2$ 至少有 3 个实根.

11. 已知函数 $f(x)$ 在区间 $(-\infty, +\infty)$ 上连续,且 $\lim\limits_{x \to \infty} \dfrac{f(x)}{x} = 0$,证明:存在一点 $\xi \in (-\infty, +\infty)$,使得 $f(\xi) + \xi = 0$.

12. 证明:函数 $f(x) = \sin(x \cos x)$ 在区间 $[0, 2\pi]$ 上一致连续,在 $[0, +\infty)$ 上非一致连续.

13. 设函数 $f(x) \in C([0, +\infty))$,且 $\lim\limits_{x \to +\infty} f(x)$ 存在,证明:函数 $f(x)$ 在区间 $[0, +\infty)$ 上一致连续.

第 5 讲　导数的概念与计算

5.1　内容提要

一、函数可导的概念

1) 函数在一点处可导的定义.

设函数 $y=f(x)$ 在点 x_0 的某邻域 $N(x_0)$ 内有定义,若 $x_0+\Delta x \in N(x_0)$,且极限

$$\lim_{\Delta x \to 0} \frac{f(x_0+\Delta x)-f(x_0)}{\Delta x} \tag{5.1}$$

存在,则称函数 $f(x)$ 在点 x_0 **处可导**,并称此极限值为函数 $f(x)$ **在点 x_0 处的导数**或**变化率**或**变化速度**,记为

$$f'(x_0), \quad y'(x_0), \quad \left.\frac{\mathrm{d}y}{\mathrm{d}x}\right|_{x=x_0} \quad 或 \quad \left.\frac{\mathrm{d}f(x)}{\mathrm{d}x}\right|_{x=x_0},$$

即

$$f'(x_0)=\lim_{\Delta x \to 0}\frac{\Delta y}{\Delta x}=\lim_{\Delta x \to 0}\frac{f(x_0+\Delta x)-f(x_0)}{\Delta x}.$$

为方便起见,若式(5.1)中的极限发散到无穷大,则称函数 $f(x)$ 在点 x_0 处的**导数为无穷大**,记为 $f'(x_0)=\infty$.

若记 $x=x_0+\Delta x$,则 $\Delta x=x-x_0$,且 $\Delta x \to 0$ 等价于 $x \to x_0$. 因此导数定义有下列等价的形式:

$$f'(x_0)=\lim_{x \to x_0}\frac{f(x)-f(x_0)}{x-x_0}.$$

2) 单侧导数的定义.

若左极限(右极限)

$$\lim_{\Delta x \to 0^-}\frac{f(x_0+\Delta x)-f(x_0)}{\Delta x} \quad \left(\lim_{\Delta x \to 0^+}\frac{f(x_0+\Delta x)-f(x_0)}{\Delta x}\right)$$

存在,则称此极限为函数 $f(x)$ **在点 x_0 处的左导数(右导数)**,并称 $f(x)$ 在点 x_0 处**左可导(右可导)**,记为

$$f'_-(x_0)=\lim_{\Delta x \to 0^-}\frac{f(x_0+\Delta x)-f(x_0)}{\Delta x} \quad \left(f'_+(x_0)=\lim_{\Delta x \to 0^+}\frac{f(x_0+\Delta x)-f(x_0)}{\Delta x}\right).$$

3) 函数在区间上可导的定义.

(1) 若函数 $f(x)$ 在 (a,b) 内的每一点处都可导,则称 $f(x)$ 在开区间 (a,b) 内可导,记为 $f(x) \in D((a,b))$.

(2) 若函数 $f(x)$ 在开区间 (a,b) 内可导,且在左端点 $x=a$ 处右可导,在右端点 $x=b$ 处左可导,则称 $f(x)$ 在 $[a,b]$ 上可导,记为 $f(x) \in D([a,b])$.

二、可导函数的性质

1) 可导的充要条件:函数 $f(x)$ 在点 x_0 处可导的充要条件为 $f(x)$ 在点 x_0 处既左可导又右可导,且 $f'_+(x_0) = f'_-(x_0)$.

2) 可导的必要条件:若函数 $y=f(x)$ 在点 x_0 处可导,则 $y=f(x)$ 必在点 x_0 处连续.

注 当 $f(x)$ 在点 x_0 处连续时,$f(x)$ 在点 x_0 处未必可导. 如 $f(x)=|x|$ 在点 $x_0=0$ 处连续,但在点 $x_0=0$ 处不可导.

3) 导数的几何意义.

若函数 $y=f(x)$ 在点 x_0 处可导,则它所对应的平面曲线 $y=f(x)$ 在相应的点 $P(x_0,f(x_0))$ 处有不垂直于 x 轴的切线,且该**切线的斜率** k 就等于函数 $f(x)$ **在该点处的导数** $f'(x_0)$.

此时,平面曲线 $y=f(x)$ 在点 P 处的**切线方程**为
$$y - f(x_0) = f'(x_0)(x - x_0),$$
在点 P 处的**法线方程**(即过切点 P 且与切线垂直的直线)为
$$y - f(x_0) = -\frac{1}{f'(x_0)} \cdot (x - x_0) \quad (\text{当 } f'(x_0) \neq 0 \text{ 时}).$$

三、函数求导的基本法则

1) 导数的四则运算法则.

设函数 $f(x)$ 与 $g(x)$ 都在点 x 处可导,则这两个函数的和、差、积、商所得的函数在点 x 处也可导(商的情况要求分母 $g(x) \neq 0$). 同时,成立下列导数公式:

(1) $(f(x) \pm g(x))' = f'(x) \pm g'(x)$;

(2) $(f(x) \cdot g(x))' = f'(x) \cdot g(x) + f(x) \cdot g'(x)$;

(3) $\left(\dfrac{f(x)}{g(x)}\right)' = \dfrac{f'(x)g(x) - f(x)g'(x)}{g^2(x)}$,其中 $g(x) \neq 0$.

特别地,有
$$(cf(x))' = cf'(x) \quad (\text{其中 } c \text{ 为常数}),$$
$$\left(\frac{1}{g(x)}\right)' = -\frac{g'(x)}{g^2(x)} \quad (\text{其中 } g(x) \neq 0).$$

2) 反函数求导法则.

设函数 $x=f(y)$ 在区间 I 上严格单调且连续. 若在点 $y_0 \in I$ 处 $f'(y_0)$ 存在且 $f'(y_0) \neq 0$, 则它的反函数 $y=f^{-1}(x)$ 在对应的点 $x_0=f(y_0)$ 处也可导, 且

$$(f^{-1})'(x_0) = \frac{1}{f'(y_0)} \quad \text{或} \quad \frac{\mathrm{d}y}{\mathrm{d}x}\bigg|_{x=x_0} = \frac{1}{\frac{\mathrm{d}x}{\mathrm{d}y}\bigg|_{y=y_0}}.$$

在上述条件下, 这个结论可以用一句话简单概括为**反函数的导数等于直接函数的导数的倒数**.

3) 复合函数求导法则.

设函数 $u=\varphi(x)$ 在点 x 处可导, 函数 $y=f(u)$ 在对应的点 $u=\varphi(x)$ 处可导, 则复合函数 $y=f(\varphi(x))$ 在点 x 处可导, 且

$$\frac{\mathrm{d}y}{\mathrm{d}x} = f'(u)\varphi'(x) \quad \text{或} \quad \frac{\mathrm{d}y}{\mathrm{d}x} = \frac{\mathrm{d}f}{\mathrm{d}u} \cdot \frac{\mathrm{d}u}{\mathrm{d}x} = \frac{\mathrm{d}y}{\mathrm{d}u} \cdot \frac{\mathrm{d}u}{\mathrm{d}x}.$$

注 运用复合函数求导法则求导的关键在于弄清函数的复合关系, 要善于将一个复杂的函数分解成几个简单函数的复合, 再遵循由外向内逐层求导的原理进行求导. 复合函数求导时环环相扣, 因此复合函数求导法则也被称为**链式法则**.

4) 对数求导法: 即先取对数再求导数的方法.

注 对数求导法的依据是, 在对数符号里, 加不加绝对值对导函数的表达式没有影响, 只是导函数的定义域可能会有所不同.

5) 隐函数求导法则.

所谓**隐函数**, 是指存在一个定义在某个区间上的函数 $y=y(x)$, 使得在该区间上 $F(x,y(x)) \equiv 0$, 那么就称 $y=y(x)$ 为由方程 $F(x,y)=0$ 所确定的隐函数.

基于隐函数存在且可导的前提, 并设 $y=y(x)$ 是由隐式方程 $F(x,y)=0$ 所确定的隐函数, 则有 $F(x,y(x)) \equiv 0$. 根据链式法则将此等式两端对 x 求导, 即可得到我们所要求的导数 $\dfrac{\mathrm{d}y}{\mathrm{d}x}$.

6) 由参数方程所确定的函数的求导法则.

一般地, 称由参数方程

$$\begin{cases} x=\varphi(t), \\ y=\psi(t) \end{cases} \tag{5.2}$$

所确定的 y 与 x 之间的函数关系为由参数方程 (5.2) 所确定的函数.

假设函数 $x=\varphi(t)$ 和 $y=\psi(t)$ 在区间 $[\alpha, \beta]$ 上可导, 函数 $x=\varphi(t)$ 具有连续的、严格单调的反函数 $t=\varphi^{-1}(x)$, 且 $\varphi'(t) \neq 0$. 由此反函数与函数 $y=\psi(t)$ 可以复合得到函数 $y=\psi(\varphi^{-1}(x))$, 再由复合函数求导法则与反函数求导法则即得

第 5 讲 导数的概念与计算

$$\frac{\mathrm{d}y}{\mathrm{d}x} = \frac{\mathrm{d}y}{\mathrm{d}t} \cdot \frac{\mathrm{d}t}{\mathrm{d}x} = \frac{\frac{\mathrm{d}y}{\mathrm{d}t}}{\frac{\mathrm{d}x}{\mathrm{d}t}} = \frac{\psi'(t)}{\varphi'(t)}.$$

这就是由参数方程(5.2)所确定的函数 $y = y(x)$ 的导数公式.

四、基本初等函数的导数公式

(1) $(C)' = 0$;   (2) $(x^\alpha)' = \alpha x^{\alpha-1}$ ($\alpha \in \mathbf{R}, x > 0$);

(3) $(\sin x)' = \cos x$;   (4) $(\cos x)' = -\sin x$;

(5) $(\tan x)' = \sec^2 x$;   (6) $(\cot x)' = -\csc^2 x$;

(7) $(\sec x)' = \sec x \tan x$;   (8) $(\csc x)' = -\csc x \cot x$;

(9) $(a^x)' = a^x \ln a$ ($a > 0$ 且 $a \neq 1$);   (10) $(\mathrm{e}^x)' = \mathrm{e}^x$;

(11) $(\log_a |x|)' = \dfrac{1}{x \ln a}$ ($a > 0$ 且 $a \neq 1$);

(12) $(\ln |x|)' = \dfrac{1}{x}$;   (13) $(\arcsin x)' = \dfrac{1}{\sqrt{1-x^2}}$;

(14) $(\arccos x)' = -\dfrac{1}{\sqrt{1-x^2}}$;   (15) $(\arctan x)' = \dfrac{1}{1+x^2}$;

(16) $(\mathrm{arccot}\, x)' = -\dfrac{1}{1+x^2}$.

注 根据初等函数的定义可知,一切初等函数都是由基本初等函数经过有限次的四则运算和有限次的复合运算得到的. 因此,利用函数求导的四则运算法则、复合函数求导法则以及基本初等函数的导数公式就可以求出任何一个初等函数的导数.

5.2 例题与释疑解难

一、问题 1:如何灵活地运用导数定义的极限式?

导数定义的本质,就是当自变量的改变量趋于零时函数的改变量与自变量的改变量之比的极限,即

$$f'(x_0) = \lim_{\Delta x \to 0} \frac{f(x_0 + \Delta x) - f(x_0)}{\Delta x}.$$

因为自变量的改变量可以用不同的形式表示,所以定义中的极限式也就有不同的表达方式. 例如

$$f'(x_0) = \lim_{h \to 0} \frac{f(x_0 + h) - f(x_0)}{h} = \lim_{t \to 0} \frac{f(x_0 + t) - f(x_0)}{t}.$$

读者应正确理解,灵活运用.

例 1 已知函数 $f(x)$ 在点 x_0 处可导,求下列极限值:

(1) $\lim\limits_{h \to 0} \dfrac{f(x_0+h) - f(x_0-h)}{h}$;   (2) $\lim\limits_{x \to x_0} \dfrac{x_0 f(x) - x f(x_0)}{x - x_0}$;

(3) $\lim\limits_{x \to x_0} \dfrac{f^2(x) - f^2(x_0)}{\sqrt[3]{x} - \sqrt[3]{x_0}}$.

分析   由导数的定义知

$$f'(x_0) = \lim_{\Delta x \to 0} \frac{f(x_0 + \Delta x) - f(x_0)}{\Delta x} = \lim_{x \to x_0} \frac{f(x) - f(x_0)}{x - x_0}.$$

此外,由可导的必要条件可知 $f(x)$ 在点 x_0 处连续,即 $\lim\limits_{x \to x_0} f(x) = f(x_0)$. 本题可通过将所求的函数表达式等价变形成导数的定义式并结合可导函数的性质以及极限的相关法则来求解.

解   (1) 注意到

$$\text{原式} = \lim_{h \to 0} \left(\frac{f(x_0 + h) - f(x_0)}{h} + \frac{f(x_0) - f(x_0 - h)}{h} \right).$$

令 $\Delta x = -h$,则由函数 $f(x)$ 在点 x_0 处可导得

$$\lim_{h \to 0} \frac{f(x_0) - f(x_0 - h)}{h} = \lim_{\Delta x \to 0} \frac{f(x_0 + \Delta x) - f(x_0)}{\Delta x} = f'(x_0).$$

所以由导数的定义以及和的极限法则得

$$\text{原式} = \lim_{h \to 0} \left(\frac{f(x_0 + h) - f(x_0)}{h} + \frac{f(x_0) - f(x_0 - h)}{h} \right)$$
$$= f'(x_0) + f'(x_0) = 2f'(x_0).$$

(2) 由导数的定义以及和的极限法则得

$$\text{原式} = \lim_{x \to x_0} \left(x_0 \cdot \frac{f(x) - f(x_0)}{x - x_0} - f(x_0) \right) = x_0 f'(x_0) - f(x_0).$$

(3) 因为 $f(x)$ 在点 x_0 处可导,所以 $f(x)$ 在点 x_0 处连续,即

$$\lim_{x \to x_0} f(x) = f(x_0).$$

于是由导数的定义与极限的四则运算法则可得

$$\text{原式} = \lim_{x \to x_0} \left((f(x) + f(x_0)) \cdot \frac{f(x) - f(x_0)}{x - x_0} \cdot \frac{x - x_0}{\sqrt[3]{x} - \sqrt[3]{x_0}} \right)$$
$$= \lim_{x \to x_0} \left((f(x) + f(x_0))(\sqrt[3]{x^2} + \sqrt[3]{x} \cdot \sqrt[3]{x_0} + \sqrt[3]{x_0^2}) \cdot \frac{f(x) - f(x_0)}{x - x_0} \right)$$
$$= 6\sqrt[3]{x_0^2} f(x_0) f'(x_0).$$

例 2   判断对错:设 $f(x)$ 在点 x_0 处连续,若极限

$$\lim_{h \to 0} \frac{f(x_0+h) - f(x_0-h)}{h}$$

存在,则 $f'(x_0)$ 必存在. 若对,请证明;若错,请举出反例.

解 这个命题是错的. 例如,函数 $f(x) = |x|$ 在点 $x_0 = 0$ 处连续,且

$$\lim_{h \to 0} \frac{f(x_0+h) - f(x_0-h)}{h} = 0,$$

但 $f(x) = |x|$ 在点 $x_0 = 0$ 处不可导,即 $f'(x_0)$ 不存在.

例 3 设函数 $f(x)$ 与 $g(x)$ 都在区间 $(-\infty, +\infty)$ 内有定义,都在点 $x=0$ 处可导,且满足

$$f(x+h) = f(x)g(h) + f(h)g(x), \quad \forall x, h \in (-\infty, +\infty).$$

证明:$f(x)$ 在区间 $(-\infty, +\infty)$ 内可导.

分析 根据导数的定义 $f'(x) = \lim\limits_{h \to 0} \dfrac{f(x+h) - f(x)}{h}$ 与题设条件,不难推出结论成立.

证明 任取 $x \in (-\infty, +\infty)$,则由导数的定义得

$$\begin{aligned}
f'(x) &= \lim_{\Delta x \to 0} \frac{f(x+\Delta x) - f(x)}{\Delta x} = \lim_{\Delta x \to 0} \frac{f(x+\Delta x) - f(x+0)}{\Delta x} \\
&= \lim_{\Delta x \to 0} \frac{f(x)g(\Delta x) + f(\Delta x)g(x) - (f(x)g(0) + f(0)g(x))}{\Delta x} \\
&= \lim_{\Delta x \to 0} \left(f(x) \frac{g(\Delta x) - g(0)}{\Delta x} + g(x) \frac{f(\Delta x) - f(0)}{\Delta x} \right) \\
&= f(x)g'(0) + g(x)f'(0),
\end{aligned}$$

再由点 $x \in (-\infty, +\infty)$ 的任意性即得 $f(x)$ 在区间 $(-\infty, +\infty)$ 内可导.

例 4 若函数 $f(x)$ 在 $x=0$ 处连续,且 $\lim\limits_{x \to 0} \dfrac{f(x)}{x}$ 存在,试证:$f(x)$ 在 $x=0$ 处可导.

分析 欲证明 $f(x)$ 在 $x=0$ 处可导,只要说明极限值 $\lim\limits_{x \to 0} \dfrac{f(x) - f(0)}{x - 0}$ 存在. 根据题设条件,解决此问题的关键在于求出函数值 $f(0)$. 由 $f(x)$ 在 $x=0$ 处连续知 $f(0) = \lim\limits_{x \to 0} f(x)$,所以只要求出极限值 $\lim\limits_{x \to 0} f(x)$ 即可完成本题的证明.

证明 设 $\lim\limits_{x \to 0} \dfrac{f(x)}{x} = A$. 因为函数 $f(x)$ 在 $x=0$ 处连续,所以由连续的定义和乘积的极限法则得

$$f(0) = \lim_{x \to 0} f(x) = \lim_{x \to 0} \left(\frac{f(x)}{x} \cdot x \right) = A \cdot 0 = 0,$$

于是由导数的定义得

$$f'(0) = \lim_{x \to 0} \frac{f(x) - f(0)}{x - 0} = \lim_{x \to 0} \frac{f(x)}{x} = A.$$

这说明函数 $f(x)$ 在 $x = 0$ 处可导.

例 5 设 $f(x)$ 满足 $\lim_{x \to 1} \frac{f(x)}{\ln x} = 1$，则 （　　）

(A) $f(1) = 0$　　(B) $\lim_{x \to 1} f(x) = 0$　　(C) $f'(1) = 1$　　(D) $\lim_{x \to 1} f'(x) = 1$

解 由 $\lim_{x \to 1} \frac{f(x)}{\ln x} = 1$ 和乘积的极限法则得

$$\lim_{x \to 1} f(x) = \lim_{x \to 1} \left(\frac{f(x)}{\ln x} \cdot \ln x \right) = 0,$$

所以选项(B)正确.

注 本题并未告知 $f(x)$ 在 $x = 1$ 处连续，所以未必有 $f(1) = \lim_{x \to 1} f(x) = 0$，因此选项(A)未必成立，从而选项(C)和选项(D)都未必成立.

二、问题 2：应用导数的几何意义求曲线的切线时应注意什么？

利用导数的几何意义求平面曲线的切线时，应注意的第一点是曲线 $y = f(x)$ 在点 (x_0, y_0) 处的切线斜率是 $f'(x_0)$，而不是 $f'(x)$；应注意的第二点是当曲线的方程不是直角坐标方程时，如曲线 $r = r(\theta)$，它在 θ_0 对应的点 (x_0, y_0) 处的切线斜率不是 $r'(\theta_0)$，而是 $\dfrac{\mathrm{d}y}{\mathrm{d}x}\bigg|_{(x_0, y_0)}$.

例 6 试求经过坐标原点且与曲线 $y = \dfrac{x + 9}{x + 5}$ 相切的切线方程.

解 设切点为 (x_0, y_0)，则曲线在该点处的切线斜率为

$$k = y'(x_0) = -\frac{4}{(x_0 + 5)^2}$$

$\left(\text{注意：切线斜率不能写为 } k = -\dfrac{4}{(x + 5)^2}\right)$，故所求的切线方程为

$$y - y_0 = -\frac{4}{(x_0 + 5)^2}(x - x_0).$$

因为切点 (x_0, y_0) 在曲线上，所以

$$y_0 = \frac{x_0 + 9}{x_0 + 5},$$

将之代入到切线方程中，得

$$y = -\frac{4x}{(x_0 + 5)^2} + \frac{4x_0 + (x_0 + 9)(x_0 + 5)}{(x_0 + 5)^2}.$$

又注意到切线经过坐标原点，于是

$$4x_0 + (x_0+9)(x_0+5) = 0,$$

解得 $x_0 = -3, x_0 = -15.$ 故所求的切线方程为

$$y = -x \quad \text{及} \quad y = -\frac{1}{25}x.$$

例 7 求对数螺线 $r = e^\theta$ 在 $\theta = \dfrac{\pi}{2}$ 所对应的点处的切线方程与法线方程(用直角坐标方程表示).

解 由极坐标与直角坐标的转换关系得 $\begin{cases} x = e^\theta \cos\theta, \\ y = e^\theta \sin\theta, \end{cases}$ 则 $\theta = \dfrac{\pi}{2}$ 所对应的曲线上的点为 $(x_0, y_0) = (0, e^{\pi/2}).$ 切线的斜率与法线的斜率分别为

$$k_{切} = \frac{\mathrm{d}y}{\mathrm{d}x}\bigg|_{(x_0, y_0)} = \frac{e^\theta \sin\theta + e^\theta \cos\theta}{e^\theta \cos\theta - e^\theta \sin\theta}\bigg|_{\theta = \frac{\pi}{2}} = -1, \quad k_{法} = 1,$$

故所求的切线方程为 $y - e^{\frac{\pi}{2}} = -x,$ 法线方程为 $y - e^{\frac{\pi}{2}} = x.$

三、问题 3：函数的可导性与连续性有何关系？如何讨论分段函数的可导性？

例 8 设常数 $a > 1$,用导数的定义求函数

$$f(x) = \begin{cases} a^{2x}, & x > 1, \\ x^3, & 0 \leqslant x \leqslant 1, \\ \ln(x+1), & -\dfrac{1}{2} < x < 0 \end{cases}$$

的导数 $f'(x).$

解 先讨论 $f(x)$ 在分段区间内的可导性并求导数. 当 $x > 1$ 时,由 $f(x) = a^{2x}$ 得

$$f'(x) = \lim_{\Delta x \to 0} \frac{f(x+\Delta x) - f(x)}{\Delta x} = \lim_{\Delta x \to 0} \frac{a^{2x}(a^{2\Delta x} - 1)}{\Delta x} = 2a^{2x} \ln a;$$

当 $0 < x < 1$ 时,由 $f(x) = x^3$ 得

$$f'(x) = \lim_{\Delta x \to 0} \frac{f(x+\Delta x) - f(x)}{\Delta x} = \lim_{\Delta x \to 0} \frac{(x+\Delta x)^3 - x^3}{\Delta x} = 3x^2;$$

当 $-\dfrac{1}{2} < x < 0$ 时,由 $f(x) = \ln(x+1)$ 得

$$f'(x) = \lim_{\Delta x \to 0} \frac{f(x+\Delta x) - f(x)}{\Delta x} = \lim_{\Delta x \to 0} \frac{\ln(x+1+\Delta x) - \ln(x+1)}{\Delta x}$$

$$= \lim_{\Delta x \to 0} \frac{\ln\left(1 + \dfrac{\Delta x}{1+x}\right)}{\Delta x} = \lim_{\Delta x \to 0} \frac{\Delta x}{(1+x)\Delta x} = \frac{1}{1+x}.$$

接下来考虑 $f(x)$ 在分段点处的可导性以及导数值. 对于分段点 $x = 0,$ 注意到

$$f'_+(0) = \lim_{\Delta x \to 0^+} \frac{f(0+\Delta x)-f(0)}{\Delta x} = \lim_{\Delta x \to 0^+} \frac{(\Delta x)^3}{\Delta x} = 0,$$

$$f'_-(0) = \lim_{\Delta x \to 0^-} \frac{f(0+\Delta x)-f(0)}{\Delta x} = \lim_{\Delta x \to 0^-} \frac{\ln(1+\Delta x)}{\Delta x} = 1,$$

于是 $f(x)$ 在点 $x=0$ 处不可导;

对于分段点 $x=1$,因为 $f(1+0)=a^2 \neq f(1)=1$,所以函数 $f(x)$ 在点 $x=1$ 处不连续,因而 $f(x)$ 在点 $x=1$ 处不可导.

综上可得

$$f'(x) = \begin{cases} 2a^{2x}\ln a, & x>1, \\ 3x^2, & 0<x<1, \\ \dfrac{1}{1+x}, & -\dfrac{1}{2}<x<0. \end{cases}$$

注 分段函数在分段区间内的导数可以对相应的表达式直接运用求导公式求,但在分段点处,必须用导数的定义来讨论该点处是否可导及求导数值.

例9 设 a,b 都为常数,且 $b<0$. 定义函数

$$f(x) = \begin{cases} x^a \sin x^b, & x>0, \\ 0, & x \leqslant 0. \end{cases}$$

请回答下面的问题并说明理由:

(1) 当 a 和 b 满足什么条件时,$f(x)$ 在点 $x=0$ 处连续但不可导;

(2) 当 a 和 b 满足什么条件时,$f(x)$ 在点 $x=0$ 处可导,但其导函数 $f'(x)$ 在点 $x=0$ 处不连续;

(3) 当 a 和 b 满足什么条件时,导函数 $f'(x)$ 在点 $x=0$ 处连续.

分析 分段函数在分段点处的连续性与可导性应利用函数连续的定义与函数可导的定义去分析.

解 (1) 首先考虑 $f(x)$ 在点 $x=0$ 处的连续性. 因为

$$f(0+0) = \lim_{x \to 0^+} x^a \sin x^b, \quad f(0-0) = f(0) = 0,$$

故由函数在一点处连续的充要条件知,$f(x)$ 在点 $x=0$ 处连续当且仅当 $f(0+0)=0$,即

$$\lim_{x \to 0^+} x^a \sin x^b = 0.$$

注意到 $b<0$,所以右极限 $\lim\limits_{x \to 0^+} \sin x^b$ 不存在,但是函数 $\sin x^b$ 在区间 $(0,+\infty)$ 内有界,于是当 $b<0$ 时,右极限 $\lim\limits_{x \to 0^+} x^a \sin x^b = 0$ 的充要条件是 $\lim\limits_{x \to 0^+} x^a = 0$,即 $a>0$. 因此,当 $a>0$ 且 $b<0$ 时,函数 $f(x)$ 在点 $x=0$ 处连续.

接着考虑 $f(x)$ 在点 $x=0$ 处的可导性. 因为 $f'_-(0)=0$,又

$$f'_+(0) = \lim_{\Delta x \to 0^+} \frac{f(0+\Delta x) - f(0)}{\Delta x} = \lim_{\Delta x \to 0^+} (\Delta x)^{a-1} \sin(\Delta x)^b$$

$$= \begin{cases} 0, & a > 1, \\ \text{不存在}, & a \leqslant 1. \end{cases}$$

所以当 $0 < a \leqslant 1$ 且 $b < 0$ 时,$f(x)$ 在点 $x = 0$ 处连续但不可导.

(2) 由上面(1)的解答过程可知,当 $a > 1$ 且 $b < 0$ 时,$f(x)$ 的导数为

$$f'(x) = \begin{cases} ax^{a-1}\sin x^b + bx^{a+b-1}\cos x^b, & x > 0, \\ 0, & x \leqslant 0. \end{cases}$$

因为 $f'(0-0) = f'(0) = 0$,故 $f'(x)$ 在点 $x = 0$ 处连续的充要条件是 $f'(0+0) = 0$,即

$$\lim_{x \to 0^+} (ax^{a-1}\sin x^b + bx^{a+b-1}\cos x^b) = 0. \qquad (*)$$

注意到,由 $a > 1$ 且 $b < 0$ 可得 $\lim_{x \to 0^+} ax^{a-1}\sin x^b = 0$,于是当 $a > 1$ 且 $b < 0$ 时,$(*)$ 式成立的充要条件是 $\lim_{x \to 0^+} x^{a+b-1}\cos x^b = 0$,即

$$a + b - 1 > 0 \quad (\text{请读者思考为什么}).$$

由此知,当 $a \leqslant 1-b$ 且 $b < 0$ 时,$f'(x)$ 在点 $x = 0$ 处不连续. 故当 $1 < a \leqslant 1-b$ 且 $b < 0$ 时,$f(x)$ 在点 $x = 0$ 处可导,但导函数 $f'(x)$ 在点 $x = 0$ 处不连续.

(3) 由上面(2)的分析过程可知,当 $a > 1-b$ 且 $b < 0$ 时,导函数 $f'(x)$ 在点 $x = 0$ 处连续.

四、问题 4:求导方法举例.

例 10 采用简便方法快速地求下列函数的导数:

(1) $y = x(x-1)(x-2)$;

(2) $y = \dfrac{5x^2 + 3x - \sqrt{x}}{x^2}$;

(3) $y = \ln \dfrac{ax+b}{cx+d}$;

(4) $y = \sqrt{x\sqrt{x\sqrt{x}}}$;

(5) $y = \sqrt{x + \sqrt{x + \sqrt{x}}}$.

分析 求函数的导数,不仅要熟记基本初等函数的求导公式和求导法则,还应灵活地掌握基本初等函数的求导公式和求导法则,从而才能迅速准确地求出函数的导数.

解 (1) 先将右端展开,然后再求导. 因为

$$y = x(x-1)(x-2) = x^3 - 3x^2 + 2x,$$

所以 $y' = 3x^2 - 6x + 2$.

注 本题也可以运用乘积的求导法则进行求导.

(2) 先对函数进行化简再求导. 因为

$$y = \frac{5x^2 + 3x - \sqrt{x}}{x^2} = 5 + 3x^{-1} - x^{-\frac{3}{2}},$$

所以 $y' = -3x^{-2} + \frac{3}{2}x^{-\frac{5}{2}}$.

注 本题也可以运用商的求导法则求导,但这不是一个好方法.

(3) 先利用对数函数的性质等价变形函数表达式再求导. 因为

$$y = \ln\frac{ax+b}{cx+d} = \ln|ax+b| - \ln|cx+d|,$$

所以 $y' = \frac{a}{ax+b} - \frac{c}{cx+d}$.

(4) 先将函数化简再求导. 注意到

$$y = \sqrt{x\sqrt{x\sqrt{x}}} = x^{\frac{7}{8}},$$

于是 $y' = \frac{7}{8}x^{-\frac{1}{8}} = \frac{7}{8\sqrt[8]{x}}$.

(5) 利用复合函数求导法则与和的求导法则来求导. 令 $y = \sqrt{w}, w = x + u$, $u = \sqrt{v}, v = x + \sqrt{x}$,则

$$y' = \frac{dy}{dw} \cdot \frac{dw}{dx} = \frac{1}{2\sqrt{w}}\left(1 + \frac{du}{dx}\right) = \frac{1}{2\sqrt{w}}\left(1 + \frac{du}{dv} \cdot \frac{dv}{dx}\right)$$

$$= \frac{1}{2\sqrt{w}}\left(1 + \frac{1}{2\sqrt{v}}\left(1 + \frac{1}{2\sqrt{x}}\right)\right) = \frac{4\sqrt{xv} + 2\sqrt{x} + 1}{8\sqrt{xwv}}$$

$$= \frac{4\sqrt{x}\sqrt{x + \sqrt{x}} + 2\sqrt{x} + 1}{8\sqrt{x}\sqrt{x + \sqrt{x}}\sqrt{x + \sqrt{x + \sqrt{x}}}}.$$

注 本题也可以采用先等价变形成隐函数方程 $(y^2 - x)^2 = x + \sqrt{x}$,然后采用隐函数求导法则与复合函数求导法则去求解.

例 11 设 a 和 b 均为常数,求下列函数的导数:

(1) $y = x^{\tan x}$;

(2) $y = \sqrt{\frac{(a+x)(b+x)}{(a-x)(b-x)}}$;

(3) $y = \left(\frac{a}{b}\right)^x \left(\frac{b}{x}\right)^a \left(\frac{x}{a}\right)^b$ $(a > 0, b > 0$ 且 $a \neq b)$.

解 (1) 本题采用对数求导法进行求解. 等式两边取对数,得 $\ln y = \tan x \ln x$,于是

$$\frac{y'}{y} = \sec^2 x \ln x + \frac{\tan x}{x},$$

从而
$$y' = x^{\tan x}\left(\sec^2 x \ln x + \frac{\tan x}{x}\right).$$

(2) 本题采用对数求导法进行求解. 等式两边取对数,得
$$\ln y = \frac{1}{2}(\ln|a+x| + \ln|b+x| - \ln|a-x| - \ln|b-x|),$$

两边对 x 求导,得
$$\frac{y'}{y} = \frac{1}{2}\left(\frac{1}{a+x} + \frac{1}{b+x} + \frac{1}{a-x} + \frac{1}{b-x}\right) = \frac{(a+b)(ab-x^2)}{(a^2-x^2)(b^2-x^2)},$$

从而
$$y' = \sqrt{\frac{(a+x)(b+x)}{(a-x)(b-x)}} \cdot \frac{(a+b)(ab-x^2)}{(a^2-x^2)(b^2-x^2)}.$$

(3) 虽然本题可以采用乘积的求导法则进行求解,但是相比较而言,采用对数求导法更快速、方便. 因为
$$\ln y = x(\ln a - \ln b) + a(\ln b - \ln x) + b(\ln x - \ln a),$$

上式两边对 x 求导,得
$$\frac{y'}{y} = \ln\frac{a}{b} - \frac{a}{x} + \frac{b}{x},$$

从而
$$y' = \left(\frac{a}{b}\right)^x \left(\frac{b}{x}\right)^a \left(\frac{x}{a}\right)^b \left(\ln\frac{a}{b} + \frac{b-a}{x}\right).$$

注 通过本例,读者可小结一下对什么样的函数求导数时应采用对数求导法以及如何应用对数求导法求导数.

例 12 (1) 设函数 $f(x)$ 可导且 $y^2 f(x) + x f(y) = x^2$,求 $\dfrac{dy}{dx}$;

(2) 设 $(\cos x)^y = (\sin y)^x$,求 $\dfrac{dy}{dx}$.

分析 本题均属于隐函数求导问题,在求导时,均视 y 为 x 的函数.

解 (1) 方程两边对 x 求导,得
$$2yy'f(x) + y^2 f'(x) + f(y) + x f'(y) y' = 2x,$$

解得
$$\frac{dy}{dx} = y' = \frac{2x - y^2 f'(x) - f(y)}{2yf(x) + x f'(y)}.$$

(2) 等式两边取对数,得
$$y \ln(\cos x) = x \ln(\sin y),$$

上式两边对 x 求导,得

$$y'\ln(\cos x)+y\frac{-\sin x}{\cos x}=\ln(\sin y)+x\frac{\cos y}{\sin y}y',$$

解得

$$\frac{\mathrm{d}y}{\mathrm{d}x}=y'=\frac{\ln(\sin y)+y\tan x}{\ln(\cos x)-x\cot y}.$$

例 13 求由方程 $\sin y+x\mathrm{e}^y=0$ 所确定的曲线 $y=y(x)$ 在点 $(0,0)$ 处的切线方程与法线方程.

解 先求切线斜率 $k=y'(0)$. 为此,方程两边对 x 求导,得

$$\cos y \cdot y'+\mathrm{e}^y+x\mathrm{e}^y \cdot y'=0,$$

代入 $(x,y)=(0,0)$,得

$$y'(0)+1=0, \quad 即 \quad y'(0)=-1.$$

于是曲线在点 $(0,0)$ 处的切线斜率

$$k=y'(0)=-1.$$

故切线方程为

$$y-0=-(x-0), \quad 即 \quad y+x=0,$$

法线方程为

$$y-0=x-0, \quad 即 \quad y-x=0.$$

五、问题 5:运用求导法则求导时,一定要注意求导法则的条件. 当求导法则的条件不成立时,我们该如何处理呢?

例 14 设 $f(x)=(\cos x-1) \cdot \sqrt[3]{x}$,求 $f'(x)$.

分析 虽然 $\cos x-1$ 在点 $x=0$ 处可导,但是 $\sqrt[3]{x}$ 在点 $x=0$ 处不可导,所以不能直接应用乘积的求导法则求 $f(x)$ 在点 $x=0$ 处的导数. 此时,可以考虑用导数的定义式来求解.

解 函数的定义域为 $D(f)=(-\infty,+\infty)$. 当 $x\neq 0$ 时,直接由导数的四则运算法则得

$$f'(x)=-\sin x \cdot \sqrt[3]{x}+\frac{\cos x-1}{3\sqrt[3]{x^2}}=\frac{\cos x-1-3x\sin x}{3\sqrt[3]{x^2}};$$

当 $x=0$ 时,由导数的定义可得

$$f'(0)=\lim_{x\to 0}\frac{f(x)-f(0)}{x-0}=\lim_{x\to 0}\frac{\cos x-1}{\sqrt[3]{x^2}}=-\frac{1}{2}\lim_{x\to 0}\frac{x^2}{\sqrt[3]{x^2}}=-\frac{1}{2}\lim_{x\to 0}x^{\frac{4}{3}}=0.$$

综上可得

$$f'(x)=\begin{cases}\dfrac{\cos x-1-3x\sin x}{3\sqrt[3]{x^2}}, & x\neq 0,\\ 0, & x=0.\end{cases}$$

5.3 练习题

1. 函数 $f(x)$ 在点 x_0 处的导数的定义有哪几种表示形式？试分别阐述它们的内容.

2. 若函数 $y=f(x)$ 在点 $x=0$ 处可导，且 $f(0)=0$，则 $f'(0)=0$. 你认为对吗？请说明理由.

3. 如果函数 $y=f(x)$ 在点 x_0 处不可导，那么能否说明曲线 $y=f(x)$ 在点 $(x_0,f(x_0))$ 处没有切线？请举例说明.

4. 填空题.

(1) 设 $n\in \mathbf{N}_+$，函数 $f(x)$ 在点 x_0 处可导，则

$$\lim_{n\to\infty} n\left(f\left(x_0+\frac{1}{n}\right)-f\left(x_0-\frac{1}{n}\right)\right)=\underline{\qquad}.$$

(2) 设 $\lim\limits_{x\to 0}\dfrac{f(1)-f(1-x)}{2x}=-1$，则曲线 $y=f(x)$ 在点 $(1,f(1))$ 处的切线的斜率 $k=\underline{\qquad}$.

(3) 设函数

$$f(x)=\begin{cases} ax+1, & x\geqslant 1,\\ b+2\cos\dfrac{\pi x}{2}, & x<1 \end{cases}$$

在点 $x=1$ 处可导，则常数 $a=\underline{\qquad}$，$b=\underline{\qquad}$.

(4) 已知 $f(1)=0, f'(1)=2$，则 $\lim\limits_{x\to 0}\dfrac{f(\cos x+\tan^2 x)}{x\ln(1+x)}=\underline{\qquad}$.

(5) 设 $f(x)=2024+x(2x-1)(3x-2)\cdots(50x-49)$，则 $f'(0)=\underline{\qquad}$.

(6) 设 $f(x)$ 是 $g(x)$ 的反函数，且 $g(1)=2, g'(1)=-\dfrac{\sqrt{3}}{3}$，则 $f'(2)=\underline{\qquad}$.

(7) 设 $f(x)=\mathrm{e}^{\sin(2x-3)\pi}$，则 $\lim\limits_{x\to 1}\dfrac{f(2-x)-f(1)}{x-1}=\underline{\qquad}$.

5. 选择题.

(1) 设函数 $f(x)$ 在开区间 $(-1,1)$ 内有定义，且 $\lim\limits_{x\to 0}f(x)=0$，则 (　　)

(A) 当 $\lim\limits_{x\to 0}\dfrac{f(x)}{x}$ 存在时，必有 $f'(0)=\lim\limits_{x\to 0}\dfrac{f(x)}{x}$

(B) 当 $f'(0)$ 存在时，必有 $\lim\limits_{x\to 0}\dfrac{f(x)}{x}=f'(0)$

(C) 当 $\lim\limits_{x\to 0}f'(x)$ 存在时，必有 $f'(0)=\lim\limits_{x\to 0}f'(x)$

(D) 当 $f'(0)$ 存在时,必有 $\lim\limits_{x\to 0} f'(x) = f'(0)$

(2) 设函数 $f(x)$ 在开区间 $(-1,1)$ 内有定义,且 $\lim\limits_{x\to 0} f(x) = 0$,则 （　　）

(A) 当 $\lim\limits_{x\to 0} \dfrac{f(x)}{x^2} = 0$ 时,$f(x)$ 必在点 $x=0$ 处可导

(B) 当 $\lim\limits_{x\to 0} \dfrac{f(x)}{\sqrt{|x|}} = 0$ 时,$f(x)$ 必在点 $x=0$ 处可导

(C) 当 $f(x)$ 在点 $x=0$ 处可导时,必有 $\lim\limits_{x\to 0} \dfrac{f(x)}{x^2} = 0$

(D) 当 $f(x)$ 在点 $x=0$ 处可导时,必有 $\lim\limits_{x\to 0} \dfrac{f(x)}{\sqrt{|x|}} = 0$

(3) 设 $f(x) = e^{\sqrt[3]{x}} \sin 3x$,则 $f'(0)$ （　　）

(A) 等于 3　　　(B) 等于 $\dfrac{1}{3}$　　　(C) 等于 1　　　(D) 不存在

6. 试讨论函数 $f(x) = |\sin x|$ 在点 $x=0$ 处的连续性与可导性.

7. 已知 a 为常数且 $a \neq 0$,求下列函数的导数:

(1) $y = \dfrac{(2-x^2)(3-x^3)}{x^4}$;　　　(2) $y = \sec^2 \dfrac{x}{a} + \csc^2 \dfrac{x}{a}$;

(3) $y = \arcsin \sqrt{\dfrac{a-x}{a+x}}$;　　　(4) $y = \ln(x + \sqrt{1+x^2})$;

(5) $y = \dfrac{\sqrt{x^2+a^2} - \sqrt{x^2-a^2}}{\sqrt{x^2+a^2} + \sqrt{x^2-a^2}}$;　　(6) $y = (\sin x)^x$;

(7) $y = f(\sin(x^2+1)) + \arccos f(\sqrt{x})$,其中 $f(x)$ 可导;

(8) $f(x) = \begin{cases} x^2, & x \geqslant 1, \\ \dfrac{2}{3} x^3, & x < 1. \end{cases}$

8. 试确定常数 a 的值,使得曲线 $y = ax^2$ 与 $y = \ln x$ 相切.

9. 设函数 $f(x)$ 有连续的导数,且 $f'(1) = 2$,求 $\lim\limits_{x\to 0^+} \dfrac{d}{dx} f(\cos\sqrt{x})$.

10. 设 $n \in \mathbf{N}_+$,曲线 $f(x) = x^n$ 在点 $(1,1)$ 处的切线交 x 轴于点 $(\xi_n, 0)$,求极限 $\lim\limits_{n\to\infty} f(\xi_n)$.

11. 设常数 $a \neq 0$,证明:双曲线 $xy = a^2$ 上任一点处的切线与两坐标轴所围成的三角形的面积都等于 $2a^2$.

12. 求下列参数方程所确定的函数 $y = y(x)$ 的导数 $\dfrac{dy}{dx}$:

(1) $\begin{cases} x = \ln(1+t^2), \\ y = t - \arctan t; \end{cases}$ (2) $\begin{cases} x = t^2 + 2t, \\ y = t e^y. \end{cases}$

13. 求下列隐函数的导数 $\dfrac{dy}{dx}$：

(1) $e^{x+y} = y^x$； (2) $e^y \sin x = e^{-x} \cos y$；

(3) $\arctan \dfrac{x}{y} = \ln \sqrt{x^2 + y^2}$； (4) $y = f(x^2 - y^2)$，其中 $f(x)$ 可导.

14. 设 $f'(0) = 2$，且在 **R** 内有 $f(x+y) = f(x) + f(y) + 2xy$，求 $f(x)$.

15. 已知函数
$$f(x) = \lim_{t \to +\infty} \dfrac{x}{2 + x^2 - e^{tx}},$$
试讨论 $f(x)$ 的可导性，并在可导点处求 $f'(x)$.

16. 设函数 $f(x)$ 在点 $x = 1$ 处连续，且 $\lim\limits_{x \to 1} \dfrac{f(x) - 5x + 1}{\ln x} = 1$，试证 $f(x)$ 在点 $x = 1$ 处可导，并求曲线 $y = f(x)$ 在点 $(1, f(1))$ 处的切线方程.

17. 设 $a_k (k = 1, 2, \cdots, n)$ 为常数，函数
$$f(x) = a_1 \sin x + a_2 \sin 2x + \cdots + a_n \sin nx,$$
且在 $(-\infty, +\infty)$ 上 $|f(x)| \leqslant |\sin x|$，证明：$|a_1 + 2a_2 + \cdots + na_n| \leqslant 1$.

18. 设函数 $f(x) \in C([a,b])$，$f(a) = f(b) = 0$，且 $f'_+(a) f'_-(b) > 0$，证明：至少存在一点 $\xi \in (a,b)$，使得 $f(\xi) = 0$.

19. 已知一个深为 8 m、上顶直径为 8 m 的圆锥形漏斗，现以 4 m^3/min 的速度将水注入漏斗，试问当水深为 5 m 时，水面上升的速度是多少？

第6讲 高阶导数与微分

6.1 内容提要

一、高阶导数的概念

设函数 $f(x)$ 在区间 I 上可导,若其导函数 $f'(x)$ 在点 $x_0 \in I$ 处还可导,则称 $f(x)$ **在点 x_0 处二阶可导**,并称导函数 $f'(x)$ 在点 x_0 处的导数 $(f'(x))'\big|_{x=x_0}$ 为函数 $f(x)$ **在点 x_0 处的二阶导数**,记为 $f''(x_0), \dfrac{\mathrm{d}^2 y}{\mathrm{d} x^2}\big|_{x=x_0}$ 或 $\dfrac{\mathrm{d}^2 f(x)}{\mathrm{d} x^2}\big|_{x=x_0}$,即

$$f''(x_0) = \lim_{\Delta x \to 0} \frac{f'(x_0 + \Delta x) - f'(x_0)}{\Delta x}.$$

记 $f(x) = f^{(0)}(x)$. 一般地,对任意 $k \in \mathbf{N}_+$,若函数 $f(x)$ 的 $k-1$ 阶导函数 $f^{(k-1)}(x)$ 在点 $x_0 \in I$ 处可导,则称 $f(x)$ **在点 x_0 处 k 阶可导**,称 $f^{(k-1)}(x)$ 在 x_0 处的导数 $(f^{(k-1)}(x))'\big|_{x=x_0}$ 为函数 $f(x)$ 在点 x_0 处的 k 阶导数,记为

$$f^{(k)}(x_0), \quad \frac{\mathrm{d}^k y}{\mathrm{d} x^k}\bigg|_{x=x_0} \quad \text{或} \quad \frac{\mathrm{d}^k f(x)}{\mathrm{d} x^k}\bigg|_{x=x_0}.$$

二阶及其二阶以上的导数统称为**高阶导数**.

若函数 $f(x)$ 在区间 I 上的每一点处都 k 阶可导,则称函数 $f(x)$ **在区间 I 上 k 阶可导**,称 $f^{(k)}(x)$ 为函数 $f(x)$ **在区间 I 上的 k 阶导函数**,简称为 k 阶导数.

若 k 阶导数 $f^{(k)}(x)$ 在区间 I 上连续,则称函数 $f(x)$ 在区间 I 上 k **阶连续可导**,记为 $f(x) \in C^k(I)$;若对任意 $k \in \mathbf{N}_+$,都有 $f(x) \in C^k(I)$,则称函数 $f(x)$ 在区间 I 上无穷次连续可导,记为 $f(x) \in C^{\infty}(I)$.

二、函数可微的概念

设函数 $y = f(x)$ 在点 x_0 的某邻域内有定义. 若存在一个与 x 无关的常数 A,使得

$$f(x) = f(x_0) + A(x - x_0) + o(x - x_0) \quad (x \to x_0),$$

其中 $o(x - x_0)$ 是 $x \to x_0$ 时 $x - x_0$ 的高阶无穷小,则称函数 $y = f(x)$ **在点 x_0 处可微**,称 $A(x - x_0)$ 为 $f(x)$ **在点 x_0 处的微分**,记为 $\mathrm{d} f(x_0)$.

若函数 $f(x)$ 在区间 I 上的每一点处都可微,则称 $f(x)$ **在区间 I 上可微**.

三、高阶微分的概念

若函数 $y=f(x)$ 对 x 的一阶微分 dy 还关于 x 可微,则称之为函数 $y=f(x)$ 对 x 的**二阶微分**,记为 d^2y,即 $d^2y=d(dy)$. 一般地,可以用

$$d^n y = d(d^{n-1} y), \quad n=2,3,\cdots$$

归纳地定义函数 $y=f(x)$ 对 x 的 n 阶微分.

二阶及其二阶以上的微分统称为**高阶微分**.

四、高阶导数的运算法则

1) 和差与乘积的高阶导数公式.

设函数 u 和 v 都在点 x 处 n 阶可导,则 $u \pm v$ 和 uv 也都在点 x 处 n 阶可导,且

(1) $(u \pm v)^{(n)} = u^{(n)} \pm v^{(n)}$;

(2) (**Leibniz 公式**)

$$\begin{aligned}(uv)^{(n)} &= \sum_{k=0}^{n} C_n^k u^{(n-k)} v^{(k)} \\ &= u^{(n)} v + C_n^1 u^{(n-1)} v' + \cdots + C_n^k u^{(n-k)} v^{(k)} + \cdots + uv^{(n)},\end{aligned}$$

其中组合数

$$C_n^k = \frac{n(n-1)\cdots(n-k+1)}{k!} = \frac{n!}{(n-k)!k!}, \quad k=0,1,\cdots,n.$$

2) 几个常用的基本初等函数的高阶导数公式.

(1) $(a^x)^{(n)} = a^x (\ln a)^n$ $(a>0$ 且 $a \neq 1)$, $(e^x)^{(n)} = e^x$;

(2) $(x^\mu)^{(n)} = \mu(\mu-1)\cdots(\mu-n+1)x^{\mu-n}$ $(\mu \in \mathbf{R}, x>0)$;

(3) $(x^n)^{(n)} = n!$, $(x^n)^{(k)} = 0$ $(k \in \mathbf{N}_+$ 且 $k>n)$;

(4) $(\sin x)^{(n)} = \sin\left(x + n \cdot \dfrac{\pi}{2}\right)$, $(\cos x)^{(n)} = \cos\left(x + n \cdot \dfrac{\pi}{2}\right)$;

(5) $(\ln(1+x))^{(n)} = \dfrac{(-1)^{n-1}(n-1)!}{(1+x)^n}$ $(x>-1)$;

(6) $\left(\dfrac{1}{1+x}\right)^{(n)} = \dfrac{(-1)^n \cdot n!}{(1+x)^{n+1}}$ $(x \neq -1)$.

五、可微函数的性质与微分运算法则

1) 可微的充要条件:设函数 $y=f(x)$ 在点 x_0 的某邻域内有定义,则 $f(x)$ 在点 x_0 处可微的充要条件是 $f(x)$ 在点 x_0 处可导. 同时,有如下微分公式成立:

$$df(x_0) = f'(x_0) dx.$$

2) 微分的四则运算法则:设 $u(x)$ 和 $v(x)$ 都可微,则

$$d(u(x) \pm v(x)) = du(x) \pm dv(x),$$
$$d(u(x)v(x)) = v(x) du(x) + u(x) dv(x),$$

$$d\left(\frac{u(x)}{v(x)}\right) = \frac{v(x)du(x) - u(x)dv(x)}{v^2(x)} \quad (v(x) \neq 0).$$

3) 复合函数的微分法则(一阶微分的形式不变性)：对于函数 $y = f(u)$,

(1) 若 u 是自变量,则该函数对 u 的微分为

$$df(u) = f'(u)du. \tag{6.1}$$

(2) 若 u 是变量 x 的函数且可导,不妨设 $u = g(x)$ 且 $g'(x)$ 存在,则由复合函数的求导法则知,复合函数 $y = f(g(x))$ 对自变量 x 的微分为

$$df(g(x)) = (f(g(x)))'dx = f'(u)g'(x)dx.$$

注意到 $u = g(x)$ 和 $g'(x)dx = dg(x) = du$,于是式(6.1)仍然成立.

这说明不论 u 是自变量还是中间变量,函数 $y = f(u)$ 对 u 的微分都保持同一种形式,即都可以用式(6.1)来表示. 这一性质称为**一阶微分的形式不变性**.

注 复合函数的微分既可利用复合函数求导法则(链式法则)求出函数的导数再乘以 dx 得到,也可利用一阶微分的形式不变性得到. 由于函数的导数等于函数微分与自变量微分之商,故也可利用一阶微分的形式不变性求复合函数的导数.

4) 高阶微分与高阶导数的关系以及高阶微分公式.

设函数 $y = f(x)$ 在点 x_0 的某邻域内有定义,则 $f(x)$ 在点 x_0 处 n 阶可微的充要条件是 $f(x)$ 在点 x_0 处 n 阶可导. 此外,成立如下的 n 阶微分公式:

$$d^n y = f^{(n)}(x)dx^n, \quad \text{其中 } dx^n = (dx)^n.$$

5) 微分在近似计算中的应用.

根据可微的定义,若函数 $f(x)$ 在点 x_0 处可微,则当 x 充分靠近 x_0 时

$$f(x) \approx f(x_0) + f'(x_0)(x - x_0). \tag{6.2}$$

这就是利用微分来近似计算函数值的公式. 这说明当 $f(x)$ 在点 x_0 处可导时,在点 x_0 附近(微小局部)可以用线性函数

$$y = f(x_0) + f'(x_0)(x - x_0)$$

来近似代替函数 $y = f(x)$. 这种近似的思想是微分学的基本思想方法之一,通常称为函数的**局部线性化**.

由上即得以下几个常用的近似公式(当 $|x|$ **充分小**时):

(1) $\sin x \approx x$；　　　　(2) $\tan x \approx x$；　　　　(3) $e^x \approx 1 + x$；

(4) $(1+x)^\alpha \approx 1 + \alpha x$；　　(5) $\ln(1+x) \approx x$.

6.2 例题与释疑解难

一、问题 1：求函数的 $n(n \geq 3)$ 阶导数应注意什么？

在考虑函数的高阶导数时,大家都熟知高阶导数的定义并掌握一般的求解方法(即逐次求导),但在具体实施时往往会遇到困难. 深究原因,大体或是在逐次求

导过程中找不出高阶导数表达式的一般规律,或是不能熟练运用已知的几个常用的基本初等函数的高阶公式和等价变形等方法,亦或是在处理乘积形式的高阶导数时,无法正确自如地使用 Leibniz 公式.

下面给出几道例题,希望读者能从中总结并熟练掌握求高阶导数的一些技巧.

例 1 求下列函数的 n 阶导数:

(1) $y = \sin^2 x$; (2) $y = \dfrac{x^3}{x-1}$; (3) $y = \dfrac{x}{2x^2 - 5x + 2}$;

(4) $y = x^3 \ln x$.

分析 本题的目的是通过等价变形等方法将已知表达式转化为能直接应用已知的高阶导数公式的形式.

(1) **解法 1**(先等价变形函数表达式再逐次求导) 因为 $y = \sin^2 x = \dfrac{1 - \cos 2x}{2}$,所以

$$y^{(n)} = -\frac{1}{2}(\cos 2x)^{(n)} = -2^{n-1} \cos\left(2x + n \cdot \frac{\pi}{2}\right), \quad \forall n \in \mathbf{N}_+.$$

解法 2(在逐次求导中找规律) 注意到 $y' = 2\sin x \cos x = \sin 2x$,于是

$$y^{(n)} = (y')^{(n-1)} = (\sin 2x)^{(n-1)} = 2^{n-1} \sin\left(2x + (n-1) \cdot \frac{\pi}{2}\right), \quad n = 2, 3, \cdots,$$

故

$$y^{(n)} = 2^{n-1} \sin\left(2x + (n-1) \cdot \frac{\pi}{2}\right), \quad \forall n \in \mathbf{N}_+.$$

(2) **解** 先将函数表达式化简为可以用已知公式的形式后再求导.由

$$y = \frac{(x^3 - 1) + 1}{x - 1} = x^2 + x + 1 + \frac{1}{x - 1},$$

得

$$y' = 2x + 1 - \frac{1}{(x-1)^2}, \quad y'' = 2 + \frac{2}{(x-1)^3},$$

$$y^{(n)} = (x^2 + x + 1)^{(n)} + \left(\frac{1}{x-1}\right)^{(n)} = \left(\frac{1}{x-1}\right)^{(n)} = \frac{(-1)^n \cdot n!}{(x-1)^{n+1}} \quad (n \geqslant 3),$$

故

$$y^{(n)} = \begin{cases} 2x + 1 - \dfrac{1}{(x-1)^2}, & n = 1, \\ 2 + \dfrac{2}{(x-1)^3}, & n = 2, \\ \dfrac{(-1)^n \cdot n!}{(x-1)^{n+1}}, & n \geqslant 3. \end{cases}$$

(3) **解** 先将函数表达式化简为可以用已知公式的形式后再求导.因为

$$y = \frac{x}{2x^2 - 5x + 2} = \frac{x}{(2x-1)(x-2)} = \frac{2}{3} \cdot \frac{1}{x-2} - \frac{1}{3} \cdot \frac{1}{2x-1},$$

所以

$$y^{(n)} = \frac{2}{3} \cdot \left(\frac{1}{x-2}\right)^{(n)} - \frac{1}{3} \cdot \left(\frac{1}{2x-1}\right)^{(n)}$$

$$= \frac{(-1)^n \cdot n!}{3} \left(\frac{2}{(x-2)^{n+1}} - \frac{2^n}{(2x-1)^{n+1}}\right), \quad \forall n \in \mathbf{N}_+.$$

(4) **解法 1**(通过逐次求导找出规律) 通过逐次求导得

$$y' = 3x^2 \ln x + x^2, \quad y'' = 6x \ln x + 5x, \quad y^{(3)} = 6\ln x + 11.$$

由此知,当 $n \geqslant 4$ 时,有

$$y^{(n)} = (y^{(3)})^{(n-3)} = (6\ln x + 11)^{(n-3)} = 6(\ln x)^{(n-3)} = \frac{6(-1)^{n-4} \cdot (n-4)!}{x^{n-3}}.$$

故

$$y^{(n)} = \begin{cases} 3x^2 \ln x + x^2, & n = 1, \\ 6x \ln x + 5x, & n = 2, \\ 6\ln x + 11, & n = 3, \\ \dfrac{6(-1)^{n-4} \cdot (n-4)!}{x^{n-3}}, & n \geqslant 4. \end{cases}$$

解法 2(利用 Leibniz 公式求解) 因为

$$(x^3)' = 3x^2, \quad (x^3)'' = 6x, \quad (x^3)^{(3)} = 6, \quad (x^3)^{(k)} = 0 \quad (k \geqslant 4),$$

$$(\ln x)^{(k)} = \frac{(-1)^{k-1} \cdot (k-1)!}{x^k} \quad (k \in \mathbf{N}_+),$$

于是由 Leibniz 公式得

$$y^{(n)} = (x^3 \ln x)^{(n)} = \sum_{k=0}^{n} C_n^k (x^3)^{(k)} (\ln x)^{(n-k)}$$

$$= x^3 (\ln x)^{(n)} + C_n^1 \cdot 3x^2 \cdot (\ln x)^{(n-1)} + C_n^2 \cdot 6x \cdot (\ln x)^{(n-2)}$$

$$+ C_n^3 \cdot 6 \cdot (\ln x)^{(n-3)}$$

$$= x^3 \cdot \frac{(-1)^{n-1} \cdot (n-1)!}{x^n} + 3nx^2 \cdot \frac{(-1)^{n-2} \cdot (n-2)!}{x^{n-1}}$$

$$+ 3n(n-1)x \cdot \frac{(-1)^{n-3} \cdot (n-3)!}{x^{n-2}}$$

$$+ n(n-1)(n-2) \cdot \frac{(-1)^{n-4} \cdot (n-4)!}{x^{n-3}}$$

$$= \frac{6(-1)^{n-4} \cdot (n-4)!}{x^{n-3}}, \quad n \geqslant 4.$$

所以
$$y^{(n)} = \begin{cases} 3x^2\ln x + x^2, & n=1, \\ 6x\ln x + 5x, & n=2, \\ 6\ln x + 11, & n=3, \\ \dfrac{6(-1)^{n-4} \cdot (n-4)!}{x^{n-3}}, & n \geqslant 4. \end{cases}$$

例2 已知 $y = x^2 e^{3x}$,求 $y^{(n)}$.

解 令 $u(x) = x^2$,$v(x) = e^{3x}$,则
$$u'(x) = 2x, \quad u''(x) = 2, \quad u^{(k)}(x) = 0 \quad (k \geqslant 3),$$
$$v^{(k)}(x) = 3^k e^{3x} \quad (k \in \mathbf{N}_+),$$

于是由 Leibniz 公式得
$$y^{(n)} = (u(x)v(x))^{(n)} = \sum_{k=0}^{n} C_n^k u^{(k)}(x) v^{(n-k)}(x)$$
$$= x^2 \cdot 3^n e^{3x} + n \cdot 2x \cdot 3^{n-1} e^{3x} + \frac{n(n-1)}{2} \cdot 2 \cdot 3^{n-2} e^{3x}$$
$$= (9x^2 + 6nx + n^2 - n) \cdot 3^{n-2} e^{3x}.$$

注 当考虑两个函数乘积的高阶导数时,如果其中一个乘积因子是多项式,那么一般来说采用 Leibniz 公式求解是一种有效的方法.

例3 已知 $f(x) = x^n (x-1)^n \tan \dfrac{\pi x^2}{4}$,求 $f^{(n)}(1)$.

解 令 $u(x) = (x-1)^n$,$v(x) = x^n \tan \dfrac{\pi x^2}{4}$,则由
$$u^{(n)}(1) = n!, \quad u(1) = 0,$$
$$u^{(k)}(1) = n(n-1)\cdots(n-k+1)(x-1)^{n-k}\Big|_{x=1} = 0 \quad (k=1,2,\cdots,n-1)$$

和 Leibniz 公式得
$$f^{(n)}(1) = \sum_{k=0}^{n} C_n^k u^{(k)}(1) v^{(n-k)}(1) = u^{(n)}(1) v(1) = n! \cdot \tan \frac{\pi}{4} = n!.$$

例4 设 $f(x) = \arctan x$,求 $f^{(n)}(0)$.

分析 本题若采用先求 $f^{(n)}(x)$ 的通项表达式再代入 $x=0$ 进而得到 $f^{(n)}(0)$ 的方法,考虑到很难写出 $f^{(n)}(x)$ 的通项表达式,因此不合适. 我们可以调整一下求解策略:先求出 $f'(x) = \dfrac{1}{1+x^2}$,然后将之改写成 $(1+x^2)f'(x) = 1$. 注意到这个等式的左边是乘积形式,且其中一个乘积因子为多项式,而等式右边为常数(它的高阶导数始终为0),从而可以采用 Leibniz 公式来求解等式左边的高阶导数.

解 由 $f(x)=\arctan x$ 得 $f'(x)=\dfrac{1}{1+x^2}$，即
$$(1+x^2)f'(x)=1.$$
上式两边关于 x 求 $n-1$ 阶 $(n\geqslant 2)$ 导数，得
$$f^{(n)}(x)(1+x^2)+2(n-1)xf^{(n-1)}(x)+(n-1)(n-2)f^{(n-2)}(x)=0,$$
再代入 $x=0$，得递推公式为
$$f^{(n)}(0)=-(n-1)(n-2)f^{(n-2)}(0),\quad n=2,3,\cdots.$$
因为 $f^{(0)}(0)=f(0)=0, f'(0)=1, f''(0)=0$，所以由上面的递推公式得
$$f^{(2k)}(0)=0,\quad f^{(2k+1)}(0)=(-1)^k(2k)!,\quad k=0,1,2,\cdots,$$
故
$$f^{(n)}(x)=\begin{cases}0, & n=2k,\\ (-1)^k(2k)!, & n=2k+1\end{cases}\quad (k=0,1,2,\cdots).$$

例 5 已知 $y=\cos^2(x^4)$，求 $\dfrac{\mathrm{d}^2 y}{\mathrm{d}x^2}$ 和 $\dfrac{\mathrm{d}y}{\mathrm{d}(x^3)}$.

解 对于 $\dfrac{\mathrm{d}^2 y}{\mathrm{d}x^2}$，只要遵循复合函数求导法则逐次对 x 求导即可. 因为
$$\frac{\mathrm{d}y}{\mathrm{d}x}=-2\cos(x^4)\cdot\sin(x^4)\cdot 4x^3=-4x^3\sin(2x^4),$$
所以
$$\frac{\mathrm{d}^2 y}{\mathrm{d}x^2}=\frac{\mathrm{d}}{\mathrm{d}x}\left(\frac{\mathrm{d}y}{\mathrm{d}x}\right)=(-4x^3\sin(2x^4))'$$
$$=-12x^2\sin(2x^4)-4x^3\cos(2x^4)\cdot 8x^3$$
$$=-12x^2\sin(2x^4)-32x^6\cos(2x^4).$$

一般来说，有两种方法来求 $\dfrac{\mathrm{d}y}{\mathrm{d}(x^3)}$.

方法 1（变量代换法） 令 $x^3=u$，则 $x=\sqrt[3]{u}$，于是 $y=\cos^2 u^{\frac{4}{3}}$. 由此得
$$\frac{\mathrm{d}y}{\mathrm{d}(x^3)}=\frac{\mathrm{d}y}{\mathrm{d}u}=-2\sin u^{\frac{4}{3}}\cos u^{\frac{4}{3}}\cdot\frac{4}{3}u^{\frac{1}{3}}=-\frac{4}{3}x\sin(2x^4).$$

方法 2（看成微分之商） 因为
$$\mathrm{d}y=y'\mathrm{d}x=-2\cos(x^4)\sin(x^4)\cdot 4x^3\mathrm{d}x=-4x^3\sin(2x^4)\mathrm{d}x,$$
$$\mathrm{d}(x^3)=3x^2\mathrm{d}x,$$
所以
$$\frac{\mathrm{d}y}{\mathrm{d}(x^3)}=\frac{-4x^3\sin(2x^4)\mathrm{d}x}{3x^2\mathrm{d}x}=-\frac{4}{3}x\sin(2x^4).$$

第 6 讲　高阶导数与微分

注　(1) 观察上面的解题过程不难发现,在求 $\dfrac{\mathrm{d}y}{\mathrm{d}(x^3)}$ 时,用微分之商的方法更为方便简单.

(2) 对初学者而言,因为对数学记号不熟悉,可能会将记号 $\dfrac{\mathrm{d}y}{\mathrm{d}(x^3)}$ 误认为是求 y 对 x 的三阶导数. 实际上, y 对 x 的三阶导数的记号是 $\dfrac{\mathrm{d}^3 y}{\mathrm{d}x^3}$. 此外,对于具体函数来说, $\dfrac{\mathrm{d}^3 y}{\mathrm{d}x^3}$ 与 $\dfrac{\mathrm{d}y}{\mathrm{d}(x^3)}$ 所对应的表达式也未必相等. 本题中的 y 对 x 的三阶导数为

$$\dfrac{\mathrm{d}^3 y}{\mathrm{d}x^3} = \dfrac{\mathrm{d}}{\mathrm{d}x}\left(\dfrac{\mathrm{d}^2 y}{\mathrm{d}x^2}\right) = (-12x^2 \sin(2x^4) - 32x^6 \cos(2x^4))'$$
$$= -24x \sin(2x^4) - 96x^5 \cos(2x^4) - 192x^5 \cos(2x^4) + 256x^9 \sin(2x^4)$$
$$= (256x^9 - 24x)\sin(2x^4) - 288x^5 \cos(2x^4).$$

大家可将该式与上面求出的 $\dfrac{\mathrm{d}y}{\mathrm{d}(x^3)}$ 的表达式对比一下.

二、问题 2:如何求由参数方程所确定的函数及隐函数的二阶导数?

例 6　设由参数方程 $\begin{cases} x = a(t - \sin t), \\ y = a(1 - \cos t) \end{cases}$ ($a \neq 0$) 确定了函数 $y = y(x)$,求 $\dfrac{\mathrm{d}^2 y}{\mathrm{d}x^2}$.

分析　在采用逐次求导法求参数方程的导数时,往往都能顺利地运用参数方程求导公式求出一阶导数,即

$$\dfrac{\mathrm{d}y}{\mathrm{d}x} = \dfrac{\dfrac{\mathrm{d}y}{\mathrm{d}t}}{\dfrac{\mathrm{d}x}{\mathrm{d}t}} = \dfrac{a \sin t}{a(1 - \cos t)} = \dfrac{\sin t}{1 - \cos t}.$$

但在求二阶导数时,常会发生下面两种典型错误.

错误 1　错误地认为

$$\dfrac{\mathrm{d}^2 y}{\mathrm{d}x^2} = \dfrac{\mathrm{d}}{\mathrm{d}x}\left(\dfrac{\mathrm{d}y}{\mathrm{d}x}\right) = \left(\dfrac{\sin t}{1 - \cos t}\right)' = \dfrac{\cos t \cdot (1 - \cos t) - \sin^2 t}{(1 - \cos t)^2}$$
$$= \dfrac{1}{\cos t - 1};$$

错误 2　错误地认为

$$\dfrac{\mathrm{d}^2 y}{\mathrm{d}x^2} = \dfrac{\dfrac{\mathrm{d}^2 y}{\mathrm{d}t^2}}{\dfrac{\mathrm{d}^2 x}{\mathrm{d}t^2}} = \dfrac{a \cos t}{a \sin t} = \cot t.$$

解　运用参数方程求导公式求一阶导数可得

$$\frac{dy}{dx} = \frac{\frac{dy}{dt}}{\frac{dx}{dt}} = \frac{a\sin t}{a(1-\cos t)} = \frac{\sin t}{1-\cos t},$$

再求二阶导数可得

$$\frac{d^2 y}{dx^2} = \frac{d}{dx}\left(\frac{dy}{dx}\right) = \frac{\frac{d}{dt}\left(\frac{dy}{dx}\right)}{\frac{dx}{dt}} = \frac{\cos t - 1}{(1-\cos t)^2} \cdot \frac{1}{a(1-\cos t)}$$

$$= -\frac{1}{a(1-\cos t)^2}.$$

例 7 设由方程 $xy^2 = e^{x+y}$ 确定了函数 $y = y(x)$，求 $\dfrac{d^2 y}{dx^2}$。

分析 本题是求隐函数的二阶导数，一般有两种方法：一是写出 $y(x)$ 的显式表达式后对 x 逐次求导；二是原方程两边直接对 x 逐次求二阶导数（视 y 为 x 的函数）。由于本题无法写出 $y = y(x)$ 的显式表示式，所以只能采用后一种方法求解。

解 方程 $xy^2 = e^{x+y}$ 两边对 x 求导，得

$$y^2 + 2xyy' = e^{x+y}(1+y'), \qquad \text{①}$$

化简，得

$$y' = \frac{y^2 - e^{x+y}}{e^{x+y} - 2xy} = \frac{y^2 - xy^2}{xy^2 - 2xy} = \frac{(1-x)y}{x(y-2)}. \qquad \text{②}$$

接下来有两种方法得到 y''。

方法 1 式 ① 两边继续对 x 求导（视 y 和 y' 都为 x 的函数），得

$$2yy' + 2yy' + 2x(y')^2 + 2xyy'' = e^{x+y}(1+y')^2 + e^{x+y}y'',$$

在上式中代入 $e^{x+y} = xy^2$ 和 y' 的表达式并化简，得

$$\frac{d^2 y}{dx^2} = y'' = \frac{4yy' + 2x(y')^2 - e^{x+y}(1+y')^2}{e^{x+y} - 2xy}$$

$$= -\frac{y[2(1-x)^2 + (y-2)^2]}{x^2(y-2)^3}.$$

方法 2 式 ② 两边继续对 x 求导（视 y 和 y' 都为 x 的函数），并在所得的表达式中代入 $e^{x+y} = xy^2$ 和 y' 的表达式，经由化简，得

$$\frac{d^2 y}{dx^2} = y'' = \frac{x(y-2)[(1-x)y' - y] - y(1-x)[(y-2) + xy']}{x^2(y-2)^2}$$

$$= -\frac{y[2(1-x)^2 + (y-2)^2]}{x^2(y-2)^3}.$$

三、问题 3：求函数的一阶微分。

例 8 求下列函数 y 关于 x 的微分 dy：

第6讲　高阶导数与微分

(1) $f(x) = \dfrac{x^2+1}{\sqrt{1-x}}$,在点 $x_0 = 0$ 处;

(2) $f(x) = \sqrt{\csc x}$,在点 $x_0 = \dfrac{\pi}{2}$ 处;

(3) $f(x) = e^{e^x} + x^{\arccos x}$,在点 $x_0 = 1$ 处;

(4) 由 $\begin{cases} x e^t + t\cos x = \pi, \\ y = \sin t + \cos^2 t \end{cases}$ 所确定的函数 $y(x)$,在 $t_0 = 0$ 所对应的点处;

(5) 由 $\sin y + x e^y = 0 \left(0 \leqslant y \leqslant \dfrac{\pi}{2}\right)$ 所确定的函数 $y = y(x)$,在点 $x_0 = 0$ 处.

分析　本题是基础题,直接考查微分公式 $dy = f'(x)dx$. 求微分实质上就是计算函数的导数 $f'(x)$,但在运用微分公式时不要忘记乘以 dx.

解　(1) 由 $f(x) = \dfrac{x^2+1}{\sqrt{1-x}}$ 得

$$f'(x) = \dfrac{2x}{\sqrt{1-x}} + (x^2+1) \cdot \dfrac{1}{2} \cdot (1-x)^{-\frac{3}{2}}, \quad x \neq 1,$$

代入 $x_0 = 0$,得 $f'(0) = \dfrac{1}{2}$. 故由微分公式得

$$df(0) = f'(0)dx = \dfrac{1}{2}dx.$$

(2) 由

$$f'(x) = \dfrac{-\csc x \cdot \cot x}{2\sqrt{\csc x}}, \quad x \in (2k\pi, (2k+1)\pi), k \in \mathbf{Z}$$

和微分公式得

$$df\left(\dfrac{\pi}{2}\right) = f'\left(\dfrac{\pi}{2}\right)dx = 0 \cdot dx = 0.$$

(3) 令 $u(x) = e^{e^x}, v(x) = x^{\arccos x}$,则当 $x > 0$ 时,有

$$\ln u(x) = e^x, \quad \ln v(x) = \arccos x \cdot \ln x,$$

对 x 求导,得

$$\dfrac{u'(x)}{u(x)} = e^x, \quad \dfrac{v'(x)}{v(x)} = \dfrac{\arccos x}{x} - \dfrac{\ln x}{\sqrt{1-x^2}},$$

从而

$$u'(x) = e^{e^x + x}, \quad v'(x) = x^{\arccos x} \left(\dfrac{\arccos x}{x} - \dfrac{\ln x}{\sqrt{1-x^2}}\right), \quad x > 0.$$

于是由和的导数法则得

$$f'(x) = u'(x) + v'(x) = e^{e^x + x} + x^{\arccos x}\left(\frac{\arccos x}{x} - \frac{\ln x}{\sqrt{1-x^2}}\right), \quad x > 0,$$

再由微分公式得

$$df(1) = f'(1)dx = e^{e+1}dx.$$

(4) 因为 $\dfrac{dy}{dt} = \cos t - \sin(2t)$，且在 $xe^t + t\cos x = \pi$ 两边对 t 求导（视 x 为 t 的函数），得

$$xe^t + e^t \cdot \frac{dx}{dt} + \cos x - t\sin x \cdot \frac{dx}{dt} = 0,$$

即

$$\frac{dx}{dt} = -\frac{xe^t + \cos x}{e^t - t\sin x},$$

所以

$$\frac{dy}{dx} = \frac{\dfrac{dy}{dt}}{\dfrac{dx}{dt}} = -\frac{(\cos t - \sin(2t))(e^t - t\sin x)}{xe^t + \cos x}.$$

将 $t_0 = 0$ 代入原方程，得 $x_0 = \pi, y_0 = 1$，故由微分公式得

$$dy\Big|_{t=0} = \frac{dy}{dx}\Big|_{t=0} dx = \frac{1}{1-\pi}dx.$$

(5) 方程 $\sin y + xe^y = 0$ 两边对 x 求导，得

$$\cos y \cdot y' + e^y + xe^y y' = 0, \quad \text{即} \quad y' = -\frac{e^y}{\cos y + xe^y}.$$

将 $x_0 = 0$ 代入原方程，得 $y_0 = 0$，于是由微分公式得

$$dy\Big|_{x=0} = y'(0)dx = -dx.$$

四、问题 4：已知微分表达式，求函数表达式.

例 9 在下列括号中填入适当的函数使等式成立：

(1) d(　　) $= xdx$；

(2) d(　　) $= \dfrac{dx}{x^2 + a^2} \ (a \in \mathbf{R})$；

(3) d(　　) $= \left(e^{-2x} + \sin x \cos x + \dfrac{1}{1+x^2}\right)dx$.

分析 本题是微分公式 $dy = y'dx$ 的一个基本应用，要求大家熟练掌握微分公式和求导的相关法则以及基本初等函数的导数公式. 这也是后续积分运算中需要解决的关键问题之一.

第 6 讲　高阶导数与微分

解　(1) 假设 $f(x)$ 满足要求,则由微分公式 $\mathrm{d}f(x) = f'(x)\mathrm{d}x$ 得
$$f'(x) = x.$$
从而 $f(x) = \dfrac{1}{2}x^2 + C$,其中 C 为任意常数. 故
$$\mathrm{d}\left(\dfrac{1}{2}x^2 + C\right) = x\mathrm{d}x, \qquad C \in \mathbf{R}.$$

注　本题也可以采用微分的相应法则以及基本初等函数的微分公式来求解:
$$x\mathrm{d}x = \mathrm{d}\left(\dfrac{1}{2}x^2\right) = \mathrm{d}\left(\dfrac{1}{2}x^2 + C\right), \qquad C \in \mathbf{R}.$$

(2) 当 $a = 0$ 时,有
$$\dfrac{\mathrm{d}x}{x^2 + a^2} = \dfrac{1}{x^2}\mathrm{d}x = \mathrm{d}\left(-\dfrac{1}{x}\right) = \mathrm{d}\left(-\dfrac{1}{x} + C\right), \qquad C \in \mathbf{R};$$

当 $a \neq 0$ 时,有
$$\dfrac{\mathrm{d}x}{x^2 + a^2} = \dfrac{1}{a^2} \cdot \dfrac{1}{1 + \left(\dfrac{x}{a}\right)^2}\mathrm{d}x = \dfrac{1}{a} \cdot \dfrac{1}{1 + \left(\dfrac{x}{a}\right)^2}\mathrm{d}\left(\dfrac{x}{a}\right)$$
$$= \mathrm{d}\left(\dfrac{1}{a}\arctan\dfrac{x}{a}\right) = \mathrm{d}\left(\dfrac{1}{a}\arctan\dfrac{x}{a} + C\right), \qquad C \in \mathbf{R}.$$

(3) 由微分的四则运算法则、初等函数的微分公式以及一阶微分的形式不变性得

$$\left(\mathrm{e}^{-2x} + \sin x\cos x + \dfrac{1}{1+x^2}\right)\mathrm{d}x$$
$$= \mathrm{e}^{-2x}\mathrm{d}x + \sin x\cos x\,\mathrm{d}x + \dfrac{1}{1+x^2}\mathrm{d}x$$
$$= \mathrm{d}\left(-\dfrac{1}{2}\mathrm{e}^{-2x}\right) + \sin x \cdot \mathrm{d}(\sin x) + \mathrm{d}(\arctan x)$$
$$= \mathrm{d}\left(-\dfrac{1}{2}\mathrm{e}^{-2x}\right) + \mathrm{d}\left(\dfrac{1}{2}\sin^2 x\right) + \mathrm{d}(\arctan x)$$
$$= \mathrm{d}\left(-\dfrac{1}{2}\mathrm{e}^{-2x} + \dfrac{1}{2}\sin^2 x + \arctan x\right)$$
$$= \mathrm{d}\left(-\dfrac{1}{2}\mathrm{e}^{-2x} + \dfrac{1}{2}\sin^2 x + \arctan x + C\right), \qquad C \in \mathbf{R}.$$

五、问题 5：求函数值或者函数的增量的近似值.

例 10　求重力加速度 g 随着高度 h 的变化而变化的近似公式.

分析　根据物理学相关理论,重力加速度 g 随着高度 h 的变化而变化的原因是地心引力. 我们可以从物理学的有关知识中寻求重力加速度 g 与高度 h 的关系,

然后导出其近似表达式.

解 设物体的质量为 m,距地面高度为 h,地球质量为 M,半径 $R=6370 \text{ km}$,则由万有引力定律知

$$F = K\frac{mM}{(R+h)^2},$$

其中 K 为引力常数. 又由牛顿第二定律知 $F=mg$,所以

$$mg = K\frac{mM}{(R+h)^2}, \quad 即 \quad g = K\frac{M}{(R+h)^2}.$$

已知在 $h=0$ 时 $g=g_0$,因此 $KM=g_0 R^2$,进而

$$g = \frac{g_0 R^2}{(R+h)^2} = g_0\left(1+\frac{h}{R}\right)^{-2}.$$

由 $h\ll R$ 得 $\frac{h}{R}\ll 1$,于是由近似公式 $(1+x)^\alpha \approx 1+\alpha x\ (|x|\ll 1)$ 得

$$g \approx g_0\left(1-\frac{2h}{R}\right) = g_0\left(1-\frac{2h}{6370000}\right) = g_0(1-0.314\times 10^{-6}h).$$

这就是所求的 g 随着 h 变化而变化的近似表达式.

注 若南京地区的重力加速度 $g_0=9.79 \text{ m/s}^2$,则在南京上空 5000 m 的高空处的重力加速度

$$g \approx (1-0.314\times 10^{-6}\times 5000)\times 9.79 \approx 9.77(\text{m/s}^2).$$

6.3 练习题

1. 求下列函数的二阶导数 $\dfrac{d^2 y}{dx^2}$:

(1) $y=(\arccos x)^3$;   (2) $y=x^x$;   (3) $x+\arctan y=y$.

2. 设函数 $y=y(x)$ 由方程组 $\begin{cases} x=t^2+2t, \\ y=te^y \end{cases} (x\geqslant 0)$ 所确定,求 $\left.\dfrac{d^2 y}{dx^2}\right|_{t=0}$.

3. 设函数 $g(x)$ 在 $(-\infty, x_0]$ 内二阶可导,函数

$$f(x) = \begin{cases} g(x), & x\leqslant x_0, \\ a(x-x_0)^2+b(x-x_0)+c, & x>x_0 \end{cases}$$

在 $(-\infty,+\infty)$ 内二阶可导,求常数 a,b 和 c 的值.

4. 求函数 $y=y(x)$ 的二阶导数 $\dfrac{d^2 y}{dx^2}$:

(1) $\begin{cases} x=\ln(1+t), \\ y=te^t; \end{cases}$ (2) $\begin{cases} x=e^t\sin t, \\ y=e^t\cos t; \end{cases}$ (3) $\begin{cases} te^x+x=\pi, \\ y=\sin t. \end{cases}$

第6讲 高阶导数与微分

5. 求下列函数的 n 阶导数 $\dfrac{d^n y}{dx^n}$:

(1) $y = \dfrac{x}{x^2 - 3x + 2}$;　　(2) $y = (1 + x^2)\sin x$;　　(3) $y = \sin^3 x$;

(4) $y = \sin^4 x + \cos^4 x$;　　(5) $y = \dfrac{x^3}{1+x}$.

6. 设 $f(x) = (1-x^2)^n + 1$,试求 $f^{(n)}(1)$ 和 $f^{(n)}(-1)$.

7. 设 $f(x) = \arcsin x$,求 $f^{(n)}(0)$.

8. 设 $f(x)$ 有任意阶导数,且 $f'(x) = (f(x))^2$,求 $f^{(n)}(x) (n \geqslant 2)$.

9. 设 $f(x) = 3x^3 + x^2|x|$,试求使得 $f^{(n)}(0)$ 存在的最高阶数 n.

10. 求下列函数的微分 dy(本题中出现的函数均可微):

(1) $y = \sqrt{x^2+1} - \ln(x + \sqrt{x^2+1})$;　　(2) $y = \sqrt[7]{\sqrt[4]{x} \cdot \dfrac{1-x^2}{1+x^2}}$.

(3) $y^3 = x^2 + xy + y^2$;　　(4) $y = f\left(\arctan\dfrac{1}{x}\right)$;　　(5) $y = \varphi(x^2 + \psi(x))$.

11. 设函数 $y = (e^x - 1)(e^{2x} - 2)\cdots(e^{nx} - n) + 2024$,求 $dy\big|_{x=0}$.

12. 设 $f(x)$ 在 $(-1, 1)$ 内有定义,且 $|f(x) - x| \leqslant \sin x^2$,求 $df(0)$.

13. 计算下列各题:

(1) $\dfrac{d(x^3 - 2x^6 - x^9)}{d(x^3)}$;　　(2) $\dfrac{d(\tan x)}{d(\cot x)}$;　　(3) $\dfrac{d(\arctan 2x)}{d(1+x^2)}$;

(4) $\dfrac{d}{d(1+x)}\left(\dfrac{d(f(2x)\sin f(x))}{dx}\right)$,其中 $f(x)$ 二阶可导.

14. 在下列括号中填入适当的函数使等式成立:

(1) $d(\quad) = x\, d(x^2)$;　　(2) $d(\quad) = \dfrac{\ln|x|}{x}dx$;

(3) $d(\quad) = \sec^2 3x\, dx$;　　(4) $d(\quad) = \dfrac{1}{\sqrt{a^2 - x^2}}dx\ (a \in \mathbf{R}\text{ 且 }a \neq 0)$.

15. 设函数 $f(x)$ 可导,且满足 $af(x) + bf\left(\dfrac{1}{x}\right) = \dfrac{c}{x}$,其中 a, b, c 为常数,且 $|a| \neq |b|$,求 $f(x)$ 和 $f^{(n)}(x)$.

16. 在一批密度均匀的钢球中将直径为 1 cm 的球挑选出来,如果挑选出来的球的直径允许有 3% 的误差,并且挑选方法以重量作为依据,求挑选时允许的重量的相对误差.

第 7 讲 微分中值定理

7.1 内容提要

一、Rolle(罗尔) 定理及其意义

1) Rolle 定理：设函数 $f(x)$ 在闭区间 $[a,b]$ 上连续，在开区间 (a,b) 内可导，且 $f(a)=f(b)$，则至少存在一点 $\xi \in (a,b)$，使得 $f'(\xi)=0$。

注 Rolle 定理的三个条件中只要有一个不成立，都会导致 Rolle 定理的结论不成立. 请读者自己举例说明.

2) Rolle 定理的几何意义：若 $y=f(x)$ 是一条定义在闭区间 $[a,b]$ 上的连续曲线弧段，它在开区间 (a,b) 内的每一点处都有不垂直于 x 轴的切线，且在两个端点处的函数值相等，则在开区间 (a,b) 内至少存在一点，使得曲线弧段在该点处的切线平行于 x 轴.

3) Rolle 定理的代数意义：可微函数的任意两个零点之间至少存在其导函数的一个零点.

二、Lagrange(拉格朗日) 中值定理及其意义

1) Lagrange 中值定理：设函数 $f(x)$ 在闭区间 $[a,b]$ 上连续，在开区间 (a,b) 内可导，则至少存在一点 $\xi \in (a,b)$，使得

$$f(b)-f(a)=f'(\xi)(b-a).$$

2) Lagrange 中值定理结论式的其他形式：令 $\theta=\dfrac{\xi-a}{b-a}$，则 $\xi=a+\theta(b-a)$，于是 Lagrange 中值定理中的结论式可以改写成

$$f(b)-f(a)=f'(a+\theta(b-a))(b-a), \quad 其中 0<\theta<1.$$

任取两相异的点 $x, x+\Delta x \in [a,b]$，则有

$$f(x+\Delta x)-f(x)=f'(x+\theta\Delta x)\Delta x, \quad 其中 0<\theta<1,$$

或

$$\Delta y = f'(x+\theta\Delta x)\Delta x, \quad 其中 0<\theta<1. \tag{7.1}$$

式(7.1)常称为**有限增量(改变量)公式**，它建立了函数 $y=f(x)$ 的改变量与其导数之间的联系.

3) Lagrange 中值定理的几何意义：若 $y=f(x)$ 是一条定义在闭区间 $[a,b]$

上的连续曲线弧段,且除去两端点外,该曲线弧段上其他点处都有不垂直于 x 轴的切线,那么这些切线中至少有一条与该曲线弧段的两个端点的连线平行.

三、Cauchy(柯西) 中值定理

设函数 $f(x)$ 与 $g(x)$ 都在闭区间 $[a,b]$ 上连续,也都在开区间 (a,b) 内可导,且在 (a,b) 内恒有 $g'(x) \neq 0$,则至少存在一点 $\xi \in (a,b)$,使得

$$\frac{f(b)-f(a)}{g(b)-g(a)} = \frac{f'(\xi)}{g'(\xi)}.$$

四、三个中值定理间的联系

1) 在 Lagrange 中值定理中,若 $f(a)=f(b)$,则有 $f'(\xi)=0$. 因此 Rolle 定理是 Lagrange 中值定理的特例,而 Lagrange 中值定理是 Rolle 定理的推广.

2) 在 Cauchy 中值定理中,若取 $g(x)=x$,则由 Cauchy 中值定理的结论即可得到 Lagrange 中值定理的结论. 从这个意义上来说,Cauchy 中值定理是 Lagrange 中值定理的推广.

7.2 例题与释疑解难

一、问题 1: Rolle 定理的条件和结论是什么?它有什么几何与代数解释?

例 1 设常数 $c_0, c_1, \cdots, c_n$ 满足

$$c_0 + \frac{c_1}{2} + \cdots + \frac{c_n}{n+1} = 0.$$

证明:方程 $c_0 + c_1 x + \cdots + c_n x^n = 0$ 在开区间 $(0,1)$ 内至少有一实根.

分析 通读题目的条件与结论,我们联想到 Rolle 定理. 对比一下结论,相当于已知

$$f'(x) = c_0 + c_1 x + \cdots + c_n x^n.$$

因为 Rolle 定理的条件是针对 $f(x)$ 的,所以要说明 Rolle 定理的条件成立,一个关键步骤就是由上式推出 $f(x)$ 的表达式. 根据导数的相应法则以及基本初等函数的导数公式,我们可以取

$$f(x) = c_0 x + \frac{c_1}{2} x^2 + \cdots + \frac{c_n}{n+1} x^{n+1}, \quad x \in [0,1].$$

当然这样的 $f(x)$ 并不是唯一的. 例如,还可以取

$$f(x) = C + c_0 x + \frac{c_1}{2} x^2 + \cdots + \frac{c_n}{n+1} x^{n+1}, \quad x \in [0,1],$$

其中 C 为任意常数.

证明 引入辅助函数

$$f(x) = c_0 x + \frac{c_1}{2}x^2 + \cdots + \frac{c_n}{n+1}x^{n+1}, \quad x \in [0,1],$$

则 $f(x)$ 在 $[0,1]$ 上连续,在 $(0,1)$ 内可导,且 $f(0) = f(1) = 0$(请读者思考原因).
于是由 Rolle 定理知,至少存在一点 $\xi \in (0,1)$,使得 $f'(\xi) = 0$.

注意到
$$f'(x) = c_0 + c_1 x + \cdots + c_n x^n, \quad x \in (0,1),$$

因此方程 $c_0 + c_1 x + \cdots + c_n x^n = 0$ 在开区间 $(0,1)$ 内至少有一实根.

例 2 证明:方程 $2^x - x^2 = 1$ 有且仅有三个实根.

证明 令 $f(x) = 2^x - x^2 - 1$,则 $f(x)$ 在 $(-\infty, +\infty)$ 内可导. 因为
$$f(0) = f(1) = 0, \quad f(2) = -1, \quad f(5) = 6,$$

于是由连续函数的零点定理知,至少存在一点 $a \in (2,5)$,使方程 $f(x) = 0$. 这说明 $f(x) = 0$ 至少有 $0, 1, a$ 三个实根,其中 $a \in (2,5)$.

下面用反证法和 Rolle 定理说明方程 $f(x) = 0$ 至多有三个实根. 反设 $f(x) = 0$ 不只三个实根,即至少存在点 b,且 $b \neq 0, 1, a$,使得 $f(b) = 0$. 不妨设 $a < b$,则分别在闭区间 $[0,1], [1,a]$ 和 $[a,b]$ 上应用 Rolle 定理,推出至少存在点 $x_1 \in (0,1)$, $x_2 \in (1,a)$ 和 $x_3 \in (a,b)$,使得
$$f'(x_1) = f'(x_2) = f'(x_3) = 0.$$

因为 $f'(x) = 2^x \ln 2 - 2x$ 在 $(-\infty, +\infty)$ 内可导,所以根据上式和 Rolle 定理,可以推出至少存在点 $c_1 \in (x_1, x_2)$ 和 $c_2 \in (x_2, x_3)$,使得
$$f''(c_1) = f''(c_2) = 0.$$

同样地,$f''(x) = 2^x (\ln 2)^2 - 2$ 在 $(-\infty, +\infty)$ 内可导,因此由上式和 Rolle 定理知,至少存在一点 $d \in (c_1, c_2)$,使得
$$f'''(c) = 0.$$

事实上,经简单计算可知
$$f'''(x) = 2^x (\ln 2)^3 > 0, \quad \forall x \in (-\infty, +\infty),$$

两者相矛盾,这说明方程 $f(x) = 0$ 至多有三个实根.

综上,方程 $f(x) = 0$ 有且仅有三个实根,也即 $2^x - x^2 = 1$ 有且仅有三个实根.

例 3 设 $f(x)$ 在 $[1,3]$ 上连续,在 $(1,3)$ 内可导,且 $f(1) = 1, f(2) = 5, f(3) = 2$. 证明:至少存在一点 $\xi \in (1,3)$,使得 $f'(\xi) = 2$.

分析 要证的结论可以等价变形为
$$f'(\xi) = 2 \Leftrightarrow (f'(x) - 2)\big|_{x=\xi} = 0 \Leftrightarrow (f(x) - 2x)'\big|_{x=\xi} = 0.$$

于是,若令 $F(x) = f(x) - 2x$,则要证的结论就是说明至少存在一点 $\xi \in (a,b)$,使得 $F'(\xi) = 0$.

第7讲 微分中值定理

下面检验一下 $F(x)$ 满足的条件. 由题目的条件与导数的相关结论知
$$F(x) \in C([1,3]), \quad F(x) \in D((1,3)),$$
$$F(1)=-1, \quad F(2)=1, \quad F(3)=-4.$$

要说明 Rolle 定理的条件成立,只需要说明至少存在互异的两个点 $a,b \in [1,3]$,使得 $F(a)=F(b)$. 若取 $a=1$,则要完成这个任务,只需要说明存在 $b \in (1,3]$,使得 $F(b)=-1$. 注意到 $F(x) \in C([2,3])$, $F(2)=1$, $F(3)=-4$, 而 $-1 \in (-4,1)$, 因此可以用闭区间上连续函数的介值定理来说明要证明的结论成立.

证明 令 $F(x)=f(x)-2x$,由题目的条件与导数的相关结论知
$$F(x) \in C([1,3]), \quad F(x) \in D((1,3)),$$
$$F(1)=-1, \quad F(2)=1, \quad F(3)=-4.$$

因为 $-1 \in (-4,1)$,且 $F(x) \in C([2,3])$,所以由闭区间上连续函数的介值定理知,至少存在一点 $x_0 \in (2,3)$,使得
$$F(x_0)=-1=F(1).$$
在 $[1,x_0]$ 上应用 Rolle 定理,可以推出至少存在一点 $\xi \in (1,x_0) \subset (1,3)$,使得
$$F'(\xi)=0, \quad \text{即} \quad f'(\xi)=2.$$

例 4 已知函数 $f(x)$ 在闭区间 $[a,b]$ 上二阶可导,且 $f(a)=f(b)$,证明:对任意的常数 $\alpha > 0$,都存在 $\xi \in (a,b)$,使得
$$f''(\xi)=\frac{\alpha f'(\xi)}{b-\xi}.$$

分析 因为 $\xi \in (a,b)$,所以要证的结论可以等价变形为
$$f''(\xi)=\frac{\alpha f'(\xi)}{b-\xi} \Leftrightarrow ((b-x)((f'(x))'-\alpha f'(x)))\Big|_{x=\xi}=0$$
$$\Leftrightarrow ((b-x)^\alpha (f'(x))'+((b-x)^\alpha)'f'(x))\Big|_{x=\xi}=0$$
$$\Leftrightarrow ((b-x)^\alpha f'(x))'\Big|_{x=\xi}=0.$$

若令 $F(x)=(b-x)^\alpha f'(x)$,则要证的结论就是说明至少存在一点 $\xi \in (a,b)$,使得 $F'(\xi)=0$.

接下来检查一下 $F(x)$ 满足的条件. 由题目的条件与导数的相关结论知
$$F(x) \in C([a,b]), \quad F(x) \in D((a,b)), \quad F(b)=0,$$
则要说明 Rolle 定理的条件成立,只需要说明存在一点 $c \in [a,b)$,使得 $F(c)=0$,即 $f'(c)=0$,而这个结论很容易由题目的条件和 Rolle 定理获得. 至此也就完成了题目的证明.

证明 令 $F(x)=(b-x)^\alpha f'(x)$,则由题目的条件与导数的相关结论知
$$F(x) \in C([a,b]), \quad F(x) \in D((a,b)), \quad F(b)=0.$$

因为函数 $f(x)$ 在 $[a,b]$ 上可导,且 $f(a)=f(b)$,所以由 Rolle 定理知,至少存在一点 $c \in (a,b)$,使得 $f'(c)=0$,从而
$$F(c)=(b-c)^{\alpha}f'(c)=0=F(b).$$
在区间 $[c,b]$ 上再次应用 Rolle 定理,可以推出至少存在一点 $\xi \in (c,b) \subset (a,b)$,使得 $F'(\xi)=0$,即
$$(b-\xi)^{\alpha}f''(\xi)-\alpha(b-\xi)^{\alpha-1}f'(\xi)=0.$$
即存在 $\xi \in (a,b)$,使得
$$f''(\xi)=\frac{\alpha f'(\xi)}{b-\xi}.$$

二、问题 2:Lagrange 中值定理在微分学中有什么作用?它有什么几何解释?它与 Rolle 定理和 Cauchy 中值定理有何联系?

例 5 验证函数 $f(x)=\ln x$ 在闭区间 $[1,e]$ 上满足 Lagrange 中值定理的条件,并求定理结论中的 ξ 的值.

解 因为 $f(x)=\ln x \in C([1,e])$,$f(x) \in D((1,e))$,所以由 Lagrange 中值定理知,至少存在一点 $\xi \in (1,e)$,使得
$$\frac{f(e)-f(1)}{e-1}=f'(\xi), \quad 即 \quad \frac{1}{e-1}=\frac{1}{\xi},$$
解得 $\xi = e-1$.

注 此例仅仅说明:若函数满足 Lagrange 中值定理的条件,则 ξ 必定存在,且 ξ 介于 a,b 之间.通常我们无需把精力集中到去求 ξ 的值上,而是利用 ξ 的存在范围去证明有关不等式(见下例).

例 6 利用微分中值定理证明:当 $x>0$ 时,$e^x > 1+\ln(1+x)$.

分析 证明不等式的方法有很多种,而利用微分中值定理或导数的正负号即函数单调性等等方法来证明不等式的关键是正确选择辅助函数和变量区间.

证明 要证明 $e^x > 1+\ln(1+x)$ $(x>0)$,只要证明
$$e^x - \ln(1+x) - 1 > 0 \quad (x>0).$$
为此作辅助函数 $f(x)=e^x-\ln(1+x)-1, x \geqslant 0$,则 $\forall x>0$,$f(x)$ 在 $[0,x]$ 上满足 Lagrange 中值定理的条件.所以至少存在一点 $\xi \in (0,x)$,使得
$$f(x)-f(0)=f'(\xi)(x-0), \quad 即 \quad e^x-\ln(1+x)-1=x\left(e^{\xi}-\frac{1}{1+\xi}\right).$$
再令 $g(x)=e^x-\dfrac{1}{1+x}$ $(x\geqslant 0)$,则在 $[0,\xi]$ 上应用 Lagrange 中值定理知,至少存在一点 $\eta \in (0,\xi)$,使得
$$g(\xi)-g(0)=\xi g'(\eta), \quad 即 \quad e^{\xi}-\frac{1}{1+\xi}=\xi\left(e^{\eta}+\frac{1}{(1+\eta)^2}\right).$$

第7讲 微分中值定理

由于 $0 < \eta < \xi$,所以
$$e^\xi - \frac{1}{1+\xi} = \xi\left(e^\eta + \frac{1}{(1+\eta)^2}\right) > 0,$$
因此
$$e^x - \ln(1+x) - 1 = x\left(e^\xi - \frac{1}{1+\xi}\right) > 0, \quad \forall x > 0,$$
故
$$e^x > 1 + \ln(1+x), \quad \forall x > 0.$$

例 7 设函数 $f(x)$ 在开区间 (a,b) 内可导,试证:当导函数 $f'(x)$ 在 (a,b) 内有界时,函数 $f(x)$ 在 (a,b) 内也有界.

证明 设 x_0, x 为开区间 (a,b) 内的任意两个相异的点,则 $f(x)$ 在闭区间 $[x_0, x]$(或 $[x, x_0]$)上满足 Lagrange 中值定理的条件. 于是在 x_0 与 x 之间至少存在一点 ξ,使得
$$f(x) - f(x_0) = f'(\xi)(x - x_0).$$
因为 $f'(x)$ 在 (a,b) 内有界,所以存在常数 $M > 0$,使得
$$|f'(x)| \leqslant M, \quad \forall x \in (a,b),$$
则由绝对值的三角不等式可得
$$|f(x)| = |f(x_0) + f'(\xi)(x - x_0)| \leqslant |f(x_0)| + |f'(\xi)| \cdot |x - x_0|$$
$$\leqslant |f(x_0)| + M(b - a) = M^*,$$
再由 $x \in (a,b)$ 的任意性知,函数 $f(x)$ 在 (a,b) 内有界.

例 8 已知函数 $f(x)$ 在闭区间 $[a,b]$ 上连续,在开区间 (a,b) 内二阶可导,$f(a)f(b) < 0$,且存在 $c \in (a,b)$,使得 $f'(c) = 0$. 证明:当 $f(c) < 0$ 时,至少存在一点 $\xi \in (a,b)$,使得 $f''(\xi) > 0$.

分析 若能证明存在点 $x_1 < c$,使得 $f'(x_1) < 0$,或者证明存在点 $x_2 > c$,使得 $f'(x_2) > 0$,则由 Lagrange 中值定理即可说明结论成立.

证明 因为 $f(a)f(b) < 0$,所以不失一般性,不妨令 $f(a) > 0$,则 $f(b) < 0$. 注意到函数 $f(x)$ 在区间 $[a,c]$ 上满足 Lagrange 中值定理的条件,因此至少存在一点 $x_1 \in (a,c)$,使得
$$f'(x_1) = \frac{f(c) - f(a)}{c - a} < 0.$$
再对 $f'(x)$ 在区间 $[x_1, c]$ 上应用 Lagrange 中值定理,可以推出至少存在一点 $\xi \in (x_1, c) \subset (a, b)$,使得
$$f''(\xi) = \frac{f'(c) - f'(x_1)}{c - x_1} = -\frac{f'(x_1)}{c - x_1} > 0.$$

例 9 已知函数 $f(x)$ 在闭区间 $[a,b]$ 上连续,在开区间 (a,b) 内可导,其中

$ab > 0$. 证明：必存在 $\xi, \eta \in (a, b)$，使得

$$\frac{f'(\xi)}{a^2 + ab + b^2} = \frac{f'(\eta)}{3\eta^2}.$$

分析　题目所给的条件保证了函数 $f(x)$ 在 $[a, b]$ 上满足 Lagrange 中值定理的条件，要证明的等式的右边的形式则提示我们对 $f(x)$ 和 $g(x) = x^3$ 用 Cauchy 中值定理。

证明　因为 $f(x)$ 在 $[a, b]$ 上满足 Lagrange 中值定理的条件，所以至少存在一点 $\xi \in (a, b)$，使得

$$f'(\xi) = \frac{f(b) - f(a)}{b - a}. \qquad ①$$

再令 $g(x) = x^3$，则 $f(x)$ 和 $g(x)$ 在 $[a, b]$ 上满足 Cauchy 中值定理的条件，于是至少存在一点 $\eta \in (a, b)$，使得

$$\frac{f(b) - f(a)}{b^3 - a^3} = \frac{f(b) - f(a)}{g(b) - g(a)} = \frac{f'(\eta)}{g'(\eta)} = \frac{f'(\eta)}{3\eta^2}. \qquad ②$$

注意到立方差公式 $b^3 - a^3 = (b - a)(b^2 + ab + a^2)$，并联立 ①② 两式即可

$$\frac{f'(\xi)}{a^2 + ab + b^2} = \frac{f'(\eta)}{3\eta^2}.$$

例 10　设 $f(x)$ 在开区间 $(-\infty, +\infty)$ 内可导，且

$$\lim_{x \to \infty} f'(x) = e, \quad \lim_{x \to \infty} \left(\frac{x+c}{x-c}\right)^x = \lim_{x \to \infty} (f(x) - f(x-1)),$$

求常数 c 的值。

分析　要想利用题目的条件 $\lim\limits_{x \to \infty} f'(x) = e$，必须将 $f(x) - f(x-1)$ 与 $f'(x)$ 联系起来，而这正好是 Lagrange 中值定理能解决的问题。

解　因为 $\forall x \in \mathbf{R}$，函数 $f(t)$ 均在闭区间 $[x-1, x]$ 上满足 Lagrange 中值定理的条件，所以至少存在一点 $\xi \in (x-1, x)$，使得

$$f(x) - f(x-1) = f'(\xi).$$

于是由 $\lim\limits_{x \to \infty} f'(x) = e$，函数极限的定义以及 $\xi \in (x-1, x)$ 可得

$$\lim_{x \to \infty} (f(x) - f(x-1)) = \lim_{x \to \infty} f'(\xi) = e.$$

再由题目条件和上式推出 $c \neq 0$。

注意到当 $c \neq 0$ 时，有

$$\lim_{x \to \infty} \left(\frac{x+c}{x-c}\right)^x = \lim_{x \to \infty} \left(\left(1 + \frac{2c}{x-c}\right)^{\frac{x-c}{2c}}\right)^{\frac{2cx}{x-c}} = e^{2c},$$

故

$$e^{2c} = e, \quad 即 \quad c = \frac{1}{2}.$$

例 11　设函数 $f(x)$ 在 $[1,+\infty)$ 上可导,令 $x_n=f(n)$, $n=1,2,\cdots$,证明:若
$$|f'(x)|\leqslant\frac{1}{x^2},\quad\forall x\geqslant 1,$$
则数列 $\{x_n\}$ 收敛.

分析　由题目所给的条件无法推出数列 $\{x_n\}$ 的单调性,也不能用夹逼定理进行放缩,所以本题考虑用数列极限的 Cauchy 收敛准则进行论证.

证明　因为 $f(x)$ 在 $[k,k+1]$ ($k\in\mathbf{N}_+$) 上满足 Lagrange 中值定理的条件,所以 $\forall k\in\mathbf{N}_+$,至少存在一点 $\xi_k\in(k,k+1)$,使得
$$x_{k+1}-x_k=f(k+1)-f(k)=f'(\xi_k).$$
于是由假设条件和 $\xi_k\in(k,k+1)$,可得
$$|x_{k+1}-x_k|=|f'(\xi_k)|\leqslant\frac{1}{\xi_k^2}<\frac{1}{k^2}<\frac{1}{k(k-1)}=\frac{1}{k-1}-\frac{1}{k},\quad k=2,3,\cdots.$$
再由绝对值的三角不等式知,$\forall n,p\in\mathbf{N}_+$ 且 $n\geqslant 2$,有
$$|x_{n+p}-x_n|\leqslant|x_{n+p}-x_{n+p-1}|+|x_{n+p-1}-x_{n+p-2}|+\cdots$$
$$+|x_{n+2}-x_{n+1}|+|x_{n+1}-x_n|$$
$$<\sum_{k=1}^{p}\left(\frac{1}{n+k-2}-\frac{1}{n+k-1}\right)=\frac{1}{n-1}-\frac{1}{n+p-1}<\frac{1}{n-1},$$
因此 $\forall\varepsilon>0$,要使得
$$|x_{n+p}-x_n|<\varepsilon,$$
只要
$$\frac{1}{n-1}<\varepsilon,\quad\text{即}\quad n>1+\frac{1}{\varepsilon}.$$
故 $\forall\varepsilon>0$,存在
$$N=2+\left[\frac{1}{\varepsilon}\right],$$
使得 $\forall n>N$ 及 $\forall p\in\mathbf{N}_+$,都有
$$|x_{n+p}-x_n|<\varepsilon.$$
从而由数列极限的 Cauchy 收敛准则可知数列 $\{x_n\}$ 收敛.

7.3　练习题

1. Rolle 定理的逆命题(若 $f(x)$ 在闭区间 $[a,b]$ 上连续,在开区间 (a,b) 内可导,且存在点 $\xi\in(a,b)$,使得 $f'(\xi)=0$,则必有 $f(a)=f(b)$) 成立吗?请说明理由.

2. 用下述方法证明 Cauchy 中值定理是否正确?为什么?
　分别对函数 $f(x)$ 和 $g(x)$ 应用 Lagrange 中值定理,得

$$f(b)-f(a)=f'(\xi)(b-a), \quad \xi \in (a,b),$$
$$g(b)-g(a)=g'(\xi)(b-a), \quad \xi \in (a,b).$$

两式相除即得 Cauchy 中值定理的结论：
$$\frac{f(b)-f(a)}{g(b)-g(a)}=\frac{f'(\xi)}{g'(\xi)}, \quad \xi \in (a,b).$$

3. 设 $a_i \in \mathbf{R}$ $(i=0,1,2,\cdots,n-1)$，证明：只要方程
$$a_0 x^n + a_1 x^{n-1} + \cdots + a_{n-1} x = 0$$
有一个实根 x_0，则方程
$$a_0 n x^{n-1} + a_1 (n-1) x^{n-2} + \cdots + a_{n-1} = 0$$
必有一个小于 x_0 的正根.

4. 设常数 a,b 满足 $a^2 - 3b < 0$，证明：方程 $x^3 + ax^2 + bx + c = 0$ 有唯一的实根.

5. 设函数 $f(x) \in C([0,3])$，$f(x) \in D((0,3))$，且 $f(0)+2f(1)+3f(2)=6$，$f(3)=1$，证明：必存在一点 $\xi \in (0,3)$，使得 $f'(\xi)=0$.

6. 设 $f(x) \in C([a,b])$，$f(x) \in D((a,b))$，证明：至少存在一点 $\xi \in (a,b)$，使得 $2\xi(f(b)-f(a))=(b^2-a^2)f'(\xi)$.

7. 设函数 $f(x)$ 在闭区间 $[1,2]$ 上二阶可导，且 $f(2)=0$，令
$$F(x)=(x-1)^2 f(x),$$
证明：至少存在一点 $\xi \in (1,2)$，使得 $F''(\xi)=0$.

8. 已知函数 $f(x)$ 和 $g(x)$ 都在闭区间 $[a,b]$ 上可导，且在开区间 (a,b) 内恒有 $g'(x) \neq 0$，证明：存在一点 $c \in (a,b)$，使得
$$\frac{f(a)-f(c)}{g(c)-g(b)}=\frac{f'(c)}{g'(c)}.$$

9. 已知函数 $f(x)$ 和 $g(x)$ 都在闭区间 $[a,b]$ 上连续，也都在开区间 (a,b) 内二阶可导，并且存在相等的最大值. 又设 $f(a)=g(a)$ 且 $f(b)=g(b)$，证明：存在一点 $\xi \in (a,b)$，使得 $f''(\xi)=g''(\xi)$.

10. 设 $f(x)$ 为开区间 (a,b) 内的非负函数，在 (a,b) 内三阶可导，且
$$f(x_1)=f(x_2)=0 \quad (a < x_1 < x_2 < b),$$
证明：存在一点 $\xi \in (a,b)$，使得 $f^{(3)}(\xi)=0$.

11. 验证函数
$$f(x)=\begin{cases} \dfrac{3-x^2}{2}, & x \leqslant 1, \\ \dfrac{1}{x}, & x > 1 \end{cases}$$
在闭区间 $[0,2]$ 上满足 Lagrange 中值定理的条件，并求在 $(0,2)$ 内满足 Lagrange

中值公式的 ξ 的值.

12. 设函数 $f(x) \in D([a,b])$, 且 $f'(x) \geqslant m$, 证明: $f(b) \geqslant f(a) + m(b-a)$.

13. 设函数 $f(x) \in C([0,1])$, $f(x) \in D((0,1))$, $f(0) = f(1) = 0$, 且 $f(x)$ 在区间 $[0,1]$ 上的最大值 $M > 0$, 证明: $\forall n \in \mathbf{N}_+$, 在区间 $(0,1)$ 内必存在两个相异的点 ξ_1 和 ξ_2, 使得
$$\frac{1}{f'(\xi_1)} - \frac{1}{f'(\xi_2)} = \frac{n}{M}.$$

14. 设 $f(x)$ 在闭区间 $[a,b]$ 上的导数连续, 在开区间 (a,b) 内二阶可导, 且
$$f(a) = f(b), \quad f'_+(a) f'_-(b) > 0,$$
证明: 至少存在一点 $\xi \in (a,b)$, 使得 $f''(\xi) = 0$.

15. 设 $f(x) \in C([a,b])$, 在 (a,b) 内二阶可导, 且 $f(a) = f(b) = f(c) = 0$, 其中 $c \in (a,b)$. 证明:

(1) 至少存在两个相异的点 $\xi_1, \xi_2 \in (a,b)$, 使得
$$f'(\xi_i) + f(\xi_i) = 0, \quad i = 1, 2;$$

(2) 存在一点 $\xi \in (a,b)$, 使得 $f''(\xi) = f(\xi)$.

16. 设函数 $f(x)$ 在闭区间 $[0,1]$ 上二阶可导, 且 $f(0) = f(1) = 0$. 证明:

(1) 至少存在一点 $c \in (0,1)$, 使得 $f'(c) = -\dfrac{2}{c} f(c)$;

(2) 至少存在一点 $\xi \in (0,1)$, 使得 $\xi^2 f''(\xi) + 4\xi f'(\xi) + 2 f(\xi) = 0$.

17. 设 $f(x)$ 在闭区间 $[a,b]$ 上二阶可微, 证明: 对任意的常数 $c \in (a,b)$, 必存在一点 $\xi \in (a,b)$, 使
$$\frac{1}{2} f''(\xi) = \frac{f(a)}{(a-b)(a-c)} + \frac{f(b)}{(b-c)(b-a)} + \frac{f(c)}{(c-a)(c-b)}.$$

18. 已知函数 $f(x)$ 在闭区间 $[a,b]$ 上可导, 且 $f(a) = f(b) = 1$, 证明: 存在两点 $\xi, \eta \in (a,b)$, 使得
$$e^{\eta-\xi}(f(\eta) + f'(\eta)) = 1.$$

19. 设常数 a, b 满足 $ab > 0$, 证明: 至少存在一点 $\xi \in (a,b)$, 使得
$$a\sin b - b\sin a = (a-b)(\sin\xi - \xi\cos\xi).$$

20. 设常数 a, b 满足 $0 < a < b$, 证明: 存在一点 $\xi \in (a,b)$, 使得
$$a e^b - b e^a = (a-b)(1-\xi) e^\xi.$$

第8讲 洛必达法则与泰勒公式

8.1 内容提要

一、L'Hospital(洛必达) 法则

1) $\dfrac{0}{0}$ 型 L'Hospital 法则.

设函数 $f(x), g(x)$ 同时满足以下三个条件:

(1) 存在常数 $\delta > 0$,使得 $f(x)$ 与 $g(x)$ 都在开区间 $(x_0, x_0+\delta)$ 内有定义,且
$$\lim_{x \to x_0^+} f(x) = \lim_{x \to x_0^+} g(x) = 0;$$

(2) 在开区间 $(x_0, x_0+\delta)$ 内 $f(x)$ 与 $g(x)$ 都可导,且恒有 $g'(x) \neq 0$;

(3) $\lim\limits_{x \to x_0^+} \dfrac{f'(x)}{g'(x)} = A$,其中 A 为有限数或为无穷大,

则必有
$$\lim_{x \to x_0^+} \dfrac{f(x)}{g(x)} = \lim_{x \to x_0^+} \dfrac{f'(x)}{g'(x)} = A.$$

2) $\dfrac{\infty}{\infty}$ 型 L'Hospital 法则.

设函数 $f(x), g(x)$ 同时满足以下三个条件:

(1) 存在常数 $\delta > 0$,使得 $f(x)$ 与 $g(x)$ 都在开区间 $(x_0, x_0+\delta)$ 内有定义,且
$$\lim_{x \to x_0^+} f(x) = \infty, \quad \lim_{x \to x_0^+} g(x) = \infty;$$

(2) 在开区间 $(x_0, x_0+\delta)$ 内 $f(x)$ 与 $g(x)$ 都可导,且恒有 $g'(x) \neq 0$;

(3) $\lim\limits_{x \to x_0^+} \dfrac{f'(x)}{g'(x)} = A$,其中 A 为有限数或为无穷大,

则必有
$$\lim_{x \to x_0^+} \dfrac{f(x)}{g(x)} = \lim_{x \to x_0^+} \dfrac{f'(x)}{g'(x)} = A.$$

3) $\dfrac{*}{\infty}$ 型 L'Hospital 法则.

设函数 $f(x), g(x)$ 同时满足以下三个条件:

第 8 讲　洛必达法则与泰勒公式

(1) 存在常数 $\delta > 0$,使得 $f(x)$ 与 $g(x)$ 都在开区间 $(x_0, x_0 + \delta)$ 内有定义,且
$$\lim_{x \to x_0^+} g(x) = \infty;$$

(2) 在开区间 $(x_0, x_0 + \delta)$ 内 $f(x)$ 与 $g(x)$ 都可导,且恒有 $g'(x) \neq 0$;

(3) $\lim\limits_{x \to x_0^+} \dfrac{f'(x)}{g'(x)} = A$,其中 A 为有限数或为无穷大,

则必有
$$\lim_{x \to x_0^+} \frac{f(x)}{g(x)} = \lim_{x \to x_0^+} \frac{f'(x)}{g'(x)} = A.$$

注　(1) 对于极限过程 $x \to x_0$ 与 $x \to x_0^-$,上述结论仍然成立;而对于极限过程 $x \to \infty, x \to -\infty$ 以及 $x \to +\infty$,可以借助于变量代换 $x = \dfrac{1}{t}$ 将极限过程分别转化为 $t \to 0, t \to 0^-$ 以及 $t \to 0^+$.

(2) 在应用 L'Hospital 法则求极限时,应注意检验 $f(x)$ 与 $g(x)$ 是否满足定理的前两个假设条件. 若应用 L'Hospital 法则后得到的 $\lim\limits_{x \to x_0^+} \dfrac{f'(x)}{g'(x)}$ 仍然属于上述三种类型之一,同时 $f'(x)$ 与 $g'(x)$ 也满足定理的前两个假设条件,则可以继续使用 L'Hospital 法则. 此外,只要条件满足,这个过程可以一直进行下去.

二、Taylor(泰勒) 公式

1) 带 Peano(皮亚诺) 型余项的 n 阶 Taylor 公式.

设函数 $f(x)$ 在点 x_0 处有 n 阶导数,则有

$$f(x) = f(x_0) + f'(x_0)(x - x_0) + \cdots + \frac{f^{(n)}(x_0)}{n!}(x - x_0)^n \qquad (8.1)$$
$$+ o((x - x_0)^n).$$

称 n 次多项式

$$P_n(x - x_0) = \sum_{k=0}^{n} \frac{f^{(k)}(x_0)}{k!}(x - x_0)^k$$
$$= f(x_0) + f'(x_0)(x - x_0) + \cdots + \frac{f^{(n)}(x_0)}{n!}(x - x_0)^n$$

为函数 $f(x)$ 在点 x_0 处的 n 阶 Taylor 多项式,称 $R_n(x) = o((x - x_0)^n)$ 为 $f(x)$ 在点 x_0 处的 n 阶 Peano 型余项,而式(8.1)称为 $f(x)$ 在点 x_0 处带 Peano 型余项的 n 阶 Taylor 公式.

此外,若存在常数 $a_k (k = 0, 1, 2, \cdots, n)$,使得

$$f(x) = a_0 + a_1(x - x_0) + a_2(x - x_0)^2 + \cdots + a_n(x - x_0)^n$$
$$+ o((x - x_0)^n),$$

则必有

$$a_k = \frac{f^{(k)}(x_0)}{k!}, \quad \forall k = 0,1,2,\cdots,n,$$

即使得式(8.1)成立的 n 次多项式是唯一的.

注 称函数 $f(x)$ 在点 $x_0 = 0$ 处带 Peano 型余项的 n 阶 Taylor 公式

$$f(x) = f(0) + f'(0)x + \frac{f''(0)}{2!}x^2 + \cdots + \frac{f^{(n)}(0)}{n!}x^n + o(x^n)$$

为带 **Peano 型余项的** n **阶 Maclaurin(麦克劳林) 公式**.

2) 带 Lagrange 型余项的 n 阶 Taylor 公式.

设存在常数 $\delta > 0$,使得函数 $f(x)$ 在闭区间 $[x_0, x_0 + \delta]$ 上 n 阶连续可导,在开区间 $(x_0, x_0 + \delta)$ 内 $n+1$ 阶可导,则 $\forall x \in (x_0, x_0 + \delta]$,均存在 $\xi \in (x_0, x)$,使得

$$\begin{aligned} f(x) &= f(x_0) + f'(x_0)(x - x_0) + \cdots \\ &\quad + \frac{f^{(n)}(x_0)}{n!}(x - x_0)^n + \frac{f^{(n+1)}(\xi)}{(n+1)!}(x - x_0)^{n+1}. \end{aligned} \quad (8.2)$$

此外,进一步假设在开区间 $(x_0, x_0 + \delta)$ 内 $f^{(n+1)}(x)$ 有界. 若存在常数 $a_k(k = 0,1,2,\cdots,n)$,使得 $\forall x \in (x_0, x_0 + \delta]$,均存在 $\tau \in (x_0, x)$,使得

$$\begin{aligned} f(x) &= a_0 + a_1(x - x_0) + a_2(x - x_0)^2 + \cdots + a_n(x - x_0)^n \\ &\quad + \frac{f^{(n+1)}(\tau)}{(n+1)!}(x - x_0)^{n+1}, \end{aligned}$$

则必有

$$a_k = \frac{f^{(k)}(x_0)}{k!}, \quad \forall k = 0,1,2,\cdots,n,$$

即使得式(8.2)成立的 n 次多项式是唯一的.

称 $\dfrac{f^{(n+1)}(\xi)}{(n+1)!}(x - x_0)^{n+1}$ 为函数 $f(x)$ **在点** x_0 **处的** n **阶 Lagrange 型余项**,称式(8.2)为函数 $f(x)$ **在点** x_0 **处带 Lagrange 型余项的** n **阶 Taylor 公式**.

注 $x_0 = 0$ 时的式(8.2)为

$$f(x) = f(0) + f'(0)x + \frac{f''(0)}{2!}x^2 + \cdots + \frac{f^{(n)}(0)}{n!}x^n + \frac{f^{(n+1)}(\xi)}{(n+1)!}x^{n+1}, \quad (8.3)$$

其中 ξ 介于点 0 与 x 之间. 式(8.3)也可以改写成

$$f(x) = f(0) + f'(0)x + \frac{f''(0)}{2!}x^2 + \cdots + \frac{f^{(n)}(0)}{n!}x^n + \frac{f^{(n+1)}(\theta x)}{(n+1)!}x^{n+1}, \quad (8.4)$$

其中 $0<\theta<1$. 称式(8.3)和式(8.4)为**函数 $f(x)$ 的带 Lagrange 型余项的 n 阶 Maclaurin 公式**. 它们都是比较常用的形式.

3) 几个常用的基本初等函数带 Lagrange 型余项的 Maclaurin 公式：

(1) $e^x = 1 + x + \dfrac{x^2}{2!} + \cdots + \dfrac{x^n}{n!} + \dfrac{e^{\theta x}}{(n+1)!} x^{n+1}, \quad x \in (-\infty, +\infty)$;

(2) $\sin x = x - \dfrac{x^3}{3!} + \dfrac{x^5}{5!} - \cdots + \dfrac{(-1)^{n-1}}{(2n-1)!} x^{2n-1} + \dfrac{(-1)^n \cos\theta x}{(2n+1)!} x^{2n+1},$
$$x \in (-\infty, +\infty);$$

(3) $\cos x = 1 - \dfrac{x^2}{2!} + \dfrac{x^4}{4!} - \cdots + \dfrac{(-1)^n}{(2n)!} x^{2n} + \dfrac{(-1)^{n+1} \cos\theta x}{(2n+2)!} x^{2n+2},$
$$x \in (-\infty, +\infty);$$

(4) $\ln(1+x) = x - \dfrac{x^2}{2} + \dfrac{x^3}{3} - \cdots + \dfrac{(-1)^{n-1}}{n} x^n + \dfrac{(-1)^n}{(n+1)(1+\theta x)^{n+1}} x^{n+1},$
$$x \in (-1, +\infty);$$

(5) $(1+x)^\alpha = 1 + \alpha x + \dfrac{\alpha(\alpha-1)}{2!} x^2 + \cdots + \dfrac{\alpha(\alpha-1)\cdots(\alpha-n+1)}{n!} x^n$
$$+ \dfrac{\alpha(\alpha-1)\cdots(\alpha-n)(1+\theta x)^{\alpha-n-1}}{(n+1)!} x^{n+1}, \quad x \in (-1, +\infty),$$

特别地,有
$$\dfrac{1}{1+x} = 1 - x + x^2 - \cdots + (-x)^n + \dfrac{(-1)^{n+1}}{(1+\theta x)^{n+2}} x^{n+1}, \quad x \in (-1, +\infty).$$

8.2 例题与释疑解难

一、问题 1：利用 L'Hospital 法则求极限时应注意哪些问题？

例 1 下列求极限运算过程是否正确？若不正确,请说明错误的原因.

(1) $\lim\limits_{x\to 0} \dfrac{\sin x}{e^x} = \lim\limits_{x\to 0} \dfrac{(\sin x)'}{(e^x)'} = \lim\limits_{x\to 0} \dfrac{\cos x}{e^x} = 1$;

(2) $\lim\limits_{x\to 0} \dfrac{x+\sin x}{x-\sin x} = \lim\limits_{x\to 0} \dfrac{(x+\sin x)'}{(x-\sin x)'} = \lim\limits_{x\to 0} \dfrac{1+\cos x}{1-\cos x} = \lim\limits_{x\to 0} \dfrac{-\sin x}{\sin x} = -1$;

(3) 因为 $\lim\limits_{x\to 0} \dfrac{x^2 \sin\frac{1}{x}}{\sin x} = \lim\limits_{x\to 0} \dfrac{-\cos\frac{1}{x} + 2x\sin\frac{1}{x}}{\cos x} = \lim\limits_{x\to 0}\left(-\cos\frac{1}{x}\right)$ 不存在,

所以 $\lim\limits_{x\to 0} \dfrac{x^2 \sin\frac{1}{x}}{\sin x}$ 不存在.

解 (1) 的求解过程中的第一个等号是错的,因为所求的极限是 $\dfrac{0}{1}$ 型,它不是也不能等价变形成 $\dfrac{0}{0}$ 或 $\dfrac{\infty}{\infty}$ 或 $\dfrac{*}{\infty}$ 型,也即 L'Hospital 法则的第一个条件不满足.

(2) 的求解过程中的第三个等号是错的. 对于极限 $\lim\limits_{x\to 0}\dfrac{1+\cos x}{1-\cos x}$,因为它不满足 L'Hospital 法则的第一个条件,所以自这一步开始就不能再使用该法则.

(3) 的解答是错的,因为 $\lim\limits_{x\to 0}\left(-\cos\dfrac{1}{x}\right)$ 既不存在也不为 ∞,所以 L'Hospital 法则的第三个条件不满足,故 L'Hospital 法则不适合求解本题.

例 2 设 $f''(x_0)$ 存在. 下面有三个方法证明
$$f''(x_0)=\lim_{h\to 0}\frac{f(x_0+h)+f(x_0-h)-2f(x_0)}{h^2}$$
成立,请问哪一个方法是正确的?

法 1:
$$\lim_{h\to 0}\frac{f(x_0+h)+f(x_0-h)-2f(x_0)}{h^2}$$
$$=\lim_{h\to 0}\frac{f'(x_0+h)+f'(x_0-h)}{2h}$$
$$=\lim_{h\to 0}\frac{f''(x_0+h)+f''(x_0-h)}{2}=f''(x_0).$$

法 2:
$$\lim_{h\to 0}\frac{f(x_0+h)+f(x_0-h)-2f(x_0)}{h^2}$$
$$=\lim_{h\to 0}\frac{f'(x_0+h)-f'(x_0-h)}{2h}$$
$$=\lim_{h\to 0}\frac{f''(x_0+h)+f''(x_0-h)}{2}=f''(x_0).$$

法 3:
$$\lim_{h\to 0}\frac{f(x_0+h)+f(x_0-h)-2f(x_0)}{h^2}$$
$$=\lim_{h\to 0}\frac{f'(x_0+h)-f'(x_0-h)}{2h}$$
$$=\frac{1}{2}\lim_{h\to 0}\left(\frac{f'(x_0+h)-f'(x_0)}{h}+\frac{f'(x_0-h)-f'(x_0)}{-h}\right)$$
$$=\frac{1}{2}(f''(x_0)+f''(x_0))=f''(x_0).$$

解 法 1 是错的. 其中,第一个等号没有弄清在使用 L'Hospital 法则时应对 h 求导数;第三个等号只有在二阶导函数 $f''(x)$ 在点 x_0 处连续时才成立,但本题中仅告知 $f''(x)$ 在点 x_0 处有定义.

法 2 也是错的. 其中,第二个等号只有当函数 $f(x)$ 在点 x_0 的某邻域内二阶可导时才成立;第三个等号只有在二阶导函数 $f''(x)$ 在点 x_0 处连续时才成立,但本题中仅告知 $f''(x)$ 在点 x_0 处有定义.

法 3 是正确的.

二、问题 2:如何求已知函数在指定点处的 Taylor 公式?

例 3 求多项式 $f(x)=x^3+3x^2-2x+4$ 在点 $x_0=2$ 处带 Lagrange 型余项的 1 阶、2 阶和 3 阶 Taylor 公式.

解 直接计算可得
$$f'(x)=3x^2+6x-2,\quad f''(x)=6x+6,\quad f^{(3)}(x)=6,\quad f^{(4)}(x)=0,$$
于是
$$f(2)=20,\quad f'(2)=22,\quad f''(2)=18,\quad f^{(3)}(2)=6.$$
故多项式 $f(x)$ 在点 $x_0=2$ 处带 Lagrange 型余项的 1 阶 Taylor 公式为
$$f(x)=f(2)+f'(2)(x-2)+\frac{f''(\xi_1)}{2!}(x-2)^2$$
$$=20+22(x-2)+3(\xi_1+1)(x-2)^2,\quad \text{其中 } \xi_1 \text{ 介于 2 与 } x \text{ 之间;}$$
多项式 $f(x)$ 在点 $x_0=2$ 处带 Lagrange 型余项的 2 阶 Taylor 公式为
$$f(x)=f(2)+f'(2)(x-2)+\frac{f''(2)}{2!}(x-2)^2+\frac{f^{(3)}(\xi_2)}{3!}(x-2)^3$$
$$=20+22(x-2)+9(x-2)^2+(x-2)^3,\quad \text{其中 } \xi_2 \text{ 介于 2 与 } x \text{ 之间;}$$
(思考:为什么 $R_2=(x-2)^3$ 与介值点 ξ_2 无关)
多项式 $f(x)$ 在点 $x_0=2$ 处带 Lagrange 型余项的 3 阶 Taylor 公式为
$$f(x)=f(2)+f'(2)(x-2)+\frac{f''(2)}{2!}(x-2)^2+\frac{f^{(3)}(2)}{3!}(x-2)^3$$
$$+\frac{f^{(4)}(\xi_3)}{4!}(x-2)^4$$
$$=20+22(x-2)+9(x-2)^2+(x-2)^3,\quad \text{其中 } \xi_3 \text{ 介于 2 与 } x \text{ 之间.}$$

注 从上可见,一个三次多项式在任意一点处的 n 阶($n \geqslant 2$)Lagrange 型余项与介值点 ξ 无关,此时 Taylor 公式即为多项式本身. 这也是多项式才具有的性质.

例 4 求函数 $f(x)=x\ln(1+x)$ 的带 Peano 型余项的 n 阶 Maclaurin 公式.

解法 1(直接法) 因为 $x>-1$ 时,有
$$f'(x)=\ln(1+x)+\frac{x}{1+x}=\ln(1+x)+1-\frac{1}{1+x},$$

则
$$f^{(n)}(x) = (f'(x))^{(n-1)} = (\ln(1+x))^{(n-1)} - \left(\frac{1}{1+x}\right)^{(n-1)}$$
$$= \frac{(-1)^{n-2} \cdot (n-2)!}{(1+x)^{n-1}} - \frac{(-1)^{n-1} \cdot (n-1)!}{(1+x)^n}, \quad n \geq 2,$$

所以
$$f(0) = 0, \quad f'(0) = 0, \quad f^{(n)}(0) = (-1)^{n-2} \cdot n(n-2)! \quad (n \geq 2),$$

由此得
$$f(x) = f(0) + f'(0)x + \cdots + \frac{f^{(n)}(0)}{n!}x^n + o(x^n)$$
$$= x^2 - \frac{1}{2}x^3 + \cdots + \frac{(-1)^{n-2}}{n-1}x^n + o(x^n).$$

解法 2（间接法） 因为
$$\ln(1+t) = t - \frac{1}{2}t^2 + \cdots + \frac{(-1)^{n-1}}{n}t^n + o(t^n),$$

所以
$$x\ln(1+x) = x\left(x - \frac{1}{2}x^2 + \cdots + \frac{(-1)^{n-2}}{n-1}x^{n-1} + o(x^{n-1})\right)$$
$$= x^2 - \frac{1}{2}x^3 + \cdots + \frac{(-1)^{n-2}}{n-1}x^n + xo(x^{n-1})$$
$$= x^2 - \frac{1}{2}x^3 + \cdots + \frac{(-1)^{n-2}}{n-1}x^n + o(x^n).$$

例 5 设函数 $f(x)$ 在区间 $[0,2]$ 上二阶可导，且存在常数 a,b，使得在 $[0,2]$ 上有 $|f(x)| \leq a$，$|f''(x)| \leq b$. 证明：
$$|f'(x)| \leq a+b, \quad \forall x \in (0,2).$$

证明 任意选取点 $x \in (0,2)$，则 $f(t)$ 在点 x 处带 Lagrange 型余项的 1 阶 Taylor 公式为
$$f(t) = f(x) + f'(x)(t-x) + \frac{f''(\xi)}{2!}(t-x)^2,$$

其中 ξ 介于 t 与 x 之间. 在上式中分别令 $t=0$ 和 $t=2$，有
$$f(0) = f(x) + f'(x)(0-x) + \frac{f''(\xi)}{2!}(0-x)^2, \quad 其中 \ 0 < \xi < x,$$
$$f(2) = f(x) + f'(x)(2-x) + \frac{f''(\eta)}{2!}(2-x)^2, \quad 其中 \ x < \eta < 2,$$

两式相减并化简得
$$2f'(x) = f(2) - f(0) - \frac{f''(\eta)}{2}(2-x)^2 + \frac{f''(\xi)}{2}x^2.$$

第 8 讲　洛必达法则与泰勒公式

于是由已知条件
$$|f(x)|\leqslant a,\quad |f''(x)|\leqslant b,\quad \forall x\in[0,2]$$
可得
$$2|f'(x)|\leqslant 2a+\frac{b}{2}[(2-x)^2+x^2]=2a+b[(x-1)^2+1]\leqslant 2a+2b,$$
从而由 $x\in(0,2)$ 的任意性,有
$$|f'(x)|\leqslant a+b,\quad \forall x\in(0,2).$$

例6　设 $f(x)$ 在开区间 (a,b) 内二阶可导,且 $f''(x)>0$,试证:对 (a,b) 内的任意 n 个点 $x_1,x_2,\cdots,x_n$,都有
$$f\Big(\frac{x_1+x_2+\cdots+x_n}{n}\Big)\leqslant\frac{1}{n}(f(x_1)+f(x_2)+\cdots+f(x_n)),$$
并且等号仅在 $x_1=x_2=\cdots=x_n$ 时成立.

证明　记
$$x_0=\frac{1}{n}(x_1+x_2+\cdots+x_n),\quad 即\quad \sum_{k=1}^{n}x_k=nx_0,$$
则 $f(x)$ 在点 x_0 处带 Lagrange 型余项的 1 阶 Taylor 公式为
$$f(x)=f(x_0)+f'(x_0)(x-x_0)+\frac{f''(\xi)}{2!}(x-x_0)^2,$$
其中 ξ 介于 x 与 x_0 之间. 因为当 $x\in(a,b)$ 时有 $\xi\in(a,b)$,又在 (a,b) 内 $f''(x)>0$,所以由上式知
$$f(x)\geqslant f(x_0)+f'(x_0)(x-x_0),\quad \forall x\in(a,b),\qquad ①$$
并且等号仅在 $x=x_0$ 时才成立.

在式①中分别取 $x=x_k(k=1,2,\cdots,n)$,然后将所得的 n 个不等式相加,并注意到 x_0 的定义,可得
$$\sum_{k=1}^{n}f(x_k)\geqslant nf(x_0)+f'(x_0)\sum_{k=1}^{n}(x_k-x_0)$$
$$=nf(x_0)+f'(x_0)\Big(\sum_{k=1}^{n}x_k-nx_0\Big)=nf(x_0),$$
即
$$\frac{1}{n}\sum_{k=1}^{n}f(x_k)\geqslant f(x_0)=f\Big(\frac{1}{n}\sum_{k=1}^{n}x_k\Big),$$
并且等号仅在 $x_k=x_0(\forall k=1,2,\cdots,n)$ 时才成立. 故
$$f\Big(\frac{x_1+x_2+\cdots+x_n}{n}\Big)\leqslant\frac{1}{n}(f(x_1)+f(x_2)+\cdots+f(x_n)),$$
并且等号仅当 $x_1=x_2=\cdots=x_n$ 时才成立.

注 若取 $f(x)=-\ln x\ (x>0)$,则当 $x>0$ 时,有 $f''(x)=\dfrac{1}{x^2}>0$. 于是由上面的结论可得

$$\dfrac{1}{n}\sum_{k=1}^{n}(-\ln x_k) \geqslant -\ln\left(\dfrac{1}{n}\sum_{k=1}^{n}x_k\right), \quad \forall\, x_k>0,\ k=1,2,\cdots,n,$$

即

$$\ln(\sqrt[n]{x_1 x_2 \cdots x_n}) \leqslant \ln\dfrac{x_1+x_2+\cdots+x_n}{n}, \quad \forall\, x_k>0,\ k=1,2,\cdots,n,$$

亦即

$$\sqrt[n]{x_1 x_2 \cdots x_n} \leqslant \dfrac{x_1+x_2+\cdots+x_n}{n}, \quad \forall\, x_k>0,\ k=1,2,\cdots,n.$$

这就是读者熟知的均值不等式(几何均值不超过代数均值).

例7 已知函数 $f(x)$ 在点 $x=0$ 处可导,且 $\lim\limits_{x\to 0}\left(\dfrac{\mathrm{e}^x-1}{x^2}-\dfrac{f(x)}{x}\right)=2$,求 $f(0)$ 和 $f'(0)$ 的值.

分析 题目提供的条件不足以让我们采用 L'Hospital 法则求解,故只能考虑 Taylor 公式. 因条件是极限表达式,所以余项用 Peano 型余项就可以了.

解 因为 $f(x)$ 在点 $x=0$ 处可导,所以 $f(x)$ 在点 $x_0=0$ 处带 Peano 型余项的 1 阶 Taylor 公式为

$$f(x)=f(0)+f'(0)x+o(x),$$

所以

$$\begin{aligned}
2&=\lim_{x\to 0}\left(\dfrac{\mathrm{e}^x-1}{x^2}-\dfrac{f(x)}{x}\right)\\
&=\lim_{x\to 0}\left(\dfrac{1+x+\frac{1}{2}x^2+o(x^2)-1}{x^2}-\dfrac{f(0)+f'(0)x+o(x)}{x}\right)\\
&=\lim_{x\to 0}\left(\dfrac{1-f(0)}{x}+\dfrac{1}{2}-f'(0)+\dfrac{o(x^2)}{x^2}-\dfrac{o(x)}{x}\right),
\end{aligned}$$

由此得

$$\begin{aligned}
\lim_{x\to 0}\dfrac{1-f(0)}{x}&=\lim_{x\to 0}\Bigg(\left(\dfrac{1-f(0)}{x}+\dfrac{1}{2}-f'(0)+\dfrac{o(x^2)}{x^2}-\dfrac{o(x)}{x}\right)\\
&\quad -\left(\dfrac{1}{2}-f'(0)+\dfrac{o(x^2)}{x^2}-\dfrac{o(x)}{x}\right)\Bigg)\\
&=2-\left(\dfrac{1}{2}-f'(0)\right)=\dfrac{3}{2}+f'(0).
\end{aligned}$$

因此

$$f(0) = \lim_{x\to 0} f(0) = \lim_{x\to 0}\left(1 - \frac{1-f(0)}{x}\cdot x\right)$$
$$= 1 - \left(\frac{3}{2} + f'(0)\right)\cdot 0 = 1,$$

从而
$$\frac{3}{2} + f'(0) = \lim_{x\to 0}\frac{1-f(0)}{x} = 0, \quad 即 \quad f'(0) = -\frac{3}{2}.$$

故
$$f(0) = 1, \quad f'(0) = -\frac{3}{2}.$$

三、问题 3：如何利用 Taylor 公式求函数在指定点处的高阶导数值？

例 8 利用 Taylor 公式求下列函数在指定点处的高阶导数值：

(1) $f(x) = x\mathrm{e}^{-x^2}$，求 $f^{(2n+1)}(0)$；

(2) $f(x) = (3 - 2x + x^2)\ln(2 - 2x + x^2)$，求 $f^{(2024)}(1)$.

分析 利用 Taylor 公式求函数在指定点处的高阶导数值的依据是 Taylor 多项式的唯一性.

解 (1) 由 $\mathrm{e}^t = 1 + t + \cdots + \frac{1}{n!}t^n + o(t^n)$ 得

$$f(x) = x\mathrm{e}^{-x^2} = x\left(1 - x^2 + \cdots + \frac{1}{n!}(-x^2)^n + o((-x^2)^n)\right)$$
$$= x - x^3 + \cdots + \frac{(-1)^n}{n!}x^{2n+1} + o(x^{2n+1}),$$

从而 x^{2n+1} 的系数为 $a_{2n+1} = \frac{(-1)^n}{n!}$.

另一方面，由 $f(x)$ 在点 $x = 0$ 处 $2n+1$ 阶可导知

$$f(x) = f(0) + f'(0)x + \cdots + \frac{f^{(2n+1)}(0)}{(2n+1)!}x^{2n+1} + o(x^{2n+1}),$$

由此知 x^{2n+1} 的系数为 $\frac{f^{(2n+1)}(0)}{(2n+1)!}$. 于是由 Taylor 多项式的唯一性得

$$a_{2n+1} = \frac{f^{(2n+1)}(0)}{(2n+1)!}, \quad 即 \quad \frac{(-1)^n}{n!} = \frac{f^{(2n+1)}(0)}{(2n+1)!},$$

解得
$$f^{(2n+1)}(0) = \frac{(-1)^n\cdot(2n+1)!}{n!}.$$

(2) 由 $\ln(1+t) = t - \frac{1}{2}t^2 + \cdots + \frac{(-1)^{n-1}}{n}t^n + o(t^n)$ 得

$$f(x) = (3-2x+x^2)\ln(2-2x+x^2)$$
$$= (2+(x-1)^2)\ln(1+(x-1)^2)$$
$$= (2+(x-1)^2)\Big((x-1)^2 - \frac{1}{2}((x-1)^2)^2$$
$$+ \cdots + \frac{(-1)^{n-1}}{n}((x-1)^2)^n + o(((x-1)^2)^n)\Big)$$
$$= (2+(x-1)^2)\Big((x-1)^2 - \frac{1}{2}(x-1)^4$$
$$+ \cdots + \frac{(-1)^{n-1}}{n}(x-1)^{2n} + o((x-1)^{2n})\Big),$$

从而 $(x-1)^{2024}$ 的系数

$$a_{2024} = 2 \cdot \frac{(-1)^{1011}}{1012} + 1 \cdot \frac{(-1)^{1010}}{1011} = -\frac{505}{506 \cdot 1011}.$$

又因为 $f(x)$ 在点 $x=1$ 处 2024 阶可导，所以

$$f(x) = f(1) + f'(1)(x-1) + \cdots + \frac{f^{(2024)}(1)}{2024!}(x-1)^{2024} + o((x-1)^{2024}),$$

故由 Taylor 多项式的唯一性知

$$a_{2024} = \frac{f^{(2024)}(1)}{2024!}, \quad \text{即} \quad -\frac{505}{506 \cdot 1011} = \frac{f^{(2024)}(1)}{2024!},$$

解得

$$f^{(2024)}(1) = -\frac{505 \cdot 2024!}{506 \cdot 1011}.$$

例 9 设 $f(x)$ 在点 $x=0$ 处 2 阶可导，且

$$\lim_{x \to 0}\Big(1 + x + \frac{f(x)}{x}\Big)^{\frac{1}{x}} = e^3,$$

试求 $f(0), f'(0), f''(0)$ 的值以及极限值 $\lim\limits_{x \to 0}\Big(1 + \frac{f(x)}{x}\Big)^{\frac{1}{x}}$.

分析 解决本题的关键是求出极限值 $\lim\limits_{x \to 0} \frac{f(x)}{x}$.

解 令 $u(x) = \Big(1 + x + \frac{f(x)}{x}\Big)^{\frac{1}{x}}, v(x) = x$, 则

$$\lim_{x \to 0} u(x) = e^3 > 0, \quad \lim_{x \to 0} v(x) = 0,$$

于是由幂指数函数的极限结论知

$$\lim_{x \to 0}\Big(1 + x + \frac{f(x)}{x}\Big) = \lim_{x \to 0}[u(x)]^{v(x)} = (e^3)^0 = 1,$$

第 8 讲　洛必达法则与泰勒公式

由此得
$$\lim_{x\to 0}\frac{f(x)}{x}=\lim_{x\to 0}\left(\left(1+x+\frac{f(x)}{x}\right)-(1+x)\right)=0.$$

另一方面,由 $\ln u$ 在 $u_0=\mathrm{e}^3$ 处连续知
$$\lim_{x\to 0}\frac{\ln\left(1+x+\frac{f(x)}{x}\right)}{x}=\lim_{x\to 0}\ln\left(1+x+\frac{f(x)}{x}\right)^{\frac{1}{x}}=3,$$

所以根据 $\lim\limits_{x\to 0}\dfrac{f(x)}{x}=0$ 以及无穷小的等价代换可以推出
$$3=\lim_{x\to 0}\frac{\ln\left(1+x+\frac{f(x)}{x}\right)}{x}=\lim_{x\to 0}\frac{x+\frac{f(x)}{x}}{x},$$

再由函数极限存在与无穷小量的转换关系得

$$\frac{x+\frac{f(x)}{x}}{x}=3+o(1),\quad 即 \quad f(x)=x^2(2+o(1))=2x^2+o(x^2).$$

这个表达式即为 $f(x)$ 的带 Peano 型余项的 2 阶 Maclaurin 公式. 注意到 $f(x)$ 在点 $x=0$ 处 2 阶可导,因此由 Taylor 多项式的唯一性知
$$f(0)=a_0=0,\quad f'(0)=a_1=0,\quad \frac{f''(0)}{2!}=a_2=2,$$

故
$$f(0)=0,\quad f'(0)=0,\quad f''(0)=4,$$

且
$$\lim_{x\to 0}\left(1+\frac{f(x)}{x}\right)^{\frac{1}{x}}=\lim_{x\to 0}\left(1+\frac{2x^2+o(x^2)}{x}\right)^{\frac{1}{x}}=\lim_{x\to 0}\left(1+2x+\frac{o(x^2)}{x}\right)^{\frac{1}{x}}$$
$$=\lim_{x\to 0}\left(\left(1+2x+\frac{o(x^2)}{x}\right)^{\frac{1}{2x+\frac{o(x^2)}{x}}}\right)^{2+\frac{o(x^2)}{x^2}}=\mathrm{e}^2.$$

注　在求得极限式
$$3=\lim_{x\to 0}\frac{\ln\left(1+x+\frac{f(x)}{x}\right)}{x}=\lim_{x\to 0}\frac{x+\frac{f(x)}{x}}{x}$$

后,**下面解法是否正确**(如果有错误,请指出错误的地方及原因)?

由上式和 L'Hospital 法则得
$$2=\lim_{x\to 0}\frac{f(x)}{x^2}=\lim_{x\to 0}\frac{f'(x)}{2x}=\lim_{x\to 0}\frac{f''(x)}{2}=\frac{f''(0)}{2},$$

所以 $f''(0)=4$.

8.3 练习题

1. 指出下列运算过程中的错误并改正：

(1) $\lim\limits_{x\to 0}\dfrac{\sin x}{e^x-1}=\lim\limits_{x\to 0}\dfrac{\cos x}{e^x}=\lim\limits_{x\to 0}\dfrac{-\sin x}{e^x}=0$；

(2)（本题中的 $n\in \mathbf{N}_+$）令 $t=\dfrac{1}{n}$，则

$$\lim_{n\to\infty}n^2\left(\arctan\dfrac{1}{n}-\arctan\dfrac{1}{n+1}\right)$$

$$=\lim_{t\to 0^+}\dfrac{\arctan t-\arctan\dfrac{t}{1+t}}{t^2}=\lim_{t\to 0^+}\dfrac{\dfrac{1}{1+t^2}-\dfrac{\dfrac{1}{(1+t)^2}}{1+\left(\dfrac{t}{1+t}\right)^2}}{2t}$$

$$=\lim_{t\to 0^+}\dfrac{\dfrac{1}{1+t^2}-\dfrac{1}{t^2+(1+t)^2}}{2t}=\lim_{t\to 0^+}\dfrac{\dfrac{-2t}{(1+t^2)^2}+\dfrac{2t+2(1+t)}{(t^2+(1+t)^2)^2}}{2}$$

$$=1.$$

2. 设 $f(x)=\begin{cases}\dfrac{\sin x}{x}, & x\neq 0,\\ 1, & x=0,\end{cases}$ 求 $f''(0)$.

3. 填空题.

(1) 已知函数 $f(x)$ 在点 $x=0$ 处二阶可导，且 $\lim\limits_{x\to 0}\dfrac{f(x)}{1-\cos x}=2$，则 $f''(0)=$ _____.

(2) 函数 $f(x)=e^{1-2x}$ 在点 $x=1$ 处的 n 阶 Taylor 多项式 $P_n(x-1)=$ _____.

(3) 当 $x\to 0$ 时，$f(x)=\sin x-2\sin 3x+\sin 5x$ 是 x 的 _____（用数字作答）阶无穷小量.

(4) 函数 $f(x)=\cos x$ 在点 $x=0$ 处的 $2n+1$ 阶 Lagrange 型余项 $R_{2n+1}(x)=$ _____.

4. 求下列函数的极限：

(1) $\lim\limits_{x\to 0^+}(1+e^{1/x})^x$；

(2) $\lim\limits_{x\to 2}\left(\dfrac{x-1}{x-2}-\dfrac{1}{\ln(x-1)}\right)$；

第 8 讲　洛必达法则与泰勒公式

(3) $\lim\limits_{x\to+\infty}\dfrac{e^x-e^{-x}}{e^x+e^{-x}}$;

(4) $\lim\limits_{x\to 0^+}\left(\dfrac{1}{x}-\dfrac{1}{\sin x}\right)\arctan\dfrac{1}{x}$;

(5) $\lim\limits_{x\to 0^+}\left(\ln\dfrac{1}{x}\right)^x$;

(6) $\lim\limits_{x\to 0}\dfrac{1-\cos x^2}{x^2\sin x^2}$;

(7) $\lim\limits_{x\to 0}\dfrac{x\ln(1+2x)-2x^2+x^4\sin\dfrac{1}{x}}{(1-\cos x)\sin x}$;

(8) $\lim\limits_{x\to 0}\dfrac{1}{x}\left(\dfrac{1}{x}-\cot x\right)$;

(9) $\lim\limits_{x\to+\infty}\left(\dfrac{\pi}{2}-\arctan x\right)^{\frac{1}{\ln x}}$;

(10) $\lim\limits_{x\to 0^+}\dfrac{x^{\sin x}-1}{x\ln x}$;

(11) $\lim\limits_{x\to 0}\dfrac{e^x\sin x-x(1+x)}{x^3}$;

(12) $\lim\limits_{x\to 0}\dfrac{\cos(\sin x)-\cos x}{x^2(1-\cos x)}$;

(13) $\lim\limits_{x\to 0}\dfrac{(\sin x-\sin(\sin x))\sin x}{1-\cos x^2}$;

(14) $\lim\limits_{x\to 0}\dfrac{x\ln(1-2x)}{\sqrt{1+x\sin x}-e^{x^2}}$;

(15) $\lim\limits_{x\to+\infty}\dfrac{2\ln x+\sin x}{\ln x+\cos x}$;

(16) $\lim\limits_{x\to 0}\dfrac{e^{-x^2}-1+x^2}{\sin^4(\sqrt{2}x)}$;

(17) $\lim\limits_{x\to+\infty}x^{\frac{7}{4}}(\sqrt[4]{x+1}+\sqrt[4]{x-1}-2\sqrt[4]{x})$.

5. 设函数 $f(x)$ 满足 $f(1)=0, f'(1)=1$，求极限 $\lim\limits_{x\to 0}\dfrac{f(\cos x)}{x-\ln(1+x)}$.

6. 设 $x+a\ln(1+x)+bx\sin x$ 与 kx^3 是 $x\to 0$ 时的等价无穷小量，求常数 a, b 和 k 的值.

7. 设函数 $f(x)$ 在点 $x=0$ 的某邻域内有定义，且 $\lim\limits_{x\to 0}\dfrac{2x+f(x)}{x^2}=2$，求极限

$$\lim\limits_{x\to 0}\dfrac{e^{2x^2}-1+xf(x)}{x^3}.$$

8. 写出下列函数的带 Peano 型余项的指定阶数的 Maclaurin 公式：

(1) $f(x)=\arcsin x$（5 阶）；

(2) $f(x)=\ln\sqrt{1+x^2}$（$2n$ 阶）；

(3) $f(x)=\dfrac{1}{(1+x^2)^2}$（$2n$ 阶）；

(4) $f(x)=\ln(1+x+x^2+x^3+x^4)$（7 阶）.

9. 写出下列函数在指定点处带 Lagrange 型余项的指定阶数的 Taylor 公式：

(1) $f(x)=\ln x$, $x_0=1$（n 阶）；

(2) $f(x)=\dfrac{x^2}{1-x}$, $x_0=0$（n 阶）；

(3) $f(x)=\dfrac{1}{x^2-3x+2}$, $x_0=-1$（n 阶）；

(4) $f(x)=\arctan\dfrac{4-x}{4+x}$, $x_0=0$ (3 阶).

10. 证明:存在常数 $\theta\in(0,1)$,使得
$$\sqrt{1+x}=1+\dfrac{1}{2}x-\dfrac{1}{8}x^2+\dfrac{x^3}{16(1+\theta x)^{\frac{5}{2}}}.$$

11. 求一个二次多项式 $P(x)$,使得 $2^x=P(x)+o(x^2)$.

12. 求下列函数的高阶导数:

(1) $f(x)=x^{2020}\cos x$,求 $f^{(2024)}(0)$;

(2) $f(x)=(x-1)^{10}\sin x$,求 $f^{(11)}(1)$;

(3) $f(x)=(2+x+x^2)\ln(1-x^2)$,求 $f^{(2024)}(0)$;

(4) $f(x)=(\arctan x)^{2023}$,求 $f^{(2023)}(0)$;

(5) $f(x)=\ln(1+x+x^2)$,求 $f^{(2021)}(0)$.

13. 设函数 $f(x)$ 在 $[a,b]$ 上 3 阶可导,证明:至少存在一点 $\xi\in(a,b)$,使得
$$f(b)=f(a)+(b-a)f'\left(\dfrac{b+a}{2}\right)+\dfrac{f^{(3)}(\xi)}{24}(b-a)^3.$$

14. 设函数 $f(x)$ 在开区间 $(-1,1)$ 内有连续的 2 阶导数,且 $f''(x)\neq 0$. 证明:

(1) 对 $(-1,1)$ 内的任意一点 $x\neq 0$,均存在唯一的 $\theta(x)\in(-1,1)$,使得
$$f(x)=f(0)+xf'(x\cdot\theta(x));$$

(2) $\lim\limits_{x\to 0}\theta(x)=\dfrac{1}{2}$.

第 9 讲 函数性态的研究

9.1 内容提要

一、函数的单调性

1) 单调函数的定义：设函数 $f(x)$ 在区间 I 上有定义，若对任意 $x_1, x_2 \in I$，只要 $x_1 < x_2$，就有 $f(x_1) \leqslant f(x_2)(f(x_1) \geqslant f(x_2))$，则称函数 $f(x)$ 在区间 I 上单调增加（单调减少）；若对任意 $x_1, x_2 \in I$，只要 $x_1 < x_2$，就有 $f(x_1) < f(x_2)(f(x_1) > f(x_2))$，则称函数 $f(x)$ 在区间 I 上严格单调增加（严格单调减少）.

2) 可导函数（严格）单调的充要条件：设函数 $f(x)$ 在区间 I 上可导，则 $f(x)$ 在区间 I 上单增（单减）的充要条件是在 I 上恒有 $f'(x) \geqslant 0(f'(x) \leqslant 0)$；$f(x)$ 在区间 I 上严格单增（单减）的充要条件是在 I 上恒有 $f'(x) \geqslant 0(f'(x) \leqslant 0)$，且在区间 I 的任意子区间上 $f'(x)$ 都不恒等于 0.

3) 确定函数单调性的一般步骤.

第一步：确定函数 $f(x)$ 的定义域 (a,b).

第二步：求出 $f'(x)=0$ 的点（即**驻点**）和 $f'(x)$ 不存在的点，并把这些点按从小到大的顺序排列为 $x_1, x_2, \cdots, x_n$.

第三步：分别确定区间 $(a,x_1),(x_1,x_2),\cdots,(x_n,b)$ 内 $f'(x)$ 的符号. 在某区间内，若 $f'(x)>0$，则 $f(x)$ 在这区间内单调增加；若 $f'(x)<0$，则 $f(x)$ 在这区间内单调减少.

二、函数的极值

1) 极值点与极值的定义：设函数 $f(x)$ 在区间 I 上有定义，点 $x_0 \in I$. 若存在常数 $\delta > 0$，使得 $N(x_0, \delta) \subseteq I$，且
$$f(x) \leqslant f(x_0) \quad ((f(x) \geqslant f(x_0))), \quad \forall x \in N(x_0, \delta),$$
则称 $f(x)$ 在点 x_0 处取得极大值（极小值）$f(x_0)$. 函数 $f(x)$ 的极大值和极小值统称为 $f(x)$ 的极值，使 $f(x)$ 取得极值的点 x_0 称为函数 $f(x)$ 的极值点.

2) 极值存在的必要条件：若点 x_0 是函数 $f(x)$ 的极值点，则 x_0 为函数 $f(x)$ 的驻点或不可导点，两者必居其一.

3) 极值存在的充分条件.

充分条件一 设函数 $f(x)$ 在 $N(x_0,\delta)$ 内连续,在 $\mathring{N}(x_0,\delta)$ 内可导.若当 $x \in (x_0-\delta,x_0)$ 时,恒有 $f'(x) \geq 0$,当 $x \in (x_0,x_0+\delta)$ 时,恒有 $f'(x) \leq 0$,则 $f(x)$ 在点 x_0 取得极大值;若当 $x \in (x_0-\delta,x_0)$ 时,恒有 $f'(x) \leq 0$,当 $x \in (x_0,x_0+\delta)$ 时,恒有 $f'(x) \geq 0$,则 $f(x)$ 在点 x_0 取得极小值;若 $f'(x)$ 在点 x_0 的左、右邻域内保持同号,则 $f(x)$ 在点 x_0 处无极值.

充分条件二 设 $f(x)$ 在 x_0 点二阶可导,且 $f'(x_0)=0$.若 $f''(x_0)<0$,则 x_0 是 $f(x)$ 的极大值点;若 $f''(x_0)>0$,则 x_0 是 $f(x)$ 的极小值点;若 $f''(x_0)=0$,则 x_0 可能是 $f(x)$ 的极值点,也可能不是 $f(x)$ 的极值点.

充分条件三 设函数 $f(x)$ 在 x_0 点 n 阶 ($n \geq 2$) 可导,且
$$f'(x_0)=f''(x_0)=\cdots=f^{(n-1)}(x_0)=0,$$
而 $f^{(n)}(x_0) \neq 0$,则当 n 为偶数时,x_0 必为极值点,且若 $f^{(n)}(x_0)>0$,则 x_0 为极小值点;若 $f^{(n)}(x_0)<0$,则 x_0 为极大值点.当 n 为奇数时,x_0 不是极值点.

三、函数的最大值与最小值

函数的最大值和最小值统称为函数的最值,使函数取到最大(小)值的点称为最大(小)值点,最大值点和最小值点统称为最值点.

由闭区间上连续函数的性质可知,其最大值与最小值都存在,可能的最值点是区间端点、驻点和不可导点,比较这些点上的函数值的大小即可得其最值.

求函数 $y=f(x)$ **在区间** $[a,b]$ **上的最大值和最小值的步骤如下:**

第一步:求出 $f'(x)$;

第二步:求出 $f(x)$ 的全部驻点及导数不存在的点,设其为 $x_1,x_2,\cdots,x_n$;

第三步:计算 $f(a),f(x_1),\cdots,f(x_n),f(b)$ 的值,则

$$\max_{x \in [a,b]} f(x)=\max\{f(a),f(x_1),\cdots,f(x_n),f(b)\},$$
$$\min_{x \in [a,b]} f(x)=\min\{f(a),f(x_1),\cdots,f(x_n),f(b)\}.$$

三种可以简化求解步骤的特殊情况:

情况 1 若 $f(x)$ 在 $[a,b]$ 上单调增加(减少),则 $f(a)$ 为最小(大)值,$f(b)$ 为最大(小)值.

情况 2 若 $f(x)$ 在区间 I(开或闭,有限或无限)上连续,且在区间 I 内部有唯一的可能极值点 x_0,如果 x_0 是极大(小)点,则 x_0 就是函数 $f(x)$ 在区间 I 上的最大(小)值点.

情况 3 在实际问题中,若 $f(x)$ 在区间 I 上连续,在区间 I 内部有唯一的可能极值点 x_0,而根据问题的实际意义可以判定 $f(x)$ 在区间 I 内部必有最大(小)值,

则 x_0 就是 $f(x)$ 在区间 I 上的最大（小）值点.

四、函数的凹凸性及其性质

1) 定义.

设函数 $f(x)$ 在区间 I 上有定义,若 $\forall x_1, x_2 \in I$ 和 $\forall \lambda \in [0,1]$,总有
$$f(\lambda x_1 + (1-\lambda)x_2) \leqslant \lambda f(x_1) + (1-\lambda)f(x_2),$$
就称 $f(x)$ 是区间 I 上的凸函数. 若 $\forall x_1, x_2 \in I$ 且 $x_1 \neq x_2$,以及 $\forall \lambda \in (0,1)$,总有
$$f(\lambda x_1 + (1-\lambda)x_2) < \lambda f(x_1) + (1-\lambda)f(x_2),$$
则称 $f(x)$ 是区间 I 上的严格凸函数. 若上面两式中的不等号反向,则分别称函数 $f(x)$ 是区间 I 上的凹函数和严格凹函数.

若函数 $f(x)$ 是区间 I 上的凸函数,则称曲线 $y = f(x)$ 在区间 I 上向下凸;若函数 $f(x)$ 是区间 I 上的凹函数,则称曲线 $y = f(x)$ 在区间 I 上向上凸.

若曲线 $y = f(x)$ 在经过点 $(x_0, f(x_0))$ 时改变了凸向,则称点 $(x_0, f(x_0))$ 是曲线 $y = f(x)$ 的拐点.

2) 凸函数的几何解释.

(1) 函数 $y = f(x)$ 是区间 I 上的凸函数等价于在任意子区间 $[x_1, x_2] \subseteq I$ 上,曲线 $y = f(x)$ 始终位于连接这条曲线的两个端点的弦的下方；

(2) 函数 $y = f(x)$ 是区间 I 上的凸函数等价于在曲线 $y = f(x)$ 上任意一点的左右两侧各引一条弦,右边弦的斜率始终不小于左边弦的斜率；

(3) 若可导函数 $f(x)$ 的图像在区间 I 内是向下凸（向上凸）的,则在区间 I 中曲线 $y = f(x)$ 上任一点处的切线除该点外总在曲线的下（上）方.

注 以上三点反之亦成立.

3) 函数凹凸性的判断.

设函数 $f(x)$ 在区间 I 上可导,则函数 $f(x)$ 是区间 I 上的凸（凹）函数的充要条件是其导数 $f'(x)$ 在 I 上单增（单减）.

若 $f'(x)$ 在区间 I 上严格单增（严格单减）,则函数 $f(x)$ 是区间 I 上的严格凸函数（严格凹函数）.

设函数 $f(x)$ 在区间 I 上二阶可导,若在 I 内恒有 $f''(x) \geqslant 0 (f''(x) \leqslant 0)$,则 $f(x)$ 是区间 I 上的凸函数（凹函数）；若在 I 内恒有 $f''(x) > 0 (f''(x) < 0)$,则 $f(x)$ 是区间 I 上的严格凸函数（严格凹函数）.

4) 拐点的判定法：与极值点判别类似,$f''(x) = 0$ 的点和 $f''(x)$ 不存在的点均是拐点横坐标的可疑值. 如果在点 x_0 的左右邻域 $f''(x)$ 变号,则点 $(x_0, f(x_0))$ 是曲线的拐点,否则点 $(x_0, f(x_0))$ 不是拐点.

注 拐点是曲线上的点,必须用 (x_0, y_0) 表示.

五、平面曲线的渐近线

1) 平面曲线的渐近线的定义：若平面曲线 $y=f(x)$ 上的动点 $P(x,y)$ 沿着该曲线无限远离坐标原点时，它与某条直线 l 的距离趋于 0，则称这条直线 l 为该曲线的渐近线. 平面曲线的渐近线可分为两种，一种是垂(铅)直渐近线，即垂直于 x 轴的渐近线；另一种是斜渐近线，斜渐近线包括水平渐近线，即平行于 x 轴的渐近线.

2) 垂直渐近线：若
$$\lim_{x\to x_0}f(x)=\infty \quad \left(或\lim_{x\to x_0^+}f(x)=\infty 或 \lim_{x\to x_0^-}f(x)=\infty\right),$$
则直线 $x=x_0$ 称为曲线 $y=f(x)$ 的垂直渐近线.

3) 水平渐近线：若
$$\lim_{x\to\infty}f(x)=b \quad \left(或\lim_{x\to+\infty}f(x)=b 或 \lim_{x\to-\infty}f(x)=b\right),$$
则直线 $y=b$ 称为曲线 $y=f(x)$ 的水平渐近线.

4) 斜渐近线：若
$$\lim_{x\to\infty}\frac{f(x)}{x}=a, \quad \lim_{x\to\infty}(f(x)-ax)=b$$
$$\left(或\lim_{x\to+\infty}\frac{f(x)}{x}=a, \lim_{x\to+\infty}(f(x)-ax)=b\right)$$
$$\left(或\lim_{x\to-\infty}\frac{f(x)}{x}=a, \lim_{x\to-\infty}(f(x)-ax)=b\right),$$
则直线 $y=ax+b$ 称为曲线 $y=f(x)$ 的斜渐近线. 当 $a=0$ 时，即为水平渐近线.

9.2 例题与释疑解难

一、问题 1：如何利用导数研究函数的性态(单调性、极值、凸向、拐点等)？

例 1 讨论函数 $f(x)=x+\dfrac{1}{x}$ 的极值.

解 $f(x)$ 的定义域为 $x\neq 0$. 令 $f'(x)=1-\dfrac{1}{x^2}=0$，得 $x=\pm 1$.

因为当 $x<-1$ 时 $f'(x)>0$，当 $-1<x<0$ 时 $f'(x)<0$，当 $0<x<1$ 时 $f'(x)<0$，当 $x>1$ 时 $f'(x)>0$，所以当 $x=-1$ 时 $f(x)$ 有极大值 $f(-1)=-2$，当 $x=1$ 时 $f(x)$ 有极小值 $f(1)=2$.

例 2 设函数 $f(x)$ 在定义域内可导，且 $y=f(x)$ 的图形如右图所示，则导数 $y'=f'(x)$ 的图形可能为 （　　）

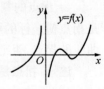

第9讲　函数性态的研究

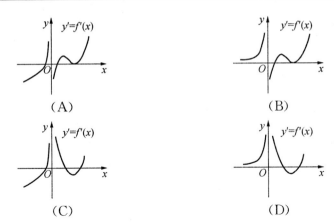

　　解　由 $y=f(x)$ 的图形可知,在区间 $(-\infty,0)$ 上 $f(x)$ 单增,故 $f'(x)>0$；在区间 $(0,+\infty)$ 上,$f(x)$ 先增后减再增,故 $f'(x)$ 先大于零、后小于零、再大于零. 因此,应选 D.

　　例 3　设函数 $f(x)$ 在 $(-\infty,+\infty)$ 内连续,其导函数的图形如右图所示,则 $f(x)$ 有　　　　　　　　　　(　　)

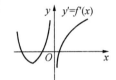

　　(A) 一个极小值点和两个极大值点
　　(B) 两个极小值点和一个极大值点
　　(C) 两个极小值点和两个极大值点
　　(D) 三个极小值点和一个极大值点

　　解　设 $y'=f'(x)$ 的图形与 x 轴的交点依次为 x_1,x_2 和 x_3.

　　由图可知,在点 x_1 左边的小邻域内 $f'(x)>0$,右边的小邻域内 $f'(x)<0$,故点 x_1 为 $y=f(x)$ 的极大值点；在点 x_2 左边的小邻域内 $f'(x)<0$,右边的小邻域内 $f'(x)>0$,故点 x_2 为 $y=f(x)$ 的极小值点；同理,点 x_3 也是函数 $y=f(x)$ 的极小值点.

　　又由图可知 $f'(x)$ 在点 $x=0$ 处无定义,故 $x=0$ 也是 $y=f(x)$ 的可能极值点. 因为在点 $x=0$ 左边的小邻域内 $f'(x)>0$,右边的小邻域内 $f'(x)<0$,所以 $x=0$ 为 $f(x)$ 的极大值点.

　　综上,$y=f(x)$ 有两个极小值点和两个极大值点,应选 C.

　　例 4　设函数 $f(x)$ 在点 $x=0$ 的某邻域内连续,且 $\lim\limits_{x\to 0}\dfrac{f(x)}{1-\cos x}=2$,则 $f(x)$ 在点 $x=0$ 处　　　　　　　　　　　　　　　　(　　)
　　(A) 不可导　　　　　　　　　　(B) 可导且 $f'(0)\neq 0$
　　(C) 有极大值　　　　　　　　　(D) 有极小值

　　解　显然 $f(x)=0$,又

$$\lim_{x\to 0}\frac{f(x)-f(0)}{x}=\lim_{x\to 0}\frac{f(x)}{x}=\lim_{x\to 0}\frac{f(x)}{1-\cos x}\cdot\frac{1-\cos x}{x}=2\cdot 0=0,$$

所以 $f(x)$ 在点 $x=0$ 处可导,且 $f'(0)=0$. 又由于

$$\lim_{x\to 0}\frac{f(x)}{1-\cos x}=2>0,$$

则由极限的保号性,存在 $0<\delta<\dfrac{\pi}{2}$,使得当 $x\in \mathring{N}(0,\delta)$ 时,有 $\dfrac{f(x)}{1-\cos x}>0$. 而当 $x\in \mathring{N}(0,\delta)$ 时,$1-\cos x>0$,因此 $f(x)>0=f(0)$,故 $f(x)$ 在点 $x=0$ 处取到极小值. 应选 D.

例 5 设 n 为正整数,则 $f(x)=\left(1+x+\dfrac{x^2}{2!}+\cdots+\dfrac{x^n}{n!}\right)\mathrm{e}^{-x}$ (   )

(A) 有极小值   (B) 有极大值

(C) 既无极大值也无极小值   (D) 有无极值依赖于 n 的取值

解 因为

$$f'(x)=\left(1+x+\frac{x^2}{2!}+\cdots+\frac{x^{n-1}}{(n-1)!}\right)\mathrm{e}^{-x}$$
$$-\left(1+x+\frac{x^2}{2!}+\cdots+\frac{x^n}{n!}\right)\mathrm{e}^{-x}$$
$$=-\frac{x^n}{n!}\mathrm{e}^{-x},$$

则令 $f'(x)=0$,得 $x=0$,且没有 $f'(x)$ 不存在的点.

若 n 为偶数,则 $\forall x\neq 0, f'(x)<0$,故 $f(x)$ 无极值点;

若 n 为奇数,则 $\forall x<0, f'(x)>0, \forall x>0, f'(x)<0$,故 $f(x)$ 在 $x=0$ 处取到极大值.

综上,应选 D.

例 6 设 $f(x)$ 三阶可导,$f'(0)=0$,且对于一切 x 满足 $f''(x)+(f'(x))^2=x$,则下列选项正确的是   (   )

(A) $f(0)$ 是 $f(x)$ 的极大值

(B) $f(0)$ 是 $f(x)$ 的极小值

(C) 点 $(0,f(0))$ 是曲线 $y=f(x)$ 的拐点

(D) $f(0)$ 不是 $f(x)$ 的极值,点 $(0,f(0))$ 也不是曲线 $y=f(x)$ 的拐点

解 在方程 $f''(x)+(f'(x))^2=x$ 中令 $x=0$,得 $f''(0)=0$. 再对该方程式两边求导,得 $f'''(x)+2f'(x)f''(x)=1$,令 $x=0$,有 $f'''(0)=1$. 于是

$$\lim_{x\to 0}\frac{f''(x)-f''(0)}{x}=f'''(0)=1>0.$$

第 9 讲　函数性态的研究

故由保号性,$\exists \delta > 0, \forall x \in \overset{\circ}{N}(0,\delta)$,有 $\dfrac{f''(x)-f''(0)}{x} > 0$,即 $\dfrac{f''(x)}{x} > 0$. 因此,$x \in (-\delta, 0)$ 时,$f''(x) < 0$;$x \in (0, \delta)$ 时,$f''(x) > 0$. 故 $(0, f(0))$ 为拐点.

另一方面,由上面 $f''(x)$ 的符号可得,当 $x \in (-\delta, 0)$ 时,$f'(x) > f'(0) = 0$;当 $x \in (0, \delta)$ 时,$f'(x) > f'(0) = 0$. 故 $f'(x)$ 在点 $x = 0$ 处左右两边不变号,所以 $x = 0$ 不是 $f(x)$ 的极值点.

综上,应选 C.

例 7　设偶函数 $f(x)$ 具有二阶连续导数,且 $f''(0) \neq 0$,则 $x = 0$　(　　)

(A) 不是 $f(x)$ 的驻点　　　　(B) 一定不是 $f(x)$ 的极值点
(C) 一定是 $f(x)$ 的极值点　　(D) 不能确定是否为 $f(x)$ 的极值点

解　因为 $f(x)$ 为偶函数,所以对于任意 x,有 $f(x) = f(-x)$. 由 $f(x)$ 二阶可导,可得 $f'_+(0) = f'_-(0) = f'(0)$,又

$$f'_+(0) = \lim_{x \to 0^+} \frac{f(x)-f(0)}{x} \xlongequal{\diamondsuit t = -x} \lim_{t \to 0^-} \frac{f(-t)-f(0)}{-t}$$
$$= -\lim_{t \to 0^-} \frac{f(t)-f(0)}{t} = -f'_-(0),$$

所以 $f'(0) = 0$,则 $x = 0$ 是 $f(x)$ 的驻点.

又因为 $f''(0) \neq 0$,故 $f''(0) > 0$ 或 $f''(0) < 0$. 而当 $f''(0) > 0$ 时,$x = 0$ 为 $f(x)$ 的极小值点;当 $f''(0) < 0$ 时,$x = 0$ 为 $f(x)$ 的极大值点.

综上,$x = 0$ 一定是 $f(x)$ 的极值点,故应选 C.

注　另一种求 $f'(0) = 0$ 的方法:因为 $f(x)$ 可导,所以对 $f(x) = f(-x)$ 两边求导,有 $f'(x) = -f'(-x)$,再令 $x = 0$,即得 $f'(0) = 0$.

例 8　设 $f(0) = 0$,且 $f'(x)$ 单增,证明:当 $x > 0$ 时,函数 $g(x) = \dfrac{f(x)}{x}$ 单增.

证明　当 $x > 0$ 时,$g'(x) = \dfrac{xf'(x)-f(x)}{x^2}$,下面来证明 $g'(x) \geqslant 0$.

对函数 $f(x)$ 在 $[0, x]$ 上运用 Lagrange 中值定理,则存在 $\xi \in (0, x)$,使得
$$f(x) - f(0) = f'(\xi)x,$$
于是由 $f(0) = 0$,可得
$$g'(x) = \frac{xf'(x)-(f(x)-f(0))}{x^2} = \frac{xf'(x)-xf'(\xi)}{x^2} = \frac{f'(x)-f'(\xi)}{x}.$$

因为 $0 < \xi < x$,且 $f'(x)$ 单增,所以 $f'(\xi) \leqslant f'(x)$. 故当 $x > 0$ 时,$g'(x) \geqslant 0$,从而当 $x > 0$ 时,$g(x) = \dfrac{f(x)}{x}$ 单增.

注　本题因为不知道函数 $f(x)$ 是否二阶可导,所以在证明 $g'(x) \geqslant 0$ 时,不

能利用 $xf'(x)-f(x)$ 的导数来证明.

例 9 求数列 $\left\{\dfrac{n^{10}}{2^n}\right\}$ 的最大值项.

解 令 $f(x)=\dfrac{x^{10}}{2^x}$, 则 $f(x)$ 在 $(0,+\infty)$ 上连续, 且

$$f'(x)=10x^9 2^{-x}+x^{10}2^{-x}(-\ln 2)=\dfrac{x^9}{2^x}(10-\ln 2 \cdot x).$$

令 $f'(x)=0$, 得唯一驻点 $x=\dfrac{10}{\ln 2}$.

因为当 $0<x<\dfrac{10}{\ln 2}$ 时 $f'(x)>0$, 当 $x>\dfrac{10}{\ln 2}$ 时 $f'(x)<0$, 从而 $\dfrac{10}{\ln 2}$ 为函数 $f(x)$ 的极大值点, 也是最大值点. 于是数列 $\left\{\dfrac{n^{10}}{2^n}\right\}=\{f(n)\}$ 的最大值项为第 N 项或第 $N+1$ 项, 其中 $N=\left[\dfrac{10}{\ln 2}\right]=14$. 再由 $\dfrac{14^{10}}{2^{14}}>\dfrac{15^{10}}{2^{15}}$ 知, $\left\{\dfrac{n^{10}}{2^n}\right\}$ 的最大值项为 $\dfrac{14^{10}}{2^{14}}$.

二、问题 2："若函数 $f(x)$ 在点 x_0 处有极大值, 则在此点的某充分小邻域内, 函数 $f(x)$ 在点 x_0 的左侧上升, 而右侧下降", 此命题是否正确？

答 不一定正确. 例如, 取函数

$$f(x)=\begin{cases} 2-x^2\left(2+\sin\dfrac{1}{x}\right), & x\neq 0, \\ 2, & x=0, \end{cases}$$

则当 $x\neq 0$ 时, 有 $f(x)-f(0)=-x^2\left(2+\sin\dfrac{1}{x}\right)<0$, 所以在点 $x=0$ 处有极大值 $f(0)=2$. 又

$$f'(x)=\cos\dfrac{1}{x}-2x\left(2+\sin\dfrac{1}{x}\right) \quad (x\neq 0),$$

因为 $x\in \mathring{N}(0)$ 时, $\cos\dfrac{1}{x}$ 在区间 $[-1,1]$ 上振荡, 而 $\left|2x\left(2+\sin\dfrac{1}{x}\right)\right|\leqslant 6|x|$, 即在 $x=0$ 的任意小邻域内 $f'(x)$ 时正时负, 所以在 $x=0$ 的左侧或右侧的任意小邻域内 $f(x)$ 都是振荡的(即有时上升有时下降).

三、问题 3：如何利用导数证明不等式？

例 10 设函数 $f(x)$ 在区间 $[0,1]$ 上满足 $f''(x)>0$, 则下列不等式成立的是
( )

(A) $f'(1)>f(1)-f(0)>f'(0)$ (B) $f'(1)>f'(0)>f(1)-f(0)$

(C) $f(1)-f(0)>f'(1)>f'(0)$ (D) $f'(1)>f(0)-f(1)>f'(0)$

解 对 $f(x)$ 在 $[0,1]$ 上运用 Lagrange 中值定理, 可知存在 $\xi\in(0,1)$, 使得

$$f(1)-f(0)=f'(\xi)(1-0)=f'(\xi).$$
又因为 $f''(x)>0$，所以 $f'(x)$ 在区间 $[0,1]$ 上单增，故 $f'(0)<f'(\xi)<f'(1)$，即有 $f'(0)<f(1)-f(0)<f'(1)$. 应选 A.

例 11 设 $b>a>\mathrm{e}$，证明：$a^b>b^a$.

证明 显然，本题等价于证明 $b\ln a>a\ln b$. 令
$$f(x)=x\ln a-a\ln x\quad(x>a>\mathrm{e}),$$
则 $f\in C([a,+\infty))$. 由
$$f'(x)=\ln a-\frac{a}{x},\quad f''(x)=\frac{a}{x^2}$$
知 $f''(x)>0$，从而 $f'(x)$ 严格单增，则 $f'(x)>f'(a)=\ln a-1>0$. 于是 $f(x)$ 在 $[a,+\infty)$ 上严格单增，故
$$f(x)>f(a)=0\quad(x\in(a,+\infty)),$$
因此，当 $b>a>\mathrm{e}$ 时，有 $f(b)>0$，即 $b\ln a>a\ln b$.

例 12 设 $0<x<\dfrac{\pi}{2}$，证明：$\dfrac{2}{\pi}x<\sin x<x$.

证明 令 $f(x)=\dfrac{\sin x}{x}$，则 $f(x)$ 在 $\left(0,\dfrac{\pi}{2}\right]$ 上连续，$f\left(\dfrac{\pi}{2}\right)=\dfrac{2}{\pi}$，且
$$f'(x)=\frac{x\cos x-\sin x}{x^2}=\frac{\cos x}{x^2}(x-\tan x).$$

再令 $g(x)=x-\tan x$，则 $g(x)$ 在 $\left[0,\dfrac{\pi}{2}\right)$ 上连续，且 $g(0)=0$. 因为
$$g'(x)=1-\sec^2 x<0,\quad \forall x\in\left(0,\dfrac{\pi}{2}\right),$$
所以 $g(x)$ 在 $\left(0,\dfrac{\pi}{2}\right)$ 上严格单减. 于是 $\forall x\in\left(0,\dfrac{\pi}{2}\right)$，有 $g(x)<g(0)=0$，从而
$$f'(x)=\frac{\cos x}{x^2}\cdot g(x)<0,$$
因此 $f(x)$ 在 $\left(0,\dfrac{\pi}{2}\right)$ 上严格单减. 故
$$\frac{2}{\pi}=f\left(\frac{\pi}{2}\right)<f(x)=\frac{\sin x}{x}<\lim_{x\to 0}f(x)=\lim_{x\to 0}\frac{\sin x}{x}=1,\quad\forall x\in\left(0,\frac{\pi}{2}\right),$$
即当 $0<x<\dfrac{\pi}{2}$ 时，$\dfrac{2}{\pi}x<\sin x<x$.

例 13 设 $m,n>0$，且 $0\leqslant x\leqslant a$，证明：$x^m(a-x)^n\leqslant\dfrac{m^m n^n}{(m+n)^{m+n}}a^{m+n}$.

证明 设 $f(x)=x^m(a-x)^n$，则 $f(x)\in C([0,a])$，且

$$f'(x) = mx^{m-1}(a-x)^n - x^m \cdot n(a-x)^{n-1}$$
$$= x^{m-1}(a-x)^{n-1}(ma - (m+n)x).$$

令 $f'(x)=0$,可得 $x = \dfrac{ma}{m+n}$,则 $f(x)$ 在 $(0,a)$ 内有唯一驻点 $x_0 = \dfrac{ma}{m+n}$,且无不可导点. 因为

$$f(0) = f(a) = 0, \quad f(x_0) = f\left(\dfrac{ma}{m+n}\right) = \dfrac{m^m n^n}{(m+n)^{m+n}} a^{m+n},$$

所以 $f(x)$ 在 $[0,a]$ 上的最大值为 $f(x_0)$. 即当 $0 \leqslant x \leqslant a$ 时,有

$$x^m (a-x)^n \leqslant \dfrac{m^m n^n}{(m+n)^{m+n}} a^{m+n}.$$

四、问题 4:如何判断方程是否有实根?如果有实根,能否确定实根的个数?

例 14 若 $a^2 - 3b < 0$,则方程 $x^3 + ax^2 + bx = 0$ ( )

(A) 无实根 (B) 有唯一实根

(C) 有两个实根 (D) 有三个实根

解 令 $f(x) = x^3 + ax^2 + bx$,则 $f(x)$ 在 $(-\infty, +\infty)$ 上连续. 因为

$$f'(x) = 3x^2 + 2ax + b \quad 且 \quad \Delta = (2a)^2 - 12b = 4(a^2 - 3b) < 0,$$

所以 $f'(x) > 0$ 恒成立. 因此 $f(x)$ 在区间 $(-\infty, +\infty)$ 上严格单增,故至多有一个实根. 又因为 $f(0) = 0$,所以 $f(x)$ 有唯一零点,即方程 $x^3 + ax^2 + bx = 0$ 有唯一实根 $x = 0$. 故应选 B.

例 15 在区间 $(-\infty, +\infty)$ 上,方程 $|x|^{\frac{1}{4}} + |x|^{\frac{1}{2}} - \cos x = 0$ ( )

(A) 无实根 (B) 有唯一实根

(C) 有两个实根 (D) 有无穷多个实根

解 令 $f(x) = |x|^{\frac{1}{4}} + |x|^{\frac{1}{2}} - \cos x$,则 $f(x)$ 在区间 $(-\infty, +\infty)$ 上连续,且为偶函数.

当 $x > 0$ 时,因为

$$f(x) = x^{\frac{1}{4}} + x^{\frac{1}{2}} - \cos x \quad 且 \quad f'(x) = \dfrac{1}{4} x^{-\frac{3}{4}} + \dfrac{1}{2} x^{-\frac{1}{2}} + \sin x,$$

所以当 $0 < x < 1$ 时 $f'(x) > 0$. 又 $f(0) = -1 < 0, f(1) = 2 - \cos 1 > 0$,所以 $f(x)$ 在 $(0,1)$ 内有且仅有一个零点.

又当 $x > 1$ 时,因为

$$f(x) = x^{\frac{1}{4}} + x^{\frac{1}{2}} - \cos x > 2 - \cos x > 0,$$

所以 $f(x)$ 在 $(1, +\infty)$ 上无零点.

综上,$f(x)$ 在 $(0, +\infty)$ 上有且仅有一个零点. 因为 $f(x)$ 为偶函数,且 $f(0) =$

$-1\neq 0$,所以 $f(x)$ 在 $(-\infty,+\infty)$ 上有两个零点,即原方程在 $(-\infty,+\infty)$ 上有两个实根. 故选 C.

例 16 设 $f(x)$ 在 $[a,+\infty)$ 上可导,且当 $x>a$ 时,$f'(x)>k>0$,其中 k 为常数. 证明:若 $f(a)<0$,则 $f(x)=0$ 在 $\left(a, a-\dfrac{f(a)}{k}\right)$ 内有且仅有一个实根.

证明 因为函数 $f(x)$ 在 $\left[a, a-\dfrac{f(a)}{k}\right]$ 上连续,在 $\left(a, a-\dfrac{f(a)}{k}\right)$ 内可导,所以由 Lagrange 中值定理可知,存在 $\xi \in \left(a, a-\dfrac{f(a)}{k}\right)$,使得

$$f\left(a-\dfrac{f(a)}{k}\right)-f(a)=f'(\xi)\left(-\dfrac{f(a)}{k}\right),$$

于是

$$f\left(a-\dfrac{f(a)}{k}\right)=f(a)+f'(\xi)\left(-\dfrac{f(a)}{k}\right)>f(a)+k\cdot\left(-\dfrac{f(a)}{k}\right)=0,$$

因此由 $f(a)<0$ 及零点存在定理,存在 $\eta \in \left(a, a-\dfrac{f(a)}{k}\right)$,使得 $f(\eta)=0$.

又当 $x>a$ 时,$f'(x)>k>0$,所以 $f(x)$ 在 $[a,+\infty)$ 上严格单调,故点 η 为函数 $f(x)$ 在 $\left(a, a-\dfrac{f(a)}{k}\right)$ 内唯一的零点,即方程 $f(x)=0$ 在 $\left(a, a-\dfrac{f(a)}{k}\right)$ 内有且仅有一个实根.

例 17 设函数 $f(x)$ 在 $[1,+\infty)$ 上满足 $f''(x)\leqslant 0$,且 $f(1)=2, f'(1)=-3$. 证明:在 $(1,+\infty)$ 内,$f(x)$ 有且仅有一个零点.

证明 因为函数 $f(x)$ 在 $[1,+\infty)$ 上二阶导数 $f''(x)$ 存在,所以 $f'(x)$ 存在且连续,从而 $f(x)$ 连续. 由此知 $f(x)$ 在 $[1,2]$ 上满足 Lagrange 中值定理的条件,则存在 $\xi \in (1,2)$,使得

$$f(2)-f(1)=f'(\xi)(2-1)=f'(\xi).$$

另一方面,因为在 $[1,+\infty)$ 上 $f''(x)\leqslant 0$,故 $f'(x)\leqslant f'(1)=-3<0$,则

$$f(2)=f(1)+(f(2)-f(1))=f(1)+f'(\xi)$$
$$\leqslant 2+(-3)=-1<0.$$

于是由 $f(1)>0$ 及连续函数的零点定理可知,存在 $\eta \in (1,2)$,使得 $f(\eta)=0$. 又在 $[1,+\infty)$ 上 $f'(x)<0$,所以 $f(x)$ 在 $[1,+\infty)$ 上严格单减,故点 η 为 $f(x)$ 在区间 $(1,+\infty)$ 内的唯一零点.

例 18 讨论曲线 $y=4\ln x+k$ 与 $y=4x+\ln^4 x$ 的交点个数.

解 令 $f(x)=4\ln x+k-4x-\ln^4 x (x>0)$,问题化为讨论函数 $f(x)$ 的零点个数. 因为

$$f'(x) = \frac{4}{x} - 4 - 4\ln^3 x \cdot \frac{1}{x} = \frac{4(1-x-\ln^3 x)}{x},$$

所以由 $f'(x)=0$ 解得唯一驻点 $x=1$. 且当 $0<x<1$ 时, 由 $f'(x)>0$ 知 $f(x)$ 严格单增; 当 $x>1$ 时, 由 $f'(x)<0$ 知 $f(x)$ 严格单减.

又因为
$$f(1) = k-4, \quad \lim_{x \to 0^+} f(x) = -\infty, \quad \lim_{x \to +\infty} f(x) = -\infty,$$

所以当 $f(1)=k-4<0$ 即 $k<4$ 时, $f(x)$ 无零点, 即两曲线无交点; 当 $f(1)=k-4=0$ 即 $k=4$ 时, $f(x)$ 有唯一零点, 即两曲线有唯一交点; 当 $f(1)=k-4>0$ 即 $k>4$ 时, $f(x)$ 有两个零点, 即两曲线有两个交点.

五、问题 5: 如何利用微分法求函数在区间 I 上的最值及解决实际应用题?

例 19 设 $x>0$, 求满足不等式 $\ln x \leqslant A\sqrt{x}$ 的最小正数 A.

解 设 $f(x) = \dfrac{\ln x}{\sqrt{x}} (x>0)$, 则问题化为求函数 $f(x)$ 的最大值. 令

$$f'(x) = \frac{\dfrac{\sqrt{x}}{x} - \dfrac{1}{2\sqrt{x}}\ln x}{x} = \frac{2-\ln x}{2x^{\frac{3}{2}}} = 0,$$

解得唯一驻点 $x=\mathrm{e}^2$, 则 $x=\mathrm{e}^2$ 为 $f(x)$ 在区间 $(0, +\infty)$ 内的唯一可能极值点.

又因为当 $0<x<\mathrm{e}^2$ 时, $f'(x)>0$, 当 $x>\mathrm{e}^2$ 时, $f'(x)<0$, 所以 $x=\mathrm{e}^2$ 为极大值点, 则为最大值点. 于是

$$\max_{x \in (0, +\infty)} f(x) = f(\mathrm{e}^2) = \frac{\ln \mathrm{e}^2}{\mathrm{e}} = \frac{2}{\mathrm{e}},$$

故 $A = \dfrac{2}{\mathrm{e}}$.

例 20 求半径为 R 的半球中底为正方形的内接长方体的最大体积.

解 建立直角坐标系使得给定半球的球面方程为
$$x^2 + y^2 + z^2 = R^2 \quad (z \geqslant 0).$$
显然满足条件的长方体必定有一个面在 xOy 面上, 又因为所求长方体的底为正方形, 于是可设该长方体在第一卦限的顶点坐标为 $P(x,x,z)(x>0, z>0)$. 因为点 P 在球面上, 所以 $2x^2+z^2=R^2$, 即 $z=\sqrt{R^2-2x^2}$, 则所求长方体的体积为

$$V = V(x) = (2x)^2 z = 4x^2\sqrt{R^2-2x^2},$$

于是问题化为求函数 $V(x) = 4x^2\sqrt{R^2-2x^2}$ 在 $(0, R)$ 上的最大值. 令

$$V'(x) = \frac{8x(R^2-3x^2)}{\sqrt{R^2-2x^2}} = 0,$$

第9讲 函数性态的研究

解得 $V(x)$ 在 $(0,R)$ 内的唯一驻点 $x=\dfrac{R}{\sqrt{3}}$. 由问题的实际意义知最大值一定存在(也可以判断该驻点为极大值点),所以此驻点必为 $V(x)$ 的最大值点. 因此,当所求长方体的长、宽、高分别为 $\dfrac{2R}{\sqrt{3}},\dfrac{2R}{\sqrt{3}},\dfrac{R}{\sqrt{3}}$ 时体积最大,且最大体积为

$$V\left(\dfrac{R}{\sqrt{3}}\right)=\dfrac{4R^3}{3\sqrt{3}}.$$

六、问题 6：如何求渐近线？

例 21 求曲线 $y=x\mathrm{e}^{\frac{1}{x^2}}$ 的所有渐近线.

解 因为

$$\lim_{x\to 0}y=\lim_{x\to 0}\dfrac{\mathrm{e}^{\frac{1}{x^2}}}{\dfrac{1}{x}}\xlongequal{\frac{\infty}{\infty}}\lim_{x\to 0}\dfrac{\mathrm{e}^{\frac{1}{x^2}}\cdot\dfrac{-2}{x^3}}{\dfrac{-1}{x^2}}=\lim_{x\to 0}\dfrac{2}{x}\cdot\mathrm{e}^{\frac{1}{x^2}}=\infty,$$

所以曲线有垂直渐近线 $x=0$.

又

$$a=\lim_{x\to\infty}\dfrac{y}{x}=\lim_{x\to\infty}\mathrm{e}^{\frac{1}{x^2}}=1,$$

$$b=\lim_{x\to\infty}(y-ax)=\lim_{x\to\infty}x(\mathrm{e}^{\frac{1}{x^2}}-1)=\lim_{x\to\infty}x\cdot\dfrac{1}{x^2}=0,$$

则曲线有斜渐近线 $y=ax+b=x$.

综上,曲线的渐近线为 $x=0$ 和 $y=x$.

例 22 求曲线 $y=x^3(\mathrm{e}^{\frac{1}{x}}+\mathrm{e}^{-\frac{1}{x}}-2)$ 的所有渐近线.

解 因为

$$\lim_{x\to 0}y=\lim_{x\to 0}\dfrac{\mathrm{e}^{\frac{1}{x}}+\mathrm{e}^{-\frac{1}{x}}-2}{\dfrac{1}{x^3}}\xlongequal{\frac{\infty}{\infty}}\lim_{x\to 0}\dfrac{(\mathrm{e}^{\frac{1}{x}}-\mathrm{e}^{-\frac{1}{x}})\left(-\dfrac{1}{x^2}\right)}{\dfrac{-3}{x^4}}$$

$$=\dfrac{1}{3}\lim_{x\to 0}\dfrac{\mathrm{e}^{\frac{1}{x}}-\mathrm{e}^{-\frac{1}{x}}}{\dfrac{1}{x^2}}\xlongequal{\frac{\infty}{\infty}}\dfrac{1}{3}\lim_{x\to 0}\dfrac{(\mathrm{e}^{\frac{1}{x}}+\mathrm{e}^{-\frac{1}{x}})\left(-\dfrac{1}{x^2}\right)}{\dfrac{-2}{x^3}}$$

$$=\dfrac{1}{6}\lim_{x\to 0}\dfrac{\mathrm{e}^{\frac{1}{x}}+\mathrm{e}^{-\frac{1}{x}}}{\dfrac{1}{x}}\xlongequal{\frac{\infty}{\infty}}\dfrac{1}{6}\lim_{x\to 0}\dfrac{(\mathrm{e}^{\frac{1}{x}}-\mathrm{e}^{-\frac{1}{x}})\left(-\dfrac{1}{x^2}\right)}{-\dfrac{1}{x^2}}$$

$$= \frac{1}{6}\lim_{x\to 0}(e^{\frac{1}{x}} - e^{-\frac{1}{x}}) = \infty,$$

故曲线有垂直渐近线 $x = 0$.

又

$$a = \lim_{x\to\infty}\frac{y}{x} = \lim_{x\to\infty} x^2(e^{\frac{1}{x}} + e^{-\frac{1}{x}} - 2) = \lim_{x\to\infty}\frac{e^{\frac{1}{x}} + e^{-\frac{1}{x}} - 2}{\frac{1}{x^2}}$$

$$\xlongequal{\frac{0}{0}} \lim_{x\to\infty}\frac{(e^{\frac{1}{x}} - e^{-\frac{1}{x}})\left(-\frac{1}{x^2}\right)}{\frac{-2}{x^3}} = \frac{1}{2}\lim_{x\to\infty}\frac{e^{\frac{1}{x}} - e^{-\frac{1}{x}}}{\frac{1}{x}}$$

$$\xlongequal{\frac{0}{0}} \frac{1}{2}\lim_{x\to\infty}\frac{(e^{\frac{1}{x}} + e^{-\frac{1}{x}})\left(-\frac{1}{x^2}\right)}{-\frac{1}{x^2}} = \frac{1}{2}\lim_{x\to\infty}(e^{\frac{1}{x}} + e^{-\frac{1}{x}}) = 1,$$

且

$$b = \lim_{x\to\infty}(y - ax) = \lim_{x\to\infty}(x^3(e^{\frac{1}{x}} + e^{-\frac{1}{x}} - 2) - x)$$

$$\xlongequal{\diamondsuit t = \frac{1}{x}} \lim_{t\to 0}\frac{e^t + e^{-t} - 2 - t^2}{t^3} \xlongequal{\frac{0}{0}} \lim_{t\to 0}\frac{e^t - e^{-t} - 2t}{3t^2}$$

$$\xlongequal{\frac{0}{0}} \lim_{t\to 0}\frac{e^t + e^{-t} - 2}{6t} \xlongequal{\frac{0}{0}} \lim_{t\to 0}\frac{e^t - e^{-t}}{6} = 0,$$

所以曲线有斜渐近线 $y = ax + b = x$.

综上,曲线的渐近线为 $x = 0$ 和 $y = x$.

9.3 练习题

1. 讨论函数 $f(x) = \dfrac{2x}{1+x^2}$ 的极值.

2. 讨论函数 $f(x) = x^m(1-x)^n$ (m 及 n 为正整数) 的极值.

3. 求数列 $\left\{\dfrac{\sqrt{n}}{n+10000}\right\}$ 的最大值项.

4. 求数列 $\{\sqrt[n]{n}\}$ 的最大值项.

第 9 讲 函数性态的研究

5. 函数 $f(x)=\ln|x|+\dfrac{x^2}{2}+2x$ 的单增区间为 (　　)

(A) $(-\infty,0)$ \hspace{2em} (B) $(-\infty,1)$

(C) $(0,+\infty)$ \hspace{2em} (D) $(-1,+\infty)$

6. 设 $\lim\limits_{x\to a}\dfrac{f(x)-f(a)}{(x-a)^3}=1$,则在 $x=a$ 处 (　　)

(A) $f(x)$ 不可导 \hspace{2em} (B) $f(x)$ 取得极大值

(C) $f(x)$ 取得极小值 \hspace{2em} (D) 以上皆错

7. 求方程 $e^x=ax^2(a>0)$ 的实根个数.

8. 证明:当 $0<x<\dfrac{\pi}{2}$ 时,$\tan x>x+\dfrac{x^3}{3}$.

9. 证明:当 $x>0$ 时,$\left(1+\dfrac{1}{x}\right)^x<e<\left(1+\dfrac{1}{x}\right)^{x+1}$.

10. 求半径为 R 的球内接圆柱体的最大体积.

11. 求曲线 $f(x)=\dfrac{1+e^{-x^2}}{1-e^{-x^2}}$ 的所有渐近线.

12. 求曲线 $f(x)=\dfrac{\sin x}{x}+\arctan(1-\sqrt{x})$ 的所有渐近线.

13. 求曲线 $f(x)=\dfrac{2x^2\arctan x}{1+x^2}$ 的所有渐近线.

14. 求曲线 $f(x)=xe^{\frac{1}{x}}$ 的所有渐近线.

第 10 讲　定积分的概念与性质

10.1　内容提要

一、定积分的概念

设函数 $f(x)$ 在区间 $[a,b]$ 上有定义. 任取一组分点,记为
$$T:a=x_0<x_1<\cdots<x_{n-1}<x_n=b,$$
将区间 $[a,b]$ 分成 n 个子区间 $[x_{i-1},x_i]$ $(i=1,2,\cdots,n)$,称 T 为区间 $[a,b]$ 的一个分割. 记第 i 个小区间的长度为 $\Delta x_i=x_i-x_{i-1}$, $d=\max\limits_{1\leqslant i\leqslant n}\{\Delta x_i\}$. 任取一点 $\xi_i\in[x_{i-1},x_i]$,作和式
$$S_n=\sum_{i=1}^n f(\xi_i)\Delta x_i,$$
称此和为函数 $f(x)$ 在区间 $[a,b]$ 上的 **Riemann**(黎曼) 和或积分和.

若存在常数 I,使得对任意的 $\varepsilon>0$,总存在 $\delta>0$,使得对 $[a,b]$ 的任意分割以及任意选取的 ξ_i,只要 $d<\delta$,恒有
$$\left|\sum_{i=1}^n f(\xi_i)\Delta x_i-I\right|<\varepsilon,$$
则记
$$\lim_{d\to 0}\sum_{i=1}^n f(\xi_i)\Delta x_i=I.$$
称此极限值 I 为函数 f 在区间 $[a,b]$ 上的**定积分**,记作 $\int_a^b f(x)\mathrm{d}x$,即
$$\int_a^b f(x)\mathrm{d}x=\lim_{d\to 0}\sum_{i=1}^n f(\xi_i)\Delta x_i=I.$$
此时也称函数 $f(x)$ 在 $[a,b]$ 上 **Riemann**(黎曼) 可积,简称为可积,并称 $f(x)$ 为被积函数,$f(x)\mathrm{d}x$ 为被积表达式,x 为积分变量,$[a,b]$ 为积分区间,a 为积分下限,b 为积分上限.

注　(1)定积分的积分区间是有限的,且黎曼可积函数一定有界.

(2)构造积分和时,分割的选取与点 ξ_i 的选取都是任意的,积分和的极限与分割的选取及点 ξ_i 的选取无关.

(3)定积分的值仅与被积函数及积分区间有关,而与积分变量的记号无关,即

第 10 讲 定积分的概念与性质

$$\int_a^b f(x)\,\mathrm{d}x = \int_a^b f(t)\,\mathrm{d}t.$$

(4) 当 $a > b$ 时,约定

$$\int_a^b f(x)\,\mathrm{d}x = -\int_b^a f(x)\,\mathrm{d}x.$$

特别地,当 $a = b$ 时,$\int_a^a f(x)\,\mathrm{d}x = 0$.

(5) **定积分的几何意义**:定积分 $\int_a^b f(x)\,\mathrm{d}x$ 等于由曲线 $y = f(x)$ 与直线 $x = a$,$x = b$ 以及 x 轴围成的各块图形面积的代数和. 例如对下图所示的 $y = f(x)$,有

$$\int_a^b f(x)\,\mathrm{d}x = A_1 - A_2 + A_3 - A_4 + A_5.$$

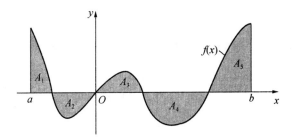

二、可积性的充要条件

(1) 若函数 $f(x)$ 在区间 $[a,b]$ 上可积,则 $f(x)$ 在 $[a,b]$ 上有界.

(2) 有界函数 $f(x)$ 在区间 $[a,b]$ 上可积的充要条件是

$$\lim_{d \to 0} \sum_{i=1}^n \omega_i \Delta x_i = 0,$$

其中 $\omega_i = M_i - m_i$,$d = \max\limits_{1 \leqslant i \leqslant n}\{\Delta x_i\}$,且

$M_i = \sup\{f(x) \mid x \in [x_{i-1}, x_i]\}$,$m_i = \inf\{f(x) \mid x \in [x_i - 1, x_i]\}$.

三、可积函数类

(1) 若函数 $f(x)$ 在区间 $[a,b]$ 上连续,则 $f(x)$ 在区间 $[a,b]$ 上可积;

(2) 若函数 $f(x)$ 在区间 $[a,b]$ 上有界,且除去有限个点间断点外处处连续,则 $f(x)$ 在区间 $[a,b]$ 上可积;

(3) 若函数 $f(x)$ 在区间 $[a,b]$ 上单调,则 $f(x)$ 在区间 $[a,b]$ 上可积.

四、定积分的基本性质

1) 线性:设函数 $f(x)$,$g(x)$ 在 $[a,b]$ 上可积,$\alpha, \beta \in \mathbf{R}$ 为常数,则

$$\int_a^b (\alpha f(x) + \beta g(x))\,\mathrm{d}x = \alpha \int_a^b f(x)\,\mathrm{d}x + \beta \int_a^b g(x)\,\mathrm{d}x.$$

2) 对区间的可加性:设函数 $f(x)$ 在区间 I 上可积,常数 $a,b,c \in I$,则

$$\int_a^b f(x)\mathrm{d}x = \int_a^c f(x)\mathrm{d}x + \int_c^b f(x)\mathrm{d}x.$$

3) 单调性：设 $f(x), g(x)$ 在 $[a,b]$ 上可积，且 $f(x) \leqslant g(x)(a \leqslant x \leqslant b)$，则

$$\int_a^b f(x)\mathrm{d}x \leqslant \int_a^b g(x)\mathrm{d}x.$$

推论 设函数 $f(x)$ 在 $[a,b]$ 上可积，则

$$\left|\int_a^b f(x)\mathrm{d}x\right| \leqslant \int_a^b |f(x)|\mathrm{d}x.$$

4) 估值性：若函数 $f(x)$ 在 $[a,b]$ 上可积，且 $m \leqslant f(x) \leqslant M(x \in [a,b])$，则

$$m(b-a) \leqslant \int_a^b f(x)\mathrm{d}x \leqslant M(b-a).$$

5) 积分中值定理：设函数 $f(x)$ 在 $[a,b]$ 上连续，则至少存在一点 $\xi \in [a,b]$，使得

$$\int_a^b f(x)\mathrm{d}x = f(\xi)(b-a).$$

积分中值定理推广 设函数 $f(x)$ 在区间 $[a,b]$ 上连续，而 $g(x)$ 在 $[a,b]$ 上可积且在 $[a,b]$ 上不变号，则至少存在一点 $\xi \in [a,b]$，使得

$$\int_a^b f(x)g(x)\mathrm{d}x = f(\xi)\int_a^b g(x)\mathrm{d}x.$$

注 称

$$f(\xi) = \frac{1}{b-a}\int_a^b f(x)\mathrm{d}x$$

为函数 $f(x)$ 在区间 $[a,b]$ 上的**积分平均值**.

五、原函数的概念

设函数 $f(x)$ 在区间 I 上有定义，若存在 I 上的可微函数 $F(x)$，使得对任意的 $x \in I$，都有

$$F'(x) = f(x) \quad \text{或} \quad \mathrm{d}F(x) = f(x)\mathrm{d}x,$$

则称 $F(x)$ 是 $f(x)$ 在区间 I 上的一个**原函数**.

六、Newton-Leibniz 公式

设函数 $f(x)$ 在 $[a,b]$ 上可积，且 $F(x)$ 是 $f(x)$ 在 $[a,b]$ 上的一个原函数，则

$$\int_a^b f(x)\mathrm{d}x = F(b) - F(a).$$

七、变上限的定积分

设函数 $f(x)$ 在 $[a,b]$ 上可积，称

第10讲 定积分的概念与性质

$$\Phi(x) = \int_a^x f(t)\mathrm{d}t$$

为变上限的定积分,它也是一种表示函数的重要方法.

注 (1) 若函数 $f(x) \in C([a,b])$,则变限积分

$$\Phi(x) = \int_a^x f(t)\mathrm{d}t$$

在 $[a,b]$ 上可导,且

$$\Phi'(x) = \frac{\mathrm{d}}{\mathrm{d}x}\left(\int_a^x f(t)\mathrm{d}t\right) = f(x), \quad x \in [a,b].$$

这表明连续函数一定有原函数,变上限的定积分就是它的一个特殊原函数.

(2) (**其他变限定积分求导公式**) 设函数 $f(x)$ 在区间 I 上连续,函数 $\varphi(x)$, $\psi(x)$ 都在 $[a,b]$ 上可导,若 $\varphi([a,b]) \subset I$, $\psi([a,b]) \subset I$,则

$$\left(\int_{\psi(x)}^{\varphi(x)} f(t)\mathrm{d}t\right)' = f(\varphi(x))\varphi'(x) - f(\psi(x))\psi'(x), \quad x \in [a,b].$$

10.2 例题与释疑解难

一、问题1:如何用定积分定义求特定结构和式的极限?

将某个特定结构和式的极限看成某个函数的定积分,必须搞清楚此和式是什么函数的黎曼和.首先,要观察此和式中的每一项当 $n \to \infty$ 时是否都是无穷小量;其次,将此和式与定积分定义中的黎曼和 $\sum_{i=1}^n f(\xi_i)\Delta x_i$ 进行对照,分析其对应的函数 $f(x)$ 的表达式是什么,其对应的积分区间 $[a,b]$ 是什么,对区间是如何分割的,以及在每个小区间上 ξ_i 是任何选取的.通常此类题型都是对区间进行等分,而 ξ_i 一般选取左(右)端点或中点.

例1 求极限 $\lim_{n \to \infty} \sum_{i=1}^n \dfrac{i}{n\sqrt{n^2 + i^2}}$.

解 这是特定结构和式的极限.首先改写和式为

$$\sum_{i=1}^n \frac{i}{n\sqrt{n^2+i^2}} = \sum_{i=1}^n \frac{\frac{i}{n}}{\sqrt{1+\left(\frac{i}{n}\right)^2}} \cdot \frac{1}{n},$$

此和式为函数 $f(x) = \dfrac{x}{\sqrt{1+x^2}}$ 在区间 $[0,1]$ 上的黎曼和,其中区间 $[0,1]$ 进行了 n 等分,$\Delta x_i = \dfrac{1}{n}$,并取 $\xi_i = \dfrac{i}{n}$.因为 $f(x) = \dfrac{x}{\sqrt{1+x^2}}$ 在 $[0,1]$ 上连续,所以在 $[0,1]$ 上

可积,从而根据定积分的定义,有

$$\lim_{n\to\infty}\sum_{i=1}^{n}\frac{i}{n\sqrt{n^2+i^2}}=\lim_{n\to\infty}\sum_{i=1}^{n}\frac{1}{n}\cdot\frac{\dfrac{i}{n}}{\sqrt{1+\left(\dfrac{i}{n}\right)^2}}=\int_{0}^{1}\frac{x}{\sqrt{1+x^2}}\mathrm{d}x$$

$$=\sqrt{1+x^2}\Big|_{0}^{1}=\sqrt{2}-1.$$

例 2 求极限 $\lim\limits_{n\to\infty}\left(\left(1+\dfrac{1}{n^2}\right)\left(1+\dfrac{2^2}{n^2}\right)\cdots\left(1+\dfrac{n^2}{n^2}\right)\right)^{\frac{1}{n}}$.

解 原式不是和式极限,但若对连乘式取对数可变成连加式,即

$$原式=\lim_{n\to\infty}\mathrm{e}^{\frac{1}{n}\left(\ln\left(1+\frac{1}{n^2}\right)+\ln\left(1+\frac{2^2}{n^2}\right)+\cdots+\ln\left(1+\frac{n^2}{n^2}\right)\right)}=\mathrm{e}^{\lim\limits_{n\to\infty}\sum\limits_{i=1}^{n}\frac{1}{n}\ln\left(1+\frac{i^2}{n^2}\right)}.$$

因为 $\sum\limits_{i=1}^{n}\dfrac{1}{n}\ln\left(1+\dfrac{i^2}{n^2}\right)$ 可看成黎曼和,其中函数 $f(x)=\ln(1+x^2)$,将 $[0,1]$ 进行了 n 等分,并取 $\xi_i=\dfrac{i}{n}$,所以

$$\lim_{n\to\infty}\sum_{i=1}^{n}\frac{1}{n}\ln\left(1+\frac{i^2}{n^2}\right)=\int_{0}^{1}\ln(1+x^2)\mathrm{d}x$$

$$=x\ln(1+x^2)\Big|_{0}^{1}-\int_{0}^{1}\frac{2x^2}{1+x^2}\mathrm{d}x$$

$$=\ln 2-2(x-\arctan x)\Big|_{0}^{1}=\ln 2+\frac{\pi}{2}-2,$$

于是

$$\lim_{n\to\infty}\left(\left(1+\frac{1}{n^2}\right)\left(1+\frac{2^2}{n^2}\right)\cdots\left(1+\frac{n^2}{n^2}\right)\right)^{\frac{1}{n}}=\mathrm{e}^{\int_{0}^{1}\ln(1+x^2)\mathrm{d}x}=2\mathrm{e}^{\frac{\pi}{2}-2}.$$

例 3 求极限 $\lim\limits_{n\to\infty}\dfrac{1+\sqrt{2}+\cdots+\sqrt{n}}{\sqrt{n+1}+\sqrt{n+2}+\cdots+\sqrt{3n}}$.

解 此题不是特殊和式极限,但分子分母可以分别配成黎曼和的形式. 因为

$$\frac{1+\sqrt{2}+\cdots+\sqrt{n}}{n\sqrt{n}}=\frac{1}{n}\sum_{i=1}^{n}\sqrt{\frac{i}{n}},$$

$$\frac{\sqrt{n+1}+\sqrt{n+2}+\cdots+\sqrt{3n}}{n\sqrt{n}}=\frac{1}{n}\sum_{i=n+1}^{3n}\sqrt{\frac{i}{n}},$$

所以

$$\lim_{n\to\infty}\frac{1+\sqrt{2}+\cdots+\sqrt{n}}{\sqrt{n+1}+\sqrt{n+2}+\cdots+\sqrt{3n}}=\frac{\int_{0}^{1}\sqrt{x}\,\mathrm{d}x}{\int_{1}^{3}\sqrt{x}\,\mathrm{d}x}=\frac{1}{3\sqrt{3}-1}.$$

例 4 设 $f(x)$ 在 $[0,\pi]$ 上连续,且 n 为正整数,证明:
$$\lim_{n\to\infty}\int_0^\pi f(x)|\sin nx|\,dx = \frac{2}{\pi}\int_0^\pi f(x)dx.$$

证明 由于在 $[0,\pi]$ 上 $f(x)$ 连续,且 $|\sin nx|$ 不变号,所以应用推广的积分中值定理,存在 $\xi_i \in \left[\dfrac{(i-1)\pi}{n},\dfrac{i\pi}{n}\right]$,使得

$$\int_0^\pi f(x)|\sin nx|\,dx = \sum_{i=1}^n \int_{\frac{(i-1)\pi}{n}}^{\frac{i\pi}{n}} f(x)|\sin nx|\,dx = \sum_{i=1}^n f(\xi_i)\int_{\frac{(i-1)\pi}{n}}^{\frac{i\pi}{n}}|\sin nx|\,dx$$

$$= \sum_{i=1}^n f(\xi_i)\frac{1}{n}\int_{(i-1)\pi}^{i\pi}|\sin t|\,dt = \sum_{i=1}^n f(\xi_i)\frac{1}{n}\int_0^\pi \sin t\,dt$$

$$= \sum_{i=1}^n f(\xi_i)\frac{2}{n} = \frac{2}{\pi}\sum_{i=1}^n f(\xi_i)\frac{\pi}{n}.$$

而 $\sum_{i=1}^n f(\xi_i)\dfrac{\pi}{n}$ 可看成函数 $f(x)$ 对区间 $[0,\pi]$ 进行 n 等分的黎曼和,所以

$$\lim_{n\to\infty}\int_0^\pi f(x)|\sin nx|\,dx = \lim_{n\to\infty}\frac{2}{\pi}\sum_{i=1}^n f(\xi_i)\frac{\pi}{n} = \frac{2}{\pi}\int_0^\pi f(x)dx.$$

二、问题 2:变限积分性质与求导的问题.

例 5 设函数 $f(x)$ 连续,则下列函数必定是偶函数的是 (   )

(A) $\int_0^x f(t^2)dt$ (B) $\int_0^x f^2(t)dt$

(C) $\int_0^x t(f(t)-f(-t))dt$ (D) $\int_0^x t(f(t)+f(-t))dt$

解 设 $F(x) = \int_0^x t(f(t)+f(-t))dt$,则

$$F(-x) = \int_0^{-x} t(f(t)+f(-t))dt$$

$$\xrightarrow{\text{令 }t=-u} \int_0^x (-u)(f(-u)+f(u))(-du) = F(x),$$

故 $F(x)$ 是偶函数,应选(D).

同理可知选项(A)和(C)中 $\int_0^x f(t^2)dt$,$\int_0^x t(f(t)-f(-t))dt$ 都是奇函数;选项(B)无法判断函数的奇偶性.

注 关于奇偶函数,可以证明如下结论:

(1) 若 $f(x)$ 是可积的奇函数,则 $\int_0^x f(t)dt$ 为偶函数;

(2) 若 $f(x)$ 是可积的偶函数,则 $\int_0^x f(t)dt$ 为奇函数.

例 6 设 $f(x)$ 在 **R** 上连续,又

$$\varphi(x)=f(x)\int_0^x f(t)\mathrm{d}t$$

单减,证明:$f(x)\equiv 0, x\in\mathbf{R}.$

证明 设 $F(x)=\int_0^x f(t)\mathrm{d}t$,则 $F(0)=0$,且

$$\varphi(x)=F(x)F'(x)=\left(\frac{F^2(x)}{2}\right)'.$$

又 $\varphi(x)$ 单减,所以

$$\varphi(x)\geqslant\varphi(0)=0\ (x\leqslant 0),\quad \varphi(x)\leqslant\varphi(0)=0\ (x\geqslant 0),$$

故 $x=0$ 是函数 $\dfrac{F^2(x)}{2}$ 的最大值点,则 $\dfrac{F^2(x)}{2}\leqslant 0$. 又 $\dfrac{F^2(x)}{2}\geqslant 0$,所以 $\dfrac{F^2(x)}{2}\equiv 0$,即 $F(x)\equiv 0$,从而 $f(x)=F'(x)\equiv 0$,得证.

例7 求 $F(x)=\int_{x^2}^{x^3}\dfrac{\sin t}{1+t^2}\mathrm{d}t$ 的导数.

解 由变限积分求导公式得

$$F'(x)=\frac{\sin(x^3)}{1+x^6}\cdot 3x^2-\frac{\sin(x^2)}{1+x^4}\cdot 2x$$

$$=\frac{3x^2}{1+x^6}\sin(x^3)-\frac{2x}{1+x^4}\sin(x^2).$$

例8 求 $F(x)=\int_0^x(x^2\sin(t^2)+t(x+1))\mathrm{d}t$ 的导数.

解 因为 t 是积分变量,所以 x 相对于 t 而言是常数,从而 $F(x)$ 可写成

$$F(x)=x^2\int_0^x\sin(t^2)\mathrm{d}t+(x+1)\int_0^x t\mathrm{d}t,$$

故

$$F'(x)=\left(x^2\int_0^x\sin(t^2)\mathrm{d}t\right)'+\left((x+1)\int_0^x t\mathrm{d}t\right)'$$

$$=2x\int_0^x\sin(t^2)\mathrm{d}t+x^2\sin(x^2)+\int_0^x t\mathrm{d}t+(x+1)x$$

$$=2x\int_0^x\sin(t^2)\mathrm{d}t+x^2\sin(x^2)+\frac{3x^2}{2}+x.$$

例9 设 $f(x)$ 可导,且 $f(0)=0$,令 $F(x)=\int_0^x t^{n-1}f(x^n-t^n)\mathrm{d}t(n\in\mathbf{N}_+)$,求极限 $\lim\limits_{x\to 0}\dfrac{F(x)}{x^{2n}}$.

解 显然,极限 $\lim\limits_{x\to 0}\dfrac{F(x)}{x^{2n}}$ 是 $\dfrac{0}{0}$ 型未定式.令 $u=x^n-t^n$,则

第 10 讲　定积分的概念与性质

$$F(x) = \frac{1}{n}\int_0^{x^n} f(u)\,\mathrm{d}u,$$

于是

$$F'(x) = \frac{1}{n}f(x^n)\cdot nx^{n-1} = x^{n-1}f(x^n).$$

应用洛必达法则得

$$\lim_{x\to 0}\frac{F(x)}{x^{2n}} = \lim_{x\to 0}\frac{x^{n-1}f(x^n)}{2nx^{2n-1}} = \frac{1}{2n}\lim_{x\to 0}\frac{f(x^n)}{x^n}$$
$$= \frac{1}{2n}\lim_{x\to 0}\frac{f(x^n)-f(0)}{x^n-0} = \frac{1}{2n}f'(0).$$

例 10　设 $F(x) = \int_1^x \left(\int_1^{\sin t}\sqrt{1+u^4}\,\mathrm{d}u\right)\mathrm{d}t$，求 $F''(0)$.

解　因为

$$F'(x) = \int_1^{\sin x}\sqrt{1+u^4}\,\mathrm{d}u,\quad F''(x) = \sqrt{1+\sin^4 x}\,\cos x,$$

从而 $F''(0) = 1$.

例 11　设 $f(x)$ 在 $[a,b]$ 上连续且 $f(x)\geqslant 0$，证明：$F(x) = \int_a^b |x-t|f(t)\,\mathrm{d}t$ 是 $[a,b]$ 上的凸函数.

分析　为证 $F(x)$ 是凸函数，只需证 $F''(x)\geqslant 0$. 但对 $F(x)$ 求导时，由于其积分表达式中有绝对值且含有求导变量 x，所以需要通过区间可加性把绝对值符号除去，并将求导变量转移到积分号外面来.

解　由于

$$F(x) = \int_a^x (x-t)f(t)\,\mathrm{d}t + \int_x^b (t-x)f(t)\,\mathrm{d}t$$
$$= x\int_a^x f(t)\,\mathrm{d}t - \int_a^x tf(t)\,\mathrm{d}t + \int_x^b tf(t)\,\mathrm{d}t - x\int_x^b f(t)\,\mathrm{d}t,$$

所以

$$F'(x) = \int_a^x f(t)\,\mathrm{d}t - \int_x^b f(t)\,\mathrm{d}t,\quad F''(x) = 2f(x)\geqslant 0,$$

从而 $F(x)$ 是 $[a,b]$ 上的凸函数.

注　掌握了变限积分求导法则后，变限积分这种新型定义的函数可以出现在微积分的任何题型中.

例 12　设 $y = y(x)$ 由 $\sin x - \int_1^{y-x} \mathrm{e}^{-t^2}\,\mathrm{d}t = 0$ 所确定，求 $y''(0)$ 的值.

解　在 $\sin x - \int_1^{y-x} \mathrm{e}^{-t^2}\,\mathrm{d}t = 0$ 两边同时对 x 求导（注意到第二项变限积分中 y

是 x 的函数),则利用变限积分求导法则得

$$\cos x - e^{-(y-x)^2}(y'-1) = 0, \quad 即 \quad y' = 1 + \cos x \, e^{(y-x)^2},$$

再求二阶导数得

$$y'' = -\sin x \, e^{(y-x)^2} + \cos x \, e^{(y-x)^2} 2(y-x)(y'-1).$$

又 $y(0) = 1$, $y'(0) = 1 + e$, 代入上式即得 $y''(0) = 2e^2$.

例 13 设函数 $f(x)$ 在 $(-\infty, +\infty)$ 上连续且单增,且

$$F(x) = \int_0^x (x - 2t) f(t) \, dt.$$

证明:函数 $F(x)$ 单调减少.

解 因为

$$F'(x) = \left(x \int_0^x f(t) \, dt - 2 \int_0^x t f(t) \, dt \right)' = \int_0^x f(t) \, dt - x f(x)$$

$$= \int_0^x (f(t) - f(x)) \, dt,$$

所以当 $x \geqslant 0$ 时,由 $f(t) - f(x) \leqslant 0$ 知 $F'(x) \leqslant 0$;当 $x < 0$ 时,有

$$F'(x) = \int_x^0 (f(x) - f(t)) \, dt \leqslant 0.$$

即若 $f(x)$ 单增,则 $F(x)$ 单减. 得证.

注 本题中函数 $f(x)$ 只有连续的条件而没有可导的条件,故不能对 $F(x)$ 求二阶导数.

例 14 已知函数 $f(x) = \int_x^1 \sqrt{1+t^4} \, dt + \int_1^{x^2} \sqrt{1+t^2} \, dt$,求 $f(x)$ 零点的个数.

解 由于

$$f'(x) = -\sqrt{1+x^4} + \sqrt{1+x^4} \cdot 2x = (2x-1)\sqrt{1+x^4},$$

所以当 $x < \dfrac{1}{2}$ 时,$f'(x) < 0$,则 $f(x)$ 严格单减;当 $x > \dfrac{1}{2}$ 时,$f'(x) > 0$,则 $f(x)$ 严格单增. 从而 $f\left(\dfrac{1}{2}\right)$ 是最小值,且 $f\left(\dfrac{1}{2}\right) < f(1) = 0$. 又 $f(-1) = \int_{-1}^1 \sqrt{1+t^4} \, dt > 0$,所以存在 $c \in \left(-1, \dfrac{1}{2}\right)$,使得 $f(c) = 0$. 故 $f(x)$ 有且仅有两个零点 $x = c$ 和 $x = 1$.

例 15 求极限 $\displaystyle\lim_{x \to +\infty} \dfrac{\int_0^x |\sin t| \, dt}{x}$.

解 令 $n = \left[\dfrac{x}{\pi}\right]$,则 $n\pi \leqslant x < (n+1)\pi$,于是

$$\dfrac{\int_0^{n\pi} |\sin t| \, dt}{(n+1)\pi} \leqslant \dfrac{\int_0^x |\sin t| \, dt}{x} \leqslant \dfrac{\int_0^{(n+1)\pi} |\sin t| \, dt}{n\pi}.$$

第 10 讲　定积分的概念与性质

由于 $\int_0^{k\pi} |\sin t| \, dt = k \int_0^{\pi} \sin t \, dt = 2k \, (k=1,2,\cdots)$，所以

$$\frac{2n}{(n+1)\pi} \leqslant \frac{\int_0^x |\sin t| \, dt}{x} \leqslant \frac{2(n+1)}{n\pi},$$

且当 $x \to +\infty$ 时 $n \to \infty$，故由夹逼定理得

$$\lim_{x \to +\infty} \frac{\int_0^x |\sin t| \, dt}{x} = \frac{2}{\pi}.$$

注　(1) 本题极限是 $\frac{\infty}{\infty}$ 型未定式，但不能用 L'Hospital 法则来解决. 请读者考虑原因.

(2) 读者可进一步思考类似问题：求极限 $\lim\limits_{x \to +\infty} \dfrac{\int_0^x |t \sin t| \, dt}{x^2}$.

三、问题 3：如何证明与积分有关的函数中间值性质？

例 16　设 $f(x)$ 在 $[0,1]$ 上连续，在 $(0,1)$ 内可导，且 $f(1) = k \int_0^{\frac{1}{k}} x e^{1-x} f(x) \, dx$，其中常数 $k > 1$. 证明：存在一点 $\xi \in (0,1)$，使得 $f'(\xi) = \left(1 - \dfrac{1}{\xi}\right) f(\xi)$.

证明　由积分中值定理可知，存在一点 $c \in \left(0, \dfrac{1}{k}\right)$，使得 $f(1) = c e^{1-c} f(c)$. 由于 $k > 1$，所以 $c < 1$. 再构造函数

$$F(x) = x e^{1-x} f(x),$$

则 $F(c) = f(1) = F(1)$. 从而 $\exists \xi \in (c,1) \subset (0,1)$，使得 $F'(\xi) = 0$，即

$$\xi e^{1-\xi} f'(\xi) + (e^{1-\xi} - \xi e^{1-\xi}) f(\xi) = 0,$$

也即 $f'(\xi) = \left(1 - \dfrac{1}{\xi}\right) f(\xi)$.

例 17　设函数 $f(x), g(x)$ 在区间 $[a,b]$ 上连续，且 $g(x) > 0, x \in (a,b)$. 证明：存在一点 $\xi \in (a,b)$，使得 $\int_a^b f(x) g(x) \, dx = f(\xi) \int_a^b g(x) \, dx$.

证明　设 $F(x) = \int_a^x f(t) g(t) \, dt$，$G(x) = \int_a^x g(t) \, dt$，则由 Cauchy 中值定理：存在一点 $\xi \in (a,b)$，使得

$$\frac{F(b) - F(a)}{G(b) - G(a)} = \frac{F'(\xi)}{G'(\xi)}, \quad \text{即} \quad \frac{\int_a^b f(t) g(t) \, dt}{\int_a^b g(t) \, dt} = \frac{f(\xi) g(\xi)}{g(\xi)},$$

于是得到 $\int_a^b f(x)g(x)\mathrm{d}x = f(\xi)\int_a^b g(x)\mathrm{d}x$.

注 若函数 $f(x)$ 在区间 $[a,b]$ 上连续,也可由 Lagrange 中值定理得到:存在一点 $\xi \in (a,b)$,使得 $\int_a^b f(x)\mathrm{d}x = f(\xi)(b-a)$.

例 18 设函数 $f(x)$ 在区间 $[0,a]$ $(a>0)$ 上连续,且 $\int_0^a f(x)\mathrm{d}x = 0$. 证明:存在一点 $\xi \in (0,a)$,使得 $f(\xi) = -f(a-\xi)$.

证明 令 $x = a-t$,则
$$\int_0^a f(x)\mathrm{d}x = -\int_a^0 f(a-t)\mathrm{d}t = \int_0^a f(a-t)\mathrm{d}t = 0.$$
作辅助函数
$$F(x) = \int_0^x f(t)\mathrm{d}t + \int_0^x f(a-t)\mathrm{d}t,$$
则 $F(x)$ 在 $[0,a]$ 上连续,在 $(0,a)$ 内可导,$F(0) = 0$,并且
$$F(a) = \int_0^a f(t)\mathrm{d}t + \int_0^a f(a-t)\mathrm{d}t = 2\int_0^a f(t)\mathrm{d}t = 0,$$
即满足 Rolle 定理的条件,所以存在 $\xi \in (0,a)$,使得
$$F'(\xi) = f(\xi) + f(a-\xi) = 0, \quad 即 \quad f(\xi) = -f(a-\xi).$$

例 19 设 $f(x)$ 在 $[0,1]$ 上连续,证明:存在一点 $\xi \in (0,1)$,使得
$$\int_0^\xi f(x)\mathrm{d}x = (1-\xi)f(\xi).$$

证明 构造函数 $F(x) = (1-x)\int_0^x f(t)\mathrm{d}t$,则 $F(0) = F(1) = 0$,所以由 Rolle 定理,存在 $\xi \in (0,1)$,使得 $F'(\xi) = 0$,即
$$(1-\xi)f(\xi) = \int_0^\xi f(x)\mathrm{d}x.$$

例 20 设 $f(x)$ 在 $[a,b]$ 上具有连续的二阶导数,试证:存在 $\xi \in (a,b)$,使得
$$\int_a^b f(x)\mathrm{d}x = (b-a)f\left(\frac{a+b}{2}\right) + \frac{1}{24}(b-a)^3 f''(\xi).$$

证明 设 $F(x) = \int_{\frac{a+b}{2}}^x f(t)\mathrm{d}t$,则由 $F(x)$ 的二阶 Taylor 公式,存在 $\eta \in (a,b)$,使得
$$F(x) = F\left(\frac{a+b}{2}\right) + F'\left(\frac{a+b}{2}\right)\left(x - \frac{a+b}{2}\right) + \frac{1}{2}F''\left(\frac{a+b}{2}\right)\left(x - \frac{a+b}{2}\right)^2$$
$$+ \frac{1}{3!}F'''(\eta)\left(x - \frac{a+b}{2}\right)^3.$$

把 $x = a, x = b$ 分别代入上式,得到

$$F(a) = F\left(\frac{a+b}{2}\right) + F'\left(\frac{a+b}{2}\right)\left(a - \frac{a+b}{2}\right) + \frac{1}{2}F''\left(\frac{a+b}{2}\right)\left(a - \frac{a+b}{2}\right)^2$$
$$+ \frac{1}{3!}F'''(\eta_1)\left(a - \frac{a+b}{2}\right)^3,$$
$$F(b) = F\left(\frac{a+b}{2}\right) + F'\left(\frac{a+b}{2}\right)\left(b - \frac{a+b}{2}\right) + \frac{1}{2}F''\left(\frac{a+b}{2}\right)\left(b - \frac{a+b}{2}\right)^2$$
$$+ \frac{1}{3!}F'''(\eta_2)\left(b - \frac{a+b}{2}\right)^3,$$

上面两式相减可得

$$F(b) - F(a) = F'\left(\frac{a+b}{2}\right)(b-a) + \frac{1}{6}(F'''(\eta_1) + F'''(\eta_2))\left(\frac{b-a}{2}\right)^3,$$

即

$$\int_a^b f(x)\,dx = f\left(\frac{a+b}{2}\right)(b-a) + \frac{1}{24}\left(\frac{f''(\eta_1) + f''(\eta_2)}{2}\right)(b-a)^3.$$

又 $f''(x)$ 连续,所以由连续函数的介值定理知,存在一点 $\xi \in (a,b)$,使得

$$f''(\xi) = \frac{f''(\eta_1) + f''(\eta_2)}{2},$$

从而得到结论

$$\int_a^b f(x)\,dx = (b-a)f\left(\frac{a+b}{2}\right) + \frac{1}{24}(b-a)^3 f''(\xi).$$

例 21 设 $f(x)$ 在 $[0,\pi]$ 上连续,且 $\int_0^\pi f(x)\,dx = \int_0^\pi f(x)\cos x\,dx = 0$. 试证:函数 $f(x)$ 在 $(0,\pi)$ 内至少有两个不同的零点.

证法 1 令 $F(x) = \int_0^x f(t)\,dt$,则 $F(0) = F(\pi) = 0$. 如果我们可以证明存在一点 $\alpha \in (0,\pi)$,使得 $F(\alpha) = 0$,那么对 $F(x)$ 在区间 $[0,\alpha]$ 和 $[\alpha,\pi]$ 上用 Rolle 定理,可得 $f(x)$ 在 $(0,\alpha)$ 和 (α,π) 内各有一个零点,命题得证. 由于

$$\int_0^\pi f(x)\cos x\,dx = \int_0^\pi \cos x\,d(F(x)) = F(x)\cos x\Big|_0^\pi + \int_0^\pi F(x)\sin x\,dx$$
$$= \int_0^\pi F(x)\sin x\,dx,$$

由例 17 的注可知,存在 $\alpha \in (0,\pi)$,使得

$$\int_0^\pi f(x)\cos x\,dx = \int_0^\pi F(x)\sin x\,dx = \pi F(\alpha)\sin\alpha = 0,$$

从而 $F(\alpha) = 0$. 再对 $F(x)$ 在 $[0,\alpha],[\alpha,\pi]$ 上运用 Rolle 定理,得到 $(0,\alpha),(\alpha,\pi)$ 内函数 $f(x)$ 各有一个零点,得证.

证法 2 因为 $\int_0^\pi f(x)\,dx = 0$,所以存在 $\beta \in (0,\pi)$,使得 $f(\beta) = 0$.

假设 $f(x)$ 只有一个零点 $x=\beta$，则由 $\int_0^\pi f(x)\mathrm{d}x = 0$ 可知，函数 $f(x)$ 在 $(0,\beta)$ 内与 (β,π) 内异号，且 $\cos x - \cos\beta$ 也在 $x=\beta$ 处变号，从而 $f(x)(\cos x - \cos\beta)$ 不变号，于是

$$\int_0^\pi f(x)(\cos x - \cos\beta)\mathrm{d}x \neq 0.$$

这与 $\int_0^\pi f(x)(\cos x - \cos\beta)\mathrm{d}x = 0$ 矛盾，所以命题成立.

四、问题 4：如何用积分的估值定理或单调性质来证明不等式？

这种题型中经常需要用到一个结论：若函数 $f(x)$ 在 $[a,b]$ 上连续，$f(x) \geq 0$ 且 $f(x)$ 不恒等于 0，则 $\int_a^b f(x)\mathrm{d}x > 0$.

例 22 证明：$\dfrac{\sqrt{\pi}}{80}\pi^2 < \int_0^{\frac{\pi}{4}} x\sqrt{\tan x}\,\mathrm{d}x < \dfrac{\pi^2}{32}$.

证明 由于对任意 $x \in \left(0, \dfrac{\pi}{4}\right)$，有 $x^{\frac{3}{2}} < x\sqrt{\tan x} < x$，所以

$$\frac{\sqrt{\pi}}{80}\pi^2 = \int_0^{\frac{\pi}{4}} x^{\frac{3}{2}}\mathrm{d}x < \int_0^{\frac{\pi}{4}} x\sqrt{\tan x}\,\mathrm{d}x < \int_0^{\frac{\pi}{4}} x\,\mathrm{d}x = \frac{\pi^2}{32},$$

即 $\dfrac{\sqrt{\pi}}{80}\pi^2 < \int_0^{\frac{\pi}{4}} x\sqrt{\tan x}\,\mathrm{d}x < \dfrac{\pi^2}{32}$.

例 23 （1）比较

$$\int_0^1 |\ln t|(\ln(1+t))^n \mathrm{d}t \quad \text{和} \quad \int_0^1 |\ln t| t^n \mathrm{d}t \quad (n=1,2,\cdots)$$

的大小，并说明理由；

（2）设 $u_n = \int_0^1 |\ln t|(\ln(1+t))^n \mathrm{d}t$，求极限 $\lim\limits_{n\to\infty} u_n$.

解 （1）由于 $\ln(1+t) < t\ (t > 0)$，所以

$$|\ln t|(\ln(1+t))^n < |\ln t| t^n \mathrm{d}t \quad (0 < t < 1),$$

从而

$$\int_0^1 |\ln t|(\ln(1+t))^n \mathrm{d}t < \int_0^1 |\ln t| t^n \mathrm{d}t \quad (n=1,2,\cdots).$$

（2）由于 $0 \leqslant u_n < \int_0^1 |\ln t| t^n \mathrm{d}t$，而

$$\int_0^1 |\ln t| t^n \mathrm{d}t = -\int_0^1 t^n \ln t\,\mathrm{d}t = -\frac{t^{n+1}\ln t}{n+1}\bigg|_0^1 + \int_0^1 \frac{t^n}{n+1}\mathrm{d}t$$

$$= \lim_{t\to 0^+} \frac{t^{n+1}\ln t}{n+1} + \frac{t^{n+1}}{(n+1)^2}\bigg|_0^1 = \frac{1}{(n+1)^2}$$

第10讲 定积分的概念与性质

(可以用洛必达法则求出 $\lim\limits_{t\to 0^+}\dfrac{t^{n+1}\ln t}{n+1}=0$,请读者自己思考),且

$$\lim_{n\to\infty}\int_0^1 |\ln t| t^n dt = \lim_{n\to\infty}\frac{1}{(n+1)^2}=0,$$

所以 $\lim\limits_{n\to\infty}u_n=0$.

例 24 设 $f(x)$ 在 $[0,1]$ 上可微,且 $|f'(x)|\leqslant M$,$f(0)=f(1)=0$,证明:

$$\left|\int_0^1 f(x)dx\right|\leqslant \frac{1}{4}M.$$

证明 对任意 $x\in(0,1)$,由微分中值定理可得

$$|f(x)|=|f(x)-f(0)|=|f'(\xi)|x\leqslant Mx, \quad 0<\xi<x.$$

同理还有

$$|f(x)|=|f(x)-f(1)|\leqslant M(1-x).$$

于是由定积分的性质,得

$$\left|\int_0^1 f(x)dx\right|\leqslant \int_0^{\frac{1}{2}}|f(x)|dx+\int_{\frac{1}{2}}^1 |f(x)|dx$$

$$\leqslant \int_0^{\frac{1}{2}}Mx\,dx+\int_{\frac{1}{2}}^1 M(1-x)dx=\frac{1}{4}M.$$

注 本题也可先将 $\int_0^1 f(x)dx$ 写为 $\int_0^1 f(x)d\left(x-\dfrac{1}{2}\right)$,再分部积分证之.

例 25 证明: $\int_0^{\frac{\pi}{2}}\dfrac{\sin x}{1+x^2}dx \leqslant \int_0^{\frac{\pi}{2}}\dfrac{\cos x}{1+x^2}dx$.

证明 只需证 $\int_0^{\frac{\pi}{2}}\dfrac{\cos x-\sin x}{1+x^2}dx\geqslant 0$. 因为

$$\int_0^{\frac{\pi}{2}}\frac{\cos x-\sin x}{1+x^2}dx=\int_0^{\frac{\pi}{4}}\frac{\cos x-\sin x}{1+x^2}dx+\int_{\frac{\pi}{4}}^{\frac{\pi}{2}}\frac{\cos x-\sin x}{1+x^2}dx,$$

所以由推广的积分中值定理,存在 $\xi\in\left[0,\dfrac{\pi}{4}\right]$,$\eta\in\left[\dfrac{\pi}{4},\dfrac{\pi}{2}\right]$,使得

$$\int_0^{\frac{\pi}{4}}\frac{\cos x-\sin x}{1+x^2}dx=\frac{1}{1+\xi^2}\int_0^{\frac{\pi}{4}}(\cos x-\sin x)dx=\frac{\sqrt{2}-1}{1+\xi^2},$$

$$\int_{\frac{\pi}{4}}^{\frac{\pi}{2}}\frac{\cos x-\sin x}{1+x^2}dx=\frac{1}{1+\eta^2}\int_{\frac{\pi}{4}}^{\frac{\pi}{2}}(\cos x-\sin x)dx=\frac{1-\sqrt{2}}{1+\eta^2}.$$

因为 $0\leqslant \xi\leqslant \eta$,所以

$$\int_0^{\frac{\pi}{2}}\frac{\cos x-\sin x}{1+x^2}dx=(\sqrt{2}-1)\left(\frac{1}{1+\xi^2}-\frac{1}{1+\eta^2}\right)\geqslant 0.$$

例 26 设 $f(x)$ 是 $[0,+\infty)$ 上单减的连续函数,证明:当 $x\geqslant 0$ 时,有

$$\int_0^x x^2 f(t)\mathrm{d}t \geqslant 3\int_0^x t^2 f(t)\mathrm{d}t.$$

证法 1 令 $F(x) = \int_0^x x^2 f(t)\mathrm{d}t - 3\int_0^x t^2 f(t)\mathrm{d}t$，则 $F(x)$ 在 $[0,+\infty)$ 上连续，且

$$F'(x) = 2x\int_0^x f(t)\mathrm{d}t - 2x^2 f(x) = 2x\int_0^x (f(t)-f(x))\mathrm{d}t \geqslant 0,$$

因此 $F(x)$ 在 $[0,+\infty)$ 上单增，故当 $x \geqslant 0$ 时，$F(x) \geqslant F(0) = 0$. 得证.

证法 2 只需证明 $\int_0^x \left(t^2 - \dfrac{x^2}{3}\right)f(t)\mathrm{d}t \leqslant 0$. 注意到 $\dfrac{x^2}{3}$ 正好是 t^2 在 $[0,x]$ 上的积分均值，即

$$\frac{\int_0^x t^2 \mathrm{d}t}{x} = \frac{x^2}{3},$$

所以可设 $\xi^2 = \dfrac{x^2}{3}$，由于 $f(t)$ 单减，于是 $(f(t)-f(\xi))(t^2-\xi^2) \leqslant 0$，从而

$$\int_0^x (f(t)-f(\xi))(t^2-\xi^2)\mathrm{d}t = \int_0^x (t^2-\xi^2)f(t)\mathrm{d}t - f(\xi)\int_0^x (t^2-\xi^2)\mathrm{d}t$$

$$= \int_0^x (t^2-\xi^2)f(t)\mathrm{d}t \leqslant 0,$$

从而得到 $\int_0^x \left(t^2 - \dfrac{x^2}{3}\right)f(t)\mathrm{d}t \leqslant 0$. 得证.

注 本题结论一般的形式：设 $f(x),g(x)$ 在 $[a,b]$ 上连续且同时单增或同时单减，则有

$$(b-a)\int_a^b f(x)g(x)\mathrm{d}x \geqslant \int_a^b f(x)\mathrm{d}x \int_a^b g(x)\mathrm{d}x.$$

例 27 设 $f(x),g(x)$ 在 $[a,b]$ 上连续，且 $f(x)$ 单增，$0 \leqslant g(x) \leqslant 1$. 证明：

(1) $0 \leqslant \int_a^x g(t)\mathrm{d}t \leqslant x-a, \ x \in [a,b]$；

(2) $\int_a^{a+\int_a^b g(t)\mathrm{d}t} f(x)\mathrm{d}x \leqslant \int_a^b f(x)g(x)\mathrm{d}x$.

证明 (1) 因为 $0 \leqslant g(x) \leqslant 1$，所以

$$0 \leqslant \int_a^x g(t)\mathrm{d}t \leqslant \int_a^x 1\mathrm{d}t = x-a, \quad x \in [a,b].$$

(2) 设 $F(b) = \int_a^{a+\int_a^b g(t)\mathrm{d}t} f(x)\mathrm{d}x - \int_a^b f(x)g(x)\mathrm{d}x$，则

$$F'(b) = f\left(a+\int_a^b g(t)\mathrm{d}t\right)g(b) - f(b)g(b).$$

由(1)得
$$a + \int_a^b g(t)dt \leqslant a + (b-a) = b,$$
再由 $f(x)$ 单增,知 $f\left(a + \int_a^b g(t)dt\right) \leqslant f(b)$,从而
$$F'(b) = g(b)\left(f\left(a + \int_a^b g(t)dt\right) - f(b)\right) \leqslant 0.$$
于是 $F(b)$ 单减,故 $F(b) \leqslant F(a) = 0 (b \geqslant a)$,即
$$\int_a^{a+\int_a^b g(t)dt} f(x)dx \leqslant \int_a^b f(x)g(x)dx.$$

例 28 设 $f(x) = \int_0^x (t-t^2)(\sin t)^{2n} dt \ (n \in \mathbf{N}_+)$,证明:
$$\max_{x \in (0,+\infty)} f(x) \leqslant \frac{1}{(2n+2)(2n+3)}.$$

证明 由于 $f'(x) = (x-x^2)(\sin x)^{2n}$,所以当 $x \in [0,1]$ 时,$f'(x) \geqslant 0$;当 $x \in [1,+\infty)$ 时,$f'(x) \leqslant 0$. 于是 $f(x)$ 在 $(0,+\infty)$ 上的最大值为 $f(1)$.

注意到当 $t \geqslant 0$ 时,$\sin t \leqslant t$,因此
$$\max_{x \in (0,+\infty)} f(x) = \int_0^1 (t-t^2)(\sin t)^{2n} dt \leqslant \int_0^1 (t^{2n+1} - t^{2n+2}) dt$$
$$= \frac{1}{2n+2} - \frac{1}{2n+3} = \frac{1}{(2n+2)(2n+3)}.$$

例 29 设 $f(x), g(x)$ 在 $[a,b]$ 上连续,试证 Cauchy 不等式:
$$\left(\int_a^b f(x)g(x)dx\right)^2 \leqslant \left(\int_a^b f^2(x)dx\right)\left(\int_a^b g^2(x)dx\right).$$

证明 设 $\varphi(t) = \int_a^b (tf(x) + g(x))^2 dx$,则
$$\varphi(t) = t^2 \int_a^b f^2(x)dx + 2t \int_a^b f(x)g(x)dx + \int_a^b g^2(x)dx \geqslant 0.$$

下面分两种情形讨论.

(1) 若 $\int_a^b f^2(x)dx = 0$,则 $f(x) \equiv 0$,于是 $\int_a^b f(x)g(x)dx = 0$,不等式成立.

(2) 若 $\int_a^b f^2(x)dx > 0$,由于 $\varphi(t)$ 是关于 t 的二次式,且恒大于等于 0,故其判别式
$$\Delta = \left(2\int_a^b f(x)g(x)dx\right)^2 - 4\int_a^b f^2(x)dx \int_a^b g^2(x)dx \leqslant 0,$$
即
$$\left(\int_a^b f(x)g(x)dx\right)^2 \leqslant \left(\int_a^b f^2(x)dx\right)\left(\int_a^b g^2(x)dx\right).$$

注 Cauchy 不等式中等号成立时,存在 t_0,使得

$$\varphi(t_0) = \int_a^b (t_0 f(x) + g(x))^2 \mathrm{d}x = 0,$$

则 $g(x) \equiv -t_0 f(x)$. 即 Cauchy 不等式中等号成立的条件是 $f(x), g(x)$ 线性成比例.

例 30 设 $f(x)$ 在 $[a, b]$ 上连续可导,且 $f(a) = 0$,证明:

$$\int_a^b f^2(x) \mathrm{d}x \leqslant \frac{1}{2}(b-a)^2 \int_a^b (f'(x))^2 \mathrm{d}x.$$

证明 由于 $f(x) = \int_a^x 1 \cdot f'(t) \mathrm{d}t$,所以当 $a \leqslant x \leqslant b$ 时,有

$$f^2(x) = \left(\int_a^x 1 \cdot f'(t) \mathrm{d}t \right)^2 \leqslant \int_a^x 1^2 \mathrm{d}t \cdot \int_a^x (f'(t))^2 \mathrm{d}t$$

$$= (x-a) \int_a^x (f'(t))^2 \mathrm{d}t \leqslant (x-a) \int_a^b (f'(t))^2 \mathrm{d}t,$$

从而

$$\int_a^b f^2(x) \mathrm{d}x \leqslant \int_a^b \left((x-a) \int_a^b (f'(t))^2 \mathrm{d}t \right) \mathrm{d}x = \frac{(b-a)^2}{2} \int_a^b (f'(x))^2 \mathrm{d}x.$$

五、问题 5:其他典型例题.

例 31 设 $f(x) = x^2 - x \int_0^2 f(x) \mathrm{d}x + 2 \int_0^1 f(x) \mathrm{d}x$,求 $f(x)$.

解 注意到定积分是一个常数,所以可设

$$\int_0^2 f(x) \mathrm{d}x = A, \quad \int_0^1 f(x) \mathrm{d}x = B,$$

则有 $f(x) = x^2 - Ax + 2B$. 于是

$$A = \int_0^2 f(x) \mathrm{d}x = \int_0^2 (x^2 - Ax + 2B) \mathrm{d}x = \frac{8}{3} - 2A + 4B,$$

$$B = \int_0^1 f(x) \mathrm{d}x = \int_0^1 (x^2 - Ax + 2B) \mathrm{d}x = \frac{1}{3} - \frac{1}{2}A + 2B,$$

解得 $A = \frac{4}{3}, B = \frac{1}{3}$,从而 $f(x) = x^2 - \frac{4}{3}x + \frac{2}{3}$.

例 32 计算极限 $\lim\limits_{x \to +\infty} \sqrt{x} \int_x^{x+1} \frac{1}{\sqrt{t + \cos t}} \mathrm{d}t$.

解 因为

$$\lim_{x \to +\infty} \sqrt{x} \int_x^{x+1} \frac{1}{\sqrt{t + \cos t}} \mathrm{d}t = \lim_{x \to +\infty} \frac{\sqrt{x}}{\sqrt{\xi + \cos \xi}} = \frac{1}{\sqrt{\frac{\xi}{x} + \frac{\cos \xi}{x}}},$$

其中 $\xi \in [x, x+1]$,则

$$\lim_{x\to+\infty}\frac{\xi}{x}=1, \quad \lim_{x\to+\infty}\frac{\cos\xi}{x}=0,$$

所以原式 $=1$.

10.3 练习题

1. 若 $\lim\limits_{n\to\infty}\sum\limits_{i=1}^{n}\dfrac{n}{n^2+i^2}=\int_0^1 f(x)\mathrm{d}x$,则可取 $f(x)=$ _____.

2. 设 $f(x)$ 连续,且有恒等式 $\int_0^{x(1+x)}f(t)\mathrm{d}t=x(x\geqslant 0)$,则 $f(2)=$ _____.

3. 设 $f(x)$ 连续,且 $f(x)=x+2\int_0^1 f(t)\mathrm{d}t$,则 $f(x)=$ _____.

4. 设 $f(x)=x-\int_0^\pi f(t)\cos t\mathrm{d}t$,求 $f(x)$.

5. 已知 $f(0)=0, f(x)\geqslant 0(x\geqslant 0)$,且
$$f'(x)\int_0^2 f(x)\mathrm{d}x=50,$$
求 $\int_0^2 f(x)\mathrm{d}x$ 和 $f(x)$.

6. 设 $f(x)=\int_0^{\sin x}\sin(t^2)\mathrm{d}t, g(x)=x^3+x^4$,则当 $x\to 0$ 时,$f(x)$ 是 $g(x)$ 的
( )
(A) 等价无穷小   (B) 同阶但非等价无穷小
(C) 高阶无穷小   (D) 低阶无穷小

7. 设 $f(x)$ 在 $[0,1]$ 上连续,且 $f(x)<3$,则方程 $4x-\int_0^x f(t)\mathrm{d}t=1$ 在 $[0,1]$ 上
( )
(A) 至少有两个实根   (B) 有唯一的实根
(C) 没有实根   (D) 有几个实根不能确定

8. 设 $f(x)$ 为连续函数,求 $\dfrac{\mathrm{d}}{\mathrm{d}x}\left\{\sin\left[\int_0^{x^2}\sin\left(\int_0^{y^2}f(t)\mathrm{d}t\right)\mathrm{d}y\right]\right\}$.

9. 设 $f(x)$ 连续,在 $x=0$ 可导,且 $f(0)=0, f'(0)=4$,求
$$\lim_{x\to 0}\frac{\int_0^x\left(t\int_t^0 f(u)\mathrm{d}u\right)\mathrm{d}t}{x^3\sin x}.$$

10. 设 $f(x)=\int_{x^2}^x\dfrac{\sin(xt)}{t}\mathrm{d}t$,求 $\lim\limits_{x\to 0}\dfrac{f(x)}{x^2}$.

11. 设函数 $f(x)$ 连续，且 $\int_0^x tf(2x-t)\mathrm{d}t = \mathrm{e}^{-x^2}$，若 $f(1)=2$，求 $\int_1^2 f(x)\mathrm{d}x$.

12. 设 $y=y(x)$ 由 $2x - \tan(x-y) = \int_0^{x-y} \sec^2 u\,\mathrm{d}u$ 所确定，求 $\dfrac{\mathrm{d}^2 y}{\mathrm{d}x^2}$.

13. 设函数 $f(x) = \int_x^{2x} \dfrac{\mathrm{d}t}{\sqrt{1+t^3}}\,(x>0)$，求 $f(x)$ 的最大值点.

14. 设 $g(x)$ 连续，且 $f(x) = \dfrac{1}{2}\int_0^x (x-t)^2 g(t)\mathrm{d}t$，求 $f'(x), f''(x), f'''(x)$.

15. 设 $f(x)$ 在 $(0,+\infty)$ 上连续，且对任意的正数 a,b，积分 $\int_a^{ab} f(x)\mathrm{d}x$ 与 a 无关，又已知 $f(1)=1$，求 $f(x)$.

16. 已知函数 $f(x)$ 在 $[-a,a]$ 上连续 $(a>0)$，且 $f(x)>0$，又
$$g(x) = \int_{-a}^a |x-t| f(t)\mathrm{d}t,$$
证明：$g'(x)$ 在 $[-a,a]$ 上是单调增加的.

17. 设 $f(x)$ 在 $[0,1]$ 上连续，且 $f(0) = \int_0^1 f(x)\mathrm{d}x$，试证：在 $(0,1)$ 内至少存在一点 ξ，使得
$$\int_0^\xi f(x)\mathrm{d}x = \xi f(\xi).$$

18. 设 $f(x)$ 在区间 $[-1,1]$ 上连续，且
$$\int_{-1}^1 f(x)\mathrm{d}x = \int_{-1}^1 f(x)\tan x\,\mathrm{d}x = 0,$$
证明：在区间 $(-1,1)$ 内至少存在互异的两点 ξ_1, ξ_2，使 $f(\xi_1) = f(\xi_2) = 0$.

19. 证明不等式：$\int_1^{\sqrt{3}} \dfrac{\sin x}{\mathrm{e}^x(1+x^2)}\mathrm{d}x \leq \dfrac{\pi}{12\mathrm{e}}$.

20. 设 $f(x)$ 在 $[a,b]$ 上连续且单增，证明：$\int_a^b xf(x)\mathrm{d}x \geq \dfrac{a+b}{2}\int_a^b f(x)\mathrm{d}x$.

21. 证明：$\lim\limits_{n\to\infty} \int_0^1 \dfrac{x^n}{1+x}\mathrm{d}x = 0$.

22. 设 $f(x)$ 在 $[0,1]$ 上连续可微，且 $f(0)=0, f(1)=1$，试证：
$$\int_0^1 |f'(x) - f(x)|\mathrm{d}x \geq \dfrac{1}{\mathrm{e}}.$$

23. 证明恒等式：
$$\int_0^{\sin^2 x} \arcsin\sqrt{t}\,\mathrm{d}t + \int_0^{\cos^2 x} \arccos\sqrt{t}\,\mathrm{d}t = \dfrac{\pi}{4} \quad \left(0 < x < \dfrac{\pi}{2}\right).$$

第 11 讲　不定积分的计算

11.1　内容提要

一、不定积分的概念

对于定义在区间 I 上的函数 $f(x)$，若存在可导函数 $F(x)$，使得 $\forall x \in I$ 都有
$$F'(x) = f(x) \quad \text{或} \quad dF(x) = f(x)dx$$
成立，则称函数 $F(x)$ 为 $f(x)$ 在区间 I 上的**原函数**. $f(x)$ 在区间 I 上的全体原函数称为 $f(x)$ 在区间 I 上的**不定积分**，记为 $\int f(x)dx$. 如果 $F(x)$ 是 $f(x)$ 在区间 I 上的一个原函数，则
$$\int f(x)dx = F(x) + C, \quad \text{其中 } C \text{ 为任意常数.}$$

二、基本积分公式

(1) $\int x^{\alpha} dx = \dfrac{1}{\alpha+1} x^{\alpha+1} + C \ (\alpha \neq -1)$;　　(2) $\int \dfrac{1}{x} dx = \ln|x| + C$;

(3) $\int a^x dx = \dfrac{a^x}{\ln a} + C \ (0 < a \neq 1)$;　　(4) $\int \sin x \, dx = -\cos x + C$;

(5) $\int \cos x \, dx = \sin x + C$;　　(6) $\int \tan x \, dx = -\ln|\cos x| + C$;

(7) $\int \cot x \, dx = \ln|\sin x| + C$;　　(8) $\int \sec^2 x \, dx = \tan x + C$;

(9) $\int \dfrac{1}{a^2 + x^2} dx = \dfrac{1}{a} \arctan \dfrac{x}{a} + C$;　　(10) $\int \sec x \, dx = \ln|\tan x + \sec x| + C$;

(11) $\int \csc x \, dx = \ln|\cot x - \csc x| + C = \ln\left|\tan \dfrac{x}{2}\right| + C$;

(12) $\int \dfrac{1}{\sqrt{a^2 - x^2}} dx = \arcsin \dfrac{x}{a} + C \ (a > 0)$;

(13) $\int \dfrac{1}{x^2 - a^2} dx = \dfrac{1}{2a} \ln\left|\dfrac{x-a}{x+a}\right| + C$;　　(14) $\int \csc^2 x \, dx = -\cot x + C$;

(15) $\int \sec x \tan x \, dx = \sec x + C$;　　(16) $\int \csc x \cot x \, dx = -\csc x + C$;

(17) $\int \dfrac{1}{\sqrt{x^2 \pm a^2}} \mathrm{d}x = \ln|x + \sqrt{x^2 \pm a^2}| + C$；

(18) $\int \mathrm{sh}\, x\, \mathrm{d}x = \mathrm{ch}\, x + C$； (19) $\int \mathrm{ch}\, x\, \mathrm{d}x = \mathrm{sh}\, x + C$.

三、不定积分的基本运算法则

(1) $\left(\int f(x)\mathrm{d}x\right)' = f(x)$ 或 $\mathrm{d}\left(\int f(x)\mathrm{d}x\right) = f(x)\mathrm{d}x$；

(2) $\int F'(x)\mathrm{d}x = F(x) + C$ 或 $\int \mathrm{d}F(x) = F(x) + C$.

四、求积分的方法

1) 分项积分法：

$$\int (\alpha f(x) + \beta g(x))\mathrm{d}x = \alpha \int f(x)\mathrm{d}x + \beta \int g(x)\mathrm{d}x \quad (\alpha, \beta \text{ 为常数}).$$

2) 换元积分法.

(1) 第一换元法（凑微分法）：设 $f(u)$ 在区间 I 上具有原函数 $F(u)$，$u = \varphi(x)$ 可微，且 $R(\varphi) \subset I$，则有

$$\int f(\varphi(x))\varphi'(x)\mathrm{d}x = \int f(\varphi(x))\mathrm{d}\varphi(x) = \left[\int f(u)\mathrm{d}u\right]\Big|_{u=\varphi(x)}$$
$$= F(\varphi(x)) + C.$$

(2) 第二换元法：设函数 $x = \varphi(t)$ 可导，$f(\varphi(t))$ 有意义，且 $\varphi'(t) \neq 0$，又设 $f(\varphi(t))\varphi'(t)$ 具有原函数 $F(t)$，则有

$$\int f(x)\mathrm{d}x = \int f(\varphi(t))\varphi'(t)\mathrm{d}t = F(t) + C = F(\varphi^{-1}(x)) + C,$$

其中 $t = \varphi^{-1}(x)$ 是 $x = \varphi(t)$ 的反函数.

3) 分部积分法：

$$\int u(x)v'(x)\mathrm{d}x = u(x)v(x) - \int u'(x)v(x)\mathrm{d}x,$$

或

$$\int u(x)\mathrm{d}v(x) = u(x)v(x) - \int v(x)\mathrm{d}u(x).$$

4) 有理函数的积分.

有理函数能拆成整式与真分式，真分式又能拆成以下四种最简分式：

① $\dfrac{A}{x-a}$； ② $\dfrac{A}{(x-a)^n}$ $(n > 1)$；

③ $\dfrac{Mx + N}{x^2 + px + q}$； ④ $\dfrac{Mx + N}{(x^2 + px + q)^n}$ $(n > 1)$.

因为上面每一种分式都可积，所以有结论：**有理函数是可以积出来的.**

5) 三角函数有理式的积分.

(1) 对一般的三角有理式,做万能代换:令 $t=\tan\dfrac{x}{2}$,即 $x=2\arctan t$,则

$$\sin x=\frac{2t}{1+t^2},\quad \cos x=\frac{1-t^2}{1+t^2},\quad \mathrm{d}x=\frac{2}{1+t^2}\mathrm{d}t,$$

于是

$$\int R(\sin x,\cos x)\mathrm{d}x=\int R\left(\frac{2t}{1+t^2},\frac{1-t^2}{1+t^2}\right)\frac{2}{1+t^2}\mathrm{d}t.$$

(2) 对于

$$\int R(\sin x)\cos x\,\mathrm{d}x,\quad \int R(\cos x)\sin x\,\mathrm{d}x,\quad \int R(\tan x)\sec^2 x\,\mathrm{d}x$$

这些类型,可分别做代换 $t=\sin x$,$t=\cos x$,$t=\tan x$.

6) 简单无理函数的积分.

(1) 对于 $\int R(x,\sqrt[n]{ax+b})\mathrm{d}x(a\neq 0,n\in\mathbf{N}_+)$ 类型:令 $t=\sqrt[n]{ax+b}$,则

$$x=\frac{t^n-b}{a},\quad \mathrm{d}x=\frac{nt^{n-1}}{a}\mathrm{d}t,$$

从而

$$\int R(x,\sqrt[n]{ax+b})\mathrm{d}x=\int R\left(\frac{t^n-b}{a},t\right)\frac{nt^{n-1}}{a}\mathrm{d}t.$$

(2) 对于 $\int R\left(x,\sqrt[n]{\dfrac{ax+b}{cx+d}}\right)\mathrm{d}x(ad-bc\neq 0,n\in\mathbf{N}_+)$ 类型:令 $t=\sqrt[n]{\dfrac{ax+b}{cx+d}}$,则

$$x=\frac{b-dt^n}{ct^n-a},\quad \mathrm{d}x=\frac{n(ad-bc)t^{n-1}}{(ct^n-a)^2}\mathrm{d}t,$$

从而

$$\int R\left(x,\sqrt[n]{\frac{ax+b}{cx+d}}\right)\mathrm{d}x=\int R\left(\frac{b-dt^n}{ct^n-a},t\right)\frac{n(ad-bc)t^{n-1}}{(ct^n-a)^2}\mathrm{d}t.$$

11.2 例题与释疑解难

一、问题 1:原函数与不定积分之间有何关系?不定积分与导数或微分之间又有何关系?

例 1 设 $f'(\sin^2 x)=\cos 2x+\tan^2 x$,求 $f(x)(0<x<1)$.

解 因为

$$f'(\sin^2 x) = \cos 2x + \tan^2 x = 1 - 2\sin^2 x + \frac{\sin^2 x}{1-\sin^2 x}$$

$$= \frac{1}{1-\sin^2 x} - 2\sin^2 x,$$

即 $f'(u) = \dfrac{1}{1-u} - 2u\,(0 < u < 1)$，所以

$$f(u) = \int \frac{1}{1-u}\mathrm{d}u - 2\int u\,\mathrm{d}u = -\ln(1-u) - u^2 + C,$$

从而

$$f(x) = -\ln(1-x) - x^2 + C \quad (0 < x < 1).$$

例 2 设 $f(x) = \begin{cases} -\sin x, & x \geqslant 0, \\ x, & x < 0, \end{cases}$ 求 $\int f(x)\mathrm{d}x$.

解 首先得出 $f(x)$ 在 $(-\infty, +\infty)$ 上连续，故 $f(x)$ 在 $(-\infty, +\infty)$ 上有原函数，即其不定积分存在. 当 $x \geqslant 0$ 时, 有

$$\int f(x)\mathrm{d}x = \int (-\sin x)\mathrm{d}x = \cos x + C_1;$$

当 $x < 0$ 时, 有

$$\int f(x)\mathrm{d}x = \int x\,\mathrm{d}x = \frac{x^2}{2} + C_2.$$

故 $f(x)$ 在 $(-\infty, +\infty)$ 上的原函数为

$$F(x) = \begin{cases} \cos x + C_1, & x \geqslant 0, \\ \dfrac{x^2}{2} + C_2, & x < 0, \end{cases}$$

其中 C_1, C_2 的关系由 $F(x)$ 的连续性确定.

由于 $F(x)$ 在 $x = 0$ 处可导必定连续，所以

$$\lim_{x \to 0^+} F(x) = \lim_{x \to 0^-} F(x),$$

得 $1 + C_1 = C_2$. 于是

$$F(x) = \int f(x)\mathrm{d}x = \begin{cases} \cos x + C, & x \geqslant 0, \\ \dfrac{x^2}{2} + 1 + C, & x < 0. \end{cases}$$

注 在上面解答过程中，我们用到了"可导必连续"这一结论，即若 $F(x)$ 在点 x_0 处可导，则点 $F(x)$ 在 x_0 处必连续. 因此，$f(x)$ 在区间 I 上的原函数 $F(x)$ 必在区间 I 上连续. 这一结论在解题时经常用到，请读者务必注意.

例 3 设 $f(x) = |x - 1|$.

(1) 求 $f(x)$ 的一个原函数 $F(x)$，使得 $F(1) = 1$；

(2) 求 $\int f(x)\mathrm{d}x$.

解 (1) 因为

$$f(x)=|x-1|=\begin{cases}x-1, & x\geqslant 1,\\ 1-x, & x<1\end{cases}$$

是一个分段函数,所以求原函数或不定积分时应分段进行.

由于 $f(x)$ 连续,注意到 $\int_1^x f(x)\mathrm{d}x$ 是 $f(x)$ 的一个特殊的原函数,其在 $x=1$ 处取值为 0,故所求的原函数 $F(x)=1+\int_1^x f(x)\mathrm{d}x$.

当 $x\geqslant 1$ 时,有

$$F(x)=1+\int_1^x f(x)\mathrm{d}x=1+\int_1^x (x-1)\mathrm{d}x=1+\frac{(x-1)^2}{2};$$

当 $x<1$ 时,时

$$F(x)=1+\int_1^x f(x)\mathrm{d}x=1+\int_1^x (1-x)\mathrm{d}x=1-\frac{(x-1)^2}{2}.$$

故

$$F(x)=\begin{cases}\dfrac{(x-1)^2}{2}+1, & x\geqslant 1\\ -\dfrac{(x-1)^2}{2}+1, & x<1.\end{cases}$$

(2) 因为 $F(x)$ 是 $f(x)$ 的一个原函数,所以

$$\int f(x)\mathrm{d}x=F(x)+C_1=\begin{cases}\dfrac{(x-1)^2}{2}+C, & x\geqslant 1,\\ -\dfrac{(x-1)^2}{2}+C, & x<1,\end{cases}$$

其中 $C=1+C_1$.

二、问题 2:基本积分法有哪些?应用时应注意什么问题?

1) 分项积分法:此法是先将被积函数作适当的巧妙变形之后再分项,然后根据不定积分的性质和基本积分公式逐项进行积分.

例 4 求 $\int \dfrac{1}{\sin^2 x \cos x}\mathrm{d}x$.

解 原式 $=\int \dfrac{\sin^2 x+\cos^2 x}{\sin^2 x \cos x}\mathrm{d}x=\int \left(\dfrac{1}{\cos x}+\dfrac{\cos x}{\sin^2 x}\right)\mathrm{d}x$

$=\int \sec x\,\mathrm{d}x+\int \dfrac{1}{\sin^2 x}\mathrm{d}(\sin x)=\ln|\sec x+\tan x|-\csc x+C.$

注 对被积函数分子为 1 而分母中出现或可化为 $\sin^n x$ 与 $\cos^m x$ (m, n 是正整数) 乘积形式的积分,采用将分子 1 代以 $\sin^2 x + \cos^2 x$ 而分项的方法很有效,并可多次运用. 如 $\int \dfrac{\mathrm{d}x}{\sin^m x \cos^n x}$ 就可多次运用上述方法. 这里类似可得

$$\int \frac{1}{\sin^2 x \cos^2 x} \mathrm{d}x = \tan x - \cot x + C.$$

例 5 求 $\int \dfrac{\sin x + 18\cos x}{3\sin x + 4\cos x} \mathrm{d}x$.

解 设

$$\sin x + 18\cos x = A(3\sin x + 4\cos x) + B(3\sin x + 4\cos x)'$$
$$= (3A - 4B)\sin x + (4A + 3B)\cos x,$$

则 $A = 3$, $B = 2$, 故

$$\sin x + 18\cos x = 3(3\sin x + 4\cos x) + 2(3\sin x + 4\cos x)',$$

于是

$$\int \frac{\sin x + 18\cos x}{3\sin x + 4\cos x} \mathrm{d}x = \int \frac{3(3\sin x + 4\cos x) + 2(3\sin x + 4\cos x)'}{3\sin x + 4\cos x} \mathrm{d}x$$
$$= \int 3 \mathrm{d}x + 2\int \frac{(3\sin x + 4\cos x)'}{3\sin x + 4\cos x} \mathrm{d}x$$
$$= 3x + 2\ln|3\sin x + 2\cos x| + C.$$

例 6 求 $\int \dfrac{\arctan x}{x^2(1+x^2)} \mathrm{d}x$.

分析 进行积分计算时应尽量使被积函数变得简单而易于计算,这里只要对被积函数进行分项即可.

解 原式 $= \int \left(\dfrac{1}{x^2}\arctan x - \dfrac{1}{1+x^2}\arctan x\right) \mathrm{d}x$

$$= -\int \arctan x \, \mathrm{d}\left(\frac{1}{x}\right) - \int \arctan x \, \mathrm{d}(\arctan x)$$
$$= -\frac{1}{x}\arctan x + \int \frac{1}{x} \cdot \frac{1}{1+x^2} \mathrm{d}x - \frac{1}{2}\arctan^2 x$$
$$= -\frac{1}{x}\arctan x - \frac{1}{2}\arctan^2 x + \int \left(\frac{1}{x} - \frac{x}{1+x^2}\right) \mathrm{d}x$$
$$= -\frac{1}{x}\arctan x - \frac{1}{2}\arctan^2 x + \ln|x| - \frac{1}{2}\ln(1+x^2) + C.$$

2) 换元积分法:换元法有两类,即第一换元法和第二换元法.

第一换元法又叫凑微分法,即

第 11 讲 不定积分的计算

$$\int f[\varphi(x)]\varphi'(x)\mathrm{d}x = \int f[\varphi(x)]\mathrm{d}\varphi(x) \xrightarrow{\text{令}\, u=\varphi(x)} \int f(u)\mathrm{d}u$$
$$= F(u) + C \xrightarrow{\text{回代}\, u=\varphi(x)} F(\varphi(x)) + C.$$

这里的关键是要将被积表达式 $f[\varphi(x)]\varphi'(x)$ 表示为两部分的乘积,其中,一部分是中间变量 $u=\varphi(x)$ 的函数 $f[\varphi(x)] = f(u)$,另一部分是中间变量 $u=\varphi(x)$ 的微分 $\varphi'(x)\mathrm{d}x = \mathrm{d}\varphi(x) = \mathrm{d}u$.

例 7 求 $\int \dfrac{x^2+1}{x^4+1}\mathrm{d}x$.

解 因为

$$\text{原式} = \int \frac{1+\dfrac{1}{x^2}}{x^2+\dfrac{1}{x^2}}\mathrm{d}x = \int \frac{\mathrm{d}\left(x-\dfrac{1}{x}\right)}{\left(x-\dfrac{1}{x}\right)^2+2},$$

所以令 $u = x - \dfrac{1}{x}$,则

$$\text{原式} = \int \frac{\mathrm{d}u}{u^2+(\sqrt{2})^2} = \frac{1}{\sqrt{2}}\arctan\frac{u}{\sqrt{2}} + C$$
$$= \frac{1}{\sqrt{2}}\arctan\frac{x-\dfrac{1}{x}}{\sqrt{2}} + C.$$

注 (1) 最后一定要将 u 用 $x - \dfrac{1}{x}$ 代替.

(2) 一个类似的不定积分:

$$\int \frac{x^2-1}{x^4+1}\mathrm{d}x = \int \frac{1-\dfrac{1}{x^2}}{x^2+\dfrac{1}{x^2}}\mathrm{d}x = \int \frac{\mathrm{d}\left(x+\dfrac{1}{x}\right)}{\left(x+\dfrac{1}{x}\right)^2-2}$$
$$= \frac{1}{2\sqrt{2}}\ln\left|\frac{x+\dfrac{1}{x}-\sqrt{2}}{x+\dfrac{1}{x}+\sqrt{2}}\right| + C,$$

从而得到

$$\int \frac{1}{1+x^4}\mathrm{d}x = \frac{1}{2}\left(\int \frac{x^2+1}{x^4+1}\mathrm{d}x - \int \frac{x^2-1}{x^4+1}\mathrm{d}x\right)$$
$$= \frac{1}{2\sqrt{2}}\arctan\frac{x-\dfrac{1}{x}}{\sqrt{2}} - \frac{1}{4\sqrt{2}}\ln\left|\frac{x+\dfrac{1}{x}-\sqrt{2}}{x+\dfrac{1}{x}+\sqrt{2}}\right| + C.$$

例8 求 $\displaystyle\int \frac{\arctan\frac{1}{x}}{1+x^2}\mathrm{d}x$.

解 原式 $=\displaystyle\int \frac{\arctan\frac{1}{x}}{x^2\left(1+\frac{1}{x^2}\right)}\mathrm{d}x = -\int \frac{\arctan\frac{1}{x}}{1+\frac{1}{x^2}}\mathrm{d}\left(\frac{1}{x}\right)$

$= -\displaystyle\int \arctan\frac{1}{x}\mathrm{d}\left(\arctan\frac{1}{x}\right) = -\frac{1}{2}\left(\arctan\frac{1}{x}\right)^2 + C.$

注 当 $x>0$ 时,注意到 $\arctan\frac{1}{x}+\arctan x = \frac{\pi}{2}$,也可将原式变形为

$$\int \arctan\frac{1}{x}\mathrm{d}(\arctan x) = \int\left(\frac{\pi}{2}-\arctan x\right)\mathrm{d}(\arctan x)$$

来进行计算.

例9 求 $\displaystyle\int \frac{\ln(x+1)-\ln x}{x(x+1)}\mathrm{d}x$.

解 由于 $\dfrac{1}{x(x+1)}$ 可分解成 $\dfrac{1}{x}-\dfrac{1}{x+1}$,正好可凑成分子的微分,所以可用凑微分法. 即

原式 $=\displaystyle\int \ln\left(\frac{x+1}{x}\right)\left(\frac{1}{x}-\frac{1}{x+1}\right)\mathrm{d}x$

$=\displaystyle\int \ln\left(\frac{x+1}{x}\right)\mathrm{d}(\ln x - \ln(x+1))$

$=-\displaystyle\int \ln\left(\frac{x+1}{x}\right)\mathrm{d}\left[\ln\left(\frac{x+1}{x}\right)\right] = -\frac{1}{2}\ln^2\left(\frac{x+1}{x}\right) + C.$

例10 求 $\displaystyle\int \frac{\tan x}{a^2\sin^2 x + b^2\cos^2 x}\mathrm{d}x$(其中 a,b 为常数,且 $a\neq 0$).

解 (1) 当 $b\neq 0$ 时,有

原式 $=\displaystyle\int \frac{\tan x\,\mathrm{d}x}{\cos^2 x(a^2\tan^2 x + b^2)} = \int \frac{\tan x\,\mathrm{d}(\tan x)}{a^2\tan^2 x + b^2}$

$=\dfrac{1}{2a^2}\displaystyle\int \frac{\mathrm{d}(a^2\tan^2 x + b^2)}{a^2\tan^2 x + b^2} = \frac{1}{2a^2}\ln(a^2\tan^2 x + b^2) + C.$

(2) 当 $b=0$ 时,有

原式 $=\displaystyle\int \frac{\tan x\,\mathrm{d}x}{a^2\sin^2 x} = \frac{1}{a^2}\int \frac{\mathrm{d}x}{\sin x\cos x}$

$=\dfrac{1}{a^2}\ln|\csc 2x - \cot 2x| + C.$

第 11 讲　不定积分的计算

注　本题也可不分类讨论,而是直接取(1) 的答案.

小结　要想灵活运用凑微分法,必须熟记一些常见函数的微分. 请思考以下各题如何凑微分:

(1) $\int \dfrac{\arctan\sqrt{x}\,\mathrm{d}x}{\sqrt{x}\,(1+x)}$;

(2) $\int \dfrac{\sin x}{1+(\cos x)^2}\mathrm{d}x$.

(3) $\int \dfrac{\cot x}{\ln \sin x}\mathrm{d}x$;

(4) $\int 2\sin x\cos x\sqrt{1+\sin^2 x}\,\mathrm{d}x$;

(5) $\int \tan\sqrt{1+x^2}\,\dfrac{x\,\mathrm{d}x}{\sqrt{1+x^2}}$;

(6) $\int \sqrt{\dfrac{\ln(x+\sqrt{1+x^2})}{1+x^2}}\,\mathrm{d}x$;

(7) $\int f(x^n+a)x^{n-1}\,\mathrm{d}x$;

(8) $\int f(\sqrt{x})\dfrac{\mathrm{d}x}{\sqrt{x}}$;

(9) $\int \dfrac{f(\arcsin x)}{\sqrt{1-x^2}}\mathrm{d}x$;

(10) $\int \dfrac{f'(x)}{f(x)}\mathrm{d}x$.

第二换元法的思路是当 $\int f(x)\mathrm{d}x$ 不易求时,设法作一个代换 $x=\varphi(t)$, 得

$$\int f(x)\mathrm{d}x = \int f(\varphi(t))\mathrm{d}\varphi(t) = \int f(\varphi(t))\varphi'(t)\mathrm{d}t,$$

而后者容易求出,从而求出不定积分.

例 11　求 $\int \sqrt{\dfrac{1-x}{1+x}}\,\dfrac{\mathrm{d}x}{x}$.

解　被积函数的定义域是 $-1<x<1$ 且 $x\neq 0$, 故 $1-x>0$. 于是

$$\int \sqrt{\dfrac{1-x}{1+x}}\,\dfrac{\mathrm{d}x}{x} = \int \dfrac{1-x}{\sqrt{1-x^2}}\,\dfrac{\mathrm{d}x}{x} = -\int \dfrac{\mathrm{d}x}{\sqrt{1-x^2}} + \int \dfrac{\mathrm{d}x}{x\sqrt{1-x^2}}$$

$$= -\arcsin x + \int \dfrac{\mathrm{d}x}{x\sqrt{1-x^2}}.$$

令 $x=\sin t, t\in\left(-\dfrac{\pi}{2},\dfrac{\pi}{2}\right)$, 则

$$\int \dfrac{\mathrm{d}x}{x\sqrt{1-x^2}} = \int \dfrac{1}{\sin t\cos t}\cos t\,\mathrm{d}t = \int \csc t\,\mathrm{d}t = \ln|\csc t - \cot t| + C$$

$$= \ln\left|\dfrac{1}{x} - \dfrac{\sqrt{1-x^2}}{x}\right| + C = \ln\left|\dfrac{1-\sqrt{1-x^2}}{x}\right| + C.$$

因此

$$原式 = -\arcsin x + \ln\left|\dfrac{1-\sqrt{1-x^2}}{x}\right| + C.$$

注 本题也可作代换 $t=\sqrt{\dfrac{1-x}{1+x}}$,请读者比较一下两种方法.

例 12 求 $\displaystyle\int\dfrac{\mathrm{d}x}{x\sqrt{x^2-1}}$.

分析 被积函数的定义域是 $|x|>1$,为了讨论简单,这里仅就 $x>1$ 来求不定积分.

解法 1 令 $x=\sec t$,则 $\mathrm{d}x=\sec t\tan t\,\mathrm{d}t$,于是

$$\text{原式}=\int\dfrac{\sec t\tan t}{\sec t\tan t}\mathrm{d}t=\int\mathrm{d}t=t+C=\arccos\dfrac{1}{x}+C.$$

解法 2 令 $\sqrt{x^2-1}=t$,则 $x\,\mathrm{d}x=t\,\mathrm{d}t$,于是

$$\text{原式}=\int\dfrac{x\,\mathrm{d}x}{x^2\sqrt{x^2-1}}=\int\dfrac{t\,\mathrm{d}t}{(1+t^2)t}=\int\dfrac{\mathrm{d}t}{1+t^2}$$
$$=\arctan t+C=\arctan\sqrt{x^2-1}+C.$$

解法 3（倒代换） 令 $x=\dfrac{1}{t}$,则 $\mathrm{d}x=-\dfrac{1}{t^2}\mathrm{d}t$,于是

$$\text{原式}=-\int\dfrac{\mathrm{d}t}{\sqrt{1-t^2}}=\arccos t+C=\arccos\dfrac{1}{x}+C.$$

注 由上可见,采用什么代换常取决于被积函数的结构. 若被积函数中含有根式

$$\sqrt{a^2-x^2},\quad \sqrt{x^2-a^2},\quad \sqrt{a^2+x^2}\quad(a>0),$$

可尝试分别作变量代换

$$x=a\sin t,\quad x=a\sec t,\quad x=a\tan t$$

去掉根号. 若被积函数中含有根式 $\sqrt{ax^2+bx+c}$,也可尝试先将 ax^2+bx+c 配方,然后选择适当的三角函数代换. 另外,方法不同,有时得到的答案在形式上也不同,而正确答案之间所差的常数实际上已包含在 C 中.

例 13 求 $\displaystyle\int\dfrac{\mathrm{d}x}{x^2\sqrt{1+x^2}}$.

解 令 $x=\dfrac{1}{t}$,则 $\mathrm{d}x=-\dfrac{1}{t^2}\mathrm{d}t$. 于是

$$\text{原式}=\int\dfrac{1}{\dfrac{1}{t^2}\sqrt{1+\dfrac{1}{t^2}}}\left(-\dfrac{1}{t^2}\right)\mathrm{d}t=-\int\dfrac{t\,\mathrm{d}t}{\sqrt{1+t^2}}$$
$$=-\dfrac{1}{2}\int\dfrac{\mathrm{d}(1+t^2)}{\sqrt{1+t^2}}=-\sqrt{1+t^2}+C$$

第11讲 不定积分的计算

$$= -\sqrt{1+\left(\frac{1}{x}\right)^2} + C = -\frac{\sqrt{1+x^2}}{x} + C.$$

例 14 求 $\int \dfrac{\mathrm{d}x}{1+\sqrt{x^2+2x+2}}$.

解 原式 $\xrightarrow{\diamondsuit u = x+1} \int \dfrac{\mathrm{d}u}{1+\sqrt{1+u^2}} \xrightarrow{\diamondsuit u = \tan t} \int \dfrac{\sec^2 t\, \mathrm{d}t}{1+\sec t} = \int \dfrac{\mathrm{d}t}{\cos t(1+\cos t)}$

$$= \int \frac{\mathrm{d}t}{\cos t} - \int \frac{\mathrm{d}t}{1+\cos t} = \int \frac{\mathrm{d}t}{\cos t} - \int \frac{\mathrm{d}t}{\sin^2 t} + \int \frac{\cos t\, \mathrm{d}t}{\sin^2 t}$$

$$= \ln|\sec t + \tan t| + \cot t - \frac{1}{\sin t} + C$$

$$= \ln(\sqrt{x^2+2x+2} + x + 1) + \frac{1-\sqrt{x^2+2x+2}}{x+1} + C.$$

小结 换元积分法是将原积分变量通过代换化为另一种积分变量. 事实上, 在换元等式 $\int f(x)\mathrm{d}x \xrightarrow{\diamondsuit x = \varphi(t)} \int f(\varphi(t))\mathrm{d}\varphi(t)$ 中, 从右向左利用此式就是第一换元法, 从左向右利用此式, 就是第二换元法.

3) 分部积分法.

分部积分法是把求 $\int u\mathrm{d}v$ 转化成求 $\int v\mathrm{d}u$ 的一种积分方法, 即

$$\int u\mathrm{d}v = uv - \int v\mathrm{d}u.$$

其关键是如何选择 u 与 v, 原则有二: 一是 v 容易求得; 二是 $\int v\mathrm{d}u$ 比 $\int u\mathrm{d}v$ 容易积出. 该法适用于被积函数是两个不同类型函数乘积的积分或是一个较复杂的函数的积分.

例 15 求 $\int \dfrac{x^2 \mathrm{e}^x}{(x+2)^2}\mathrm{d}x$.

解 原式 $= \int x^2 \mathrm{e}^x \mathrm{d}\left(-\dfrac{1}{x+2}\right) = -\dfrac{x^2 \mathrm{e}^x}{x+2} + \int \dfrac{1}{x+2}\mathrm{d}(x^2 \mathrm{e}^x)$

$$= -\frac{x^2 \mathrm{e}^x}{x+2} + \int x\mathrm{e}^x \mathrm{d}x = -\frac{x^2 \mathrm{e}^x}{x+2} + x\mathrm{e}^x - \mathrm{e}^x + C.$$

例 16 求 $\int \dfrac{\ln(1+x)}{\sqrt{x}}\mathrm{d}x$.

解 因为

$$\text{原式} = 2\int \ln(1+x)\mathrm{d}\sqrt{x} = 2\left(\sqrt{x}\ln(1+x) - \int \frac{\sqrt{x}}{1+x}\mathrm{d}x\right),$$

且

$$\int \frac{\sqrt{x}}{1+x} dx \xrightarrow{\diamondsuit \sqrt{x}=t} 2\int \frac{t^2}{1+t^2} dt = 2(t - \arctan t) + C_1$$
$$= 2(\sqrt{x} - \arctan\sqrt{x}) + C_1,$$

故

$$\text{原式} = 2\sqrt{x}\ln(1+x) - 4\sqrt{x} + 4\arctan\sqrt{x} + C.$$

例 17 求 $\int \dfrac{\arctan e^x}{e^x} dx$.

解 令 $e^x = t$,则 $x = \ln t, dx = \dfrac{1}{t} dt$,于是

$$\text{原式} = \int \frac{\arctan t}{t^2} dt = \int \arctan t \, d\left(-\frac{1}{t}\right) = -\frac{1}{t}\arctan t + \int \frac{1}{t(1+t^2)} dt$$
$$= -\frac{1}{t}\arctan t + \int \frac{(1+t^2) - t^2}{t(1+t^2)} dt$$
$$= -\frac{1}{t}\arctan t + \ln|t| - \frac{1}{2}\ln(1+t^2) + C$$
$$= -e^{-x}\arctan e^x + x - \frac{1}{2}\ln(1+e^{2x}) + C.$$

注 由例 16、例 17 可知,分部积分法常与换元法结合使用来求积分.

例 18 求 $\int \sec^3 x \, dx$.

分析 此题被积函数虽是三角函数,但要用分部积分法.

解 原式 $= \int \sec x \sec^2 x \, dx = \int \sec x \, d(\tan x) = \sec x \tan x - \int \tan^2 x \sec x \, dx$
$$= \sec x \tan x - \int (\sec^2 x - 1)\sec x \, dx$$
$$= \sec x \tan x - \int \sec^3 x \, dx + \int \sec x \, dx$$
$$= \sec x \tan x + \ln|\sec x + \tan x| - \int \sec^3 x \, dx,$$

移项便得

$$\int \sec^3 x \, dx = \frac{1}{2}(\sec x \tan x + \ln|\sec x + \tan x|) + C.$$

注 有时一个积分需要连续几次使用分部积分公式才能算出来. 在连续运用分部积分法时,每一次选作 u 及 v 的函数一般是同类型函数,否则下一次积分会使表达式变回到上一次的形式.

第 11 讲 不定积分的计算

例 19 求 $I = \int \dfrac{x\,\mathrm{e}^{\arctan x}}{(1+x^2)^{\frac{3}{2}}}\mathrm{d}x$.

解 因为

$$I = \int \dfrac{x}{\sqrt{1+x^2}}\mathrm{d}\mathrm{e}^{\arctan x} = \dfrac{x}{\sqrt{1+x^2}}\mathrm{e}^{\arctan x} - \int \mathrm{e}^{\arctan x}\dfrac{\mathrm{d}x}{(1+x^2)^{\frac{3}{2}}}$$

$$= \dfrac{x}{\sqrt{1+x^2}}\mathrm{e}^{\arctan x} - \int \dfrac{1}{\sqrt{1+x^2}}\mathrm{d}\mathrm{e}^{\arctan x}$$

$$= \dfrac{x}{\sqrt{1+x^2}}\mathrm{e}^{\arctan x} - \mathrm{e}^{\arctan x}\dfrac{1}{\sqrt{1+x^2}} - \int \dfrac{x\,\mathrm{e}^{\arctan x}}{(1+x^2)^{\frac{3}{2}}}\mathrm{d}x,$$

所以

$$I = \dfrac{x-1}{2\sqrt{1+x^2}}\mathrm{e}^{\arctan x} + C.$$

注 在例 18、例 19 中都出现如下形式的等式:

$$\int f(x)\mathrm{d}x = g(x) - k\int f(x)\mathrm{d}x \quad (k \neq -1).$$

这是一个集合等式. 若 $F(x)$ 是 $f(x)$ 的一个原函数,则

$$F(x) = \int f(x)\mathrm{d}x = \dfrac{1}{1+k}g(x) + C.$$

例 20 求 $I_n = \int \dfrac{\mathrm{d}x}{x^n\sqrt{1+x^2}}\,(n \in \mathbf{N}_+ \text{ 且 } n \geqslant 2)$.

解 因为

$$I_{n-2} = \int \dfrac{\mathrm{d}x}{x^{n-2}\sqrt{1+x^2}} = \int \dfrac{1}{x^{n-1}}\mathrm{d}\sqrt{1+x^2}$$

$$= \dfrac{\sqrt{1+x^2}}{x^{n-1}} - \int \sqrt{1+x^2}\,\dfrac{1-n}{x^n}\mathrm{d}x$$

$$= \dfrac{\sqrt{1+x^2}}{x^{n-1}} - (1-n)\int \dfrac{x^2+1}{x^n\sqrt{1+x^2}}\mathrm{d}x$$

$$= \dfrac{\sqrt{1+x^2}}{x^{n-1}} - (1-n)\left(\int \dfrac{1}{x^{n-2}\sqrt{1+x^2}} + \int \dfrac{1}{x^n\sqrt{1+x^2}}\right)\mathrm{d}x$$

$$= \dfrac{\sqrt{1+x^2}}{x^{n-1}} - (1-n)(I_{n-2} + I_n),$$

即

$$(n-1)I_n = I_{n-2} + (1-n)I_{n-2} - \frac{\sqrt{1+x^2}}{x^{n-1}},$$

故

$$I_n = -\frac{\sqrt{1+x^2}}{(n-1)x^{n-1}} + \frac{2-n}{n-1}I_{n-2}.$$

三、问题 3：有理函数的不定积分以及三角有理函数和简单无理函数的不定积分如何计算？

1) 有理函数的不定积分：一般通过拆项化为一些简单分式来计算.

例 21 计算 $\int \frac{dx}{x^4(1+x^2)}$.

解 因为

$$\frac{1}{x^4(1+x^2)} = \frac{(1+x^2)-x^2}{x^4(1+x^2)} = \frac{1}{x^4} - \frac{1}{x^2(1+x^2)} = \frac{1}{x^4} - \frac{1}{x^2} + \frac{1}{1+x^2},$$

所以

$$\int \frac{dx}{x^4(1+x^2)} = \int \left(\frac{1}{x^4} - \frac{1}{x^2} + \frac{1}{1+x^2}\right) dx = -\frac{1}{3x^3} + \frac{1}{x} + \arctan x + C.$$

注 通过拆项化为一些简单分式来求有理函数积分，理论上对所有有理函数可行，但当分母中的多项式次数比较高时，此法计算量会相当大，因此要能灵活运用一些其他方法来简化计算.

例 22 计算 $\int \frac{dx}{x(1+x^4)}$.

解 原式 $= \int \frac{1+x^4-x^4}{x(1+x^4)} dx = \int \left(\frac{1}{x} - \frac{x^3}{1+x^4}\right) dx$

$$= \int \frac{dx}{x} - \frac{1}{4}\int \frac{d(1+x^4)}{1+x^4} = \ln \frac{|x|}{\sqrt[4]{1+x^4}} + C.$$

注 本题还可将分子分母同乘 x^3 后再拆项，请读者自己完成.

例 23 计算 $\int \frac{x}{x^8-1} dx$.

解 原式 $= \frac{1}{4}\int \frac{(x^4+1)-(x^4-1)}{(x^4+1)(x^4-1)} d(x^2) = \frac{1}{4}\int \frac{d(x^2)}{(x^2)^2-1} - \frac{1}{4}\int \frac{d(x^2)}{(x^2)^2+1}$

$$= \frac{1}{8}\ln\left|\frac{x^2-1}{x^2+1}\right| - \frac{1}{4}\arctan(x^2) + C.$$

2) $\int R(\sin x, \cos x) dx$ 型不定积分：一般将三角有理式化为有理函数来计算.

例 24 求 $\int \frac{\sin x}{1-\sin x} dx$.

解法 1　令 $\tan\dfrac{x}{2}=t$，则 $\sin x=\dfrac{2t}{1+t^2}$，$\mathrm{d}x=\dfrac{2}{1+t^2}\mathrm{d}t$，于是

$$\int\dfrac{\sin x}{1-\sin x}\mathrm{d}x=\int\dfrac{2t}{1+t^2-2t}\cdot\dfrac{2}{1+t^2}\mathrm{d}t=\int\left(\dfrac{2}{(t-1)^2}-\dfrac{2}{1+t^2}\right)\mathrm{d}t$$

$$=\dfrac{2}{1-t}-2\arctan t+C=\dfrac{2}{1-\tan\dfrac{x}{2}}-x+C.$$

解法 2　$\displaystyle\int\dfrac{\sin x}{1-\sin x}\mathrm{d}x=\int\dfrac{\sin x(1+\sin x)}{\cos^2 x}\mathrm{d}x=\int\left(\dfrac{\sin x}{\cos^2 x}+\tan^2 x\right)\mathrm{d}x$

$$=-\int\dfrac{1}{\cos^2 x}\mathrm{d}(\cos x)+\int(\sec^2 x-1)\mathrm{d}x$$

$$=\dfrac{1}{\cos x}+\tan x-x+C.$$

例 25　求 $\displaystyle\int\dfrac{\mathrm{d}x}{\sin 2x-2\sin x}$.

解　原式 $=\displaystyle\int\dfrac{\mathrm{d}x}{2\sin x(\cos x-1)}$，下面用两种方法求积分.

方法 1　因被积函数关于 $\sin x$ 是奇函数，所以可令 $\cos x=t$，于是

$$\text{原式}=-\dfrac{1}{2}\int\dfrac{1}{(1-t^2)(t-1)}\mathrm{d}t=\dfrac{1}{2}\int\dfrac{1}{(t+1)(t-1)^2}\mathrm{d}t$$

$$=\dfrac{1}{2}\int\left(\dfrac{1}{4(t+1)}+\dfrac{1}{2(t-1)^2}-\dfrac{1}{4(t-1)}\right)\mathrm{d}t$$

$$=\dfrac{1}{8}\ln\left|\dfrac{t+1}{t-1}\right|-\dfrac{1}{4}\cdot\dfrac{1}{t-1}+C=\dfrac{1}{8}\ln\dfrac{1+\cos x}{1-\cos x}+\dfrac{1}{4(1-\cos x)}+C.$$

方法 2　用凑微分法，则

$$\text{原式}=-\dfrac{1}{8}\int\dfrac{1}{\sin\dfrac{x}{2}\cos\dfrac{x}{2}\cdot\sin^2\dfrac{x}{2}}\mathrm{d}x=\dfrac{1}{4}\int\dfrac{1}{\sin^2\dfrac{x}{2}\cdot\cot\dfrac{x}{2}}\mathrm{d}\left(\cot\dfrac{x}{2}\right)$$

$$=\dfrac{1}{4}\int\dfrac{1+\cot^2\dfrac{x}{2}}{\cot\dfrac{x}{2}}\mathrm{d}\left(\cot\dfrac{x}{2}\right)=\dfrac{1}{4}\int\dfrac{1}{\cot\dfrac{x}{2}}\mathrm{d}\left(\cot\dfrac{x}{2}\right)+\dfrac{1}{4}\int\cot\dfrac{x}{2}\mathrm{d}\left(\cot\dfrac{x}{2}\right)$$

$$=\dfrac{1}{4}\ln\left|\cot\dfrac{x}{2}\right|+\dfrac{1}{8}\cot^2\dfrac{x}{2}+C.$$

例 26　计算 $\displaystyle\int\dfrac{\mathrm{d}x}{\sin x\cos^3 x}$.

解法 1　原式 $=\displaystyle\int\dfrac{1}{\sin x\cos x}\mathrm{d}(\tan x)=\int\dfrac{\sec^2 x}{\tan x}\mathrm{d}(\tan x)$

$$= \int \frac{\tan^2 x + 1}{\tan x} \mathrm{d}(\tan x) = \frac{1}{2}\tan^2 x + \ln|\tan x| + C.$$

解法 2 原式 $= \displaystyle\int \frac{\sin x}{\sin^2 x \cos^3 x}\mathrm{d}x = -\int \frac{1}{(1-\cos^2 x)\cos^3 x}\mathrm{d}(\cos x)$

$$\xrightarrow{\diamondsuit \cos x = t} -\int \frac{1}{(1-t^2)t^3}\mathrm{d}t = -\int \left(\frac{1}{t^3} + \frac{1}{t} + \frac{t}{1-t^2}\right)\mathrm{d}t$$

$$= \frac{1}{2t^2} + \ln\frac{\sqrt{1-t^2}}{|t|} + C = \frac{1}{2}\sec^2 x + \ln|\tan x| + C.$$

3) 简单无理函数的不定积分.

例 27 求 $\displaystyle\int \frac{\mathrm{d}x}{x\sqrt[3]{1+x^2}}$.

解 由于

$$\int \frac{\mathrm{d}x}{x\sqrt[3]{1+x^2}} = \int \frac{x\mathrm{d}x}{x^2\sqrt[3]{1+x^2}} = \frac{1}{2}\int \frac{\mathrm{d}x^2}{x^2\sqrt[3]{1+x^2}},$$

所以可设 $\sqrt[3]{1+x^2} = t$,则

$$原式 = \frac{1}{2}\int \frac{3t^2 \mathrm{d}t}{(t^3-1)t} = \frac{1}{2}\int \left(\frac{1}{t-1} + \frac{1-t}{t^2+t+1}\right)\mathrm{d}t$$

$$= \frac{1}{2}\ln|t-1| + \frac{1}{2}\int \frac{-\frac{1}{2}(2t+1) + \frac{3}{2}}{t^2+t+1}\mathrm{d}t$$

$$= \frac{1}{2}\ln|t-1| - \frac{1}{4}\ln(t^2+t+1) + \frac{3}{4}\cdot\frac{2}{\sqrt{3}}\arctan\frac{t+\frac{1}{2}}{\frac{\sqrt{3}}{2}} + C$$

$$= \frac{1}{2}\ln|\sqrt[3]{1+x^2} - 1| - \frac{1}{4}\ln(\sqrt[3]{(1+x^2)^2} + \sqrt[3]{1+x^2} + 1)$$

$$+ \frac{\sqrt{3}}{2}\arctan\frac{2\sqrt[3]{1+x^2}+1}{\sqrt{3}} + C.$$

例 28 求 $\displaystyle\int \frac{x\mathrm{e}^x}{\sqrt{\mathrm{e}^x-1}}\mathrm{d}x$.

解 为了去掉根号,令 $\sqrt{\mathrm{e}^x-1} = t$,则 $\mathrm{e}^x = t^2+1, \mathrm{d}x = \dfrac{2t}{1+t^2}\mathrm{d}t$. 于是

$$原式 = \int \frac{(1+t^2)\ln(1+t^2)}{t}\cdot\frac{2t}{1+t^2}\mathrm{d}t = 2\int \ln(1+t^2)\mathrm{d}t$$

$$= 2t\ln(1+t^2) - 4\int \frac{t^2}{1+t^2}\mathrm{d}t = 2t\ln(1+t^2) - 4t + 4\arctan t + C$$

第11讲 不定积分的计算

$$=2x\sqrt{e^x-1}-4\sqrt{e^x-1}+4\arctan\sqrt{e^x-1}+C.$$

例29 求 $\int\dfrac{\mathrm{d}x}{\sqrt[3]{(x+1)^2(x-1)^4}}$.

解 为了去掉根号,令 $\sqrt[3]{\dfrac{x-1}{x+1}}=t$,则 $x=\dfrac{1+t^3}{1-t^3},\mathrm{d}x=\dfrac{6t^2}{(1-t^3)^2}\mathrm{d}t$. 于是

$$\int\frac{\mathrm{d}x}{\sqrt[3]{(x+1)^2(x-1)^4}}=\frac{3}{2}\int\frac{\mathrm{d}t}{t^2}=-\frac{3}{2t}+C=-\frac{3}{2}\sqrt[3]{\frac{x+1}{x-1}}+C.$$

四、问题4:如何求解积分方程?

例30 若 $\int xf(x)\mathrm{d}x=\arcsin x+C$,则 $\int\dfrac{1}{f(x)}\mathrm{d}x=$ _____.

解 因为 $xf(x)=(\arcsin x)'=\dfrac{1}{\sqrt{1-x^2}}$,所以 $\dfrac{1}{f(x)}=x\sqrt{1-x^2}$,从而

$$\int\frac{1}{f(x)}\mathrm{d}x=\int x\sqrt{1-x^2}\,\mathrm{d}x=-\frac{1}{2}\int\sqrt{1-x^2}\,\mathrm{d}(1-x^2)$$

$$=-\frac{1}{3}(1-x^2)^{3/2}+C.$$

例31 已知 $F(x)$ 是 $f(x)$ 的一个原函数,且 $f(x)F^2(x)=\dfrac{x}{1+x^2}$,求 $f(x)$.

解 注意到 $F(x)$ 是 $f(x)$ 的一个原函数,故 $F'(x)=f(x)$,原方程变换为

$$F'(x)F^2(x)=\frac{x}{1+x^2},$$

两边同时积分得

$$\int F^2(x)F'(x)\mathrm{d}x=\int\frac{x}{1+x^2}\mathrm{d}x,$$

即

$$\frac{F^3(x)}{3}=\frac{1}{2}\ln(1+x^2)+C_1,$$

得到 $F(x)=\sqrt[3]{\dfrac{3}{2}\ln(1+x^2)+C}$,则

$$f(x)=\frac{1}{\sqrt[3]{\left(\dfrac{3}{2}\ln(1+x^2)+C\right)^2}}\frac{x}{1+x^2},\quad 其中\ C=3C_1.$$

例32 设函数 $y=y(x)$ 满足 $\int y\mathrm{d}x\cdot\int\dfrac{1}{y}\mathrm{d}x=-1,y(0)=1$,且当 $x\to+\infty$ 时,有 $y\to0$,求 $y(x)$.

解 设 $F(x) = \int y \mathrm{d}x$, $G(x) = \int \dfrac{1}{y} \mathrm{d}x$, 则 $G(x) = -\dfrac{1}{F(x)}$, 两边求导得

$$G'(x) = \frac{1}{y} = \frac{F'(x)}{F^2(x)} = \frac{y}{F^2(x)},$$

于是

$$F(x) = \pm y = \pm F'(x), \quad F(x) \mp F'(x) = 0, \quad 即 \quad (\mathrm{e}^{\mp x} F(x))' = 0,$$

从而得 $F(x) = C_1 \mathrm{e}^{\pm x}$, 故

$$y = F'(x) = C \mathrm{e}^{\pm x} \quad (C = \pm C_1).$$

由 $y(0) = 1$ 得 $C = 1$, 再由 $\lim\limits_{x \to +\infty} y(x) = 0$ 得 $y(x) = \mathrm{e}^{-x}$.

五、问题 5：隐函数如何求积分？

例 33 设 $y = y(x)$ 是由方程 $y^3(x+y) = x^3$ 所确定的隐函数, 求 $\int \dfrac{\mathrm{d}x}{y^3}$.

分析 由于 $y = y(x)$ 是由方程 $y^3(x+y) = x^3$ 所确定的隐函数, 不容易显化, 因此给求积分带来困难. 这里我们将此隐函数用参数方程表示, 从而给求积分带来便利.

解 设参数 $t = \dfrac{y}{x}$, 可将隐函数化为参数方程为

$$x = \frac{1}{(1+t)t^3}, \quad y = \frac{1}{(1+t)t^2}.$$

将其代入求不定积分的表达式, 相当于对此不定积分做换元, 得到

$$\int \frac{\mathrm{d}x}{y^3} = \int (1+t)^3 t^6 \mathrm{d} \frac{1}{(1+t)t^3} = -\int (1+t)(3t^2 + 4t^3) \mathrm{d}t$$

$$= -t^3 - \frac{7}{4} t^4 - \frac{4}{5} t^5 + C.$$

这是不定积分的参数表示, 再把 $t = \dfrac{y}{x}$ 代入, 从而得到不定积分的隐函数表示

$$\int \frac{\mathrm{d}x}{y^3} = -\left(\frac{y}{x}\right)^3 - \frac{7}{4}\left(\frac{y}{x}\right)^4 - \frac{4}{5}\left(\frac{y}{x}\right)^5 + C.$$

11.3 练习题

1. 填空题.

(1) $\int \dfrac{x^2}{(x-1)^{100}} \mathrm{d}x = $ _____ ;   (2) $\int \dfrac{x}{2+x^4} \mathrm{d}x = $ _____ ;

(3) $\int \dfrac{\sin x - \cos x}{(\sin x + \cos x)^5} \mathrm{d}x = $ _____ ;   (4) $\int \dfrac{\sin x}{1 + \cos x} \mathrm{d}x = $ _____ ;

(5) $\int \dfrac{1}{\sqrt{x-x^2}}\mathrm{d}x = $ _____.

2. 求下列不定积分：

(1) $\int \dfrac{x^7}{(2+x^4)^{100}}\mathrm{d}x$；

(2) $\int \dfrac{x^4+1}{x^6+1}\mathrm{d}x$；

(3) $\int \dfrac{\mathrm{d}x}{2+\sin x}$；

(4) $\int \dfrac{\sin 2x}{9+\sin^4 x}\mathrm{d}x$；

(5) $\int \dfrac{\cos x}{\sin^3 x - \cos^3 x}\mathrm{d}x$；

(6) $\int \dfrac{\sin^5 x}{\cos^4 x}\mathrm{d}x$；

(7) $\int \sqrt{\dfrac{x}{1-x\sqrt{x}}}\mathrm{d}x$；

(8) $\int \dfrac{x^2+1}{x\sqrt{1+x^4}}\mathrm{d}x$；

(9) $\int \dfrac{1}{x\sqrt{x^2+x+1}}\mathrm{d}x$；

(10) $\int x\sqrt{x^4+2x^2-1}\mathrm{d}x$；

(11) $\int \dfrac{x^5}{\sqrt[3]{1+x^3}}\mathrm{d}x$；

(12) $\int \sqrt{\dfrac{1+x}{1-x}}\mathrm{d}x$.

3. 求下列不定积分：

(1) $\int \dfrac{\mathrm{d}x}{(\mathrm{e}^x+\mathrm{e}^{-x})^2}$；

(2) $\int \dfrac{\arccos\sqrt{x}}{\sqrt{x-x^2}}\mathrm{d}x$；

(3) $\int \mathrm{e}^{\sin x}\dfrac{x\cos^3 x - \sin x}{\cos^2 x}\mathrm{d}x$；

(4) $\int \arctan(1+\sqrt{x})\mathrm{d}x$；

(5) $\int \dfrac{\arctan x}{(1+x)^2}\mathrm{d}x$；

(6) $\int \dfrac{x\ln(x+\sqrt{1+x^2})}{(1+x^2)^2}\mathrm{d}x$.

4. 已知 $f(x)$ 的一个原函数为 $(1+\sin x)\ln x$，求 $\int xf'(x)\mathrm{d}x$.

5. 设 $F(x)$ 为 $f(x)$ 的原函数，且 $F(1)=\dfrac{\sqrt{2}}{4}\pi$，若当 $x>0$ 时，有

$$f(x)F(x) = \dfrac{\arctan\sqrt{x}}{\sqrt{x}(1+x)},$$

求 $f(x)\,(x>0)$.

第 12 讲　　定积分的计算

12.1　内容提要

一、Newton-Leibniz 公式

设函数 $f(x) \in R([a,b])$，且 $F(x)$ 是 $f(x)$ 在 $[a,b]$ 上的一个原函数，则
$$\int_a^b f(x)\mathrm{d}x = F(b) - F(a).$$

二、定积分的换元积分法

设函数 $f(x)$ 在区间 $[a,b]$ 上连续，$x=\varphi(t)$ 在区间 $[\alpha,\beta]$（或 $[\beta,\alpha]$）上有连续的导数，$\varphi(t)$ 的值域包含于 $[a,b]$，且 $\varphi(\alpha)=a$，$\varphi(\beta)=b$，则
$$\int_a^b f(x)\mathrm{d}x = \int_\alpha^\beta f(\varphi(t))\varphi'(t)\mathrm{d}t.$$

三、定积分的分部积分法

分部积分公式为
$$\int_a^b u(x)v'(x)\mathrm{d}x = u(x)v(x)\Big|_a^b - \int_a^b u'(x)v(x)\mathrm{d}x,$$
常常简记为
$$\int_a^b u\,\mathrm{d}v = uv\Big|_a^b - \int_a^b v\,\mathrm{d}u.$$

四、通过函数的奇偶性化简

设函数 $f(x)$ 在 $[-a,a]$ 上连续.

(1) $\int_{-a}^a f(x)\mathrm{d}x = \int_0^a (f(-x)+f(x))\mathrm{d}x$；

(2) 若 f 是偶函数，则 $\int_{-a}^a f(x)\mathrm{d}x = 2\int_0^a f(x)\mathrm{d}x$；

(3) 若 f 是奇函数，则 $\int_{-a}^a f(x)\mathrm{d}x = 0.$

五、通过函数的周期性化简

设 $f(x)$ 是以 T 为周期的连续函数，则对任意的常数 a，有
$$\int_a^{a+T} f(x)\mathrm{d}x = \int_0^T f(x)\mathrm{d}x.$$

六、关于三角函数的两个公式

设函数 $f(x)$ 在 $[0,1]$ 上连续,则

(1) $\int_0^{\frac{\pi}{2}} f(\sin x)\mathrm{d}x = \int_0^{\frac{\pi}{2}} f(\cos x)\mathrm{d}x$;

(2) $\int_0^{\pi} xf(\sin x)\mathrm{d}x = \dfrac{\pi}{2}\int_0^{\pi} f(\sin x)\mathrm{d}x$.

七、沃利斯(Wallis)公式

$$\int_0^{\frac{\pi}{2}} \sin^n x\,\mathrm{d}x = \int_0^{\frac{\pi}{2}} \cos^n x\,\mathrm{d}x = \begin{cases} \dfrac{(n-1)!!}{n!!}, & n\text{ 为奇数}, \\ \dfrac{(n-1)!!}{n!!} \cdot \dfrac{\pi}{2}, & n\text{ 为偶数}. \end{cases}$$

12.2 例题与释疑解难

一、问题1:如何利用 Newton-Leibniz 公式计算定积分?

Newton-Leibniz 公式是计算定积分的最基本的方法,但要注意公式条件是函数 $f(x)$ 在 $[a,b]$ 上黎曼可积,且在 $[a,b]$ 上有原函数 $F(x)$. 若只有 $f(x)$ 在 $[a,b]$ 上有原函数 $F(x)$,则不能保证 $f(x)$ 可积,从而 Newton-Leibniz 公式不成立.

另外,当 $f'(t)$ 可积时,会经常利用

$$\int_a^x f'(t)\mathrm{d}t = f(x) - f(a)$$

来证明一些结论.

例 1 设 $f(x) = \begin{cases} 2x\sin\dfrac{1}{x^2} - \dfrac{2}{x}\cos\dfrac{1}{x^2}, & x \neq 0, \\ 0, & x = 0, \end{cases}$ 证明:

(1) $f(x)$ 在区间 $[-1,1]$ 上有原函数 $F(x)$;

(2) $f(x)$ 在区间 $[-1,1]$ 上不可积.

证明 (1) 设

$$F(x) = \begin{cases} x^2 \sin\dfrac{1}{x^2}, & x \neq 0, \\ 0, & x = 0, \end{cases}$$

则 $F'(x) = f(x)$,所以 $f(x)$ 在区间 $[-1,1]$ 上有原函数 $F(x)$.

(2) 由于 $f(x)$ 在区间 $[-1,1]$ 上无界,所以 $f(x)$ 在区间 $[-1,1]$ 上不可积.

例 2 设 $f(x)$ 在 $[0,+\infty)$ 上连续,且有 $|f(x)| \leqslant \int_0^x |f(t)|\,\mathrm{d}t\,(\forall x > 0)$.

证明:$f(x) \equiv 0\,(x \in [0,+\infty))$.

证明 任取 $a>0$,由 $f(x)$ 在区间 $[0,a]$ 上连续可知 $f(x)$ 在 $[0,a]$ 上有界. 于是设 $|f(x)|\leqslant M(\forall x\in[0,a])$,则

$$|f(x)|\leqslant \int_0^x |f(t)|\,\mathrm{d}t \leqslant \int_0^x M\mathrm{d}t = Mx \quad (x\in[0,a]),$$

从而

$$|f(x)|\leqslant \int_0^x |f(t)|\,\mathrm{d}t \leqslant \int_0^x Mt\,\mathrm{d}t = \frac{1}{2}Mx^2 \quad (x\in[0,a]),$$

$$|f(x)|\leqslant \int_0^x |f(t)|\,\mathrm{d}t \leqslant \int_0^x \frac{1}{2}Mx^2\,\mathrm{d}t = \frac{1}{3!}Mx^3 \quad (x\in[0,a]).$$

如此一直进行下去,得到对任意的正整数 n,有

$$|f(x)|\leqslant \frac{1}{n!}Mx^n \quad (x\in[0,a]).$$

而 $\forall x\in[0,a]$,有 $\lim\limits_{n\to\infty}\dfrac{Mx^n}{n!}=0$,故 $|f(x)|\leqslant 0$,则 $f(x)\equiv 0(x\in[0,a])$. 再由 a 的任意性,可得 $f(x)\equiv 0(x\in[0,+\infty))$.

例 3 设当 $x\geqslant 1$ 时,有 $f'(x)=\dfrac{1}{x^2+f^2(x)}$,且 $f(1)=1$. 令 $a_n=f(n)$,证明:数列 $\{a_n\}$ 收敛,且 $\lim\limits_{n\to\infty}a_n\leqslant 1+\dfrac{\pi}{4}$.

证明 由于 $f'(x)=\dfrac{1}{x^2+f^2(x)}\geqslant 0$,所以 $f(x)$ 单调增加. 于是

$$f(x)\geqslant f(1)=1 \quad (\forall x\geqslant 1),$$

从而 $f'(x)\leqslant \dfrac{1}{x^2+1}$. 因此数列 $\{f(n)\}$ 即 $\{a_n\}$ 单增,且

$$a_n = 1+\int_1^n f'(x)\mathrm{d}x \leqslant 1+\int_1^n \frac{1}{1+x^2}\mathrm{d}x = 1+\arctan n - \arctan 1 \leqslant 1+\frac{\pi}{4},$$

所以数列 $\{a_n\}$ 有上界 $1+\dfrac{\pi}{4}$. 故 $\{a_n\}$ 收敛,并有 $\lim\limits_{n\to\infty}a_n\leqslant 1+\dfrac{\pi}{4}$.

例 4 设 $f(x)$ 在 $[a,b]$ 上有连续导数,证明:

$$\max_{a\leqslant x\leqslant b}|f(x)|\leqslant \frac{1}{b-a}\left|\int_a^b f(x)\mathrm{d}x\right| + \int_a^b |f'(x)|\mathrm{d}x.$$

证明 设 $|f(x_0)|=\max\limits_{a\leqslant x\leqslant b}|f(x)|$, $f(x_1)=\dfrac{1}{b-a}\int_a^b f(x)\mathrm{d}x$,则

$$\int_a^b |f'(x)|\mathrm{d}x \geqslant \left|\int_{x_1}^{x_0} f'(x)\mathrm{d}x\right| \geqslant |f(x_0)-f(x_1)|$$

$$\geqslant |f(x_0)|-|f(x_1)|$$

$$= \max_{a \leqslant x \leqslant b} \mid f(x) \mid - \frac{1}{b-a} \left| \int_a^b f(x) \mathrm{d}x \right|,$$

即

$$\max_{a \leqslant x \leqslant b} \mid f(x) \mid \leqslant \frac{1}{b-a} \left| \int_a^b f(x) \mathrm{d}x \right| + \int_a^b \mid f'(x) \mid \mathrm{d}x.$$

例 5 设函数 $f(x)$ 在区间 $[0,1]$ 上有连续的二阶导数,且 $f(0)=f(1)=0$,并对任意 $x \in (0,1)$,有 $f(x) \neq 0$. 证明:

$$\mid f(x) \mid \leqslant \frac{1}{4} \int_0^1 \mid f''(x) \mid \mathrm{d}x \quad (x \in [0,1]).$$

证明 设 $\mid f(x_0) \mid = \max_{0 \leqslant x \leqslant 1} \mid f(x) \mid$,则 $f'(x_0)=0$. 于是由 Lagrange 中值定理,存在一点 $\xi \in (0, x_0)$,使得

$$\mid f(x_0) \mid = \mid f(x_0) - f(0) \mid = \mid f'(\xi) x_0 \mid.$$

再注意到 $\int_{x_0}^{\xi} f''(x) \mathrm{d}x = f'(\xi) - f'(x_0) = f'(\xi)$,所以

$$\mid f(x_0) \mid = \left| x_0 \int_{x_0}^{\xi} f''(x) \mathrm{d}x \right| \leqslant x_0 \int_{\xi}^{x_0} \mid f''(x) \mid \mathrm{d}x$$

$$\leqslant x_0 \int_0^{x_0} \mid f''(x) \mid \mathrm{d}x.$$

同理,存在一点 $\eta \in (x_0, 1)$,使得

$$\mid f(x_0) \mid = \mid f(x_0) - f(1) \mid = \mid f'(\eta)(1-x_0) \mid$$

$$= (1-x_0) \left| \int_{x_0}^{\eta} f''(x) \mathrm{d}x \right| \leqslant (1-x_0) \int_{x_0}^1 \mid f''(x) \mid \mathrm{d}x.$$

所以 $\dfrac{\mid f(x_0) \mid}{x_0} + \dfrac{\mid f(x_0) \mid}{1-x_0} \leqslant \int_0^1 \mid f''(x) \mid \mathrm{d}x$. 又

$$\frac{1}{x_0} + \frac{1}{1-x_0} \geqslant \frac{4}{x_0 + 1 - x_0} = 4,$$

从而得到

$$\mid f(x_0) \mid \leqslant \frac{1}{4} \int_0^1 \mid f''(x) \mid \mathrm{d}x,$$

于是

$$\mid f(x) \mid \leqslant \frac{1}{4} \int_0^1 \mid f''(x) \mid \mathrm{d}x \quad (x \in [0,1]).$$

二、问题 2：如何求解定积分？

与不定积分一样,分项积分法、换元积分法与分部积分法仍然是最基本的积分方法,同学们要勤加练习,熟练掌握.

例 6 计算定积分 $\int_0^{\ln 2} \sqrt{1-\mathrm{e}^{-2x}} \mathrm{d}x$.

解 设 $t=\sqrt{1-e^{-2x}}$,则

$$\int_0^{\ln 2}\sqrt{1-e^{-2x}}\,dx=\int_0^{\frac{\sqrt{3}}{2}}\frac{t^2}{1-t^2}dt=\left(-t+\frac{1}{2}\ln\frac{1+t}{1-t}\right)\Big|_0^{\frac{\sqrt{3}}{2}}$$

$$=-\frac{\sqrt{3}}{2}+\ln(2+\sqrt{3}).$$

例 7 证明:$\int_1^a f\left(x^2+\frac{a^2}{x^2}\right)\frac{dx}{x}=\int_1^a f\left(x+\frac{a^2}{x}\right)\frac{dx}{x}$.

证明 设 $x^2=t$,则

$$\int_1^a f\left(x^2+\frac{a^2}{x^2}\right)\frac{dx}{x}=\int_1^{a^2} f\left(t+\frac{a^2}{t}\right)\frac{dt}{2t}$$

$$=\frac{1}{2}\left(\int_1^a f\left(t+\frac{a^2}{t}\right)\frac{dt}{t}+\int_a^{a^2} f\left(t+\frac{a^2}{t}\right)\frac{dt}{t}\right).$$

又设 $\frac{a^2}{t}=u$,则

$$\int_a^{a^2} f\left(t+\frac{a^2}{t}\right)\frac{dt}{t}=-\int_a^1 f\left(u+\frac{a^2}{u}\right)\frac{du}{u}=\int_1^a f\left(u+\frac{a^2}{u}\right)\frac{du}{u}.$$

故

$$\int_1^a f\left(x^2+\frac{a^2}{x^2}\right)\frac{dx}{x}=\frac{1}{2}\left(\int_1^a f\left(t+\frac{a^2}{t}\right)\frac{dt}{t}+\int_1^a f\left(u+\frac{a^2}{u}\right)\frac{du}{u}\right)$$

$$=\int_1^a f\left(x+\frac{a^2}{x}\right)\frac{dx}{x}.$$

注 上面最后一个等号是因为定积分的值与积分变量的记号无关.

例 8 计算定积分 $\int_0^a \arctan\sqrt{\frac{a-x}{a+x}}\,dx\,(a>0)$.

解法 1 利用分部积分法求解,可得

$$\int_0^a \arctan\sqrt{\frac{a-x}{a+x}}\,dx=x\arctan\sqrt{\frac{a-x}{a+x}}\Big|_0^a+\frac{1}{2}\int_0^a \frac{x}{\sqrt{a^2-x^2}}dx$$

$$=-\frac{1}{2}\sqrt{a^2-x^2}\Big|_0^a=\frac{a}{2}.$$

解法 2 先换元,设 $x=a\cos t$,则

$$\int_0^a \arctan\sqrt{\frac{a-x}{a+x}}\,dx=\int_{\frac{\pi}{2}}^0 \arctan\left(\tan\frac{t}{2}\right)a(-\sin t)dt=\frac{a}{2}\int_0^{\frac{\pi}{2}}t\sin t\,dt$$

$$=\frac{a}{2}\left(t(-\cos t)\Big|_0^{\frac{\pi}{2}}-\int_0^{\frac{\pi}{2}}(-\cos t)dt\right)=\frac{a}{2}.$$

第12讲 定积分的计算

例9 计算定积分 $\int_0^{\frac{\sqrt{2}}{2}} \dfrac{\arcsin x}{\sqrt{(1-x^2)^3}} dx$.

解 令 $t = \arcsin x$，则 $x = \sin t$, $dx = \cos t\, dt$. 于是

$$\int_0^{\frac{\sqrt{2}}{2}} \dfrac{\arcsin x}{(1-x^2)^{\frac{3}{2}}} dx = \int_0^{\frac{\pi}{4}} \dfrac{t}{\cos^3 t} \cdot \cos t\, dt = \int_0^{\frac{\pi}{4}} t \sec^2 t\, dt = \int_0^{\frac{\pi}{4}} t\, d(\tan t)$$

$$= (t \tan t)\Big|_0^{\frac{\pi}{4}} - \int_0^{\frac{\pi}{4}} \tan t\, dt = \dfrac{\pi}{4} - \int_0^{\frac{\pi}{4}} \dfrac{-d(\cos t)}{\cos t}$$

$$= \dfrac{\pi}{4} + \ln \cos t\Big|_0^{\frac{\pi}{4}} = \dfrac{\pi}{4} + \ln\dfrac{\sqrt{2}}{2}.$$

例10 计算 $\int_0^1 x^5 f(x) dx$，其中 $f(x) = \int_1^{x^2} \dfrac{1}{\sqrt{1+t^4}} dt$.

解 因为 $f(1) = 0$, $f'(x) = \dfrac{2x}{\sqrt{1+x^8}}$，所以

$$\int_0^1 x^5 f(x) dx = \dfrac{x^6}{6} f(x)\Big|_0^1 - \int_0^1 \dfrac{x^6}{6} f'(x) dx = -\dfrac{1}{3}\int_0^1 \dfrac{x^7}{\sqrt{1+x^8}} dx$$

$$= -\dfrac{1}{12} \sqrt{1+x^8}\Big|_0^1 = \dfrac{1-\sqrt{2}}{12}.$$

例11 设函数 $f(x)$ 在区间 $[0,1]$ 上连续，且 $\int_0^1 f(x) dx = A$，求

$$\int_0^1 \left(\int_x^1 f(x) f(y) dy\right) dx.$$

解 设 $F(x) = \int_x^1 f(y) dy$，则

$$F'(x) = -f(x), \quad F(0) = \int_0^1 f(x) dx = A, \quad F(1) = 0,$$

于是

$$\int_0^1 \left(\int_x^1 f(x) f(y) dy\right) dx = \int_0^1 (f(x) F(x)) dx = -\int_0^1 F(x) d(F(x))$$

$$= -\dfrac{F^2(x)}{2}\Big|_0^1 = \dfrac{1}{2}(F(0))^2 = \dfrac{A^2}{2}.$$

例12 计算 $I = \int_{\frac{1}{2}}^2 \left(1 + x - \dfrac{1}{x}\right) e^{x+\frac{1}{x}} dx$.

解 由于

$$\int_{\frac{1}{2}}^2 \left(x - \dfrac{1}{x}\right) e^{x+\frac{1}{x}} dx = \int_{\frac{1}{2}}^2 x\left(1 - \dfrac{1}{x^2}\right) e^{x+\frac{1}{x}} dx = \int_{\frac{1}{2}}^2 x\, de^{x+\frac{1}{x}}$$

$$= x\mathrm{e}^{x+\frac{1}{x}}\Big|_{\frac{1}{2}}^{2} - \int_{\frac{1}{2}}^{2} \mathrm{e}^{x+\frac{1}{x}}\mathrm{d}x = \frac{3}{2}\mathrm{e}^{\frac{5}{2}} - \int_{\frac{1}{2}}^{2} \mathrm{e}^{x+\frac{1}{x}}\mathrm{d}x,$$

所以

$$I = \int_{\frac{1}{2}}^{2}\left(1+x-\frac{1}{x}\right)\mathrm{e}^{x+\frac{1}{x}}\mathrm{d}x = \int_{\frac{1}{2}}^{2}\mathrm{e}^{x+\frac{1}{x}}\mathrm{d}x + \int_{\frac{1}{2}}^{2}\left(x-\frac{1}{x}\right)\mathrm{e}^{x+\frac{1}{x}}\mathrm{d}x = \frac{3}{2}\mathrm{e}^{\frac{5}{2}}.$$

例 13 设 $f(2) = \frac{1}{2}$, $f'(2) = 0$, 且 $\int_{0}^{2} f(x)\mathrm{d}x = 1$, 求 $\int_{0}^{1} x^{2} f''(2x)\mathrm{d}x$.

解 令 $t = 2x$, 则

$$\int_{0}^{1} x^{2} f''(2x)\mathrm{d}x = \frac{1}{8}\int_{0}^{2} t^{2} f''(t)\mathrm{d}t = \frac{1}{8}\int_{0}^{2} t^{2} \mathrm{d}f'(t)$$

$$= \frac{1}{8}\left(t^{2} f'(t)\Big|_{0}^{2} - 2\int_{0}^{2} tf'(t)\mathrm{d}t\right) = -\frac{1}{4}\int_{0}^{2} tf'(t)\mathrm{d}t$$

$$= -\frac{1}{4}\int_{0}^{2} t\mathrm{d}f(t) = -\frac{1}{4}\left(tf(t)\Big|_{0}^{2} - \int_{0}^{2} f(t)\mathrm{d}t\right)$$

$$= -\frac{1}{4}\left(1 - \int_{0}^{2} f(t)\mathrm{d}t\right) = 0.$$

例 14 求定积分 $\int_{0}^{2\pi} \dfrac{\mathrm{d}x}{(2+\cos x)(3+\cos x)}$.

解 原式 $= \int_{0}^{2\pi} \dfrac{\mathrm{d}x}{2+\cos x} - \int_{0}^{2\pi} \dfrac{\mathrm{d}x}{3+\cos x}$

$$= \int_{0}^{\pi} \frac{\mathrm{d}x}{2+\cos x} + \int_{0}^{\pi} \frac{\mathrm{d}x}{2-\cos x} - \left(\int_{0}^{\pi} \frac{\mathrm{d}x}{3+\cos x} + \int_{0}^{\pi} \frac{\mathrm{d}x}{3-\cos x}\right)$$

$$= 4\int_{0}^{\pi} \frac{\mathrm{d}x}{4-\cos^{2} x} - 6\int_{0}^{\pi} \frac{\mathrm{d}x}{9-\cos^{2} x}$$

$$= 8\int_{0}^{\frac{\pi}{2}} \frac{\mathrm{d}x}{4\sin^{2} x + 3\cos^{2} x} - 12\int_{0}^{\frac{\pi}{2}} \frac{\mathrm{d}x}{9\sin^{2} x + 8\cos^{2} x}$$

$$= 8 \cdot \frac{1}{2\sqrt{3}}\arctan\frac{2\tan x}{\sqrt{3}}\Big|_{0}^{\frac{\pi}{2}} - 12 \cdot \frac{1}{3\sqrt{8}}\arctan\frac{3\tan x}{\sqrt{8}}\Big|_{0}^{\frac{\pi}{2}}$$

$$= \pi\left(\frac{2}{\sqrt{3}} - \frac{1}{\sqrt{2}}\right).$$

例 15 计算定积分 $\int_{0}^{\pi} \mathrm{e}^{x}\sin^{2} x\,\mathrm{d}x$.

解 由于

$$\int_{0}^{\pi} \mathrm{e}^{x}\sin^{2} x\,\mathrm{d}x = \int_{0}^{\pi} \mathrm{e}^{x}\frac{1-\cos 2x}{2}\mathrm{d}x = \frac{1}{2}\left(\int_{0}^{\pi} \mathrm{e}^{x}\mathrm{d}x - \int_{0}^{\pi} \mathrm{e}^{x}\cos 2x\,\mathrm{d}x\right),$$

且

$$\int_0^\pi e^x \cos 2x \, dx = e^x \cos 2x \Big|_0^\pi - \int_0^\pi e^x(-2\sin 2x)\, dx = (e^\pi - 1) - 4\int_0^\pi e^x \cos 2x\, dx,$$

所以 $\int_0^\pi e^x \cos 2x \, dx = \dfrac{1}{5}(e^\pi - 1)$. 又因为 $\int_0^\pi e^x \, dx = e^\pi - 1$, 故

$$\int_0^\pi e^x \sin^2 x \, dx = \dfrac{2}{5}(e^\pi - 1).$$

例 16 设 $f(x)$ 在 $[a,b]$ 上有二阶连续导数, 求证:
$$\int_a^b f(x)\,dx = \dfrac{1}{2}(b-a)(f(a)+f(b)) + \dfrac{1}{2}\int_a^b f''(x)(x-a)(x-b)\,dx.$$

证明 由于

$$\int_a^b (x-a)(x-b)f''(x)\,dx$$
$$= \int_a^b (x-a)(x-b)\,d(f'(x))$$
$$= -\int_a^b (2x-a-b)f'(x)\,dx = -\int_a^b (2x-a-b)\,df(x)$$
$$= 2\int_a^b f(x)\,dx - (b-a)(f(a)+f(b)),$$

所以

$$\int_a^b f(x)\,dx = \dfrac{1}{2}(b-a)(f(a)+f(b)) + \dfrac{1}{2}\int_a^b f''(x)(x-a)(x-b)\,dx.$$

三、问题 3: 分段定义的函数或化为分段定义的函数如何计算定积分?

例 17 求 $I = \int_0^2 f(x-1)\,dx$, 其中 $f(x) = \begin{cases} \dfrac{1}{x+1}, & x \geqslant 0 \\ \dfrac{1}{1+e^x}, & x < 0. \end{cases}$

解法 1 因为

$$f(x-1) = \begin{cases} \dfrac{1}{x}, & x \geqslant 1, \\ \dfrac{1}{1+e^{x-1}}, & x < 1, \end{cases}$$

所以

$$I = \int_0^2 f(x-1)\,dx = \int_0^1 \dfrac{1}{1+e^{x-1}}\,dx + \int_1^2 \dfrac{dx}{x}$$
$$= \int_0^1 \dfrac{1+e^{x-1}-e^{x-1}}{1+e^{x-1}}\,dx + \ln x \Big|_1^2$$
$$= \ln 2 + (x - \ln(1+e^{x-1}))\Big|_0^1 = \ln(1+e).$$

解法 2 令 $x-1=t$,于是
$$I=\int_0^2 f(x-1)\mathrm{d}x=\int_{-1}^1 f(t)\mathrm{d}t$$
$$=\int_{-1}^0 \frac{\mathrm{d}t}{1+\mathrm{e}^t}+\int_0^1 \frac{\mathrm{d}t}{1+t}=\ln(1+\mathrm{e}).$$

例 18 求 $\int_{-2}^2 \min\left(x^2,\frac{1}{|x|}\right)\mathrm{d}x$.

解 因为当 $-2\leqslant x\leqslant 2$ 时,有
$$\min\left(x^2,\frac{1}{|x|}\right)=\begin{cases}-\dfrac{1}{x}, & -2\leqslant x<-1,\\ x^2, & -1\leqslant x\leqslant 1,\\ \dfrac{1}{x}, & 1<x\leqslant 2,\end{cases}$$

它是 $[-2,2]$ 上的偶函数,所以
$$\text{原式}=2\int_0^2 \min\left(x^2,\frac{1}{|x|}\right)\mathrm{d}x=2\left(\int_0^1 x^2\mathrm{d}x+\int_1^2 \frac{\mathrm{d}x}{x}\right)=2\left(\frac{1}{3}+\ln 2\right).$$

注 同理也可计算 $\int_{-3}^2 \max(2,x^2)\mathrm{d}x=\dfrac{1}{3}(35+8\sqrt{2})$.

例 19 求 $\int_0^\pi \sqrt{\sin x-\sin^3 x}\,\mathrm{d}x$.

解 原式 $=\int_0^\pi \sqrt{\sin x}\sqrt{\cos^2 x}\,\mathrm{d}x=\int_0^\pi |\cos x|\sqrt{\sin x}\,\mathrm{d}x$
$$=\int_0^{\frac{\pi}{2}}\cos x\sqrt{\sin x}\,\mathrm{d}x-\int_{\frac{\pi}{2}}^\pi \cos x\sqrt{\sin x}\,\mathrm{d}x$$
$$=\frac{2}{3}+\frac{2}{3}=\frac{4}{3}.$$

例 20 设 $x\geqslant -1$,求 $\int_{-1}^x (1-|t|)\mathrm{d}t$.

解 因为被积函数含有绝对值,所以需要按 x 的取值范围进行分段讨论.
当 $-1\leqslant x<0$ 时,有
$$\int_{-1}^x (1-|t|)\mathrm{d}t=\int_{-1}^x (1+t)\mathrm{d}t=\frac{1}{2}(1+x)^2;$$
当 $x\geqslant 0$ 时,有
$$\int_{-1}^x (1-|t|)\mathrm{d}t=\int_{-1}^0 (1+t)\mathrm{d}t+\int_0^x (1-t)\mathrm{d}t$$
$$=\frac{1}{2}(1+t)^2\Big|_{-1}^0-\frac{1}{2}(1-t)^2\Big|_0^x=1-\frac{1}{2}(1-x)^2.$$

第 12 讲 定积分的计算

综上,可得

$$\int_{-1}^{x}(1-|t|)\mathrm{d}t = \begin{cases} \dfrac{1}{2}(1+x)^2, & -1 \leqslant x < 0, \\ 1-\dfrac{1}{2}(1-x)^2, & x \geqslant 0. \end{cases}$$

四、问题 4：如何简化计算对称区间上的定积分？

计算对称区间上的定积分时,应注意利用函数的奇偶性来简化计算. 对于一般区间上的定积分,有时可以利用公式

$$\int_a^b f(x)\mathrm{d}x = \int_a^b f(a+b-x)\mathrm{d}x = \dfrac{1}{2}\int_a^b (f(x)+f(a+b-x))\mathrm{d}x$$

来简化计算（请读者自证）.

例 21 求 $\displaystyle\int_{-\frac{1}{2}}^{\frac{1}{2}} \cos x \left(\ln\dfrac{1+x}{1-x}+\sin^2 x\right)\mathrm{d}x$.

解 由积分的加法运算法则及对称区间上积分性质,可得

$$\text{原式} = \int_{-\frac{1}{2}}^{\frac{1}{2}} \cos x \ln\dfrac{1+x}{1-x}\mathrm{d}x + \int_{-\frac{1}{2}}^{\frac{1}{2}} \cos x \sin^2 x \,\mathrm{d}x$$

$$= 0 + 2\int_{0}^{\frac{1}{2}} \sin^2 x \,\mathrm{d}(\sin x) = \dfrac{2}{3}\left(\sin\dfrac{1}{2}\right)^3.$$

例 22 求 $\displaystyle\int_{-\frac{\pi}{2}}^{\frac{\pi}{2}} \dfrac{\sin^4 x}{1+\mathrm{e}^x}\mathrm{d}x$.

解 积分区间是对称区间,但被积函数奇偶性不明显,于是利用公式

$$\int_{-a}^{a} f(x)\mathrm{d}x = \int_{-a}^{a} \dfrac{1}{2}(f(x)+f(-x))\mathrm{d}x = \int_{0}^{a} (f(x)+f(-x))\mathrm{d}x$$

来计算,可得

$$\int_{-\frac{\pi}{2}}^{\frac{\pi}{2}} \dfrac{\sin^4 x}{1+\mathrm{e}^x}\mathrm{d}x = \dfrac{1}{2}\int_{-\frac{\pi}{2}}^{\frac{\pi}{2}} \left(\dfrac{\sin^4 x}{1+\mathrm{e}^x} + \dfrac{\sin^4(-x)}{1+\mathrm{e}^{-x}}\right)\mathrm{d}x$$

$$= \int_{0}^{\frac{\pi}{2}} \sin^4 x \,\mathrm{d}x = \dfrac{3!!}{4!!} \cdot \dfrac{\pi}{2} = \dfrac{3\pi}{16}.$$

例 23 计算 $\displaystyle\int_{\frac{\pi}{6}}^{\frac{\pi}{3}} \dfrac{\cos^2 x}{x(\pi-2x)}\mathrm{d}x$ 和 $\displaystyle\int_{0}^{2} \dfrac{x}{\mathrm{e}^x+\mathrm{e}^{2-x}}\mathrm{d}x$.

解 利用公式

$$\int_a^b f(x)\mathrm{d}x = \int_a^b f(a+b-x)\mathrm{d}x = \dfrac{1}{2}\int_a^b (f(x)+f(a+b-x))\mathrm{d}x,$$

可得

$$\int_{\frac{\pi}{6}}^{\frac{\pi}{3}} \dfrac{\cos^2 x}{x(\pi-2x)}\mathrm{d}x = \int_{\frac{\pi}{6}}^{\frac{\pi}{3}} \dfrac{\sin^2 x}{x(\pi-2x)}\mathrm{d}x = \dfrac{1}{2}\int_{\frac{\pi}{6}}^{\frac{\pi}{3}} \dfrac{1}{x(\pi-2x)}\mathrm{d}x$$

$$= \frac{1}{2\pi}\int_{\frac{\pi}{6}}^{\frac{\pi}{3}}\left(\frac{1}{x}+\frac{2}{\pi-2x}\right)\mathrm{d}x = \frac{1}{2\pi}\ln\frac{x}{\pi-2x}\bigg|_{\frac{\pi}{6}}^{\frac{\pi}{3}} = \frac{\ln 2}{\pi},$$

$$\int_0^2 \frac{x}{\mathrm{e}^x+\mathrm{e}^{2-x}}\mathrm{d}x = \int_0^2 \frac{2-x}{\mathrm{e}^{2-x}+\mathrm{e}^x}\mathrm{d}x = \frac{1}{2}\int_0^2\left(\frac{x}{\mathrm{e}^{2-x}+\mathrm{e}^x}+\frac{2-x}{\mathrm{e}^{2-x}+\mathrm{e}^x}\right)\mathrm{d}x$$

$$= \int_0^2 \frac{1}{\mathrm{e}^x+\mathrm{e}^{2-x}}\mathrm{d}x = \int_0^2 \frac{\mathrm{e}^x}{\mathrm{e}^{2x}+\mathrm{e}^2}\mathrm{d}x = \frac{1}{\mathrm{e}}\int_0^2 \frac{\mathrm{d}\mathrm{e}^{x-1}}{(\mathrm{e}^{x-1})^2+1}$$

$$= \frac{1}{\mathrm{e}}\arctan \mathrm{e}^{x-1}\bigg|_0^2 = \frac{1}{\mathrm{e}}(\arctan \mathrm{e} - \arctan \mathrm{e}^{-1})$$

$$= \frac{1}{\mathrm{e}}\left(\arctan \mathrm{e} - \left(\frac{\pi}{2} - \arctan \mathrm{e}\right)\right) = \frac{2}{\mathrm{e}}\left(\arctan \mathrm{e} - \frac{\pi}{4}\right).$$

例 24 求 $I = \int_0^1 \frac{\ln(1+x)}{1+x^2}\mathrm{d}x$.

解 令 $x = \tan t$，则

$$I = \int_0^{\frac{\pi}{4}} \ln(1+\tan t)\mathrm{d}t = \int_0^{\frac{\pi}{4}} \ln\left(\frac{\cos t + \sin t}{\cos t}\right)\mathrm{d}t$$

$$= \int_0^{\frac{\pi}{4}} \ln(\cos t + \sin t)\mathrm{d}t - \int_0^{\frac{\pi}{4}} \ln\cos t\,\mathrm{d}t$$

$$= \int_0^{\frac{\pi}{4}} \ln\left(\sqrt{2}\cos\left(\frac{\pi}{4}-t\right)\right)\mathrm{d}t - \int_0^{\frac{\pi}{4}} \ln\cos t\,\mathrm{d}t$$

$$= \frac{1}{2}\ln 2\int_0^{\frac{\pi}{4}}\mathrm{d}t + \int_0^{\frac{\pi}{4}} \ln\cos\left(\frac{\pi}{4}-t\right)\mathrm{d}t - \int_0^{\frac{\pi}{4}} \ln\cos t\,\mathrm{d}t$$

$$= \frac{\pi}{8}\ln 2 + \int_0^{\frac{\pi}{4}} \ln\cos\left(\frac{\pi}{4}-t\right)\mathrm{d}t - \int_0^{\frac{\pi}{4}} \ln\cos t\,\mathrm{d}t$$

$$= \frac{\pi}{8}\ln 2.$$

五、问题 5：如何求解与周期函数有关的定积分？

计算一些与周期函数有关的定积分时，有时可利用被积函数的周期性简化计算. 特别地，若被积函数是三角函数，则可用沃利斯公式简化计算.

例 25 求 $\int_{\frac{10\pi}{n}}^{\frac{30\pi}{n}} |\sin nx|\,\mathrm{d}x$.

解 令 $t = nx$，则

$$\int_{\frac{10\pi}{n}}^{\frac{30\pi}{n}} |\sin nx|\,\mathrm{d}x = \frac{1}{n}\int_{10\pi}^{30\pi} |\sin t|\,\mathrm{d}t = \frac{20}{n}\int_0^{\pi} |\sin t|\,\mathrm{d}t$$

$$= \frac{20}{n}\int_0^{\pi} \sin t\,\mathrm{d}t = \frac{40}{n}.$$

例 26 求 $\int_{-a}^{a} x^2(a^2-x^2)^{\frac{3}{2}}\mathrm{d}x\ (a>0)$.

第12讲 定积分的计算

解 因为被积函数为偶函数,积分区间为对称区间,所以

$$\int_{-a}^{a} x^2(a^2-x^2)^{\frac{3}{2}}dx = 2\int_{0}^{a} x^2(a^2-x^2)^{\frac{3}{2}}dx$$

$$\xrightarrow{\diamondsuit x=a\sin t} 2\int_{0}^{\frac{\pi}{2}} a^2\sin^2 t \cdot a^3\cos^3 t \cdot a\cos t\, dt$$

$$= 2a^6 \int_{0}^{\frac{\pi}{2}} \cos^4 t(1-\cos^2 t)dt$$

$$= 2a^6 \left(\frac{3}{4} \cdot \frac{1}{2} - \frac{5}{6} \cdot \frac{3}{4} \cdot \frac{1}{2}\right) \frac{\pi}{2} = \frac{\pi a^6}{16}.$$

例 27 求 $\int_{-\pi}^{\pi} \cos^7\left(\frac{x}{2}\right)dx$.

解 令 $t = \frac{x}{2}$,则

$$\int_{-\pi}^{\pi} \cos^7\left(\frac{x}{2}\right)dx = 4\int_{0}^{\frac{\pi}{2}} \cos^7 t\, dt = 4\int_{0}^{\frac{\pi}{2}} \sin^7 t\, dt$$

$$= 4 \cdot \frac{6 \cdot 4 \cdot 2}{7 \cdot 5 \cdot 3 \cdot 1} = \frac{64}{35}.$$

例 28 计算 $I = \int_{0}^{\frac{\pi}{2}} \frac{e^{\sin x}}{e^{\sin x}+e^{\cos x}}dx$.

解 由公式

$$\int_{0}^{\frac{\pi}{2}} f(\sin x)dx = \int_{0}^{\frac{\pi}{2}} f(\cos x)dx,$$

可得

$$I = \int_{0}^{\frac{\pi}{2}} \frac{e^{\cos x}}{e^{\cos x}+e^{\sin x}}dx$$

$$= \frac{1}{2}\left(\int_{0}^{\frac{\pi}{2}} \frac{e^{\sin x}}{e^{\sin x}+e^{\cos x}}dx + \int_{0}^{\frac{\pi}{2}} \frac{e^{\cos x}}{e^{\cos x}+e^{\sin x}}dx\right)$$

$$= \frac{1}{2}\int_{0}^{\frac{\pi}{2}} 1\, dx = \frac{\pi}{4}.$$

例 29 计算 $\int_{0}^{\frac{\pi}{2}} \frac{\cos^2 x}{\sin x + \cos x}dx$.

解 原式 $= \frac{1}{2}\left(\int_{0}^{\frac{\pi}{2}} \frac{\cos^2 x}{\sin x+\cos x}dx + \int_{0}^{\frac{\pi}{2}} \frac{\sin^2 x}{\cos x+\sin x}dx\right)$

$$= \frac{1}{2}\int_{0}^{\frac{\pi}{2}} \frac{1}{\sin x+\cos x}dx = \frac{1}{2\sqrt{2}}\int_{0}^{\frac{\pi}{2}} \frac{1}{\cos\left(x-\frac{\pi}{4}\right)}dx$$

$$= \frac{1}{2\sqrt{2}} \ln\left(\sec\left(x-\frac{\pi}{4}\right) + \tan\left(x-\frac{\pi}{4}\right)\right)\Big|_0^{\frac{\pi}{2}}$$

$$= \frac{1}{\sqrt{2}} \ln(1+\sqrt{2}).$$

例 30 证明 $\int_0^\pi x f(\sin x)\mathrm{d}x = \frac{\pi}{2}\int_0^\pi f(\sin x)\mathrm{d}x$,并求 $\int_0^\pi \frac{x\sin x \mid \cos x \mid}{1+\sin^4 x}\mathrm{d}x$.

解 令 $x = \pi - t$,则有

$$\int_0^\pi x f(\sin x)\mathrm{d}x = \int_\pi^0 (\pi - t)f(\sin(\pi - t))\mathrm{d}(\pi - t)$$

$$= \int_0^\pi \pi f(\sin t)\mathrm{d}t - \int_0^\pi t f(\sin t)\mathrm{d}t$$

$$= \int_0^\pi \pi f(\sin x)\mathrm{d}x - \int_0^\pi x f(\sin x)\mathrm{d}x,$$

所以 $\int_0^\pi x f(\sin x)\mathrm{d}x = \frac{\pi}{2}\int_0^\pi f(\sin x)\mathrm{d}x$. 从而

$$\int_0^\pi \frac{x\sin x \mid \cos x \mid}{1+\sin^4 x}\mathrm{d}x = \frac{\pi}{2}\int_0^\pi \frac{\sin x \mid \cos x \mid}{1+\sin^4 x}\mathrm{d}x = \pi\int_0^{\frac{\pi}{2}} \frac{\sin x \mid \cos x \mid}{1+\sin^4 x}\mathrm{d}x$$

$$= \frac{\pi}{2}\int_0^{\frac{\pi}{2}} \frac{1}{1+\sin^4 x}\mathrm{d}(\sin^2 x) = \frac{\pi}{2}\arctan\sin^2 x\Big|_0^{\frac{\pi}{2}}$$

$$= \frac{\pi^2}{8}.$$

例 31 计算 $I = \int_0^{n\pi} x \mid \sin x \mid \mathrm{d}x$,其中 n 为正整数.

解 令 $x = n\pi - t$,则

$$I = \int_0^{n\pi} x \mid \sin x \mid \mathrm{d}x = -\int_{n\pi}^0 (n\pi - t) \mid \sin t \mid \mathrm{d}t$$

$$= \int_0^{n\pi} (n\pi - t) \mid \sin t \mid \mathrm{d}t = \int_0^{n\pi} n\pi \mid \sin t \mid \mathrm{d}t - \int_0^{n\pi} t \mid \sin t \mid \mathrm{d}t$$

$$= \int_0^{n\pi} n\pi \mid \sin x \mid \mathrm{d}x - I,$$

于是

$$I = \frac{n\pi}{2}\int_0^{n\pi} \mid \sin x \mid \mathrm{d}x = \frac{n^2\pi}{2}\int_0^\pi \sin x\,\mathrm{d}x = n^2\pi.$$

例 32 利用沃利斯公式证明:

$$\lim_{n\to\infty}\left(\frac{(2n)!!}{(2n-1)!!}\right)^2 \frac{1}{(2n+1)} = \lim_{n\to\infty}\left(\frac{(2n)!!}{(2n-1)!!}\right)^2 \frac{1}{2n} = \frac{\pi}{2}.$$

证明 由沃利斯公式以及

第 12 讲 定积分的计算

$$\int_0^{\frac{\pi}{2}} \sin^{2n+1}x \, dx < \int_0^{\frac{\pi}{2}} \sin^{2n}x \, dx < \int_0^{\frac{\pi}{2}} \sin^{2n-1}x \, dx,$$

可得

$$\frac{(2n)!!}{(2n+1)!!} < \frac{(2n-1)!!}{(2n)!!} \cdot \frac{\pi}{2} < \frac{(2n-2)!!}{(2n-1)!!},$$

于是

$$A_n = \left(\frac{(2n)!!}{(2n-1)!!}\right)^2 \frac{1}{2n+1} < \frac{\pi}{2} < \left(\frac{(2n)!!}{(2n-1)!!}\right)^2 \frac{1}{2n} = B_n.$$

又因为

$$0 < B_n - A_n = \left[\frac{(2n)!!}{(2n-1)!!}\right]^2 \cdot \frac{1}{2n(2n+1)} < \frac{1}{2n} \cdot \frac{\pi}{2} \to 0 \quad (n \to \infty),$$

所以 $\lim_{n \to \infty}(B_n - A_n) = 0$. 而 $0 < \frac{\pi}{2} - A_n < B_n - A_n$, 故 $\lim_{n \to \infty} A_n = \lim_{n \to \infty} B_n = \frac{\pi}{2}$, 即

$$\lim_{n \to \infty}\left(\frac{(2n)!!}{(2n-1)!!}\right)^2 \frac{1}{2n+1} = \lim_{n \to \infty}\left(\frac{(2n)!!}{(2n-1)!!}\right)^2 \frac{1}{2n} = \frac{\pi}{2}.$$

六、问题 6：如何计算与正整数 n 相关的定积分？

一般情况下，与正整数 n 相关的定积分可以利用分部积分法得到递推公式．

例 33 计算 $I_n = \int_0^{\frac{\pi}{4}} \tan^{2n}x \, dx$，其中 n 为正整数．

解 因为

$$I_n = \int_0^{\frac{\pi}{4}} \tan^{2n-2}x \cdot (\sec^2 x - 1) dx = \int_0^{\frac{\pi}{4}} \tan^{2n-2}x \, d(\tan x) - \int_0^{\frac{\pi}{4}} \tan^{2n-2}x \, dx$$

$$= \frac{1}{2n-1} - I_{n-1},$$

又 $I_0 = \int_0^{\frac{\pi}{4}} dx = \frac{\pi}{4}$, 所以

$$I_n = \frac{1}{2n-1} - \left(\frac{1}{2n-3} - I_{n-2}\right) = \cdots$$

$$= \frac{1}{2n-1} - \frac{1}{2n-3} + \frac{1}{2n-5} - \cdots + (-1)^n I_0$$

$$= (-1)^n \left(\frac{\pi}{4} - \left(1 - \frac{1}{3} + \frac{1}{5} - \cdots + \frac{(-1)^{n-1}}{2n-1}\right)\right).$$

例 34 计算 $I_n = \int_0^1 x^m (\ln x)^n dx$，其中 m, n 为正整数．

解 因为

$$I_n = \frac{1}{m+1}x^{m+1}\ln^n x \Big|_0^1 - \frac{n}{m+1}\int_0^1 x^m (\ln x)^{n-1} dx,$$

又 $I_0 = \int_0^1 x^m dx = \frac{1}{m+1}$,所以

$$I_n = -\frac{n}{m+1}I_{n-1} = \left(-\frac{n}{m+1}\right)\left(-\frac{n-1}{m+1}\right)\cdots\left(-\frac{1}{m+1}\right)I_0$$

$$= (-1)^n \cdot \frac{n!}{(m+1)^{n+1}}.$$

例 35 设 $I_n = \int_0^1 x^n \sqrt{1-x^2} dx$,其中 n 为正整数,证明:

(1) $I_n = \frac{n-1}{n+2}I_{n-2}$,其中 $n \geqslant 3$;

(2) $I_n \leqslant I_{n-1} \leqslant I_{n-2}$;

(3) $\lim\limits_{n \to \infty} \frac{I_n}{I_{n-1}} = 1$.

证明 (1) 由

$$I_n = \int_0^1 x^n \sqrt{1-x^2} dx = -\frac{1}{3}\int_0^1 x^{n-1} d(1-x^2)^{\frac{3}{2}}$$

$$= -\frac{1}{3}x^{n-1}(1-x^2)^{\frac{3}{2}}\Big|_0^1 + \frac{1}{3}\int_0^1 (1-x^2)^{\frac{3}{2}}(n-1)x^{n-2} dx$$

$$= \frac{n-1}{3}\int_0^1 (1-x^2)(1-x^2)^{\frac{1}{2}}x^{n-2} dx$$

$$= \frac{n-1}{3}\int_0^1 (1-x^2)^{\frac{1}{2}}x^{n-2} dx - \frac{n-1}{3}\int_0^1 (1-x^2)^{\frac{1}{2}}x^n dx$$

$$= \frac{n-1}{3}(I_{n-2} - I_n),$$

可得 $I_n = \frac{n-1}{n+2}I_{n-2}$,其中 $n \geqslant 3$.

(2) 当 $n \geqslant 3$ 时,由于

$$x^n \sqrt{1-x^2} \leqslant x^{n-1}\sqrt{1-x^2} \leqslant x^{n-2}\sqrt{1-x^2}, \quad x \in [0,1],$$

所以

$$\int_0^1 x^n \sqrt{1-x^2} dx \leqslant \int_0^1 x^{n-1}\sqrt{1-x^2} dx \leqslant \int_0^1 x^{n-2}\sqrt{1-x^2} dx,$$

即 $I_n \leqslant I_{n-1} \leqslant I_{n-2}$.

(3) 因为

$$\frac{n-1}{n+2} = \frac{I_n}{I_{n-2}} \leqslant \frac{I_n}{I_{n-1}} \leqslant 1,$$

且 $\lim\limits_{n \to \infty} \frac{n-1}{n+2} = 1$,所以 $\lim\limits_{n \to \infty} \frac{I_n}{I_{n-1}} = 1$.

七、问题 7：其他与定积分计算有关的问题.

例 36 设 $f(x) = \int_x^{x+1} \sin e^t \, dt$，证明：$|e^x f(x)| \leqslant 2$.

证明 因为

$$f(x) = \int_x^{x+1} \sin e^t \, dt = -\int_x^{x+1} \frac{1}{e^t} d(\cos e^t)$$

$$= -\frac{1}{e^t}\cos e^t \Big|_x^{x+1} - \int_x^{x+1} \frac{1}{e^t} \cos e^t \, dt$$

$$= \frac{1}{e^x}\cos e^x - \frac{1}{e^{x+1}}\cos e^{x+1} - \cos e^\xi \int_x^{x+1} \frac{1}{e^t} dt$$

$$= \frac{1}{e^x}\left(\cos e^x - \frac{1}{e}\cos e^{x+1}\right) + \frac{1}{e^x}\left(\frac{1}{e} - 1\right)\cos e^\xi.$$

于是

$$|e^x f(x)| = \left|\left(\cos e^x - \frac{1}{e}\cos e^{x+1}\right) + \left(\frac{1}{e} - 1\right)\cos e^\xi\right|$$

$$\leqslant 1 + \frac{1}{e} + \left(1 - \frac{1}{e}\right) = 2.$$

例 37 设函数 $f(x)$ 在 $[0, 2\pi]$ 上的导函数连续且 $f'(x) \geqslant 0$，证明：对任意的正整数 n，有

$$\left|\int_0^{2\pi} f(x) \sin nx \, dx\right| \leqslant \frac{2}{n}(f(2\pi) - f(0)).$$

证明 由分部积分公式得

$$\left|\int_0^{2\pi} f(x) \sin nx \, dx\right| = \frac{1}{n}\left|\int_0^{2\pi} f(x) d(\cos nx)\right|$$

$$= \frac{1}{n}\left|f(x)\cos nx\Big|_0^{2\pi} - \int_0^{2\pi} \cos nx f'(x) dx\right|$$

$$\leqslant \frac{1}{n}|f(2\pi) - f(0)| + \frac{1}{n}\int_0^{2\pi} f'(x) dx$$

$$\leqslant \frac{1}{n}(f(2\pi) - f(0)) + \frac{1}{n}(f(2\pi) - f(0))$$

$$= \frac{2}{n}(f(2\pi) - f(0)).$$

例 38 设 $f(x)$ 在 $[0, +\infty)$ 上可导，且 $f(0) = 0$，其反函数为 $g(x)$，若

$$\int_x^{x+f(x)} g(t-x) dt = x^2 \ln(1+x),$$

求函数 $f(x)$.

解 令 $t - x = u$，则

$$\int_x^{x+f(x)} g(t-x)\,dt = \int_0^{f(x)} g(u)\,du = x^2\ln(1+x),$$

两边求导得

$$g(f(x))f'(x) = 2x\ln(1+x) + \frac{x^2}{1+x}.$$

因为 $g(x)$ 为 $f(x)$ 的反函数,所以 $g(f(x)) = x$,从而

$$f'(x) = 2\ln(1+x) + \frac{x}{1+x},$$

可得

$$f(x) = \int\left(2\ln(1+x) + \frac{x}{1+x}\right)dx$$
$$= 2(1+x)\ln(1+x) - x - \ln(1+x) + C.$$

再由 $f(0) = 0$,可得 $C = 0$,故

$$f(x) = 2(1+x)\ln(1+x) - x - \ln(1+x).$$

例 39 设 $f(x)$ 为连续函数,且 $\lim\limits_{x\to 0}\dfrac{f(x) - \sin x}{x} = 3$,又 $F(x) = \int_0^1 f(xt)\,dt$,求 $F'(x)$,并讨论 $F'(x)$ 的连续性.

解 由 $\lim\limits_{x\to 0}\dfrac{f(x) - \sin x}{x} = 3$ 可得 $f(0) = 0$,且

$$f'(0) = \lim_{x\to 0}\frac{f(x)}{x} = 4.$$

令 $xt = u$,得

$$F(x) = \begin{cases} \dfrac{1}{x}\int_0^x f(u)\,du, & x \neq 0, \\ 0, & x = 0, \end{cases}$$

从而

$$F'(0) = \lim_{x\to 0}\frac{F(x)}{x} = \lim_{x\to 0}\frac{\int_0^x f(u)\,du}{x^2} = \lim_{x\to 0}\frac{f(x)}{2x} = 2,$$

故

$$F'(x) = \begin{cases} \dfrac{f(x)}{x} - \dfrac{1}{x^2}\int_0^x f(u)\,du, & x \neq 0, \\ 2, & x = 0. \end{cases}$$

因为 $\lim\limits_{x\to 0} F'(x) = 2 = F'(0)$,所以 $F'(x)$ 连续.

第 12 讲　定积分的计算

12.3　练习题

1. 填空题.

(1) 设 $f''(x)$ 连续,若 $n\int_0^1 xf''(2x)\mathrm{d}x = \int_0^2 xf''(x)\mathrm{d}x$,则 $n =$ _____ ;

(2) $\int_{-1}^1 \dfrac{x^2 + x^6 \sin x}{1 + \sqrt{1-x^2}}\mathrm{d}x =$ _____ ;

(3) $\int_{-\frac{\pi}{2}}^{\frac{\pi}{2}} (\sin^4 x + \cos^5 x)\mathrm{d}x =$ _____ ;

(4) $\int_3^9 \dfrac{\sqrt{x-3}}{\sqrt{x-3}+\sqrt{9-x}}\mathrm{d}x =$ _____ .

2. 选择题.

(1) 设 $M = \int_{-\frac{\pi}{2}}^{\frac{\pi}{2}} \dfrac{(1+x)^2}{1+x^2}\mathrm{d}x$, $N = \int_{-\frac{\pi}{2}}^{\frac{\pi}{2}} \dfrac{1+x}{\mathrm{e}^x}\mathrm{d}x$, $P = \int_{-\frac{\pi}{2}}^{\frac{\pi}{2}} (1+\sqrt{\cos x})\mathrm{d}x$,则　　　(　　)

(A) $N < P < M$　　　　　　(B) $M < P < N$
(C) $N < M < P$　　　　　　(D) $P < M < N$

(2) 设 $f(x) = \begin{cases} x^2, & 0 \leqslant x < 1, \\ 1, & 1 \leqslant x \leqslant 2, \end{cases}$ 若 $F(x) = \int_1^x f(t)\mathrm{d}t\,(0 \leqslant x \leqslant 2)$,则 $F(x) =$　(　　)

(A) $\begin{cases} \dfrac{1}{3}x^3, & 0 \leqslant x < 1, \\ x, & 1 \leqslant x \leqslant 2 \end{cases}$ 　　　(B) $\begin{cases} \dfrac{1}{3}x^3 - \dfrac{1}{3}, & 0 \leqslant x < 1, \\ x, & 1 \leqslant x \leqslant 2 \end{cases}$

(C) $\begin{cases} \dfrac{1}{3}x^3, & 0 \leqslant x < 1, \\ x-1, & 1 \leqslant x \leqslant 2 \end{cases}$ 　(D) $\begin{cases} \dfrac{1}{3}x^3 - \dfrac{1}{3}, & 0 \leqslant x < 1, \\ x-1, & 1 \leqslant x \leqslant 2 \end{cases}$

(3) 设 $f(0)=1, f(2)=3, f'(2)=5$,则 $\int_0^1 xf''(2x)\mathrm{d}x =$　　　　(　　)

(A) 2　　　　　(B) 1　　　　　(C) 4　　　　　(D) 3

3. 计算下列定积分：

(1) $\int_1^3 |x-2|\mathrm{d}x$;　　　　　　(2) $\int_{-\frac{\pi}{3}}^{\frac{\pi}{2}} \sqrt{\cos x - \cos^3 x}\,\mathrm{d}x$;

(3) $\int_{-1}^1 x^4(\tan x + \sqrt{1-x^2})\mathrm{d}x$;　(4) $\int_0^2 x^2\sqrt{2x-x^2}\,\mathrm{d}x$;

(5) $\int_{\frac{\pi}{4}}^{\frac{\pi}{4}+25\pi} |\sin 2x| \, dx$;

(6) $\int_{\frac{\pi}{4}}^{\frac{\pi}{3}} \frac{\ln\tan x}{\sin 2x} dx$;

(7) $\int_{-1}^{4} x\sqrt{|x|} \, dx$;

(8) $\int_{a-\frac{\pi}{2}}^{a+\frac{\pi}{2}} \tan^2 x \cdot \sin^2 2x \, dx$.

4. 设 $f(x)=\begin{cases} \sin x, & 0 \leqslant x \leqslant 1, \\ x \ln x, & 1 < x \leqslant 2, \\ 1, & x > 2, \end{cases}$ 求 $\int_0^x f(t) dt \, (x \geqslant 0)$.

5. 已知 $f(x)=\int_1^{x^2} e^{-t^2} dt$, 求 $\int_0^1 x f(x) dx$.

6. 求 $\int_{e^{-2}}^{e^2} \frac{|\ln x|}{\sqrt{x}} dx$.

7. 设 $f(x)=\begin{cases} 1+x^2, & x \leqslant 0, \\ e^{-x}, & x > 0, \end{cases}$ 求 $\int_1^3 f(x-2) dx$.

8. 求 $\int_{-\frac{\pi}{2}}^{\frac{\pi}{2}} |\sin x| \arctan e^x \, dx$.

9. 求 $\int_0^{\pi} x\sqrt{\cos^2 x - \cos^4 x} \, dx$.

10. 设 $f(x)$ 连续,且当 $0 \leqslant x \leqslant \frac{a}{2}$ 时,$f(x)+f(a-x) > 0$,试证:
$$\int_0^a f(x) dx > 0.$$

11. 求 $I(x)=\int_{-1}^{1} |t-x| e^t \, dt$ 在 $[-1,1]$ 上的最大值.

第 13 讲　定积分的应用

13.1　内容提要

一、微元法

设在区间$[a,b]$上所求的量Q具有可加性.

(1) 将区间$[a,b]$任意分割成若干个子区间,取其中任意一个子区间并记为$[x,x+\mathrm{d}x]$,称为**代表性子区间**. 找到连续函数$f(x)$,使得相应于这个子区间的部分量ΔQ的近似值可以表示成

$$\Delta Q \approx f(x)\mathrm{d}x,$$

且

$$\Delta Q - f(x)\mathrm{d}x = o(\mathrm{d}x) \quad (\mathrm{d}x \to 0),$$

则称$f(x)\mathrm{d}x$为量Q的**微元**,记为$\mathrm{d}Q$,即

$$\mathrm{d}Q = f(x)\mathrm{d}x.$$

(2) 对$f(x)\mathrm{d}x$在区间$[a,b]$上积分即得所求量Q的表达式为

$$Q = \int_a^b f(x)\mathrm{d}x.$$

上述这种建立所求量Q的定积分表达式的方法称为微元法.

二、曲线的弧长

(1) 平面光滑曲线C由参数方程$\begin{cases} x=x(t), \\ y=y(t), \end{cases} t \in [\alpha,\beta]$给出,则其弧长为

$$s = \int_\alpha^\beta \sqrt{(x'(t))^2 + (y'(t))^2}\,\mathrm{d}t,$$

弧微分为

$$\mathrm{d}s = \sqrt{(x'(t))^2 + (y'(t))^2}\,\mathrm{d}t.$$

(2) 平面曲线C以直角坐标形式$y=f(x), x \in [a,b]$给出,且$f(x)$连续可导,则其弧长为

$$s = \int_a^b \sqrt{1 + (f'(x))^2}\,\mathrm{d}x,$$

弧微分为

$$\mathrm{d}s = \sqrt{1 + (f'(x))^2}\,\mathrm{d}x.$$

(3) 曲线 C 由极坐标形式 $\rho=\rho(\theta), \theta\in[\alpha,\beta]$ 给出，且 $\rho(\theta)$ 连续可导，则其弧长为

$$s=\int_\alpha^\beta \sqrt{(\rho(\theta))^2+(\rho'(\theta))^2}\,\mathrm{d}\theta,$$

弧微分为

$$\mathrm{d}s=\sqrt{(\rho(\theta))^2+(\rho'(\theta))^2}\,\mathrm{d}\theta.$$

三、平面区域的面积

(1) 设 $f(x), g(x)$ 在 $[a,b]$ 上连续，且 $f(x)\geqslant g(x)$，则由直线 $x=a, x=b$ 以及曲线 $y=f(x)$ 和 $y=g(x)$ 所围成的平面图形的面积为

$$A=\int_a^b (f(x)-g(x))\,\mathrm{d}x.$$

(2) 设 $\varphi(y), \psi(y)$ 在 $[c,d]$ 上连续，且 $\varphi(y)\geqslant \psi(y)$，则由曲线 $x=\varphi(y)$，$x=\psi(y)$ 以及直线 $y=c, y=d$ 所围成的平面图形的面积为

$$A=\int_c^d (\varphi(y)-\psi(y))\,\mathrm{d}y.$$

(3) 在极坐标下，平面图形由射线 $\theta=\alpha, \theta=\beta\ (0<\beta-\alpha\leqslant 2\pi)$ 以及连续曲线 $\rho=\rho(\theta)$ 所围成，称此图形为**曲边扇形**. 这个曲边扇形的面积为

$$A=\frac{1}{2}\int_\alpha^\beta \rho^2(\theta)\,\mathrm{d}\theta.$$

四、某些特殊空间立体的体积

1) 平行截面面积已知的立体体积.

设有一空间立体，它介于平面 $x=a$ 与 $x=b$ 之间，其中常数 $a<b$. 过 $[a,b]$ 中任意一点 x 且垂直于 x 轴的平面与此立体相截，所得的截面面积 $A(x)$ 已知，且假设 $A(x)$ 是 $[a,b]$ 上的连续函数，则其体积

$$V=\int_a^b A(x)\,\mathrm{d}x.$$

2) 旋转体的体积.

(1) 设函数 $f(x)$ 在区间 $[a,b]$ 上非负连续，由 $0\leqslant y\leqslant f(x), a\leqslant x\leqslant b$ 界定的曲边梯形绕 x 轴旋转一周所得旋转体体积为

$$V=\pi\int_a^b f^2(x)\,\mathrm{d}x.$$

(2) 由曲边梯形 $0\leqslant a\leqslant x\leqslant b, 0\leqslant y\leqslant f(x)$（函数 $f(x)$ 连续）绕 y 轴旋转一周所得旋转体体积为

$$V=2\pi\int_a^b x f(x)\,\mathrm{d}x.$$

五、旋转曲面的面积

(1) 若平面光滑曲线 C 由参数方程 $\begin{cases} x = x(t), \\ y = y(t) \end{cases}$ $(y(t) \geqslant 0, t \in [\alpha, \beta])$ 给出,则其绕 x 轴旋转一周所得旋转曲面面积为

$$S = 2\pi \int_\alpha^\beta y(t) \sqrt{(x'(t))^2 + (y'(t))^2} \, dt.$$

(2) 若光滑曲线 C 的直角坐标表示为 $y = f(x)(f(x) \geqslant 0, a \leqslant x \leqslant b)$,则其绕 x 轴旋转一周所得旋转曲面的面积为

$$S = 2\pi \int_a^b f(x) \sqrt{1 + (f'(x))^2} \, dx.$$

(3) 若光滑曲线 C 的极坐标表示为 $\rho = \rho(\theta)(0 \leqslant \alpha \leqslant \theta \leqslant \beta \leqslant \pi)$,则其绕极轴旋转一周所得旋转曲面的面积为

$$S = 2\pi \int_\alpha^\beta \rho(\theta) \sin\theta \sqrt{(\rho(\theta))^2 + (\rho'(\theta))^2} \, d\theta.$$

六、物理应用

利用微元法还能解决一些物理问题,如静压力问题、做功问题、引力问题等.

13.2 例题与释疑解难

一、问题 1:如何用定积分解决一些几何问题?

有些几何模型能够推导出公式的可以套公式求解,有些没有公式的几何问题要用微元法具体分析求解.

例 1 设曲线方程为 $y = \int_0^x \sqrt{\sin t} \, dt (0 \leqslant x \leqslant \pi)$,求该曲线的长度.

解 设曲线方程为 $y = f(x)$,则由弧长计算公式得

$$s = \int_0^\pi \sqrt{1 + (f'(x))^2} \, dx = \int_0^\pi \sqrt{1 + \sin x} \, dx$$

$$= \int_0^\pi \left(\sin \frac{x}{2} + \cos \frac{x}{2} \right) dx$$

$$\xlongequal{\diamondsuit t = \frac{x}{2}} 2 \left(\int_0^{\frac{\pi}{2}} \sin t \, dt + \int_0^{\frac{\pi}{2}} \cos t \, dt \right) = 4 \int_0^{\frac{\pi}{2}} \sin t \, dt = 4.$$

例 2 将绕在圆(半径为 a)上的细线放开拉直,使细线与圆周始终相切(如图所示).细线端点画出的轨迹叫做圆的渐伸线,它的方程为

$$\begin{cases} x = a(\cos t + t \sin t), \\ y = a(\sin t - t \cos t), \end{cases}$$

求此曲线对应于 $0 \leqslant t \leqslant \pi$ 这段的弧长.

解 $s = \int_0^\pi \sqrt{[a(\cos t + t\sin t)']^2 + [a(\sin t - t\cos t)']^2} \, dt$

$= \int_0^\pi \sqrt{(at\cos t)^2 + (at\sin t)^2} \, dt = a\int_0^\pi t \, dt = \frac{a}{2}\pi^2.$

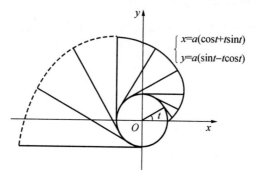

例3 求对数螺线 $\rho = e^{a\theta}$ 对应于 $\theta = 0$ 到 $\theta = 2\pi$ 的一段弧长.

解 利用极坐标下的弧长公式

$$s = \int_\alpha^\beta \sqrt{(\rho(\theta))^2 + (\rho'(\theta))^2} \, d\theta,$$

可得

$$s = \int_0^{2\pi} \sqrt{(e^{a\theta})^2 + (ae^{a\theta})^2} \, d\theta = \sqrt{1+a^2} \int_0^{2\pi} e^{a\theta} \, d\theta = \frac{\sqrt{1+a^2}}{a}(e^{2\pi a} - 1).$$

例4 设 $f(x):[0,1] \to [0,1]$ 二阶连续可导,且
$$f(0) = f(1) = 0, \quad f''(x) < 0, \quad x \in [0,1].$$
记曲线 $y = f(x)(x \in [0,1])$ 的长度为 L,证明: $L < 3$.

证明 由罗尔定理,存在一点 $\xi \in (0,1)$,使得 $f'(\xi) = 0$. 又由于 $f''(x) < 0$, $x \in [0,1]$,故
$$f'(x) > 0 \ (x \in [0,\xi)), \quad f'(x) < 0 \ (x \in (\xi,1]),$$
从而
$$L = \int_0^1 \sqrt{1+(f'(x))^2} \, dx = \int_0^\xi \sqrt{1+(f'(x))^2} \, dx + \int_\xi^1 \sqrt{1+(f'(x))^2} \, dx$$
$$< \int_0^\xi (1+f'(x)) \, dx + \int_\xi^1 (1-f'(x)) \, dx$$
$$= \xi + f(\xi) - f(0) + [1-\xi-(f(1)-f(\xi))] = 1 + 2f(\xi) \leqslant 3.$$

例5 求由曲线 $y = \dfrac{4}{x}$ 和直线 $y = x$ 及 $y = 4x$ 在第一象限中围成的平面图形的面积.

解法1 如图(1)所示,选 x 作为积分变量,曲线 $y = \dfrac{4}{x}$ 和直线 $y = 4x$ 及 $y = $

x 的交点的横坐标分别为 $x=1, x=2$. 于是所求面积为

$$S = \int_0^1 (4x-x) dx + \int_1^2 \left(\frac{4}{x} - x\right) dx = \frac{3}{2}x^2 \Big|_0^1 + \left(4\ln x - \frac{x^2}{2}\right)\Big|_1^2 = 4\ln 2.$$

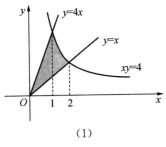

(1)

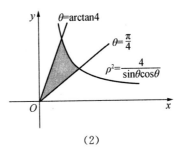

(2)

解法 2 利用极坐标求解. 如图(2)所示, 所求面积的区域夹在角度 $\theta = \frac{\pi}{4}$ 与 $\theta = \arctan 4$ 之间, 而 $y = \frac{4}{x}$ 对应的极坐标方程为 $\rho^2(\theta) = \frac{4}{\cos\theta\sin\theta}$, 故所求面积为

$$S = \int_{\frac{\pi}{4}}^{\arctan 4} \frac{1}{2}\rho^2(\theta) d\theta = \frac{1}{2}\int_{\frac{\pi}{4}}^{\arctan 4} \frac{4}{\sin\theta\cos\theta} d\theta = 2\ln\tan\theta \Big|_{\frac{\pi}{4}}^{\arctan 4} = 4\ln 2.$$

例 6 求曲线 $x = 2t - t^2, y = 2t^2 - t^3$ 围成的图形的面积.

解 当 $t=0,2$ 时, $x=0, y=0$, 对应于曲线在原点自相交; 当 $t \in (0,2)$ 时, 曲线在第一象限, 且当 $t=1$ 时得横坐标 x 的最大值为 1; 当 $t \in (-\infty, 0)$ 时, 曲线在第二象限; 当 $t \in (2, +\infty)$ 时, 曲线在第三象限 (如图所示). 故所求的面积为

$$S = \int_0^1 y_2(x) dx - \int_0^1 y_1(x) dx,$$

代入参数方程得

$$S = \int_2^1 (2t^2 - t^3) d(2t - t^2) - \int_0^1 (2t^2 - t^3) d(2t - t^2)$$
$$= -\int_0^2 (2t^2 - t^3) 2(1-t) dt = -2\int_0^2 (t^4 - 3t^3 + 2t^2) dt = \frac{8}{15}.$$

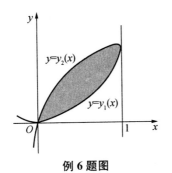

例 6 题图

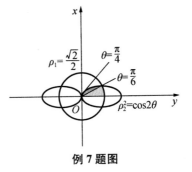

例 7 题图

例7 求双纽线$(x^2+y^2)^2=x^2-y^2$与圆$x^2+y^2=\dfrac{1}{2}$所围成的区域公共部分的面积.

解 圆的极坐标方程为$\rho_1=\dfrac{\sqrt{2}}{2}$,双纽线的极坐标方程为
$$\rho_2^2=\cos2\theta\quad\left(-\dfrac{\pi}{4}\leqslant\theta\leqslant\dfrac{\pi}{4},\dfrac{3\pi}{4}\leqslant\theta\leqslant\dfrac{5\pi}{4}\right).$$
如图所示,双纽线与圆都是既关于x轴对称又关于y轴对称,故所求面积是第一象限部分面积的4倍. 设双纽线与圆的交点为(ρ,θ),则$\cos2\theta=\dfrac{1}{2}$,故$\theta=\dfrac{\pi}{6}$. 于是所求面积为
$$S=4\left(\int_0^{\frac{\pi}{6}}\dfrac{1}{2}\rho_1^2(\theta)\mathrm{d}\theta+\int_{\frac{\pi}{6}}^{\frac{\pi}{4}}\dfrac{1}{2}\rho_2^2(\theta)\mathrm{d}\theta\right)=4\left(\dfrac{\pi}{24}+\int_{\frac{\pi}{6}}^{\frac{\pi}{4}}\dfrac{1}{2}\cos2\theta\mathrm{d}\theta\right)$$
$$=4\left(\dfrac{\pi}{24}+\dfrac{2-\sqrt{3}}{8}\right)=\dfrac{\pi}{6}+1-\dfrac{\sqrt{3}}{2}.$$

例8 求由曲线$x^2+xy+y^2=1$所围成的图形的面积.

解法1 利用直角坐标系求解. 由曲线方程解出
$$y_1(x)=-\dfrac{x}{2}-\sqrt{1-\dfrac{3}{4}x^2},\quad y_2(x)=-\dfrac{x}{2}+\sqrt{1-\dfrac{3}{4}x^2},$$
其中$-\dfrac{2}{\sqrt{3}}\leqslant x\leqslant\dfrac{2}{\sqrt{3}}$,于是曲线所围成图形的面积为
$$S=\int_{-\frac{2}{\sqrt{3}}}^{\frac{2}{\sqrt{3}}}(y_2(x)-y_1(x))\mathrm{d}x=2\int_{-\frac{2}{\sqrt{3}}}^{\frac{2}{\sqrt{3}}}\sqrt{1-\dfrac{3}{4}x^2}\mathrm{d}x$$
$$=\dfrac{4}{\sqrt{3}}\int_{-\frac{\pi}{2}}^{\frac{\pi}{2}}\cos^2 t\mathrm{d}t=\dfrac{2\pi}{\sqrt{3}}.$$

解法2 利用极坐标求解. 将$x=\rho\cos\theta$,$y=\rho\sin\theta$代入曲线方程,可得
$$\rho^2=\dfrac{1}{1+\sin\theta\cos\theta},$$
于是由利用极坐标的求面积公式得
$$S=\dfrac{1}{2}\int_0^{2\pi}\rho^2\mathrm{d}\theta=\dfrac{1}{2}\int_0^{2\pi}\dfrac{\mathrm{d}\theta}{1+\dfrac{1}{2}\sin2\theta}=\int_0^{2\pi}\dfrac{\mathrm{d}\varphi}{2+\sin\varphi}=\dfrac{2\pi}{\sqrt{3}}.$$

解法3 由线性代数知识知道此曲线围成一椭圆,中心在原点,故其长半轴为椭圆上点到坐标原点的最长距离,短半轴为椭圆上点与坐标原点的最短距离. 由曲线极坐标方程

$$\rho^2 = \frac{1}{1+\sin\theta\cos\theta} = \frac{1}{1+\frac{1}{2}\sin 2\theta},$$

当 $\sin 2\theta = -1$ 时得到其长半轴为 $a = \sqrt{2}$，当 $\sin 2\theta = 1$ 时得到其短半轴为 $b = \sqrt{\frac{2}{3}}$，故椭圆面积为 $S = \pi a b = \frac{2\pi}{\sqrt{3}}$.

例 9 设一楔形体由抛物柱面 $y-4=-x^2$，平面 $z=0$ 及与底面成 $\alpha(\alpha>0)$ 角且过 x 轴的平面所围成（如图所示），求此楔形体的体积.

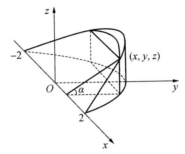

解 选 x 为积分变量. 任取 $x \in [-2,2]$，过点 $(x,0,0)$ 作平行于 yOz 平面的平面，该平面截此楔形体得到的平面区域为一直角三角形，设其面积为 $A(x)$，则

$$A(x) = \frac{1}{2}y \cdot y\tan\alpha = \frac{1}{2}y^2\tan\alpha = \frac{1}{2}(4-x^2)^2\tan\alpha,$$

故由平行截面面积已知的立体体积公式得

$$V = \int_{-2}^{2} A(x)dx = \int_{-2}^{2} \frac{1}{2}(4-x^2)^2\tan\alpha\, dx = \frac{256}{15}\tan\alpha.$$

例 10 设 $A>0$，D 是由曲线段 $y=A\sin x\left(0 \leqslant x \leqslant \frac{\pi}{2}\right)$ 及直线 $y=0, x=\frac{\pi}{2}$ 所围成的平面区域，V_1, V_2 分别表示 D 绕 x 轴与绕 y 轴旋转所成旋转体的体积，若 $V_1 = V_2$，求 A 的值.

解 D 绕 x 轴旋转所得旋转体的体积微元为

$$dV = \pi f^2(x)dx = \pi A^2 \sin^2 x\, dx,$$

故所求体积为

$$V_1 = \int_0^{\frac{\pi}{2}} \pi A^2 \sin^2 x\, dx = \pi A^2 \cdot \frac{1}{2} \cdot \frac{\pi}{2} = \frac{\pi^2}{4}A^2;$$

D 绕 y 轴旋转所得旋转体的体积微元为

$$dV = 2\pi x f(x)dx = 2\pi x A \sin x\, dx,$$

故所求体积为

$$V_2 = \int_0^{\frac{\pi}{2}} 2\pi x A \sin x\, dx = 2\pi A\left(-x\cos x\Big|_0^{\frac{\pi}{2}} + \int_0^{\frac{\pi}{2}}\cos x\, dx\right) = 2\pi A.$$

由于 $V_1 = V_2$,所以 $2\pi A = A^2 \dfrac{\pi^2}{4}$,故 $A = \dfrac{8}{\pi}$.

例 11 设平面区域 D 由 $x^2 + y^2 \leqslant 2x$ 与 $y \geqslant x$ 所确定,求 D 绕直线 $x = 2$ 旋转一周所得旋转体的体积.

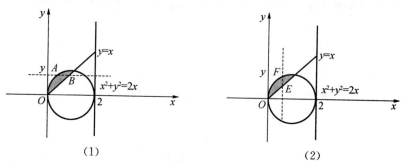

(1)　　　　　　　　　　(2)

解法 1 选 y 作为积分变量.如图(1)所示,任取 $y \in (0,1)$,过点 $(0,y)$ 作平行于 x 轴的直线,其与区域 D 的边界交于 $A(1-\sqrt{1-y^2}, y), B(y, y)$ 两点,则线段 AB 绕直线 $x = 2$ 旋转所得一圆环面,其面积为

$$\pi(2-(1-\sqrt{1-y^2}))^2 - \pi(2-y)^2,$$

于是所求体积微元为

$$\mathrm{d}V = \pi((1+\sqrt{1-y^2})^2 - (2-y)^2)\mathrm{d}y,$$

故所求体积为

$$V = \int_0^1 \pi[(1+\sqrt{1-y^2})^2 - (2-y)^2]\mathrm{d}y = \dfrac{\pi^2}{2} - \dfrac{2}{3}\pi.$$

解法 2 选 x 作为积分变量.如图(2)所示,任取 $x \in (0,1)$,过点 $(x,0)$ 作平行于 y 轴的直线,其与区域 D 的边界交于 $E(x,x), F(x, \sqrt{2x-x^2})$ 两点,于是线段 EF 绕直线 $x = 2$ 旋转所得一圆柱的一段侧面,其面积为

$$2\pi(2-x)(\sqrt{2x-x^2} - x),$$

故所求体积微元为

$$\mathrm{d}V = 2\pi(2-x)(\sqrt{2x-x^2} - x)\mathrm{d}x,$$

从而所求体积为

$$V = \int_0^1 2\pi(2-x)(\sqrt{2x-x^2} - x)\mathrm{d}x = \dfrac{\pi^2}{2} - \dfrac{2}{3}\pi.$$

例 12 设曲线 $\rho = 1 + \cos\theta$ 围成的区域为 D.

(1) 求 D 的面积;

(2) 求 D 绕 $\theta = 0$(极轴)旋转一周所得旋转体体积.

解 (1) 如图所示,区域 D 关于极轴对称,其面积为

$$S = 2\int_0^\pi \dfrac{1}{2}\rho^2(\theta)\mathrm{d}\theta = 2\int_0^\pi \dfrac{1}{2}(1+\cos\theta)^2\mathrm{d}\theta = \dfrac{3}{2}\pi.$$

第13讲 定积分的应用

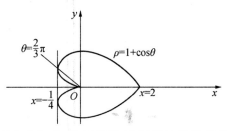

(2) 可采用参数形式求解 D 绕极轴旋转所得旋转体的体积. 由
$$x=\rho\cos\theta=(1+\cos\theta)\cos\theta, \quad y=\rho\sin\theta=(1+\cos\theta)\sin\theta$$
可知,当 $\cos\theta=-\dfrac{1}{2}$ 即 $\theta=\dfrac{2}{3}\pi$ 时,x 的坐标最小,此时 $x=-\dfrac{1}{4}$. 设 $y=y_1(x)$ 由
$$\begin{cases} x=(1+\cos\theta)\cos\theta, \\ y=(1+\cos\theta)\sin\theta \end{cases} \left(0\leqslant\theta\leqslant\dfrac{2\pi}{3}\right)$$
确定,而 $y=y_2(x)$ 由
$$\begin{cases} x=(1+\cos\theta)\cos\theta, \\ y=(1+\cos\theta)\sin\theta \end{cases} \left(\dfrac{2\pi}{3}\leqslant\theta\leqslant\pi\right)$$
确定,则
$$\begin{aligned} V &= \int_{-\frac{1}{4}}^{2}\pi y_1^2(x)\mathrm{d}x - \int_{-\frac{1}{4}}^{0}\pi y_2^2(x)\mathrm{d}x \\ &= \int_0^{\frac{2}{3}\pi}\pi((1+\cos\theta)\sin\theta)^2(\sin\theta+2\sin\theta\cos\theta)\mathrm{d}\theta \\ &\quad + \int_{\frac{2\pi}{3}}^{\pi}\pi((1+\cos\theta)\sin\theta)^2(\sin\theta+2\sin\theta\cos\theta)\mathrm{d}\theta \\ &= \dfrac{8}{3}\pi. \end{aligned}$$

例 13 在极坐标系下,设 $\rho(\theta)$ 连续,证明:由 $0\leqslant\alpha\leqslant\theta\leqslant\beta,0\leqslant\rho\leqslant\rho(\theta)$ 所表示的区域绕极轴旋转一周所成的旋转体体积为 $V=\dfrac{2\pi}{3}\int_\alpha^\beta\rho^3(\theta)\sin\theta\mathrm{d}\theta$.

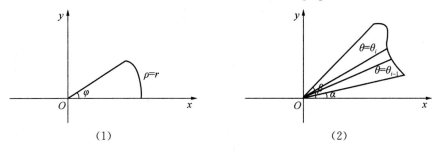

(1)   (2)

证明 如图(1)所示,设半径为 r 的扇形区域 $0\leqslant\theta\leqslant\varphi,0\leqslant\rho\leqslant r$ 绕极轴旋转所得旋转体的体积为 $V(r,\varphi)$,则

$$V(r,\varphi) = \frac{\pi}{3}(r\sin\varphi)^2 r\cos\varphi + \pi\int_{r\cos\varphi}^{r}(r^2-x^2)\mathrm{d}x$$
$$= \frac{2\pi}{3}r^3(1-\cos\varphi).$$

如图(2)所示,将区间$[\alpha,\beta]$分割成$\alpha=\theta_0<\theta_1<\cdots<\theta_n=\beta$,第$i$个小区间为$[\theta_{i-1},\theta_i]$,其所对应的区域$\theta_{i-1}\leqslant\theta\leqslant\theta_i,0\leqslant\rho\leqslant\rho(\theta)$绕极轴旋转所得旋转体的体积为$\Delta V_i$,则$\Delta V_i$可近似成以$\rho(\theta_i)$为半径,圆心角为$\Delta\theta_i=\theta_i-\theta_{i-1}$的扇形绕极轴旋转所得的旋转体体积. 于是

$$\Delta V_i \approx \frac{2\pi}{3}\rho^3(\theta_i)(\cos\theta_{i-1}-\cos\theta_i) \approx \frac{2\pi}{3}\rho^3(\theta_i)\sin\theta_i\Delta\theta_i,$$

并可以证明其误差

$$\left|\Delta V_i - \frac{2\pi}{3}\rho^3(\theta_i)\sin\theta_i\Delta\theta_i\right| = o(\Delta\theta_i) \quad (\Delta\theta_i \to 0)$$

(请读者自己思考). 设$d=\max\limits_{1\leqslant i\leqslant n}(\Delta\theta_i)$,故所求体积为

$$V = \sum_{i=1}^{n}\Delta V_i = \lim_{d\to 0}\sum_{i=1}^{n}\frac{2\pi}{3}\rho^3(\theta_i)\sin\theta_i\Delta\theta_i = \frac{2\pi}{3}\int_{\alpha}^{\beta}\rho^3(\theta)\sin\theta\mathrm{d}\theta.$$

注 用此公式计算上例,可得其体积为

$$V = \frac{2\pi}{3}\int_{0}^{\pi}(1+\cos\theta)^3\sin\theta\mathrm{d}\theta = \frac{8}{3}\pi.$$

例14 求摆线$x=a(t-\sin t),y=a(1-\cos t)(0\leqslant t\leqslant 2\pi,a>0)$绕直线$y=2a$旋转所得旋转曲面的面积.

解 当$t\in[0,2\pi]$时,弧微分

$$\mathrm{d}s = \sqrt{(x'(t))^2+(y'(t))^2}\mathrm{d}t = \sqrt{a^2(1-\cos t)^2+a^2(\sin t)^2}\mathrm{d}t$$
$$= a\sqrt{2-2\cos t}\mathrm{d}t = 2a\sin\frac{t}{2}\mathrm{d}t.$$

而曲线上点$(x,y)=(a(t-\sin t),a(1-\cos t))$与直线$y=2a$的距离为

$$d = |a(1-\cos t)-2a| = a(1+\cos t),$$

所以旋转曲面的面积微元为

$$\mathrm{d}S = 2\pi d\,\mathrm{d}s = 2\pi a(1+\cos t)2a\sin\frac{t}{2}\mathrm{d}t = 4\pi a^2(1+\cos t)\sin\frac{t}{2}\mathrm{d}t.$$

故所求旋转曲面的面积为

$$S = \int_{0}^{2\pi}4\pi a^2(1+\cos t)\sin\frac{t}{2}\mathrm{d}t = \frac{32}{3}\pi a^2.$$

例15 已知曲线$y=\dfrac{\mathrm{e}^x+\mathrm{e}^{-x}}{2}$与直线$x=0,x=t(t>0)$及$y=0$围成一曲

边梯形，该曲边梯形绕 x 轴旋转一周得一旋转体，其体积为 $V(t)$，侧面积为 $S(t)$，且在 $x=t$ 处的底面积为 $F(t)$.

(1) 求 $\dfrac{S(t)}{V(t)}$ 的值； (2) 计算极限 $\lim\limits_{t\to+\infty}\dfrac{S(t)}{F(t)}$.

解 (1) 因为

$$S(t)=\int_0^t 2\pi y\sqrt{1+(y')^2}\,dx=2\pi\int_0^t\left(\dfrac{e^x+e^{-x}}{2}\right)\sqrt{1+\dfrac{e^{2x}-2+e^{-2x}}{4}}\,dx$$

$$=2\pi\int_0^t\left(\dfrac{e^x+e^{-x}}{2}\right)^2 dx,$$

$$V(t)=\pi\int_0^t\left(\dfrac{e^x+e^{-x}}{2}\right)^2 dx,$$

所以 $\dfrac{S(t)}{V(t)}=2$.

(2) 因为 $F(t)=\pi y^2\Big|_{x=t}=\pi\left(\dfrac{e^t+e^{-t}}{2}\right)^2$，所以

$$\lim_{t\to+\infty}\dfrac{S(t)}{F(t)}=\lim_{t\to+\infty}\dfrac{2\pi\int_0^t\left(\dfrac{e^x+e^{-x}}{2}\right)^2 dx}{\pi\left(\dfrac{e^t+e^{-t}}{2}\right)^2}=\lim_{t\to+\infty}\dfrac{2\left(\dfrac{e^t+e^{-t}}{2}\right)^2}{2\left(\dfrac{e^t+e^{-t}}{2}\right)\left(\dfrac{e^t-e^{-t}}{2}\right)}$$

$$=\lim_{t\to+\infty}\dfrac{e^t+e^{-t}}{e^t-e^{-t}}=1.$$

例 16 设双纽线 $\Gamma:\rho^2=a^2\cos 2\theta\,(a>0)$.

(1) 求 Γ 绕极轴旋转一周所得旋转曲面的面积.

(2) 求 Γ 绕射线 $\theta=\dfrac{\pi}{4}$ 旋转一周所得旋转曲面的面积.

解 (1) 弧微分为

$$ds=\sqrt{\rho^2(\theta)+[\rho'(\theta)]^2}\,d\theta=\sqrt{a^2\cos 2\theta+\left(\dfrac{-a\sin 2\theta}{\sqrt{\cos 2\theta}}\right)^2}\,d\theta=\dfrac{a}{\sqrt{\cos 2\theta}}d\theta.$$

由于 Γ 左右对称，所以绕极轴旋转一周所得旋转曲面左右两边面积相等，且曲线上点到极轴距离为

$$|y|=|\rho(\theta)\sin\theta|=a\sqrt{\cos 2\theta}\,|\sin\theta|,$$

故所求旋转曲面的面积为

$$S=2\int_0^{\frac{\pi}{4}}2\pi|y|\,ds=2\int_0^{\frac{\pi}{4}}2\pi a\sqrt{\cos 2\theta}\sin\theta\dfrac{a}{\sqrt{\cos 2\theta}}d\theta$$

$$=4\pi a^2\int_0^{\frac{\pi}{4}}\sin\theta\,d\theta=4\pi a^2\left(1-\dfrac{\sqrt{2}}{2}\right)=2\pi a^2(2-\sqrt{2}).$$

(2) 因为 Γ 上点 (ρ,θ) 到直线 $\theta=\dfrac{\pi}{4}$ 的距离为

$$d=\dfrac{\mid a\sqrt{\cos2\theta}\cos\theta-a\sqrt{\cos2\theta}\sin\theta\mid}{\sqrt{2}},$$

所以旋转曲面的面积为

$$S=2\int_{-\frac{\pi}{4}}^{\frac{\pi}{4}}2\pi d\,\mathrm{d}s=2\int_{-\frac{\pi}{4}}^{\frac{\pi}{4}}2\pi\dfrac{(a\sqrt{\cos2\theta}\cos\theta-a\sqrt{\cos2\theta}\sin\theta)}{\sqrt{2}}\dfrac{a}{\sqrt{\cos2\theta}}\mathrm{d}\theta$$

$$=2\sqrt{2}a^2\pi\int_{-\frac{\pi}{4}}^{\frac{\pi}{4}}(\cos\theta-\sin\theta)\mathrm{d}\theta=4\pi a^2.$$

二、问题 2：一些物理问题如何用定积分来求解？

例 17 有一涵洞最高点在水下 5 m 处，且涵洞为圆形，直径为 80 cm. 现有一与涵洞一样大小的铅直闸门将涵洞口盖住，求闸门上所受的水的静压力．

解 建立如图所示的坐标系，则涵洞所在圆的方程为 $x^2+y^2=0.4^2$. 在区间 $[-0.4,0.4]$ 上任取代表性子区间 $[y,y+\mathrm{d}y]$，此区间对应闸门薄片所受的水的压强可用在纵坐标为 y 处（水深为 $5.4-y$）水对闸门的压强 $p=\rho g(5.4-y)$ 来近似，其中 ρ 为水的密度，g 为重力加速度．此闸门薄片的面积可以近似为长为 $2x$，高为 $\mathrm{d}y$ 的长方形面积，所以此闸门所受水的静压力微元为

$$\mathrm{d}P=\rho g(5.4-y)2x\mathrm{d}y=2\rho g(5.4-y)\sqrt{0.4^2-y^2}\,\mathrm{d}y,$$

故闸门所受的静压力为

$$P=\int_{-0.4}^{0.4}2\rho g(5.4-y)\sqrt{0.4^2-y^2}\,\mathrm{d}y=0.864\rho g\pi(\mathrm{N}).$$

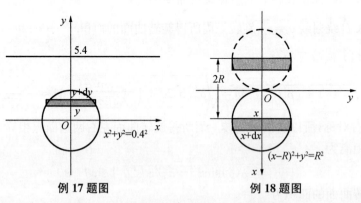

例 17 题图　　　　　例 18 题图

例 18 有一个半径为 $R(\mathrm{m})$ 的球沉没在水中，其密度 ρ 与水的密度相同，并且与水面相切．若将它从水中取出，需做多少功？

解 建立如图所示的坐标系．球在 xOy 平面的投影区域的边界线方程为

$$(x-R)^2+y^2=R^2.$$

设 $[x, x+\mathrm{d}x]$ 为 $[0, 2R]$ 上的代表性子区间,则对应的球体小薄片的体积近似为 $\pi y^2 \mathrm{d}x$. 当球被取出正好离开水面时,小薄片上升的高度为 $2R$,且其在水中行程为 x,在水面以上上升的高度为 $2R-x$. 由于球的密度与水的密度相同,所以只需计算在水面以上对薄片做的功,即

$$\Delta W \approx \mathrm{d}W = \rho g(2R-x)\pi y^2 \mathrm{d}x = \rho g(2R-x)\pi[R^2-(x-R)^2]\mathrm{d}x,$$

其中 g 是重力加速度. 故

$$W = \int_0^{2R} \rho g(2R-x)\pi[R^2-(x-R)^2]\mathrm{d}x = \rho g \pi \int_0^{2R}(x^3-4Rx^2+4R^2x)\mathrm{d}x$$

$$= \rho g \pi \left[\frac{1}{4}x^4 - \frac{4}{3}Rx^3 + 2R^2x^2\right]_0^{2R} = \frac{4}{3}\rho g \pi R^4 (\mathrm{J}).$$

例 19 设有一根质量为 M,长为 L 的均匀细棒 AB.

(1) 求细棒 AB 对位于其延长线上距 B 端为 a 且质量为 m 的质点 C 的引力;

(2) 求当质点 C 在 AB 延长线上从距 B 端的 r_1 处移至 r_2 处引力所做的功.

解 (1) 取如图所示的坐标系. 设 $[x, x+\mathrm{d}x]$ 是 $[0, L]$ 上的代表性子区间,其对应的一段细棒对质点 C 的引力 ΔF 的方向指向 O 点,大小近似为在点 x 处质量为 $\frac{M}{L}\mathrm{d}x$ 的质点对质点 C 的引力的大小,即

$$\mathrm{d}F = G\frac{\frac{M}{L}\mathrm{d}x \cdot m}{(L+a-x)^2} \quad (G \text{ 是引力系数}).$$

故细棒 AB 对质点 C 的引力 F 的方向指向 O 点,而大小为

$$F = \int_0^L \frac{GmM}{L(L+a-x)^2}\mathrm{d}x = \frac{GmM}{a(L+a)}.$$

(2) 这是变力做功问题,关键在于求出变力.

由(1)知,当质点 C 位于距 A 端的点 $x(x>L)$ 处时,细棒 AB 对它的引力的大小为

$$F(x) = \frac{GmM}{(x-L)x}$$

(这相当于(1)中 $a = x-L$ 的情形),方向指向 O 点.

在 $[L+r_1, L+r_2]$(或 $[L+r_2, L+r_1]$)上任取代表性子区间 $[x, x+\mathrm{d}x]$,质点从 AB 延长线上的点 x 处移动到点 $x+\mathrm{d}x$ 处,所受的引力是在变化的,但可近似为质点移动过程中受到常力作用,此常力为质点在点 x 处所受的引力. 于是质点从点 x 处移动到点 $x+\mathrm{d}x$ 处引力对质点做的功为

$$\Delta W \approx \mathrm{d}W = \frac{-GmM}{x(x-L)}\mathrm{d}x,$$

故

$$W = \int_{L+r_1}^{L+r_2} \frac{-GmM}{x(x-L)}\mathrm{d}x = -\frac{GmM}{L}\ln\frac{r_2(L+r_1)}{r_1(L+r_2)}.$$

例 20 设曲线 L 由曲线 $x^2+y^2=2y\left(y\geqslant\frac{1}{2}\right)$ 与 $x^2+y^2=1\left(y\leqslant\frac{1}{2}\right)$ 连接而成,一容器的内侧则是由曲线 L 绕 y 轴旋转一周而成的曲面.

(1) 求该容器的容积;

(2) 若将容器内盛满的水从容器顶部全部抽出,至少需要做多少功?

(其中长度单位为 m,重力加速度为 g m/s²,水的密度为 ρ kg/m³)

解 (1) 因为容器的容积就是区域

$$D = \left\{(x,y)\,\Big|\, x^2+y^2\leqslant 1, y\leqslant\frac{1}{2}\right\}$$

绕 y 轴旋转所得旋转体的体积的 2 倍,所以若选 x 为积分变量,其容积为

$$V = 2\left(\frac{4}{3}\pi - \int_0^{\frac{\sqrt{3}}{2}} 2\pi x\left(\sqrt{1-x^2} - \frac{1}{2}\right)\mathrm{d}x\right) = \frac{9}{4}\pi(\mathrm{m}^3).$$

或选 y 为积分变量,其容积为

$$V = 2\int_{-1}^{\frac{1}{2}} \pi(1-y^2)\mathrm{d}y = \frac{9}{4}\pi(\mathrm{m}^3).$$

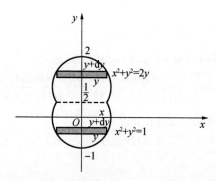

(2) 如图所示,将容器内上半段(即 $\frac{1}{2}\leqslant y\leqslant 2$)的水从容器顶部全部抽出时,任取 $[y,\mathrm{d}y]\in\left[\frac{1}{2},2\right]$,其对应水薄片的体积近似为 $\pi x^2\mathrm{d}y = \pi(2y-y^2)\mathrm{d}y$,重量近似为 $\rho g\pi(2y-y^2)\mathrm{d}y$,其中 ρ 为水的密度,g 是重力加速度. 将此水薄片抽到容器顶部需要移动 $2-y$ 的距离,故克服重力做功可近似为

$$\Delta W_1 \approx \mathrm{d}W_1 = \rho g\pi(2y-y^2)(2-y)\mathrm{d}y.$$

第 13 讲　定积分的应用

从而将上半段水抽离需做的功为

$$W_1 = \int_{\frac{1}{2}}^{2} \rho g \pi (2y - y^2)(2-y) \mathrm{d}y = \frac{63}{64} \rho g \pi (\mathrm{J}).$$

同理,将下半段$\left(\text{即} -1 \leqslant y \leqslant \frac{1}{2}\right)$的水抽离时,克服重力做功的功微元为

$$\mathrm{d}W_2 = \rho g \pi (1 - y^2)(2-y) \mathrm{d}y,$$

从而将水抽离需做的功为

$$W_2 = \int_{-1}^{\frac{1}{2}} \rho g \pi (1 - y^2)(2-y) \mathrm{d}y = \frac{153}{64} \rho g \pi (\mathrm{J}).$$

综上,将整个容器内的水抽离至少需做的功为

$$W = W_1 + W_2 = \left(\frac{153}{64} + \frac{63}{64}\right) \rho g \pi = \frac{27}{8} \rho g \pi (\mathrm{J}).$$

13.3　练习题

1. 计算半立方抛物线 $y^2 = \frac{2}{3}(x-1)^3$ 被抛物线 $y^2 = \frac{x}{3}$ 截得的一段弧的长度.

2. 求曲线 $\rho = a \sin^3 \frac{\theta}{3} (a > 0)$ 的全长.

3. 设封闭曲线 L 的极坐标方程为 $\rho = \cos 3\theta \left(-\frac{\pi}{6} \leqslant \theta \leqslant \frac{\pi}{6}\right)$,求 L 所围平面图形的面积.

4. 从抛物线 $y = x^2 - 1$ 上的点 P 处引抛物线 $y = x^2$ 的两条切线,证明:这两条切线与 $y = x^2$ 所围成的图形的面积与 P 点的位置无关.

5. 由直线 $y = 0, x = 8$ 及抛物线 $y = x^2$ 围成一个曲边三角形,在曲边 $y = x^2$ 上求一点,使曲边三角形位于该点处曲边的切线上方的部分的面积最小,并求该最小面积.

6. 设曲线方程 $\begin{cases} x = at^3, \\ y = t^2 - bt \end{cases} (a > 0, b > 0)$,求 a, b 的值,使得当 $t = 1$ 时,曲线的斜率为 $\frac{1}{3}$,且使该曲线与 x 轴所围成的图形的面积最大.

7. 求叶形线 $\rho = \frac{3a \cos\theta \sin\theta}{\cos^3\theta + \sin^3\theta} \left(0 \leqslant \theta \leqslant \frac{\pi}{2}\right)$ 所围成的平面图形的面积.

8. 设函数 $f(x)$ 在 $[a, b]$ 上连续,且在 (a, b) 内有 $f'(x) > 0$.证明:在 (a, b) 内存在唯一的点 ξ,使曲线 $y = f(x)$ 与两直线 $y = f(\xi), x = a$ 所围成的图形的面积 A_1 是曲线 $y = f(x)$ 与两直线 $y = f(\xi), x = b$ 所围成的图形的面积 A_2 的 3 倍.

9. 求由曲线 $y=e^x$ 及其上通过原点的切线和 y 轴所围成的平面图形绕 y 轴旋转所得的旋转体的体积.

10. 求曲线 $y=(x-1)(x-2)$ 与 x 轴围成的区域绕 y 轴旋转一周所得旋转体的体积.

11. 求圆盘 $x^2+y^2\leqslant a^2$ 绕直线 $x=-b(b>a>0)$ 旋转所成旋转体的表面积与体积.

12. 求由曲线段 $y=\sqrt{x}\,(0\leqslant x\leqslant 1)$ 绕 x 轴旋转所得曲面的侧面积.

13. 求心形线 $r=a(1+\cos\theta)(a>0)$ 绕极轴旋转一周所得旋转曲面的面积.

14. 求星形线 $x=a\cos^3 t, y=a\sin^3 t(a>0)$ 绕直线 $y=x$ 旋转一周所得旋转曲面的面积.

15. 设有一铅直倒立的等腰三角形水闸,其底边长为 1 m,高为 2 m,且底与水面相齐(已知重力加速度为 g m/s^2,水的密度为 ρ kg/m^3).

(1) 求水闸一侧所受的压力;

(2) 作一水平线将闸门分成两部分,若要这两部分所受的压力相等,这条水平线应作在何处?

16. 设一个半径为 R,长为 L 的圆柱体平放在深为 $2R$ 的水中(圆柱体侧面与水面相切,其密度 $\rho>1$),欲将圆柱体从水中提出水面,需做多少功?

17. 设一个半球形水池,直径为 6 m,水平面离池口 1 m,现要将水抽尽,需做多少功?(已知重力加速度为 g m/s^2,水的密度为 ρ kg/m^3)

18. 用铁锤将一铁钉击入木板,设木块对铁钉之阻力与铁钉击入木板之深度成正比,且在铁锤击第一次时,能将铁钉击入木板内 1 cm. 如果铁锤每次击打铁钉所做的功相等,问铁锤击第二次时,能把铁钉又击入多少厘米?

19. 两根质量均匀分布的细棒 AB,CD 位于同一直线上,其长分别为 $AB=2$, $CD=1$,线密度分别为 $\rho_{AB}=1$, $\rho_{CD}=2$,且 B,C 之间的距离为 3. 现有一质量为 m 的质点 P 位于 B,C 之间,问质点 P 放在何处能使两棒对它的引力大小相等?

20. 已知一个圆盘的密度为 ρ,半径为 R,在过圆盘中心且与圆盘垂直的直线上并与圆盘中心距离为 a 的点 A 处有一质量为 1 的质点,求圆盘对该质点的引力.

第 14 讲　反常积分的计算和判敛

14.1　内容提要

一、反常积分的相关概念

1) 反常积分的定义.

若 $\int_a^b f(x)\mathrm{d}x$ 满足条件：(1) $[a,b]$ 是有限闭区间；(2) $f(x)$ 是 $[a,b]$ 上的有界函数，则称此积分为**常义积分**. 若两个条件之一不被满足，则称此积分为**反常积分**或**广义积分**.

2) 无穷限积分的定义.

(1) 设 $f(x)$ 在 $[a,+\infty)$ 有定义，且 $\forall b>a, f\in R[a,b]$，称 $\lim\limits_{b\to+\infty}\int_a^b f(x)\mathrm{d}x$ 为**函数 f 在无穷区间 $[a,+\infty)$ 上的积分**，简称无穷积分，记作 $\int_a^{+\infty} f(x)\mathrm{d}x$，即

$$\int_a^{+\infty} f(x)\mathrm{d}x = \lim_{b\to+\infty}\int_a^b f(x)\mathrm{d}x.$$

若极限 $\lim\limits_{b\to+\infty}\int_a^b f(x)\mathrm{d}x$ 存在，则称 f 在区间 $[a,+\infty)$ 上的积分**收敛**，并称极限值为 f 在 $[a,+\infty)$ 上的积分值. 否则，称 f 在区间 $[a,+\infty)$ 上的积分**发散**.

(2) 设 $f(x)$ 在 $(-\infty,b]$ 有定义，且 $\forall a<b, f\in R[a,b]$，称 $\lim\limits_{a\to-\infty}\int_a^b f(x)\mathrm{d}x$ 为**函数 f 在无穷区间 $(-\infty,b]$ 上的积分**，简称无穷积分，记作 $\int_{-\infty}^b f(x)\mathrm{d}x$，即

$$\int_{-\infty}^b f(x)\mathrm{d}x = \lim_{a\to-\infty}\int_a^b f(x)\mathrm{d}x.$$

若极限 $\lim\limits_{a\to-\infty}\int_a^b f(x)\mathrm{d}x$ 存在，则称 f 在区间 $(-\infty,b]$ 上的积分**收敛**，并称极限值为 f 在 $(-\infty,b]$ 上的积分值. 否则，称 f 在区间 $(-\infty,b]$ 上的积分**发散**.

(3) 定义

$$\int_{-\infty}^{+\infty} f(x)\mathrm{d}x = \int_{-\infty}^c f(x)\mathrm{d}x + \int_c^{+\infty} f(x)\mathrm{d}x,$$

其中 c 为任一实数. 当无穷限积分 $\int_{-\infty}^c f(x)\mathrm{d}x$ 与 $\int_c^{+\infty} f(x)\mathrm{d}x$ 都收敛时，称无穷

积分 $\int_{-\infty}^{+\infty} f(x) \mathrm{d}x$ 收敛,否则称 $\int_{-\infty}^{+\infty} f(x) \mathrm{d}x$ 发散.

上述三种形式的反常积分统称为无穷区间上的反常积分,也称为无穷限积分. 无穷限积分的收敛与发散称为反常积分的敛散性.

3) 无界函数的反常积分的定义.

若函数 $f(x)$ 在点 x_0 的任意左邻域或任意右邻域内无界,则称点 x_0 为 $f(x)$ 的**奇点**.

(1) 设 $f(x)$ 定义在区间 $(a,b]$ 上,点 a 为奇点. 若 $\forall \varepsilon > 0, f \in R[a+\varepsilon, b]$, 则称 $\lim\limits_{\varepsilon \to 0^+} \int_{a+\varepsilon}^{b} f(x) \mathrm{d}x$ 为**无界函数 f 在 $(a,b]$ 上的积分**,记为 $\int_a^b f(x) \mathrm{d}x$,即

$$\int_a^b f(x) \mathrm{d}x = \lim_{\varepsilon \to 0^+} \int_{a+\varepsilon}^b f(x) \mathrm{d}x.$$

若此极限存在,则称无界函数 f 在 $(a,b]$ 上的积分收敛,并称极限值为无界函数 f 在 $(a,b]$ 上的积分值;反之,称该积分发散.

(2) 若函数 $f(x)$ 定义在 $[a,b)$ 上,点 b 为 f 的奇点,定义

$$\int_a^b f(x) \mathrm{d}x = \lim_{\varepsilon \to 0^+} \int_a^{b-\varepsilon} f(x) \mathrm{d}x$$

为**无界函数 f 在区间 $[a,b)$ 上的积分**,可类似得其敛散性.

(3) 若函数 $f(x)$ 定义在 $[a,c) \cup (c,b]$ 上,点 c 为 f 的奇点,定义无界函数 f 在区间 $[a,b]$ 上的积分为

$$\int_a^b f(x) \mathrm{d}x = \int_a^c f(x) \mathrm{d}x + \int_c^b f(x) \mathrm{d}x,$$

若 $\int_a^c f(x) \mathrm{d}x$ 与 $\int_c^b f(x) \mathrm{d}x$ 都收敛,则称无界函数 f 在 $[a,b]$ 上的积分收敛;若有一个不存在,称积分发散.

上述三种形式的反常积分统称为无界函数的反常积分,也称为瑕积分. 无界函数的反常积分的收敛与发散通常也称为反常积分的敛散性.

二、反常积分的判敛法

1) 无穷限积分的判敛法.

下面以反常积分 $\int_a^{+\infty} f(x) \mathrm{d}x$ 为例,其他情形的无穷限积分有类似的结论.

有界判别法 设函数 $f(x)$ 在无穷区间 $[a,+\infty)$ 上非负且连续,则无穷限积分 $\int_a^{+\infty} f(x) \mathrm{d}x$ 收敛的充要条件是函数

$$F(b) = \int_a^b f(x) \mathrm{d}x$$

在 $[a,+\infty)$ 上有上界.

第 14 讲 反常积分的计算和判敛

比较判别法 设函数 $f(x), g(x) \in C[a, +\infty)$,且对任意 $x \in [a, +\infty)$,有 $0 \leqslant f(x) \leqslant g(x)$,则

(1) 当 $\int_a^{+\infty} g(x) \mathrm{d}x$ 收敛时,$\int_a^{+\infty} f(x) \mathrm{d}x$ 也收敛;

(2) 当 $\int_a^{+\infty} f(x) \mathrm{d}x$ 发散时,$\int_a^{+\infty} g(x) \mathrm{d}x$ 也发散.

推论 设函数 $f(x)$ 与 $g(x)$ 都在无穷区间 $[a, +\infty)$ 上连续,且存在常数 $X > a$ 和 $M > 0$,使得

$$0 \leqslant f(x) \leqslant Mg(x), \quad \forall x \in (X, +\infty),$$

则比较判别法的结论仍然成立.

比较判别法的极限形式 设 $f(x)$ 和 $g(x)$ 为 $[a, +\infty)$ 上的非负连续函数,且 $g(x) > 0$. 若

$$\lim_{x \to +\infty} \frac{f(x)}{g(x)} = l \quad (l \text{ 为有限数或者 } +\infty),$$

则

(1) 当 $0 < l < +\infty$ 时,$\int_a^{+\infty} f(x) \mathrm{d}x$ 与 $\int_a^{+\infty} g(x) \mathrm{d}x$ 同敛散;

(2) 当 $l = 0$ 且 $\int_a^{+\infty} g(x) \mathrm{d}x$ 收敛时,$\int_a^{+\infty} f(x) \mathrm{d}x$ 也收敛;

(3) 当 $l = +\infty$ 且 $\int_a^{+\infty} g(x) \mathrm{d}x$ 发散时,$\int_a^{+\infty} f(x) \mathrm{d}x$ 也发散.

由定义易知反常积分 $\int_1^{+\infty} \frac{1}{x^p} \mathrm{d}x$ 当 $p > 1$ 时收敛,当 $p \leqslant 1$ 时发散,因此在比较判别法的极限形式中取 $g(x) = \frac{1}{x^p}$,可得下面的判敛方法:

极限判敛法 设 $f \in C[a, +\infty)$,且 $f(x) \geqslant 0$. 若 $\lim_{x \to +\infty} x^p f(x) = l$,则

(1) 当 $p > 1, 0 \leqslant l < +\infty$ 时,$\int_a^{+\infty} f(x) \mathrm{d}x$ 收敛;

(2) 当 $p \leqslant 1, 0 < l \leqslant +\infty$ 时,$\int_a^{+\infty} f(x) \mathrm{d}x$ 发散.

以上判别法都是基于被积函数为非负函数. 对一般的变号函数的反常积分,我们有如下结论:

无穷限积分的线性性质 设函数 $f(x)$ 与 $g(x)$ 都在无穷区间 $[a, +\infty)$ 上连续,α, β 为常数,若无穷限积分 $\int_a^{+\infty} f(x) \mathrm{d}x$ 与 $\int_a^{+\infty} g(x) \mathrm{d}x$ 都收敛,则无穷限积分

$$\int_a^{+\infty} (\alpha f(x) + \beta g(x)) \mathrm{d}x$$

也收敛,且
$$\int_a^{+\infty}(\alpha f(x)+\beta g(x))\mathrm{d}x = \alpha\int_a^{+\infty}f(x)\mathrm{d}x + \beta\int_a^{+\infty}g(x)\mathrm{d}x.$$

无穷限积分的Cauchy收敛准则 设$f(x)$在无穷区间$[a,+\infty)$上连续,则无穷限积分$\int_a^{+\infty}f(x)\mathrm{d}x$收敛的充要条件是

$$\forall \varepsilon>0, \exists X>a, 使得 \forall x_1,x_2 \in (X,+\infty), 都有 \left|\int_{x_2}^{x_1}f(x)\mathrm{d}x\right|<\varepsilon.$$

无穷限积分的绝对判敛法 设$f(x)$在无穷区间$[a,+\infty)$上连续,若无穷限积分$\int_a^{+\infty}|f(x)|\mathrm{d}x$收敛,则无穷限积分$\int_a^{+\infty}f(x)\mathrm{d}x$也收敛.

无穷限积分绝对收敛与条件收敛的定义 设$f(x) \in C([a,+\infty))$.

(1) 若无穷限积分$\int_a^{+\infty}|f(x)|\mathrm{d}x$收敛,则称无穷限积分$\int_a^{+\infty}f(x)\mathrm{d}x$绝对收敛;

(2) 若无穷限积分$\int_a^{+\infty}|f(x)|\mathrm{d}x$发散,而无穷限积分$\int_a^{+\infty}f(x)\mathrm{d}x$收敛,则称无穷限积分$\int_a^{+\infty}f(x)\mathrm{d}x$条件收敛.

2) 无界函数的反常积分的判敛法.

下面仅给出点b为奇点的情形,其他情形类似.

比较判别法 设$f,g \in C[a,b)$,点$x=b$为它们的奇点,且当$x \in [a,b)$时,有$0 \leqslant f(x) \leqslant g(x)$,则

(1) 当$\int_a^b g(x)\mathrm{d}x$收敛时, $\int_a^b f(x)\mathrm{d}x$也收敛;

(2) 当$\int_a^b f(x)\mathrm{d}x$发散时, $\int_a^b g(x)\mathrm{d}x$也发散.

比较判别法的极限形式 设f,g在$[a,b)$上非负连续,点b是它们的奇点,且$g(x)>0$. 若

$$\lim_{x \to b^-}\frac{f(x)}{g(x)}=l \quad (l 为有限数或者+\infty),$$

则

(1) 当$0<l<+\infty$时, $\int_a^b f(x)\mathrm{d}x$与$\int_a^b g(x)\mathrm{d}x$同敛散;

(2) 当$l=0$且$\int_a^b g(x)\mathrm{d}x$收敛时,则$\int_a^b f(x)\mathrm{d}x$也收敛;

(3) 当$l=+\infty$且$\int_a^b g(x)\mathrm{d}x$发散时,则$\int_a^b f(x)\mathrm{d}x$也发散.

易知反常积分$\int_a^b \frac{1}{(b-x)^q}\mathrm{d}x$当$q<1$时收敛,当$q \geqslant 1$时发散,因此在比较判

别法的极限形式中取 $g(x)=\dfrac{1}{(b-x)^q}$,可得如下判敛方法:

极限判别法　设 $f\in C[a,b)$,$x=b$ 为奇点,且 $f(x)\geqslant 0$,$\lim\limits_{x\to b^-}(b-x)^q f(x)=l$,则

(1) 当 $q<1$,$0\leqslant l<+\infty$ 时,$\int_a^b f(x)\mathrm{d}x$ 收敛;

(2) 当 $q\geqslant 1$,$0<l\leqslant +\infty$ 时,$\int_a^b f(x)\mathrm{d}x$ 发散.

注　若积分下限 a 为奇点,则极限式为 $\lim\limits_{x\to a^+}(x-a)^q f(x)=l$.

无界函数的反常积分的线性性质　设函数 $f(x)$ 与 $g(x)$ 都在区间 $[a,b)$ 上连续,点 b 为它们的奇点,α,β 为常数,若 $\int_a^b f(x)\mathrm{d}x$ 与 $\int_a^b g(x)\mathrm{d}x$ 都收敛,则

$$\int_a^b (\alpha f(x)+\beta g(x))\mathrm{d}x$$

也收敛,且

$$\int_a^b (\alpha f(x)+\beta g(x))\mathrm{d}x=\alpha\int_a^b f(x)\mathrm{d}x+\beta\int_a^b g(x)\mathrm{d}x.$$

无界函数的反常积分的 Cauchy 收敛准则　设 $f(x)$ 在区间 $[a,b)$ 上连续,且点 b 为 $f(x)$ 奇点,则无界函数的反常积分 $\int_a^b f(x)\mathrm{d}x$ 收敛的充要条件是 $\forall\varepsilon>0$,$\exists\delta\in(0,b-a)$,使得 $\forall x_1,x_2\in(b-\delta,b)$,都有 $\left|\int_{x_2}^{x_1}f(x)\mathrm{d}x\right|<\varepsilon$.

无界函数的反常积分的绝对判敛法　设 $f(x)\in C([a,b))$,且点 b 为 $f(x)$ 的奇点,若 $\int_a^b |f(x)|\mathrm{d}x$ 收敛,则 $\int_a^b f(x)\mathrm{d}x$ 也收敛.

无界函数的反常积分绝对收敛与条件收敛的定义　设 $f(x)\in C([a,b))$,且点 b 为 $f(x)$ 的奇点.

(1) 若 $\int_a^b |f(x)|\mathrm{d}x$ 收敛,则称 $\int_a^b f(x)\mathrm{d}x$ 绝对收敛;

(2) 若 $\int_a^b |f(x)|\mathrm{d}x$ 发散,而 $\int_a^b f(x)\mathrm{d}x$ 收敛,则称 $\int_a^b f(x)\mathrm{d}x$ 条件收敛.

三、Gamma 函数

1) Γ 函数的定义.

反常积分 $\int_0^{+\infty}\mathrm{e}^{-t}t^{x-1}\mathrm{d}t$ 定义了一个 $(0,+\infty)$ 上的函数,这个函数称为 **Gamma 函数**,记为 $\Gamma(x)$,即

$$\Gamma(x)=\int_0^{+\infty}\mathrm{e}^{-t}t^{x-1}\mathrm{d}t,\quad x\in(0,+\infty).$$

2) Γ 函数的递推公式：
$$\Gamma(x+1) = x\Gamma(x) \quad (x>0).$$
当 x 为正整数 n 时，利用递推公式得
$$\Gamma(n+1) = n\Gamma(n) = n(n-1)\Gamma(n-1) = \cdots = n!\,\Gamma(1),$$
而 $\Gamma(1) = \int_0^{+\infty} e^{-t} dt = 1$，所以 $\Gamma(n+1) = n!$.

3) Γ 函数的其他形式.

在 $\Gamma(x) = \int_0^{+\infty} e^{-t} t^{x-1} dt$ 中，令 $t = u^2 (u>0)$，则得 Γ 函数的另一种形式：
$$\Gamma(x) = 2\int_0^{+\infty} e^{-u^2} u^{2x-1} du.$$
在上式中令 $x = \dfrac{1}{2}$，则得
$$\Gamma\left(\dfrac{1}{2}\right) = 2\int_0^{+\infty} e^{-u^2} du = 2 \cdot \dfrac{\sqrt{\pi}}{2} = \sqrt{\pi}.$$

14.2 例题与释疑解难

一、问题 1：如何按照定义计算反常积分？

根据反常积分的定义知，一个反常积分可以看作是一个常义积分的极限. 在一般情形下，每一个反常积分总可以表示成无穷区间上的反常积分与有限区间上无界函数的反常积分的和. 在计算一个反常积分时，也可以使用牛顿-莱布尼茨公式、换元积分法和分部积分法.

例 1 计算 $\int_2^{+\infty} \dfrac{1}{(x+7)\sqrt{x-2}} dx$.

解 利用换元积分法，令 $t = \sqrt{x-2}$，则 $x = t^2 + 2$，且当 $x=2$ 时 $t=0$，当 $x \to +\infty$ 时 $t \to +\infty$，故
$$\text{原式} = \int_0^{+\infty} \dfrac{1}{(t^2+9) \cdot t} 2t\, dt = 2\int_0^{+\infty} \dfrac{dt}{t^2+9}$$
$$= \dfrac{2}{3} \arctan \dfrac{t}{3} \Big|_0^{+\infty} = \dfrac{2}{3} \cdot \dfrac{\pi}{2} = \dfrac{\pi}{3}.$$

例 2 计算 $\int_0^1 \dfrac{x}{(2-x^2)\sqrt{1-x^2}} dx$.

解 利用换元积分法求解. 令 $x = \sin t$，则当 $x=0$ 时 $t=0$，当 $x \to 1^-$ 时 $t \to \dfrac{\pi}{2}$，故

第 14 讲　反常积分的计算和判敛

$$\int_0^1 \frac{x}{(2-x^2)\sqrt{1-x^2}}\mathrm{d}x = \int_0^{\frac{\pi}{2}} \frac{\sin t(\cos t\,\mathrm{d}t)}{(2-\sin^2 t)\cos t} = -\int_0^{\frac{\pi}{2}} \frac{\mathrm{d}\cos t}{1+\cos^2 t}$$

$$= -\arctan(\cos t)\Big|_0^{\frac{\pi}{2}} = -(\arctan 0 - \arctan 1) = \frac{\pi}{4}.$$

例 3　计算 $\int_1^{+\infty} \frac{\arctan x}{x^2}\mathrm{d}x$.

解　利用分部积分法，有

$$原式 = -\int_1^{+\infty} \arctan x\,\mathrm{d}\frac{1}{x} = -\left(\frac{1}{x}\arctan x\Big|_1^{+\infty} - \int_1^{+\infty} \frac{1}{x}\mathrm{d}\arctan x\right)$$

$$= -\left(-\frac{\pi}{4} - \int_1^{+\infty} \frac{1}{x}\cdot\frac{1}{1+x^2}\mathrm{d}x\right) = \frac{\pi}{4} + \int_1^{+\infty}\left(\frac{1}{x} - \frac{x}{1+x^2}\right)\mathrm{d}x$$

$$= \frac{\pi}{4} + \ln\frac{x}{\sqrt{1+x^2}}\Big|_1^{+\infty} = \frac{\pi}{4} + \left(0 - \ln\frac{1}{\sqrt{2}}\right) = \frac{\pi}{4} + \frac{1}{2}\ln 2.$$

例 4　计算 $\int_0^1 \ln(1-x)\mathrm{d}x$.

解　利用分部积分法，有

$$原式 = -\int_0^1 \ln(1-x)\mathrm{d}(1-x)$$

$$= -\left(\ln(1-x)\cdot(1-x)\Big|_0^1 - \int_0^1 (1-x)\mathrm{d}\ln(1-x)\right)$$

$$= -\lim_{x\to 1^-}(1-x)\ln(1-x) + \int_0^1 (1-x)\frac{-1}{1-x}\mathrm{d}x$$

$$= -\lim_{x\to 1^-}\frac{\ln(1-x)}{\frac{1}{1-x}} - 1 \xlongequal{\frac{\infty}{\infty}} -\lim_{x\to 1^-}\frac{\frac{-1}{1-x}}{\frac{-1}{(1-x)^2}} - 1 = -1.$$

例 5　计算 $\int_0^\pi \frac{1}{2+\cos 2x}\mathrm{d}x$.

解　因为

$$\int_0^\pi \frac{1}{2+\cos 2x}\mathrm{d}x = \int_0^\pi \frac{1}{2+2\cos^2 x - 1}\mathrm{d}x = \int_0^\pi \frac{1}{2\cos^2 x + 1}\mathrm{d}x = \int_0^\pi \frac{\sec^2 x}{2+\sec^2 x}\mathrm{d}x,$$

而 $\lim\limits_{x\to\frac{\pi}{2}}\sec x = \infty$，所以 $\int_0^\pi \frac{\sec^2 x}{2+\sec^2 x}\mathrm{d}x$ 为反常积分，故

$$\int_0^\pi \frac{\sec^2 x}{2+\sec^2 x}\mathrm{d}x = \int_0^{\frac{\pi}{2}} \frac{\sec^2 x}{2+\sec^2 x}\mathrm{d}x + \int_{\frac{\pi}{2}}^\pi \frac{\sec^2 x}{2+\sec^2 x}\mathrm{d}x$$

$$= \int_0^{\frac{\pi}{2}} \frac{\mathrm{d}\tan x}{3+\tan^2 x} + \int_{\frac{\pi}{2}}^\pi \frac{\mathrm{d}\tan x}{3+\tan^2 x}$$

$$=\frac{1}{\sqrt{3}}\arctan\frac{\tan x}{\sqrt{3}}\Big|_0^{\frac{\pi}{2}^-}+\frac{1}{\sqrt{3}}\arctan\frac{\tan x}{\sqrt{3}}\Big|_{\frac{\pi}{2}^+}^{\pi}$$

$$=\frac{1}{\sqrt{3}}\cdot\frac{\pi}{2}+\frac{1}{\sqrt{3}}\left(0-\left(-\frac{\pi}{2}\right)\right)=\frac{\pi}{\sqrt{3}},$$

即得 $\int_0^{\pi}\frac{1}{2+\cos 2x}dx=\frac{\pi}{\sqrt{3}}$.

二、问题 2：如何判断反常积分的敛散性？

对于反常积分的敛散性，可以用定义进行判断，也可以用判敛法进行判断.

例 6 下列反常积分中收敛的是 ( )

(A) $\int_2^{+\infty}\frac{dx}{x\ln x}$ 　　　　　　　　(B) $\int_0^1\frac{\arctan x}{x^{\frac{5}{2}}}dx$

(C) $\int_1^{+\infty}\frac{dx}{x\sqrt[3]{x^2+1}}$ 　　　　　　(D) $\int_1^2\frac{dx}{\ln x}$

解 选项(A)为无穷区间上的反常积分，因为

$$\int_2^{+\infty}\frac{dx}{x\ln x}=\ln|\ln x|\Big|_2^{+\infty}=+\infty,$$

故发散.

选项(B)为无界函数的反常积分，其中 $x=0$ 为奇点，利用无界函数反常积分的极限判别法，因为

$$\lim_{x\to 0^+}x^{\frac{3}{2}}\cdot\frac{\arctan x}{x^{\frac{5}{2}}}=\lim_{x\to 0^+}\frac{\arctan x}{x}=1,$$

即 $l=1>0$, 而 $q=\frac{3}{2}>1$, 所以发散.

选项(C)为无穷区间上的反常积分，利用无穷区间上反常积分的极限判别法，因为

$$\lim_{x\to+\infty}x^{\frac{5}{3}}\cdot\frac{1}{x\cdot\sqrt[3]{x^2+1}}=1,$$

则 $p=\frac{5}{3}>1$, $l=1>0$, 所以收敛.

选项(D)为无界函数的反常积分，其中 1 为奇点，用无界函数反常积分的极限判别法，因为

$$\lim_{x\to 1^+}(x-1)\cdot\frac{1}{\ln x}=\lim_{x\to 1^+}\frac{x-1}{\ln(1+(x-1))}=1,$$

即 $l=1$, 而 $q=1$, 所以发散.

综上,应选 C.

例 7 下列反常积分中发散的是 ( )

(A) $\int_e^{+\infty} \dfrac{\mathrm{d}x}{x\ln^2 x}$ (B) $\int_e^{+\infty} \dfrac{\ln x}{x^2}\mathrm{d}x$

(C) $\int_2^3 \dfrac{\mathrm{d}x}{x^4\sqrt{9-x^2}}$ (D) $\int_0^{\frac{\pi}{2}} \dfrac{\mathrm{d}x}{\sin^2 x}$

解 选项(A)为无穷区间上的反常积分,因为

$$\int_e^{+\infty} \frac{\mathrm{d}x}{x\ln^2 x} = \int_e^{+\infty} \frac{\mathrm{d}\ln x}{\ln^2 x} \xrightarrow{\text{令} t=\ln x} \int_1^{+\infty} \frac{\mathrm{d}t}{t^2},$$

即为 p- 积分,且 $p=2>1$,所以收敛.

选项(B)为无穷区间上的反常积分,利用无穷区间上反常积分的极限判别法,因为

$$\lim_{x\to+\infty} x^{\frac{3}{2}} \cdot \frac{\ln x}{x^2} = \lim_{x\to+\infty} \frac{\ln x}{\sqrt{x}} = 0,$$

即 $l=0$,而 $p=\dfrac{3}{2}>1$,所以收敛.

选项(C)为无界函数的反常积分,其中 $x=3$ 为奇点,用无界函数反常积分的极限判别法,因为

$$\lim_{x\to 3^-}(3-x)^{\frac{1}{2}} \cdot \frac{1}{x^4\cdot\sqrt{9-x^2}} = \lim_{x\to 3^-}\frac{1}{x^4\cdot\sqrt{3+x}} = \frac{1}{81\sqrt{6}},$$

即 $l=\dfrac{1}{81\sqrt{6}}>0$,而 $q=\dfrac{1}{2}<1$,所以收敛.

选项(D)为无界函数的反常积分,其中 $x=0$ 为奇点,用无界函数反常积分的极限判别法,因为

$$\lim_{x\to 0^+} x^2 \cdot \frac{1}{\sin^2 x} = 1,$$

即 $l=1>0$,而 $q=2>1$,所以发散.

综上,应选 D.

例 8 判断反常积分 $I_n = \int_0^1 \dfrac{x^n \mathrm{d}x}{\sqrt{(1-x)(1+x)}}$($n$ 为正整数) 的敛散性.

解法 1 此为无界函数的反常积分,且 $x=1$ 为奇点,用无界函数反常积分的极限判别法,因为

$$\lim_{x\to 1^-}\sqrt{1-x}\,\frac{x^n}{\sqrt{(1-x)(1+x)}} = \lim_{x\to 1^-}\frac{x^n}{\sqrt{1+x}} = \frac{\sqrt{2}}{2},$$

即 $l=\dfrac{\sqrt{2}}{2}>0$,而 $q=\dfrac{1}{2}<1$,所以 I_n 收敛.

解法 2　利用换元积分法,令 $x=\sin t$,则

$$I_n=\int_0^{\frac{\pi}{2}}\dfrac{\sin^n t}{\sqrt{1-\sin^2 t}}\cos t\,\mathrm{d}t=\int_0^{\frac{\pi}{2}}\sin^n t\,\mathrm{d}t$$

$$=\begin{cases}\dfrac{(2k-1)!!}{(2k)!!}\cdot\dfrac{\pi}{2},&n=2k,\\[2mm]\dfrac{(2k-2)!!}{(2k-1)!!},&n=2k-1,\end{cases}$$

故 I_n 收敛.

例 9　判断反常积分 $\displaystyle\int_1^{+\infty}\dfrac{\arctan x}{x\sqrt{x^2-1}}\mathrm{d}x$ 的敛散性.

解　此为无穷区间上的反常积分,且 $x=1$ 为奇点. 设

$$I=\int_1^{+\infty}\dfrac{\arctan x}{x\sqrt{x^2-1}}\mathrm{d}x=\int_1^2\dfrac{\arctan x}{x\sqrt{x^2-1}}\mathrm{d}x+\int_2^{+\infty}\dfrac{\arctan x}{x\sqrt{x^2-1}}\mathrm{d}x$$

$$\xlongequal{\Delta}I_1+I_2.$$

因为

$$\lim_{x\to1^+}(x-1)^{\frac{1}{2}}\cdot\dfrac{\arctan x}{x\sqrt{x^2-1}}=\lim_{x\to1^+}\dfrac{\arctan x}{x\sqrt{x+1}}=\dfrac{\frac{\pi}{4}}{\sqrt{2}}=\dfrac{\pi}{4\sqrt{2}},$$

即 $l=\dfrac{\pi}{4\sqrt{2}}>0$,而 $q=\dfrac{1}{2}<1$,故 I_1 收敛;又因为

$$\lim_{x\to+\infty}x^2\cdot\dfrac{\arctan x}{x\cdot\sqrt{x^2-1}}=\lim_{x\to+\infty}\dfrac{x}{\sqrt{x^2-1}}\arctan x=1\cdot\dfrac{\pi}{2}=\dfrac{\pi}{2},$$

即 $l=\dfrac{\pi}{2}>0$,而 $p=2>1$,故 I_2 收敛.

综上,反常积分 $\displaystyle\int_1^{+\infty}\dfrac{\arctan x}{x\sqrt{x^2-1}}\mathrm{d}x$ 收敛.

例 10　判断反常积分 $\displaystyle\int_0^{\frac{\pi}{2}}\dfrac{1}{\sin^\alpha x\cos^\beta x}\mathrm{d}x$ 的敛散性,其中 $\alpha>0,\beta>0$ 为常数.

解　此为无界函数的反常积分,$x=0$ 和 $x=\dfrac{\pi}{2}$ 均为奇点. 设

$$I=\int_0^{\frac{\pi}{2}}\dfrac{1}{\sin^\alpha x\cos^\beta x}\mathrm{d}x=\int_0^{\frac{\pi}{4}}\dfrac{1}{\sin^\alpha x\cos^\beta x}\mathrm{d}x+\int_{\frac{\pi}{4}}^{\frac{\pi}{2}}\dfrac{1}{\sin^\alpha x\cos^\beta x}\mathrm{d}x$$

$$\xlongequal{\Delta}I_1+I_2.$$

I_1 是以 $x=0$ 为奇点的无界函数的反常积分,因为

$$\lim_{x \to 0^+} x^\alpha \cdot \frac{1}{\sin^\alpha x \cos^\beta x} = 1,$$

即 $q=\alpha$, $l=1$,故当 $\alpha<1$ 时,I_1 收敛,当 $\alpha \geqslant 1$ 时,I_1 发散;

又 I_2 是以 $x=\dfrac{\pi}{2}$ 为奇点的无界函数的反常积分,因为

$$\lim_{x \to \frac{\pi}{2}^-} \left(\frac{\pi}{2}-x\right)^\beta \cdot \frac{1}{\sin^\alpha x \cos^\beta x} = \lim_{x \to \frac{\pi}{2}^-} \frac{\left(\frac{\pi}{2}-x\right)^\beta}{1 \cdot \sin^\beta\left(\frac{\pi}{2}-x\right)} = 1,$$

即 $q=\beta$, $l=1$,故当 $\beta<1$ 时,I_2 收敛,当 $\beta \geqslant 1$ 时,I_2 发散.

综上,当 $0<\alpha<1$ 且 $0<\beta<1$ 时,反常积分 $\displaystyle\int_0^{\frac{\pi}{2}} \frac{1}{\sin^\alpha x \cos^\beta x} \mathrm{d}x$ 收敛,其他情况下均发散.

例 11 判断反常积分 $\displaystyle\int_0^{+\infty} \frac{x \ln x}{(1+x^2)^2} \mathrm{d}x$ 的敛散性.

解法 1 令

$$I = \int_0^{+\infty} \frac{x \ln x}{(1+x^2)^2} \mathrm{d}x = \int_0^1 \frac{x \ln x}{(1+x^2)^2} \mathrm{d}x + \int_1^{+\infty} \frac{x \ln x}{(1+x^2)^2} \mathrm{d}x$$

$$\stackrel{\Delta}{=\!=\!=} I_1 + I_2.$$

对 I_1,因为

$$\lim_{x \to 0^+} \frac{x \ln x}{(1+x^2)^2} = \lim_{x \to 0^+} x \ln x = \lim_{x \to 0^+} \frac{\ln x}{\frac{1}{x}} \stackrel{\frac{\infty}{\infty}}{=\!=\!=} \lim_{x \to 0^+} \frac{\frac{1}{x}}{-\frac{1}{x^2}} = \lim_{x \to 0^+}(-x) = 0,$$

所以 I_1 收敛;

对 I_2,因为

$$\lim_{x \to +\infty} x^2 \cdot \frac{x \ln x}{(1+x^2)^2} = \lim_{x \to +\infty} \frac{x^4}{(1+x^2)^2} \cdot \frac{\ln x}{x} = 1 \cdot 0 = 0,$$

即 $p=2>1$, $l=0$,所以 I_2 收敛.

综上,反常积分 $\displaystyle\int_0^{+\infty} \frac{x \ln x}{(1+x^2)^2} \mathrm{d}x$ 收敛.

解法 2 因为

$$\int \frac{x \ln x}{(1+x^2)^2} \mathrm{d}x = -\frac{1}{2} \int \ln x \, \mathrm{d}\!\left(\frac{1}{1+x^2}\right) = -\frac{\ln x}{2(1+x^2)} + \frac{1}{2}\int \frac{\mathrm{d}x}{x(1+x^2)}$$

$$= -\frac{\ln x}{2(1+x^2)} + \frac{1}{2}\int\left(\frac{1}{x} - \frac{x}{1+x^2}\right)\mathrm{d}x$$

$$= -\frac{\ln x}{2(1+x^2)} + \frac{1}{4}\ln\frac{x^2}{1+x^2} + C,$$

所以

$$\int_0^{+\infty}\frac{x\ln x}{(1+x^2)^2}\mathrm{d}x = \int_0^1\frac{x\ln x}{(1+x^2)^2}\mathrm{d}x + \int_1^{+\infty}\frac{x\ln x}{(1+x^2)^2}\mathrm{d}x$$

$$= \lim_{a\to 0^+}\int_a^1\frac{x\ln x}{(1+x^2)^2}\mathrm{d}x + \lim_{b\to+\infty}\int_1^b\frac{x\ln x}{(1+x^2)^2}\mathrm{d}x$$

$$= \lim_{a\to 0^+}\left(-\frac{\ln x}{2(1+x^2)} + \frac{1}{4}\ln\frac{x^2}{1+x^2}\right)\Big|_a^1$$

$$+ \lim_{b\to+\infty}\left(-\frac{\ln x}{2(1+x^2)} + \frac{1}{4}\ln\frac{x^2}{1+x^2}\right)\Big|_1^b$$

$$= \lim_{a\to 0^+}\left(\frac{1}{4}\ln\frac{1}{2} + \frac{\ln a}{2(1+a^2)} - \frac{1}{4}\ln\frac{a^2}{1+a^2}\right)$$

$$+ \lim_{b\to+\infty}\left(-\frac{\ln b}{2(1+b^2)} + \frac{1}{4}\ln\frac{b^2}{1+b^2} - \frac{1}{4}\ln\frac{1}{2}\right)$$

$$= \lim_{a\to 0^+}\left(\frac{\ln a}{2(1+a^2)} - \frac{1}{2}\ln a + \frac{1}{4}\ln(1+a^2)\right)$$

$$= \lim_{a\to 0^+}\left(\frac{-a^2\ln a}{2(1+a^2)} + \frac{1}{4}\ln(1+a^2)\right) = 0,$$

故反常积分 $\int_0^{+\infty}\frac{x\ln x}{(1+x^2)^2}\mathrm{d}x$ 收敛.

例 12 判断反常积分 $\int_0^{+\infty}\frac{\mathrm{d}x}{x^p + x^q}$ ($p \neq q$ 为常数) 的敛散性.

解 不妨设 $\min\{p,q\} = p, \max\{p,q\} = q$. 令

$$I = \int_0^{+\infty}\frac{\mathrm{d}x}{x^p + x^q} = \int_0^1\frac{\mathrm{d}x}{x^p + x^q} + \int_1^{+\infty}\frac{\mathrm{d}x}{x^p + x^q} \xlongequal{\Delta} I_1 + I_2.$$

对 I_1, 由于

$$\lim_{x\to 0^+}x^p \cdot \frac{1}{x^p + x^q} = \lim_{x\to 0^+}\frac{1}{1 + x^{q-p}} = 1,$$

故由无界函数反常积分的极限判别法知, 仅当 $p = \min\{p,q\} < 1$ 时, I_1 收敛;

对 I_2, 由于

$$\lim_{x\to +\infty}x^q \cdot \frac{1}{x^p + x^q} = \lim_{x\to +\infty}\frac{1}{x^{p-q} + 1} = 1,$$

故由无穷区间上反常积分的极限判别法知, 仅当 $q = \max\{p,q\} > 1$ 时, I_2 收敛.

综上,当 $\min\{p,q\}<1$ 且 $\max\{p,q\}>1$ 时,反常积分 $\int_0^{+\infty}\dfrac{\mathrm{d}x}{x^p+x^q}$ 收敛.

例 13 判断反常积分 $\int_1^{+\infty}\dfrac{\mathrm{d}x}{x^p\ln^q x}$ 的敛散性.

解 令

$$I=\int_1^{+\infty}\frac{\mathrm{d}x}{x^p\ln^q x}=\int_1^2\frac{\mathrm{d}x}{x^p\ln^q x}+\int_2^{+\infty}\frac{\mathrm{d}x}{x^p\ln^q x}\xlongequal{\Delta}I_1+I_2.$$

对 I_1,因为

$$\lim_{x\to 1^+}(x-1)^q\frac{1}{x^p\ln^q x}=\lim_{x\to 1^+}\frac{1}{x^p}\left(\frac{x-1}{\ln x}\right)^q=\lim_{x\to 1^+}\left(\frac{x-1}{\ln(1+(x-1))}\right)^q=1,$$

故由无界函数的反常积分的极限判别法可知,仅当 $q<1$ 时,I_1 收敛.

也即,当 $q\geqslant 1$ 时,I_1 发散,则 I 发散. 因此,下面我们仅需要考虑 $q<1$ 时 I_2 的敛散性.

如果 $p>1$,取 $a>0$ 充分小,使 $p-a>1$,因为

$$\lim_{x\to+\infty}x^{p-a}\frac{1}{x^p\ln^q x}=\lim_{x\to+\infty}\frac{1}{x^a\ln^q x}=0,$$

故由无界函数的反常积分的极限判别法可知,此时 I_2 收敛;

如果 $p\leqslant 1, q<1$,则 $\dfrac{1}{x^p\ln^q x}\geqslant\dfrac{1}{x\ln^q x}(\forall x\in(2,+\infty))$,而

$$\int_2^{+\infty}\frac{\mathrm{d}x}{x\ln^q x}=\frac{(\ln x)^{1-q}}{1-q}\bigg|_2^{+\infty}=+\infty,$$

故由比较判别法可知 $I_2=\int_2^{+\infty}\dfrac{\mathrm{d}x}{x^p\ln^q x}$ 发散.

综上,仅当 $p>1$ 且 $q<1$ 时,I_1 与 I_2 均收敛,则反常积分 $\int_1^{+\infty}\dfrac{\mathrm{d}x}{x^p\ln^q x}$ 收敛.

例 14 讨论反常积分 $\int_\mathrm{e}^{+\infty}\dfrac{\mathrm{d}x}{x^p(\ln x)^q(\ln\ln x)^r}$ 的敛散性.

解 令

$$I=\int_\mathrm{e}^{+\infty}\frac{\mathrm{d}x}{x^p(\ln x)^q(\ln\ln x)^r}$$

$$=\int_\mathrm{e}^3\frac{\mathrm{d}x}{x^p(\ln x)^q(\ln\ln x)^r}+\int_3^{+\infty}\frac{\mathrm{d}x}{x^p(\ln x)^q(\ln\ln x)^r}$$

$$\xlongequal{\Delta}I_1+I_2.$$

对 I_1,因为

$$\lim_{x\to\mathrm{e}^+}\frac{(x-\mathrm{e})^r}{x^p(\ln x)^q(\ln\ln x)^r}=\frac{1}{\mathrm{e}^p}\left(\lim_{x\to\mathrm{e}^+}\frac{x-\mathrm{e}}{\ln\ln x}\right)^r=\frac{1}{\mathrm{e}^p}(\lim_{x\to\mathrm{e}^+}x\ln x)^r=\mathrm{e}^{r-p},$$

故由无界函数的反常积分的极限判别法可知,仅当 $r<1$ 时,I_1 收敛.

也即,$r\geqslant 1$ 时,I_1 发散,则 I 发散.故下面我们仅需考虑 $r<1$ 时 I_2 的敛散性.

如果 $p>1$,取 $a>0$ 充分小,使 $p-a>1$,因为

$$\lim_{x\to+\infty} x^{p-a}\frac{1}{x^p(\ln x)^q(\ln\ln x)^r}=\lim_{x\to+\infty}\frac{1}{x^a(\ln x)^q(\ln\ln x)^r}=0,$$

故由无界函数的反常积分的极限判别法可知,此时 I_2 收敛;

如果 $p=1$,则

$$I_2=\int_3^{+\infty}\frac{\mathrm{d}x}{x(\ln x)^q(\ln\ln x)^r}=\int_3^{+\infty}\frac{\mathrm{d}\ln x}{(\ln x)^q(\ln\ln x)^r}$$

$$\xlongequal{\diamondsuit\, t=\ln x}\int_{\ln 3}^{+\infty}\frac{\mathrm{d}t}{t^q(\ln t)^r},$$

故由例 13 的结论知,当 $p=1$,$q>1$ 和 $r<1$ 时 I_2 收敛;

如果 $p<1$,取 $b>0$ 充分小,使 $p+b<1$,因为

$$\lim_{x\to+\infty} x^{p+b}\frac{1}{x^p(\ln x)^q(\ln\ln x)^r}=\lim_{x\to+\infty}\frac{x^b}{(\ln x)^q(\ln\ln x)^r}=+\infty,$$

故由无界函数的反常积分的极限判别法可知,此时 I_2 发散.

综上,仅当 $p>1$,q 是任意的,$r<1$ 时以及 $p=1$,$q>1$,$r<1$ 时,原反常积分收敛.

例 15 判断反常积分 $\int_0^{+\infty}\frac{\sin^2 x}{x}\mathrm{d}x$ 的敛散性.

解 因为

$$\lim_{x\to 0^+}\frac{\sin^2 x}{x}=\lim_{x\to 0^+}\frac{\sin x}{x}\cdot\sin x=1\cdot 0=0,$$

所以 $x=0$ 不是奇点,则原积分仅为无穷区间上的反常积分.由定义,下面考虑

$$\int_0^{+\infty}\frac{\sin^2 x}{x}\mathrm{d}x=\lim_{A\to+\infty}\int_0^A\frac{\sin^2 x}{x}\mathrm{d}x.$$

由于 $\forall x\in(0,+\infty)$,有 $\frac{\sin^2 x}{x}\geqslant 0$,故令 $N=\left[\frac{A}{\pi}\right]$,则

$$\int_0^A\frac{\sin^2 x}{x}\mathrm{d}x\geqslant\sum_{n=1}^N\int_{(n-1)\pi}^{n\pi}\frac{\sin^2 x}{x}\mathrm{d}x,$$

又令 $t=x-(n-1)\pi$,则

$$\int_{(n-1)\pi}^{n\pi}\frac{\sin^2 x}{x}\mathrm{d}x=\int_0^\pi\frac{\sin^2(t+(n-1)\pi)}{t+(n-1)\pi}\mathrm{d}t=\int_0^\pi\frac{\sin^2 t}{t+(n-1)\pi}\mathrm{d}t$$

$$\geqslant\int_0^\pi\frac{\sin^2 t}{n\pi}\mathrm{d}t=\frac{1}{n\pi}\int_0^\pi\frac{1-\cos 2t}{2}\mathrm{d}t=\frac{1}{n\pi}\cdot\frac{\pi}{2}$$

$$=\frac{1}{2n},$$

所以
$$\int_0^A \frac{\sin^2 x}{x}\mathrm{d}x \geqslant \sum_{n=1}^N \int_{(n-1)\pi}^{n\pi} \frac{\sin^2 x}{x}\mathrm{d}x \geqslant \sum_{n=1}^N \frac{1}{2n}.$$

在数列极限中,我们曾用柯西收敛定理证明过数列 $\left\{\sum_{k=1}^n \frac{1}{k}\right\}$ 发散,即

$$\lim_{n\to\infty}\Big(\sum_{k=1}^n \frac{1}{k}\Big) = +\infty,$$

故 $\lim_{N\to\infty}\sum_{n=1}^N \frac{1}{2n} = +\infty$,所以 $\lim_{A\to +\infty}\int_0^A \frac{\sin^2 x}{x}\mathrm{d}x = +\infty$,得反常积分 $\int_0^{+\infty} \frac{\sin^2 x}{x}\mathrm{d}x$ 发散.

三、问题 3:如何用 Gamma 函数计算积分?

例 16 求 $\int_0^{+\infty} \sqrt{x}\,\mathrm{e}^{-x}\mathrm{d}x$.

解法 1 $\int_0^{+\infty} \sqrt{x}\,\mathrm{e}^{-x}\mathrm{d}x = \int_0^{+\infty} x^{\frac{1}{2}}\mathrm{e}^{-x}\mathrm{d}x = \int_0^{+\infty} x^{\frac{3}{2}-1}\mathrm{e}^{-x}\mathrm{d}x$
$$= \Gamma\Big(\frac{3}{2}\Big) = \frac{1}{2}\Gamma\Big(\frac{1}{2}\Big) = \frac{\sqrt{\pi}}{2}.$$

解法 2 $\int_0^{+\infty} \sqrt{x}\,\mathrm{e}^{-x}\mathrm{d}x = -\int_0^{+\infty} \sqrt{x}\,\mathrm{d}\mathrm{e}^{-x} = -x^{\frac{1}{2}}\mathrm{e}^{-x}\Big|_0^{+\infty} + \int_0^{+\infty}\mathrm{e}^{-x}\mathrm{d}\sqrt{x}$
$$= 0 + \int_0^{+\infty}\mathrm{e}^{-x}\frac{1}{2\sqrt{x}}\mathrm{d}x \xrightarrow{\diamondsuit\, t=\sqrt{x}} \int_0^{+\infty}\mathrm{e}^{-t^2}\frac{1}{2t}2t\,\mathrm{d}t$$
$$= \int_0^{+\infty}\mathrm{e}^{-t^2}\mathrm{d}t = \frac{\sqrt{\pi}}{2}.$$

例 17 求 $\int_0^{+\infty} x^2\mathrm{e}^{-x^2}\mathrm{d}x$.

解 令 $t=x^2$,则 $x\in(0,+\infty)$ 时 $x=\sqrt{t}$,所以
$$\int_0^{+\infty} x^2\mathrm{e}^{-x^2}\mathrm{d}x = \int_0^{+\infty} t\mathrm{e}^{-t}\frac{\mathrm{d}t}{2\sqrt{t}} = \frac{1}{2}\int_0^{+\infty}\sqrt{t}\,\mathrm{e}^{-t}\mathrm{d}t = \frac{1}{2}\int_0^{+\infty} t^{\frac{3}{2}-1}\mathrm{e}^{-t}\mathrm{d}t$$
$$= \frac{1}{2}\Gamma\Big(\frac{3}{2}\Big) = \frac{1}{2}\cdot\frac{1}{2}\Gamma\Big(\frac{1}{2}\Big) = \frac{\sqrt{\pi}}{4}.$$

例 18 求 $\int_0^{+\infty} x^{2n}\mathrm{e}^{-x^2}\mathrm{d}x$.

解 令 $t=x^2$,则 $x\in(0,+\infty)$ 时 $x=\sqrt{t}$,所以
$$\int_0^{+\infty} x^{2n}\mathrm{e}^{-x^2}\mathrm{d}x = \int_0^{+\infty} t^n\mathrm{e}^{-t}\frac{\mathrm{d}t}{2\sqrt{t}} = \frac{1}{2}\int_0^{+\infty} t^{n-\frac{1}{2}}\mathrm{e}^{-t}\mathrm{d}t = \frac{1}{2}\int_0^{+\infty} t^{(n+\frac{1}{2})-1}\mathrm{e}^{-t}\mathrm{d}t$$
$$= \frac{1}{2}\Gamma\Big(n+\frac{1}{2}\Big) = \frac{1}{2}\Big(n-\frac{1}{2}\Big)\Gamma\Big(n-\frac{1}{2}\Big)$$

$$= \cdots = \frac{1}{2}\left(n - \frac{1}{2}\right)\left(n - \frac{3}{2}\right)\cdots\frac{1}{2}\Gamma\left(\frac{1}{2}\right)$$
$$= \frac{1}{2}\left(n - \frac{1}{2}\right)\left(n - \frac{3}{2}\right)\cdots\frac{1}{2}\sqrt{\pi} = \frac{(2n-1)!!}{2^{n+1}}\sqrt{\pi}.$$

14.3 练习题

1. 计算反常积分 $\displaystyle\int_1^{+\infty} \frac{1}{x\sqrt{x-1}}\mathrm{d}x$.

2. 计算反常积分 $\displaystyle\int_0^{+\infty} \frac{x}{(1+x^2)^2}\mathrm{d}x$.

3. 计算反常积分 $\displaystyle\int_1^{+\infty} \frac{1}{\mathrm{e}^{1+x}+\mathrm{e}^{3-x}}\mathrm{d}x$.

4. 计算反常积分 $\displaystyle\int_3^{+\infty} \frac{1}{(x-1)^4 \cdot \sqrt{x^2-2x}}\mathrm{d}x$.

5. 计算反常积分 $\displaystyle\int_0^{+\infty} \frac{x\mathrm{e}^{-x}}{(1+\mathrm{e}^{-x})^2}\mathrm{d}x$.

6. 设函数
$$f(x) = \begin{cases} \dfrac{1}{(x-1)^{\alpha-1}}, & 1 < x < \mathrm{e}, \\ \dfrac{1}{x\ln^{\alpha+1}x}, & x \geqslant \mathrm{e}, \end{cases}$$
若反常积分 $\displaystyle\int_1^{+\infty} f(x)\mathrm{d}x$ 收敛, 求 α 的取值范围.

7. 判断反常积分 $\displaystyle\int_1^{+\infty} \left(\frac{1}{x^\alpha} - \sin\frac{1}{x^\alpha}\right)\mathrm{d}x$ 的敛散性.

8. 判断反常积分 $\displaystyle\int_0^{+\infty} \frac{\ln(1+x^2)}{x^\alpha}\mathrm{d}x$ 的敛散性.

9. 判断反常积分 $\displaystyle\int_0^{\frac{\pi}{2}} \ln\sin x\,\mathrm{d}x$ 的敛散性.

10. 判断反常积分 $\displaystyle\int_0^1 \frac{1}{\sqrt{1-x}\sin^\alpha x \sin^\beta \pi x}\mathrm{d}x\ (\alpha > 0, \beta > 0)$ 的敛散性.

11. 判断反常积分 $\displaystyle\int_0^{+\infty} \frac{\sin x^2}{(\ln(1+\mathrm{e}^x))^2}\mathrm{d}x$ 的敛散性.

12. 求 $\displaystyle\int_0^{+\infty} x\mathrm{e}^{-x}\mathrm{d}x$.

13. 求 $\displaystyle\int_0^{+\infty} \mathrm{e}^{-\frac{1}{2}x^2}\mathrm{d}x$.

第 15 讲   几类简单的微分方程

15.1   内容提要

一、可分离变量的一阶微分方程

一阶微分方程的一般形式为 $F(x,y,y')=0$.

1) 可分离变量的方程：把未知函数 y 及 $\mathrm{d}y$ 移到等式的一边，把自变量 x 及 $\mathrm{d}x$ 移到等式的另一边，然后两边积分求出通解，这种方法称为**分离变量法**，而这种能分离变量的方程称为**可分离变量的方程**.

2) 可分离变量的一阶微分方程的一般形式：$\dfrac{\mathrm{d}y}{\mathrm{d}x}=f(x)g(y)$.

3) 求解可分离变量方程的步骤.

(1) 分离变量：$\dfrac{\mathrm{d}y}{g(y)}=f(x)\mathrm{d}x$，其中 $g(y)\neq 0$；

(2) 两边积分：$\displaystyle\int\dfrac{\mathrm{d}y}{g(y)}=\int f(x)\mathrm{d}x$；

(3) 求出积分得到微分方程的通解：$G(y)=F(x)+C$，其中 $G(y), F(x)$ 分别是 $\dfrac{1}{g(y)}, f(x)$ 的原函数；

(4) 若方程有初值条件，则可确定常数 C，得到方程的特解；

(5) 若有点 y_0 使得 $g(y_0)=0$，则将 $y=y_0$ 代入方程可知函数 $y=y_0$ 也是方程的解，此解称为常数解.

二、一阶线性微分方程

1) 一阶线性微分方程的定义：若一阶微分方程中关于未知函数及其导数是一次式，则称它为**一阶线性微分方程**.

2) 一阶线性微分方程的一般形式：$\dfrac{\mathrm{d}y}{\mathrm{d}x}+P(x)y=Q(x)$，其中 $P(x), Q(x)$ 为连续函数.

若 $Q(x)=0$，称 $\dfrac{\mathrm{d}y}{\mathrm{d}x}+P(x)y=0$ 为**一阶线性齐次微分方程**；

若 $Q(x)\neq 0$，称 $\dfrac{\mathrm{d}y}{\mathrm{d}x}+P(x)y=Q(x)$ 为**一阶线性非齐次微分方程**.

3) 一阶线性齐次微分方程：$\dfrac{\mathrm{d}y}{\mathrm{d}x}+P(x)y=0$ 的通解为

$$y=C\mathrm{e}^{-\int P(x)\mathrm{d}x}.$$

4) 一阶线性非齐次微分方程：$\dfrac{\mathrm{d}y}{\mathrm{d}x}+P(x)y=Q(x)$ 的通解为

$$y=\mathrm{e}^{-\int P(x)\mathrm{d}x}\left[\int Q(x)\mathrm{e}^{\int P(x)\mathrm{d}x}\mathrm{d}x+C\right].$$

三、可利用变量代换法求解的一阶微分方程

1) 齐次型微分方程.

若当 $t\neq 0$ 时，有 $f(tx,ty)=f(x,y)$，则方程 $\dfrac{\mathrm{d}y}{\mathrm{d}x}=f(x,y)$ 称为**齐次型一阶方程**. 此时，在恒等式 $f(tx,ty)=f(x,y)$ 中令 $t=\dfrac{1}{x}$，得

$$f(x,y)=f\left(1,\dfrac{y}{x}\right)=\varphi\left(\dfrac{y}{x}\right),$$

因而齐次型方程的形式为 $\dfrac{\mathrm{d}y}{\mathrm{d}x}=\varphi\left(\dfrac{y}{x}\right)$.

齐次型微分方程的解法：对于齐次型方程 $\dfrac{\mathrm{d}y}{\mathrm{d}x}=\varphi\left(\dfrac{y}{x}\right)$，令 $u=\dfrac{y}{x}$，则由 $y=ux$ 可得

$$\dfrac{\mathrm{d}y}{\mathrm{d}x}=x\dfrac{\mathrm{d}u}{\mathrm{d}x}+u,$$

代入齐次型方程可得

$$u+x\dfrac{\mathrm{d}u}{\mathrm{d}x}=\varphi(u),\quad 即\quad x\dfrac{\mathrm{d}u}{\mathrm{d}x}=\varphi(u)-u.$$

这是一个可分离变量的微分方程，用分离变量法求出通解后再将 $u=\dfrac{y}{x}$ 回代，即得原方程的解.

2) 形如 $y'=f(ax+by)$ 的方程.

令 $u=ax+by$，则

$$y=\dfrac{1}{b}(u-ax),\quad \dfrac{\mathrm{d}y}{\mathrm{d}x}=\dfrac{1}{b}\left(\dfrac{\mathrm{d}u}{\mathrm{d}x}-a\right),$$

代入原方程得

$$\dfrac{\mathrm{d}u}{\mathrm{d}x}=a+bf(u),\quad 即\quad \dfrac{\mathrm{d}u}{a+bf(u)}=\mathrm{d}x.$$

此为可分离变量的方程，用分离变量法求出通解后再将 $u=ax+by$ 回代，即得原方

程的解.

3) 形如 $y' = f\left(\dfrac{a_1 x + b_1 y + c_1}{a_2 x + b_2 y + c_2}\right)$ 的方程.

(1) 若 $c_1 = c_2 = 0$, 则方程为齐次方程.

(2) 当 $\begin{vmatrix} a_1 & b_1 \\ a_2 & b_2 \end{vmatrix} = 0$ 时, 设 $\lambda = \dfrac{a_1}{a_2} = \dfrac{b_1}{b_2}$, 则原方程化为

$$\frac{\mathrm{d}y}{\mathrm{d}x} = f\left(\frac{\lambda(a_2 x + b_2 y) + c_1}{a_2 x + b_2 y + c_2}\right),$$

再令 $v = a_2 x + b_2 y$, 则得可分离变量的微分方程

$$\frac{\mathrm{d}v}{\mathrm{d}x} = a_2 + b_2 f\left(\frac{\lambda v + c_1}{v + c_2}\right),$$

用分离变量法求出通解后, 再将 $v = a_2 x + b_2 y$ 回代, 即得原方程的解.

(3) 当 $\begin{vmatrix} a_1 & b_1 \\ a_2 & b_2 \end{vmatrix} \neq 0$ 时, 求出方程组 $\begin{cases} a_1 x + b_1 y + c_1 = 0, \\ a_2 x + b_2 y + c_2 = 0 \end{cases}$ 的解 $x = h$ 和 $y = k$,

再令 $u = x - h, v = y - k$, 则原方程化为齐次方程

$$\frac{\mathrm{d}v}{\mathrm{d}u} = f\left(\frac{a_1 u + b_1 v}{a_2 u + b_2 v}\right),$$

按齐次方程的解法求出通解后, 再将 $u = x - h, v = y - k$ 回代, 即得原方程的解.

4) 伯努利(Bernoulli)方程.

形如

$$\frac{\mathrm{d}y}{\mathrm{d}x} + P(x) y = Q(x) y^n \quad (n \neq 0, 1)$$

的方程称为伯努利方程, 其中 $P(x), Q(x)$ 连续.

方程两边除以 y^n, 则变形为

$$y^{-n} \frac{\mathrm{d}y}{\mathrm{d}x} + P(x) y^{1-n} = Q(x),$$

故有

$$\frac{1}{1-n} \frac{\mathrm{d}y^{1-n}}{\mathrm{d}x} + P(x) y^{1-n} = Q(x),$$

令 $z = y^{1-n}$, 则得到以 z 为未知函数的一阶线性非齐次微分方程

$$\frac{\mathrm{d}z}{\mathrm{d}x} + (1-n) P(x) z = (1-n) Q(x),$$

用一阶线性非齐次微分方程的通解公式求出通解后, 再将 $z = y^{1-n}$ 回代, 即得原方程的解.

四、可降阶的高阶微分方程

二阶和二阶以上的微分方程称为高阶微分方程.

1) $y^{(n)} = f(x)$ 型的微分方程：对方程关于 x 积分 n 次，就可以求出通解.

2) 不显含 y 的二阶微分方程：一般形式为
$$F(x,y',y'') = 0 \quad \text{或} \quad y'' = f(x,y').$$

令 $z(x) = y'$，则 $y'' = z' = \dfrac{\mathrm{d}z}{\mathrm{d}x}$，于是原方程变为一阶微分方程
$$\frac{\mathrm{d}z}{\mathrm{d}x} = f(x,z),$$

设其通解为 $z = \varphi(x, C_1)$，即 $y' = \varphi(x, C_1)$，则原方程的通解为
$$y = \int \varphi(x, C_1)\mathrm{d}x + C_2.$$

3) 不显含 x 的二阶微分方程：一般形式为
$$F(y,y',y'') = 0 \quad \text{或} \quad y'' = f(y,y').$$

令 $z = z(y) = y'$，则
$$y'' = \frac{\mathrm{d}z}{\mathrm{d}x} = \frac{\mathrm{d}z}{\mathrm{d}y} \cdot \frac{\mathrm{d}y}{\mathrm{d}x} = z\frac{\mathrm{d}z}{\mathrm{d}y},$$

于是原方程变为以 y 为自变量，z 为未知函数的一阶微分方程
$$z\frac{\mathrm{d}z}{\mathrm{d}y} = f(y,z),$$

设其通解为 $z = \varphi(y, C_1)$，即 $\dfrac{\mathrm{d}y}{\mathrm{d}x} = \varphi(y, C_1)$，则分离变量可解得原方程通解为
$$x = \int \frac{\mathrm{d}y}{\varphi(y, C_1)} + C_2.$$

15.2 例题与释疑解难

一、问题 1：如何理解微分方程的解、通解、特解？并判断下列结论是否正确.

(1) 微分方程的通解一定包含它的所有解；

(2) 所有微分方程都存在通解；

(3) 函数 $y = C_1\sin\omega t + 2C_2\sin\omega t$（$C_1, C_2$ 为两个任意常数）为方程 $y'' + \omega^2 y = 0$ 的通解；

(4) 微分方程 $y' = \mathrm{e}^{x+y}$ 的通解为 $y = \mathrm{e}^{x+y} + C$；

(5) 函数 $y = \mathrm{e}^{x^2}\displaystyle\int_0^x \mathrm{e}^{-t^2}\mathrm{d}t + \mathrm{e}^{x^2}$ 为方程 $y' - 2xy = 1$ 的通解；

(6) 用分离变量法解微分方程时，对方程变形可能会丢掉原方程的某些解.

答 满足微分方程的函数称为该微分方程的解；微分方程的通解是指含有独立的任意常数的个数与该方程的阶数相同的解.

第15讲　几类简单的微分方程

(1) 错误. 例如方程 $(y')^2 - 4y = 0$ 的通解为 $y = (x+C)^2$, 但它不包含方程的解 $y = 0$.

(2) 错误. 例如方程 $(y')^2 + 1 = 0$ 无实函数解, $(y')^2 + y^2 = 0$ 只有特解 $y = 0$, 无通解.

(3) 错误. $y = C_1 \sin\omega t + 2C_2 \sin\omega t = (C_1 + 2C_2)\sin\omega t$, 故 C_1, C_2 不是两个独立的任意常数, 所以不是通解.

(4) 错误. $y = e^{x+y} + C$ 不满足方程 $y' = e^{x+y}$, 故不是解.

(5) 错误. $y = e^{x^2}\int_0^x e^{-t^2}\,dt + e^{x^2}$ 中不含任意常数, 故不是通解.

(6) 正确. 例如方程 $x^2\,dy = y^2\,dx$ 的通解为 $-\dfrac{1}{y} = -\dfrac{1}{x} + C$, 分离变量时丢掉了 $x = 0, y = 0$ 两个特解.

二、问题 2：如何求解一阶微分方程？

求解一阶微分方程时, 应先根据方程特点判别其类型, 再按照其所属类型的解法求解. 有些方程既可以看作这一类方程, 又可以看作另一类方程, 因此会存在多种解法, 此时应选择最简捷的解法去求解.

例 1　求方程 $xy' - (1-x^2)y = 0$ 的通解.

解法 1　原方程可化为 $x\dfrac{dy}{dx} = (1-x^2)y$, 此为可分离变量的方程, 分离变量可得

$$\frac{dy}{y} = \frac{1-x^2}{x}\,dx,$$

两边积分, 有

$$\int \frac{dy}{y} = \int \frac{1-x^2}{x}\,dx,$$

得

$$\ln|y| = \ln|x| - \frac{1}{2}x^2 + C_1,$$

于是 $e^{\ln|y|} = e^{\ln|x| - \frac{1}{2}x^2 + C_1}$, 即

$$|y| = |x|\,e^{-\frac{1}{2}x^2}e^{C_1}, \quad 也即 \quad y = \pm e^{C_1} x e^{-\frac{1}{2}x^2}.$$

令 $C = \pm e^{C_1}$, 得原方程的通解为 $y = Cx e^{-\frac{1}{2}x^2}$.

解法 2　原方程可化为 $\dfrac{dy}{dx} - \dfrac{1-x^2}{x}y = 0$, 此为一阶线性齐次方程, 其通解为

$$y = C e^{-\int(-\frac{1-x^2}{x})\,dx} = C e^{\int(\frac{1}{x}-x)\,dx} = C e^{\ln|x| - \frac{x^2}{2}} = C|x|\,e^{-\frac{x^2}{2}}$$

$$= \pm Cx \mathrm{e}^{-\frac{x^2}{2}} = C'x \mathrm{e}^{-\frac{1}{2}x^2} \quad (\text{其中 } C' = \pm C).$$

例 2 求方程 $xy' + y = 1$ 的通解.

解法 1 原方程可化为 $y' + \frac{1}{x}(y-1) = 0$, 此为可分离变量方程, 分离变量可得

$$\frac{\mathrm{d}y}{1-y} = \frac{1}{x}\mathrm{d}x,$$

两边积分可得 $-\ln|1-y| = \ln|x| + C_1$, 故 $\mathrm{e}^{-\ln|1-y|} = \mathrm{e}^{\ln|x|+C_1}$, 得

$$\frac{1}{|1-y|} = \mathrm{e}^{C_1}|x|, \quad 即 \quad \frac{1}{1-y} = \pm \mathrm{e}^{C_1} x.$$

显然 $y=1$ 为常数解, 所以原方程的通解为 $x(1-y) = C$ (其中 C 为任意常数).

解法 2 原方程可化为 $y' + \frac{1}{x}y = \frac{1}{x}$, 此为一阶线性非齐次方程, 其通解为

$$y = \mathrm{e}^{-\int \frac{1}{x}\mathrm{d}x}\left(\int \frac{1}{x}\mathrm{e}^{\int \frac{1}{x}\mathrm{d}x}\mathrm{d}x + C\right) = \mathrm{e}^{-\ln|x|}\left(\int \frac{1}{x}\mathrm{e}^{\ln|x|}\mathrm{d}x + C\right)$$

$$= \frac{1}{|x|}\left(\int \frac{1}{x} \cdot |x|\mathrm{d}x + C\right) = \frac{1}{x}\left(\int \frac{1}{x} \cdot x\mathrm{d}x + C\right)$$

$$= \frac{1}{x}(x + C) = 1 + \frac{C}{x}.$$

例 3 求方程 $x\mathrm{d}y - y\mathrm{d}x = y^2 \mathrm{e}^y \mathrm{d}y$ 的通解.

解 原方程可化为 $\frac{\mathrm{d}x}{\mathrm{d}y} - \frac{1}{y}x = -y\mathrm{e}^y$, 此为以 y 为自变量, x 为未知函数的一阶线性非齐次方程, 其通解为

$$x = \mathrm{e}^{\int \frac{1}{y}\mathrm{d}y}\left(\int -y\mathrm{e}^y \mathrm{e}^{-\int \frac{1}{y}\mathrm{d}y}\mathrm{d}y + C\right) = \mathrm{e}^{\ln|y|}\left(\int -y\mathrm{e}^y \mathrm{e}^{-\ln|y|}\mathrm{d}y + C\right)$$

$$= |y|\left(\int -y\mathrm{e}^y \frac{1}{|y|}\mathrm{d}y + C\right) = y\left(\int -y\mathrm{e}^y \frac{1}{y}\mathrm{d}y + C\right)$$

$$= y\left(\int -\mathrm{e}^y \mathrm{d}y + C\right) = y(-\mathrm{e}^y + C) = Cy - y\mathrm{e}^y.$$

例 4 求微分方程 $\frac{\mathrm{d}y}{\mathrm{d}x} = \frac{y}{x} + \tan \frac{y}{x}$ 的通解.

解 此方程为齐次型微分方程, 令 $\frac{y}{x} = u$, 则 $y = xu$, $\frac{\mathrm{d}y}{\mathrm{d}x} = u + x\frac{\mathrm{d}u}{\mathrm{d}x}$. 代入原方程可得

$$u + x\frac{\mathrm{d}u}{\mathrm{d}x} = u + \tan u, \quad 即 \quad \cot u \,\mathrm{d}u = \frac{1}{x}\mathrm{d}x,$$

第 15 讲　几类简单的微分方程

两边积分得

$$\ln|\sin u| = \ln|x| + C_1, \quad 即 \quad \sin u = Cx \quad (其中 C = \pm e^{C_1}),$$

所以原方程的通解为 $\sin\dfrac{y}{x} = Cx$.

例 5　求初值问题 $\begin{cases}(y+\sqrt{x^2+y^2})\mathrm{d}x - x\mathrm{d}y = 0, \ x > 0,\\ y\Big|_{x=1} = 0\end{cases}$ 的解.

解　原方程可化为 $\dfrac{\mathrm{d}y}{\mathrm{d}x} = \dfrac{y+\sqrt{x^2+y^2}}{x}$，进一步变形可化为

$$\frac{\mathrm{d}y}{\mathrm{d}x} = \frac{y}{x} + \sqrt{1+\left(\frac{y}{x}\right)^2}.$$

此为齐次型微分方程，令 $\dfrac{y}{x} = u$，则 $y = ux$，$\dfrac{\mathrm{d}y}{\mathrm{d}x} = u + x\dfrac{\mathrm{d}u}{\mathrm{d}x}$，代入原方程可得

$$u + x\frac{\mathrm{d}u}{\mathrm{d}x} = u + \sqrt{1+u^2}, \quad 即 \quad \frac{\mathrm{d}u}{\sqrt{1+u^2}} = \frac{\mathrm{d}x}{x},$$

两边积分得

$$\ln|u+\sqrt{1+u^2}| = \ln x + \ln C_1, \quad 即 \quad u+\sqrt{1+u^2} = Cx \quad (C = \pm C_1).$$

再把 $u = \dfrac{y}{x}$ 回代，得方程的通解为

$$y + \sqrt{x^2+y^2} = Cx^2.$$

由初始条件 $y\Big|_{x=1} = 0$ 求得 $C = 1$，故初值问题的解为

$$y + \sqrt{x^2+y^2} = x^2, \quad 即 \quad y = \frac{1}{2}x^2 - \frac{1}{2}.$$

例 6　求微分方程 $y' = \cos(x-y)$ 的通解.

解　此为 $y' = f(ax+by)$ 型的微分方程，令 $u = x - y$，则 $y = x - u$，且 $y' = 1 - \dfrac{\mathrm{d}u}{\mathrm{d}x}$. 代入原方程，得

$$1 - \frac{\mathrm{d}u}{\mathrm{d}x} = \cos u, \quad 即 \quad \frac{\mathrm{d}u}{\mathrm{d}x} = 1 - \cos u.$$

此为可分离变量的微分方程，分离变量得

$$\frac{\mathrm{d}u}{1-\cos u} = \mathrm{d}x.$$

因为

$$\int \frac{\mathrm{d}u}{1-\cos u} = \int \frac{\mathrm{d}u}{2\sin^2 \frac{u}{2}} = \frac{1}{2}\int \csc^2 \frac{u}{2} \mathrm{d}u = -\cot \frac{u}{2} + C,$$

所以方程的通解为 $-\cot \frac{u}{2} + C = x$. 再将 $u = x - y$ 回代,则原方程的通解为

$$x + \cot \frac{x-y}{2} = C.$$

例 7 求微分方程 $\frac{\mathrm{d}y}{\mathrm{d}x} = \frac{2x - y - 4}{x + y - 1}$ 的通解.

解 设 $u = x - h$, $v = y - k$, 并令

$$\begin{cases} 2x - y - 4 = 2u - v, \\ x + y - 1 = u + v, \end{cases} \quad 则 \quad \begin{cases} 2x - y - 4 = 2(x-h) - (y-k), \\ x + y - 1 = (x-h) + (y-k), \end{cases}$$

从而

$$\begin{cases} 2h - k = 4, \\ h + k = 1, \end{cases} \quad 解得 \quad \begin{cases} h = \frac{5}{3}, \\ k = -\frac{2}{3}, \end{cases}$$

所以 $u = x - \frac{5}{3}$, $v = y + \frac{2}{3}$, 且 $\mathrm{d}u = \mathrm{d}x$, $\mathrm{d}v = \mathrm{d}y$, 代入原方程, 得

$$\frac{\mathrm{d}v}{\mathrm{d}u} = \frac{2u - v}{u + v} = \frac{2 - \frac{v}{u}}{1 + \frac{v}{u}}.$$

此为齐次型微分方程, 令 $z = \frac{v}{u}$, 则 $v = zu$, $\frac{\mathrm{d}v}{\mathrm{d}u} = z + u\frac{\mathrm{d}z}{\mathrm{d}u}$, 代入方程可得

$$z + u\frac{\mathrm{d}z}{\mathrm{d}u} = \frac{2-z}{1+z} \quad 即 \quad u\frac{\mathrm{d}z}{\mathrm{d}u} = \frac{2-z}{1+z} - z = \frac{2 - 2z - z^2}{1+z},$$

分离变量得 $\frac{1+z}{z^2 + 2z - 2} \mathrm{d}z = -\frac{\mathrm{d}u}{u}$, 两边积分可得方程的通解为

$$\frac{1}{2}\ln|z^2 + 2z - 2| = -\ln|u| + \ln C_1,$$

即

$$z^2 + 2z - 2 = \frac{C_2}{u^2} \quad (其中 C_2 = \pm C_1^2).$$

又由 $u = x - \frac{5}{3}$, $v = y + \frac{2}{3}$, 有 $z = \frac{v}{u} = \frac{y + \frac{2}{3}}{x - \frac{5}{3}}$, 故原方程的通解为

第15讲 几类简单的微分方程

$$\left(\frac{y+\frac{2}{3}}{x-\frac{5}{3}}\right)^2 + 2 \cdot \frac{y+\frac{2}{3}}{x-\frac{5}{3}} - 2 = \frac{C_2}{\left(x-\frac{5}{3}\right)^2},$$

即

$$y^2 - 2x^2 + 2xy - 2y + 8x = C \quad \left(\text{其中 } C = C_2 + \frac{22}{3}\right).$$

例 8 求方程 $y' = \dfrac{1}{xy + x^2 y^3}$ 的通解.

解 原方程可化为 $\dfrac{\mathrm{d}x}{\mathrm{d}y} - yx = y^3 x^2$,此为伯努利方程,令 $z = x^{-1}$,则

$$\frac{\mathrm{d}z}{\mathrm{d}y} = -x^{-2} \frac{\mathrm{d}x}{\mathrm{d}y},$$

代入原方程可得

$$\frac{\mathrm{d}z}{\mathrm{d}y} + yz = -y^3.$$

此为以 y 为自变量,z 为未知函数的一阶线性非齐次微分方程,其通解为

$$z = \mathrm{e}^{-\int y\mathrm{d}y}\left(\int -y^3 \mathrm{e}^{\int y\mathrm{d}y}\mathrm{d}y + C\right)$$

$$= \mathrm{e}^{-\frac{y^2}{2}}\left(\int -y^3 \mathrm{e}^{\frac{y^2}{2}} \mathrm{d}y + C\right) = \mathrm{e}^{-\frac{y^2}{2}}\left(\int -y^2 \mathrm{d}(\mathrm{e}^{\frac{y^2}{2}}) + C\right)$$

$$= \mathrm{e}^{-\frac{y^2}{2}}\left(-y^2 \mathrm{e}^{\frac{y^2}{2}} + \int \mathrm{e}^{\frac{y^2}{2}} \mathrm{d}y^2 + C\right) = \mathrm{e}^{-\frac{y^2}{2}}\left(-y^2 \mathrm{e}^{\frac{y^2}{2}} + 2\mathrm{e}^{\frac{y^2}{2}} + C\right)$$

$$= -y^2 + 2 + C\mathrm{e}^{-\frac{y^2}{2}}.$$

代入 $z = \dfrac{1}{x}$,得原方程的通解为

$$\frac{1}{x} = -y^2 + 2 + C\mathrm{e}^{-\frac{y^2}{2}}, \quad \text{即} \quad Cx\mathrm{e}^{-\frac{y^2}{2}} - xy^2 + 2x = 1.$$

例 9 求微分方程 $yy' = (\sin x - y^2)\cot x$ 的通解.

解 令 $z = y^2$,则 $\dfrac{\mathrm{d}z}{\mathrm{d}x} = 2yy'$,于是原方程可化为

$$\frac{1}{2}\frac{\mathrm{d}z}{\mathrm{d}x} = (\sin x - z)\cot x,$$

即 $\dfrac{\mathrm{d}z}{\mathrm{d}x} + 2\cot x \cdot z = 2\cos x$. 此为以 x 为自变量,z 为未知函数的一阶线性非齐次微分方程,其通解为

$$z = \mathrm{e}^{-\int 2\cot x\,\mathrm{d}x}\left(\int 2\cos x \cdot \mathrm{e}^{\int 2\cot x\,\mathrm{d}x}\,\mathrm{d}x + C\right)$$

$$= \mathrm{e}^{-2\ln|\sin x|}\left(\int 2\cos x \cdot \mathrm{e}^{2\ln|\sin x|}\,\mathrm{d}x + C\right)$$

$$= \frac{1}{\sin^2 x}\left(\int 2\cos x \sin^2 x\,\mathrm{d}x + C\right)$$

$$= \frac{1}{\sin^2 x}\left(\frac{2}{3}\sin^3 x + C\right),$$

代入 $z = y^2$，得到原方程的通解为 $y^2 = \dfrac{2}{3}\sin x + \dfrac{C}{\sin^2 x}$.

三、问题 3：如何求解可降阶的高阶微分方程？

对于可降阶的高阶微分方程，先要根据方程的特点判别其类型，再做相应的代换进行降阶，从而转化为已学过的微分方程来求解。

例 10 求解微分方程 $\begin{cases}(1-x^2)y'' - xy' = 0,\\ y(0)=0,\ y'(0)=1.\end{cases}$

解 此为不显含未知函数 y 的微分方程。令 $z = y'$，则 $z' = y''$，于是方程化为

$$(1-x^2)z' - xz = 0.$$

当 $1-x^2 \ne 0$ 时，即当 $x \in (-\infty, -1) \cup (-1, 1) \cup (1, +\infty)$ 时，有

$$\frac{\mathrm{d}z}{z} = \frac{x}{1-x^2}\,\mathrm{d}x,$$

两边积分可得

$$\ln|z| = -\frac{1}{2}\ln|1-x^2| + \ln C = \ln \frac{C}{\sqrt{|1-x^2|}},$$

从而

$$z = \frac{C_1}{\sqrt{|1-x^2|}}\quad (\text{其中 } C_1 = \pm C),\quad 即\quad y' = \frac{C_1}{\sqrt{|1-x^2|}}.$$

由初始条件可知所求方程在点 $x=0$ 邻域内的解，因此可设 $x \in (-1,1)$，则 $y' = \dfrac{C_1}{\sqrt{1-x^2}}$。再代入初始条件 $y'(0)=1$ 可解得 $C_1 = 1$，从而 $y' = \dfrac{1}{\sqrt{1-x^2}}$，则

$$y = \int \frac{1}{\sqrt{1-x^2}}\,\mathrm{d}x = \arcsin x + C_2.$$

再代入初始条件 $y(0)=0$ 可得 $C_2 = 0$，故原初值问题的解为

$$y = \arcsin x \quad (-1 < x < 1).$$

例 11 求方程 $y'' = 2y^3$ 满足初始条件 $y\big|_{x=0} = 1$ 和 $y'\big|_{x=0} = 1$ 的特解。

第15讲 几类简单的微分方程

解 此方程为不显含自变量 x 的二阶微分方程,令 $y'=z(y)$,则

$$y''=\frac{\mathrm{d}y'}{\mathrm{d}x}=\frac{\mathrm{d}z}{\mathrm{d}x}=\frac{\mathrm{d}z}{\mathrm{d}y}\cdot\frac{\mathrm{d}y}{\mathrm{d}x}=\frac{\mathrm{d}z}{\mathrm{d}y}\cdot y'=z\frac{\mathrm{d}z}{\mathrm{d}y},$$

于是原方程化为

$$z\frac{\mathrm{d}z}{\mathrm{d}y}=2y^3.$$

此为可分离变量的微分方程,分离变量可得

$$z\mathrm{d}z=2y^3\mathrm{d}y, \quad 则 \quad z^2=y^4+C_1.$$

因为初始条件中 $y'\big|_{x=0}=1>0$,所以可设 $z=y'\geqslant 0$,于是

$$z=y'=\sqrt{y^4+C_1},$$

代入初始条件 $y\big|_{x=0}=1, y'\big|_{x=0}=1$,解得 $C_1=0$,从而得到

$$y'=\frac{\mathrm{d}y}{\mathrm{d}x}=y^2.$$

此为可分离变量的微分方程,分离变量可得 $\frac{\mathrm{d}y}{y^2}=\mathrm{d}x$,则

$$-\frac{1}{y}=x+C_2, \quad 即 \quad y=-\frac{1}{x+C_2}.$$

再代入初始条件 $y\big|_{x=0}=1$,解得 $C_2=-1$,故原方程的特解为 $y=\frac{1}{1-x}$.

例 12 求方程 $yy''+(y')^2=0$ 满足初始条件 $y\big|_{x=0}=1, y'\big|_{x=0}=\frac{1}{2}$ 的特解.

解 原方程可化为 $\frac{y''}{y'}=-\frac{y'}{y}$,等式两边积分可得

$$\ln|y'|=-\ln|y|+\ln C_1, \quad 即 \quad y'=\frac{C}{y} \text{ (其中 } C=\pm C_1\text{)},$$

代入初始条件 $y\big|_{x=0}=1, y'\big|_{x=0}=\frac{1}{2}$,解得 $C=\frac{1}{2}$,故有

$$y'=\frac{1}{2y}, \quad 即 \quad 2y\mathrm{d}y=\mathrm{d}x.$$

对上式两边积分可得 $y^2=x+C_2$,再代入初始条件 $y\big|_{x=0}=1$,可得 $C_2=1$,故原方程的特解为 $y^2=x+1$.

四、问题 4:如何求解微分方程与其他知识相结合的综合题?

例 13 求微分方程 $x\mathrm{d}y+(x-2y)\mathrm{d}x=0$ 的一个解 $y=y(x)$,使得由曲线 $y=y(x)$ 与直线 $x=1, x=2$ 以及 x 轴所围成的平面图形绕 x 轴旋转一周所得旋转体

的体积最小.

解 已经微分方程 $x\,\mathrm{d}y+(x-2y)\,\mathrm{d}x=0$ 可化为 $\dfrac{\mathrm{d}y}{\mathrm{d}x}-\dfrac{2}{x}y=-1$,此为一阶线性非齐次微分方程,其通解为

$$y=\mathrm{e}^{-\int\left(-\frac{2}{x}\right)\mathrm{d}x}\left(\int(-1)\cdot\mathrm{e}^{\int\left(-\frac{2}{x}\right)\mathrm{d}x}\mathrm{d}x+C\right)=x^2\left(\int\dfrac{-1}{x^2}\mathrm{d}x+C\right)$$
$$=x^2\left(\dfrac{1}{x}+C\right)=x+Cx^2.$$

于是

$$V(C)=\int_1^2\pi y^2(x)\,\mathrm{d}x=\int_1^2\pi(x+Cx^2)^2\,\mathrm{d}x=\pi\int_1^2(x^2+2Cx^3+C^2x^4)\,\mathrm{d}x$$
$$=\pi\left(\dfrac{x^3}{3}+\dfrac{C}{2}x^4+\dfrac{C^2}{5}x^5\right)\Big|_1^2=\pi\left(\dfrac{7}{3}+\dfrac{15}{2}C+\dfrac{31}{5}C^2\right).$$

令

$$V'(C)=\pi\left(\dfrac{15}{2}+\dfrac{62}{5}C\right)=0,$$

可求得函数 $V(C)$ 的驻点为 $C=-\dfrac{75}{124}$. 又 $V''\left(-\dfrac{75}{124}\right)=\dfrac{62}{5}\pi>0$,所以 $C=-\dfrac{75}{124}$ 为 $V(C)$ 的最小值点. 于是 $y=y(x)=x-\dfrac{75}{124}x^2$ 为所求解.

例14 若 $f'(0)$ 存在,求满足关系式

$$f(x+y)=\dfrac{f(x)+f(y)}{1-f(x)\cdot f(y)}$$

的函数 $f(x)$.

解 由导数的定义知

$$f'(x)=\lim_{\Delta x\to 0}\dfrac{f(x+\Delta x)-f(x)}{\Delta x}$$
$$=\lim_{\Delta x\to 0}\dfrac{1}{\Delta x}\cdot\left[\dfrac{f(x)+f(\Delta x)}{1-f(x)\cdot f(\Delta x)}-f(x)\right]$$
$$=\lim_{\Delta x\to 0}\dfrac{f(x)+f(\Delta x)-f(x)+f^2(x)\cdot f(\Delta x)}{\Delta x\cdot[1-f(x)\cdot f(\Delta x)]}$$
$$=\lim_{\Delta x\to 0}\dfrac{[f^2(x)+1]\cdot f(\Delta x)}{\Delta x\cdot[1-f(x)\cdot f(\Delta x)]}.$$

再在关系式 $f(x+y)=\dfrac{f(x)+f(y)}{1-f(x)\cdot f(y)}$ 中令 $x=y=0$,有 $f(0)=\dfrac{2f(0)}{1-f^2(0)}$,则 $f(0)=0$. 于是

第 15 讲 几类简单的微分方程

$$f'(x) = \lim_{\Delta x \to 0} \frac{f(\Delta x) - f(0)}{\Delta x} \cdot \frac{1 + f^2(x)}{1 - f(x) \cdot f(\Delta x)}$$

$$= f'(0) \cdot \frac{1 + f^2(x)}{1} = f'(0) \cdot (1 + f^2(x)),$$

即 $\dfrac{f'(x)}{1 + f^2(x)} = f'(0)$,两边积分可得

$$\arctan f(x) = f'(0)x + C.$$

再由 $f(0) = 0$ 可得 $C = 0$,从而

$$\arctan f(x) = f'(0) \cdot x, \quad 即 \quad f(x) = \tan(f'(0) \cdot x).$$

例 15 已知可导函数 $f(x)$ 满足

$$\int_0^x f(t) dt = \frac{1}{4} e^{2x} + \int_0^x t f(x - t) dt - \frac{1}{4},$$

求函数 $f(x)$.

解 令 $u = x - t$,则有

$$\int_0^x t f(x - t) dt = \int_0^x (x - u) f(u) du = x \int_0^x f(u) du - \int_0^x u f(u) du,$$

于是题中积分方程化为

$$\int_0^x f(t) dt = \frac{1}{4} e^{2x} + x \int_0^x f(u) du - \int_0^x u f(u) du - \frac{1}{4}.$$

对该方程求两次导,分别可得

$$f(x) = \frac{1}{2} e^{2x} + \int_0^x f(u) du + x f(x) - x f(x)$$

$$= \frac{1}{2} e^{2x} + \int_0^x f(u) du,$$

$$f'(x) = e^{2x} + f(x).$$

又 $\int_0^0 f(u) du = 0$,所以 $f(0) = \dfrac{1}{2}$. 设 $y = f(x)$,于是问题化为求解初值问题

$$\begin{cases} \dfrac{dy}{dx} - y = e^{2x}, \\ y(0) = \dfrac{1}{2}. \end{cases}$$

方程 $\dfrac{dy}{dx} - y = e^{2x}$ 为一阶线性非齐次微分方程,其通解为

$$y = e^{-\int (-1) dx} \left(\int e^{2x} \cdot e^{\int (-1) dx} dx + C \right) = e^x \left(\int e^x dx + C \right)$$

$$= e^x (e^x + C) = e^{2x} + C e^x,$$

代入初值条件 $y(0)=\dfrac{1}{2}$，解得 $C=-\dfrac{1}{2}$，故

$$y=f(x)=\mathrm{e}^{2x}-\dfrac{1}{2}\mathrm{e}^{x}.$$

15.3　练习题

1. 求微分方程 $xy'-3y=x^{4}\mathrm{e}^{x}$ 的通解.
2. 求微分方程 $y\mathrm{d}x+(y-x)\mathrm{d}y=0$ 的通解.
3. 求微分方程 $y'+\dfrac{3}{x}y=xy^{-1}$ 的通解.
4. 求微分方程 $(y-x-5)y'-y+2=0$ 的通解.
5. 求微分方程 $\dfrac{\mathrm{d}y}{\mathrm{d}x}=\dfrac{x-y^{2}}{2y(x+y^{2})}$ 的通解.
6. 求微分方程 $\dfrac{\mathrm{d}y}{\mathrm{d}x}=x^{2}+2xy+y^{2}+2x+2y$ 的通解.
7. 求微分方程 $y'=2(x^{2}+y)x$ 的通解.
8. 求微分方程 $y'=\dfrac{x+1-\sin y}{\cos y}$ 的通解.
9. 求微分方程 $y'''=y''$ 的通解.
10. 求微分方程 $y''=y'+x$ 的通解.
11. 求初值问题 $yy''-1=(y')^{2},y(1)=1,y'(1)=0$ 的解.
12. 设可微函数 $f(x)$ 满足 $\displaystyle\int_{1}^{x}\dfrac{f(t)}{t^{3}f(t)+t}\mathrm{d}t=f(x)-1$，试求 $f(x)$.
13. 设可微函数 $f(x)>0$，且满足 $f(x)=\mathrm{e}^{x^{2}}+\displaystyle\int_{0}^{x}\mathrm{e}^{x^{2}-t^{2}}f(t)\mathrm{d}t$，试求 $f(x)$.

第 16 讲　高阶线性微分方程

16.1　内容提要

一、n 阶线性微分方程

n 阶微分方程的一般形式为 $F(x,y,y',y'',\cdots,y^{(n)})=0$. 若 n 阶微分方程中关于未知函数 y 及各阶导数 $y',y'',\cdots,y^{(n)}$ 都是一次式,则称它为 n **阶线性微分方程**.

n 阶线性微分方程的一般形式为

$$a_0(x)y^{(n)}+a_1(x)y^{(n-1)}+\cdots+a_{n-1}(x)y'+a_n(x)y=f(x),$$

其中函数 $f(x)$ 称为方程的自由项. 若 $f(x)=0$,称为 n **阶线性齐次微分方程**;若 $f(x)\neq 0$,称为 n **阶线性非齐次微分方程**.

二、二阶线性微分方程解的结构

二阶线性齐次微分方程为

$$a_0(x)y''+a_1(x)y'+a_2(x)y=0, \qquad (16.1)$$

二阶线性非齐次微分方程为

$$a_0(x)y''+a_1(x)y'+a_2(x)y=f(x). \qquad (16.2)$$

定理 1　如果 $y_1(x),y_2(x)$ 为二阶线性齐次微分方程(16.1)的两个解,则 $C_1y_1(x)+C_2y_2(x)$ 仍为(16.1)的解,其中 C_1,C_2 为两个常数;如果 $y_1(x),y_2(x)$ 为二阶线性非齐次微分方程(16.2)的两个解,则 $y_1(x)-y_2(x)$ 为对应的齐次方程(16.1)的解.

定理 2　设 $y_1(x),y_2(x)$ 为二阶线性齐次微分方程(16.1)的两个线性无关的解,$y^*(x)$ 为二阶线性非齐次微分方程(16.2)的一个特解,则二阶线性齐次微分方程(16.1)的通解为

$$y=C_1y_1(x)+C_2y_2(x),$$

二阶线性非齐微分次方程(16.2)的通解为

$$y=C_1y_1(x)+C_2y_2(x)+y^*(x),$$

其中 C_1,C_2 为两个任意常数.

定理 3(线性方程特解的叠加原理)　设 $y_1^*(x)$ 为方程

$$a_0(x)y''+a_1(x)y'+a_2(x)y=f_1(x)$$

的一个特解,$y_2^*(x)$ 为方程

$$a_0(x)y'' + a_1(x)y' + a_2(x)y = f_2(x)$$

的一个特解，则 $y_1^*(x) + y_2^*(x)$ 为方程

$$a_0(x)y'' + a_1(x)y' + a_2(x)y = f_1(x) + f_2(x)$$

的一个特解．

三、高阶常系数线性齐次微分方程的解法

1) 二阶常系数线性齐次微分方程 $ay'' + by' + cy = 0$ (a,b,c 为常数) 的解法：

(1) 写出方程对应的特征方程 $ar^2 + br + c = 0$；

(2) 求出特征根；

(3) 根据特征根的不同情况，写出方程的通解 (如下表所示)．

特征根 r_1, r_2 的情况	二阶常系数齐次微分方程的通解
$r_1 \neq r_2$	$y = C_1 \mathrm{e}^{r_1 x} + C_2 \mathrm{e}^{r_2 x}$
$r_1 = r_2 = r$	$y = (C_1 + C_2 x)\mathrm{e}^{rx}$
$r_{1,2} = \alpha \pm \mathrm{i}\beta$	$y = \mathrm{e}^{\alpha x}(C_1 \cos\beta x + C_2 \sin\beta x)$

2) n 阶常系数线性齐次微分方程的解法：二阶常系数线性齐次微分方程的解法可推广到 n 阶常系数线性齐次微分方程．

n 阶常系数线性齐次微分方程的一般形式为

$$a_0 y^{(n)} + a_1 y^{(n-1)} + \cdots + a_{n-1} y' + a_n y = 0,$$

其特征方程为

$$a_0 r^n + a_1 r^{n-1} + \cdots + a_{n-1} r + a_n = 0.$$

求出特征根后，根据特征根的不同情况，可得通解中的对应项 (如下表所示)．

特征方程的根	通解中的对应项
若是 k 重根 r	$(C_0 + C_1 x + \cdots + C_{k-1} x^{k-1})\mathrm{e}^{rx}$
若是 k 重共轭复根 $\alpha \pm \mathrm{i}\beta$	$\mathrm{e}^{\alpha x}[(C_0 + C_1 x + \cdots + C_{k-1} x^{k-1})\cos\beta x + (D_0 + D_1 x + \cdots + D_{k-1} x^{k-1})\sin\beta x]$

四、高阶常系数线性非齐次微分方程的特解

(1) 关于二阶常系数线性非齐次微分方程

$$ay'' + by' + cy = P_m(x)\mathrm{e}^{\alpha x},$$

其特解 y^* 具有形式 $y^* = x^k Q_m(x) \mathrm{e}^{\alpha x}$，其中 $Q_m(x)$ 是与 $P_m(x)$ 同次的多项式，k 按 α 不是特征根、是单特征根或二重特征根依次取 $0, 1, 2$．

(2) 关于二阶常系数线性非齐次微分方程

$$ay'' + by' + cy = \mathrm{e}^{\alpha x}[P_m(x)\cos\beta x + Q_n(x)\sin\beta x],$$

其特解 y^* 具有形式
$$y^* = x^k e^{\alpha x}[R_l^{(1)}(x)\cos\beta x + R_l^{(2)}(x)\sin\beta x],$$
其中 $R_l^{(1)}(x),R_l^{(2)}(x)$ 都是 l 次实系数多项式且 $l = \max\{m,n\}$，k 按 $\alpha + \mathrm{i}\beta$ 不是特征根、是特征根依次取 $0,1$.

五、常数变易法

设有方程
$$a(x)y'' + b(x)y' + c(x)y = f(x), \tag{16.3}$$
其所对应的齐次方程为
$$a(x)y'' + b(x)y' + c(x)y = 0. \tag{16.4}$$
若 $y_1(x),y_2(x)$ 为齐次方程(16.4)的两个线性无关的解，则方程(16.4)的通解为
$$y = C_1 y_1(x) + C_2 y_2(x).$$
将任意常数 C_1 和 C_2 分别换成待定函数 $C_1(x)$ 和 $C_2(x)$，使得
$$y^* = C_1(x)y_1(x) + C_2(x)y_2(x)$$
为方程(16.3) 的解.

给出方程组
$$\begin{cases} C_1'(x)y_1(x) + C_2'(x)y_2(x) = 0, \\ C_1'(x)y_1'(x) + C_2'(x)y_2'(x) = \dfrac{f(x)}{a(x)}, \end{cases}$$
由于 $y_1(x)$ 和 $y_2(x)$ 线性无关，所以该方程组有唯一解 $C_1'(x)$ 和 $C_2'(x)$，再积分可以得到 $C_1(x)$ 和 $C_2(x)$（可以令任意常数为特殊值）. 于是
$$y^* = C_1(x)y_1(x) + C_2(x)y_2(x)$$
为非齐次方程 $a(x)y'' + b(x)y' + c(x)y = f(x)$ 的一个特解.

六、欧拉(Euler)方程

形如
$$a_0 x^n y^{(n)} + a_1 x^{n-1} y^{(n-1)} + \cdots + a_{n-1} x y' + a_n y = f(x)$$
的方程称为 n **阶欧拉方程**，其中 $a_i(i=0,1,2,\cdots,n)$ 为常数且 $a_0 \neq 0$.

这是一个 n 阶变系数的线性微分方程，其特点是各项未知函数导数的阶数与乘积因子中自变量的次方数相同.

1) 二阶 Euler 方程 $a_0 x^2 y'' + a_1 x y' + a_2 y = f(x)$ 的解法.

令 $x = e^t$，即 $t = \ln x$，则
$$y' = \frac{\mathrm{d}y}{\mathrm{d}x} = \frac{\mathrm{d}y}{\mathrm{d}t}\frac{\mathrm{d}t}{\mathrm{d}x} = \frac{1}{x}\frac{\mathrm{d}y}{\mathrm{d}t},$$
$$y'' = -\frac{1}{x^2}\frac{\mathrm{d}y}{\mathrm{d}t} + \frac{1}{x}\frac{\mathrm{d}}{\mathrm{d}x}\left(\frac{\mathrm{d}y}{\mathrm{d}t}\right) = -\frac{1}{x^2}\frac{\mathrm{d}y}{\mathrm{d}t} + \frac{1}{x^2}\frac{\mathrm{d}^2 y}{\mathrm{d}t^2},$$

代入原方程可得

$$a_0 \frac{d^2 y}{dt^2} + (a_1 - a_0) \frac{dy}{dt} + a_2 y = f(e^t).$$

此为二阶常系数线性微分方程,求其通解 $y = y(t)$,则 $y = y(\ln x)$ 即为原方程的解.

2) 高阶 Euler 方程的解法.

引入微分算子 $D = \dfrac{d}{dt}$,经计算可得

$$xy' = \frac{dy}{dt} = Dy, \quad x^2 y'' = \frac{d^2 y}{dt^2} - \frac{dy}{dt} = D(D-1)y, \quad \cdots,$$

$$x^k y^{(k)} = D(D-1)(D-2)\cdots(D-k+1)y, \quad \cdots.$$

将它们代入 Euler 方程后得到以 t 为自变量的常系数线性微分方程,其特征方程只需将 $x^k y^{(k)}$ 换成 $r(r-1)\cdots(r-k+1)$ $(k=1,2,\cdots,n)$,同时将 y 换成 1. 求出通解后将 $t = \ln x$ 回代,即得原方程的解.

16.2 例题与释疑解难

一、问题 1:如何求二阶常系数线性微分方程的通解?

对于二阶常系数线性齐次微分方程 $ay'' + by' + cy = 0$,只要得到特征根,即可求得通解;对于非齐次微分方程 $ay'' + by' + cy = f(x)$,其通解等于对应齐次方程的通解 Y 与非齐次方程的一个特解 y^* 之和.

特解 y^* 的形式需根据自由项 $f(x)$ 的形式来确定. 要注意以下几点:

(1) 当 $f(x) = P_n(x)e^{\alpha x}$ 时,y^* 与 $f(x)$ 的形式"差不多",可设

$$y^* = x^k Q_n(x) e^{\alpha x}, \quad \text{其中 } k \text{ 等于 } \alpha \text{ 为特征根的重数;}$$

(2) 当 $f(x) = e^{\alpha x}(P_n(x)\cos\beta x + Q_m(x)\sin\beta x)$ 时,可设

$$y^* = x^k e^{\alpha x}(\overline{P}_l(x)\cos\beta x + \overline{Q}_k(x)\sin\beta x),$$

其中 k 等于 $\alpha + i\beta$ 为特征根的重数,$l = \max\{m, n\}$;

(3) 当 $f(x)$ 不属于上面几种类型且不能用叠加原理时,可利用常数变易法求其特解;

(4) 对于形式很简单的 $f(x)$,不必死扣 y^* 的形式去求解,而是利用解的概念直接观察出 y^*.

例 1 用观察法求下列方程的一个特解 y^*:

(1) $y'' + 5y' + 7y = 3$;   (2) $y'' + 8y = x$;   (3) $y'' + y' + y = x$.

解 (1) 显然 $y = $ 常数可能为解,而此时 y' 及 y'' 皆为 0,故只要满足 $7y = 3$ 即

可. 从而 $y = \dfrac{3}{7}$ 是解, 即有特解 $y^* = \dfrac{3}{7}$.

(2) 显然 $y = ax$ 时 $y'' = 0$, 从而只要满足 $8y = x$ 即可得解. 因此 $y^* = \dfrac{x}{8}$ 是方程的一个特解.

(3) 将 $y = x$ 代入方程左边得 $y'' + y' + y = x + 1$, 它比方程右边多 1, 所以令 $y^* = x - 1$, 此时恰好满足方程. 故 $y^* = x - 1$ 是方程的一个特解.

例 2 确定下列各方程的特解 y^* 的形式:

(1) $y'' - 3y' + 2y = e^x$;　　　　　　(2) $y'' - 2y' + y = e^x$;

(3) $y'' + y' = xe^{2x}$;　　　　　　　(4) $y'' + 2y' = -5\sin x$;

(5) $y'' + y' - y = e^x(5\cos x + 8\sin x)$;　(6) $y'' - 6y' + 9y = x^2 e^{3x}$;

(7) $y'' - 4y' - 5y = e^{-x} + \sin 5x$.

解 (1) 方程的特征方程为 $r^2 - 3r + 2 = 0$, 从而特征根为 $r_1 = 1, r_2 = 2$. 又自由项 $f(x) = e^x$ 是 $P_m(x)e^{\alpha x}$ 类型, 且 $\alpha = 1$ 为单特征根, $m = 0$, 故可设特解为
$$y^* = Axe^x.$$

(2) 方程的特征方程为 $r^2 - 2r + 1 = 0$, 从而特征根为 $r_1 = r_2 = 1$. 又自由项 $f(x) = e^x$ 是 $P_m(x)e^{\alpha x}$ 类型, 其 $\alpha = 1$ 为 2 重特征根, $m = 0$, 故可设特解为
$$y^* = Ax^2 e^x.$$

(3) 方程的特征方程为 $r^2 + r = 0$, 从而特征根为 $r_1 = 0, r_2 = -1$. 又自由项 $f(x) = xe^{2x}$ 为 $P_m(x)e^{\alpha x}$ 类型, 其中 $\alpha = 2$ 不是特征根, 且由 $P_m(x) = x$ 知 $m = 1$, 故可设特解为 $y^* = (Ax + B)e^{2x}$.

(4) 方程的特征方程为 $r^2 + 2r = 0$, 从而特征根为 $r_1 = 0, r_2 = -2$. 又自由项 $f(x) = -5\sin x$ 为 $e^{\alpha x}(P_m(x)\cos\beta x + Q_n(x)\sin\beta x)$ 类型, 其中 $\alpha = 0, \beta = 1$, 则 $\alpha + \mathrm{i}\beta = \mathrm{i}$ 不是特征根, 且由 $P_m(x) = 0, Q_n(x) = 5$ 可得 $m = n = 0$, 故可设特解为
$$y^* = x^0 e^{0x}(A\cos x + B\sin x) = A\cos x + B\sin x.$$

(5) 方程的特征方程为 $r^2 + r - 1 = 0$, 从而特征根为 $r_{1,2} = \dfrac{-1 \pm \sqrt{5}}{2}$. 又自由项 $f(x) = e^x(5\cos x + 8\sin x)$ 是 $e^{\alpha x}(P_m(x)\cos\beta x + Q_n(x)\sin\beta x)$ 类型, 其中 $\alpha = 1, \beta = 1$, 则 $\alpha + \mathrm{i}\beta = 1 + \mathrm{i}$ 不是特征根, 且由 $P_m(x) = 5, Q_n(x) = 8$ 知 $m = n = 0$, 故可设特解为 $y^* = x^0 e^x(A\cos x + B\sin x) = e^x(A\cos x + B\sin x)$.

(6) 方程的特征方程为 $r^2 - 6r + 9 = 0$, 从而特征根为 $r_1 = r_2 = 3$. 又自由项 $f(x) = x^2 e^{3x}$ 是 $P_m(x)e^{\alpha x}$ 类型, 其中 $\alpha = 3$ 为 2 重特征根, 且由 $P_m(x) = x^2$ 知 $m = 2$, 故可设特解为 $y^* = x^2(Ax^2 + Bx + C)e^{3x}$.

(7) 方程的特征方程为 $r^2 - 4r - 5 = 0$, 从而特征根为 $r_1 = 5, r_2 = -1$. 记自由

项 $f(x) = e^{-x} + \sin 5x \xrightarrow{\Delta} f_1(x) + f_2(x)$.

因为 $f_1(x) = e^{-x}$ 是 $P_m(x)e^{\alpha x}$ 类型,其中 $\alpha = -1$ 为单特征根,$P_m(x) = 0$,故可设方程 $y'' - 4y' - 5y = f_1(x) = e^{-x}$ 的特解为 $y_1^* = xAe^{-x} = Axe^{-x}$;

又因为 $f_2(x) = \sin 5x$ 为 $e^{\alpha x}(P_m(x)\cos\beta x + Q_n(x)\sin\beta x)$ 类型,其中 $\alpha = 0$, $\beta = 5$,则 $\alpha + i\beta = 5i$ 不是特征根,且由 $P_m(x) = 0$, $Q_n(x) = 1$ 知 $m = n = 0$,故可设方程 $y'' - 4y' - 5y = f_2(x) = \sin 5x$ 的特解为
$$y_2^* = x^0 e^{0 \cdot x}(B\cos 5x + C\sin 5x) = B\cos 5x + C\sin 5x.$$

综上,由解的叠加原理可得原方程的特解为
$$y^* = y_1^* + y_2^* = Axe^{-x} + B\cos 5x + C\sin 5x.$$

例 3 设 $y = e^x(C_1\cos x + C_2\sin x)$($C_1, C_2$ 为任意常数)为某二阶常系数齐次微分方程的通解,求该微分方程.

解 由通解的结构可知齐次微分方程的特征根为 $r_1 = 1 + i$, $r_2 = 1 - i$,所以特征方程为
$$(r - (1+i))(r - (1-i)) = 0, \quad 即 \quad r^2 - 2r + 2 = 0,$$
故原方程微分方程为 $y'' - 2y' + 2y = 0$.

例 4 求微分方程 $\dfrac{d^4 y}{dx^4} + 3\dfrac{d^3 y}{dx^3} = 0$ 的通解.

解 此为四阶常系数线性齐次微分方程,其特征方程为
$$r^4 + 3r^3 = 0, \quad 即 \quad r^3(r+3) = 0,$$
所以特征根为 $r_1 = r_2 = r_3 = 0$, $r_4 = -3$. 故原方程的通解为
$$y = (C_1 + C_2 x + C_3 x^2)e^{0x} + C_4 e^{-3x} = C_1 + C_2 x + C_3 x^2 + C_4 e^{-3x}.$$

例 5 设二阶常系数线性微分方程 $y'' + ay' + by = ce^{2x}$ 有特解 $y = 2e^{3x} + xe^{2x}$,求此微分方程的通解.

分析 本题有两种解法:一是把已知的特解代入原方程后比较系数,解出 a, b, c,然后解方程求通解;二是根据二阶常系数非齐次线性微分方程解的结构及所给的特解形式来确定齐次线性微分方程的特征根,从而得到通解.前一种方法计算量较大,这里我们采用后一种方法.

解 因为线性微分方程的自由项 $f(x) = ce^{2x}$,所以由待定系数法得到的非齐次线性微分方程的特解中只能含有指数函数 e^{2x}. 而所给特解中含有 e^{3x} 项,说明此项是由对应齐次线性微分方程的通解中对应的项所产生的,故 3 是齐次线性微分方程的一个特征根. 又所给特解中第二项为 xe^{2x},因此 2 也是齐次线性微分方程的一个特征根. 从而原方程的通解为
$$y = C_1' e^{3x} + C_2 e^{2x} + 2e^{3x} + xe^{2x} = C_1 e^{3x} + C_2 e^{2x} + xe^{2x}.$$

第 16 讲　高阶线性微分方程

例 6　设二阶非齐次线性方程 $y''+P(x)y'+Q(x)y=f(x)$ 的三个特解为
$$y_1^*=x-(x^2+1),\quad y_2^*=3\mathrm{e}^x-(x^2+1),\quad y_3^*=2x-\mathrm{e}^x-(x^2+1),$$
求该方程满足 $y(0)=0, y'(0)=0$ 的特解.

解　因为
$$y_1=y_2^*-y_1^*=3\mathrm{e}^x-x,\quad y_2=y_3^*-y_1^*=x-\mathrm{e}^x$$
是对应的齐次方程 $y''+P(x)y'+Q(x)y=0$ 的两个解,且这两个解线性无关,故原方程的通解为
$$y=C_1 y_1+C_2 y_2+y_1^*=C_1(3\mathrm{e}^x-x)+C_2(x-\mathrm{e}^x)+x-(x^2+1).$$
由初值条件 $y(0)=0, y'(0)=0$ 解得 $C_1=-\dfrac{1}{2}, C_2=-\dfrac{5}{2}$,故所求特解为
$$y=-\frac{1}{2}(3\mathrm{e}^x-x)-\frac{5}{2}(x-\mathrm{e}^x)+x-(x^2+1)=\mathrm{e}^x-x-x^2-1.$$

例 7　设 $y_1=x\mathrm{e}^x+\mathrm{e}^{2x}, y_2=x\mathrm{e}^x+\mathrm{e}^{-x}, y_3=x\mathrm{e}^x+\mathrm{e}^{2x}+\mathrm{e}^{-x}$ 是某个二阶线性非齐次微分方程的三个解,求此微分方程.

解　由非齐次微分方程解的结构知,所求微分方程对应的齐次方程有解
$$Y_1=y_3-y_1=\mathrm{e}^{-x},\quad Y_2=y_3-y_2=\mathrm{e}^{2x},$$
于是对应齐次方程的特征根为 $r_1=-1, r_2=2$,从而特征方程为
$$(r+1)(r-2)=0,\quad \text{即}\quad r^2-r-2=0,$$
故对应齐次方程为 $y''-y'-2y=0$. 于是可设所求方程为 $y''-y'-2y=f(x)$. 将
$$y_1=x\mathrm{e}^x+\mathrm{e}^{2x},\quad y_1'=\mathrm{e}^x+2\mathrm{e}^{2x}+x\mathrm{e}^x,\quad y_1''=2\mathrm{e}^x+4\mathrm{e}^{2x}+x\mathrm{e}^x$$
代入方程,可得
$$\begin{aligned}f(x)&=y_1''-y_1'-2y_1\\&=(2\mathrm{e}^x+4\mathrm{e}^{2x}+x\mathrm{e}^x)-(\mathrm{e}^x+2\mathrm{e}^{2x}+x\mathrm{e}^x)-2(x\mathrm{e}^x+\mathrm{e}^{2x})\\&=\mathrm{e}^x-2x\mathrm{e}^x,\end{aligned}$$
故 $y''-y'-2y=\mathrm{e}^x-2x\mathrm{e}^x$ 即为所求的微分方程.

例 8　求微分方程 $y''-2y'+y=5x\mathrm{e}^x$ 的通解.

解　对应齐次方程的特征方程为 $r^2-2r+1=0$,从而特征根为 $r_1=r_2=1$,所以对应齐次方程的通解为
$$Y=(C_1+C_2 x)\mathrm{e}^x.$$
又自由项 $f(x)=5x\mathrm{e}^x$ 是 $P_m(x)\mathrm{e}^{\alpha x}$ 类型,其中 $\alpha=1$ 是 2 重特征根,由 $P_m(x)=5x$ 知 $m=1$,所以可设原方程的特解为
$$y^*=x^2(Ax+B)\mathrm{e}^x=(Ax^3+Bx^2)\mathrm{e}^x.$$
将
$$(y^*)'=(Ax^3+(3A+B)x^2+2Bx)\mathrm{e}^x,$$

$$(y^*)'' = (Ax^3 + (6A+B)x^2 + (6A+4B)x + 2B)e^x$$

代入原方程,得

$$[Ax^3 + (6A+B)x^2 + (6A+4B)x + 2B] - 2[Ax^3 + (3A+B)x^2 + 2Bx]$$
$$+ Ax^3 + Bx^2 = 5x,$$

比较等式两边同次幂的系数得 $A = \dfrac{5}{6}, B = 0$,则 $y^* = \dfrac{5}{6}x^3 e^x$. 故原方程通解为

$$y = Y + y^* = (C_1 + C_2 x)e^x + \dfrac{5}{6}x^3 e^x.$$

例9 求微分方程 $y'' + y = \sin x \sin 2x$ 的通解.

解 对应齐次方程的特征方程为 $r^2 + 1 = 0$,所以特征根为 $r_1 = \mathrm{i}, r_2 = -\mathrm{i}$,于是对应齐次方程的通解为 $Y = C_1 \cos x + C_2 \sin x$. 又

$$y'' + y = \sin x \sin 2x = \dfrac{1}{2}(\cos x - \cos 3x) = \dfrac{1}{2}\cos x - \dfrac{1}{2}\cos 3x.$$

对方程 $y'' + y = \dfrac{1}{2}\cos x$,其自由项 $f_1(x) = \dfrac{1}{2}\cos x$ 是

$$e^{\alpha x}(P_m(x)\cos\beta x + Q_n(x)\sin\beta x)$$

类型,其中 $\alpha = 0, \beta = 1$,则 $\alpha + \mathrm{i}\beta = \mathrm{i}$ 为特征根,且由 $P_m(x) = \dfrac{1}{2}, Q_n(x) = 0$ 知 $m = n = 0$. 于是可设方程的特解为 $y_1^* = x(A\cos x + B\sin x)$,得

$$(y_1^*)' = (A + Bx)\cos x + (B - Ax)\sin x,$$
$$(y_1^*)'' = (2B - Ax)\cos x + (-2A - Bx)\sin x.$$

将 y_1^* 和 $(y_1^*)''$ 代入方程,得

$$2B\cos x - 2A\sin x = \dfrac{1}{2}\cos x,$$

解得 $A = 0, B = \dfrac{1}{4}$,从而方程的特解为 $y_1^* = \dfrac{x}{4}\sin x$.

对方程 $y'' + y = -\dfrac{1}{2}\cos 3x$,其自由项 $f_2(x) = -\dfrac{1}{2}\cos 3x$ 也是

$$e^{\alpha x}(P_m(x)\cos\beta x + Q_n(x)\sin\beta x)$$

类型,其中 $\alpha = 0, \beta = 3$,则 $\alpha + \mathrm{i}\beta = -3\mathrm{i}$ 不是特征根,且由 $P_m(x) = -\dfrac{1}{2}, Q_n(x) = 0$ 知 $m = n = 0$. 于是可设方程的特解为 $y_2^* = C\cos 3x + D\sin 3x$,得

$$(y_2^*)'' = -9C\cos 3x - 9D\sin 3x.$$

将 y_2^* 和 $(y_2^*)''$ 代入方程,得

$$-8C\cos 3x - 8D\sin 3x = -\dfrac{1}{2}\cos 3x,$$

解得 $C=\dfrac{1}{16}, D=0$,从而方程的特解为 $y_2^*=\dfrac{1}{16}\cos 3x$.

综上,由叠加原理知原方程的通解为

$$y=Y+y_1^*+y_2^*=C_1\cos x+C_2\sin x+\dfrac{x}{4}\sin x+\dfrac{1}{16}\cos 3x.$$

二、问题 2:如何求解欧拉方程?

例 10 求微分方程 $xy''-2y'+\dfrac{2}{x}y=x^2$ 满足条件 $y(1)=\dfrac{1}{2}, y'(1)=\dfrac{7}{2}$ 的特解.

解 将方程变形为 $x^2y''-2xy'+2y=x^3$,此为二阶欧拉方程,令 $x=\mathrm{e}^t$,即 $t=\ln x$,则

$$\dfrac{\mathrm{d}y}{\mathrm{d}x}=\dfrac{\mathrm{d}y}{\mathrm{d}t}\cdot\dfrac{\mathrm{d}t}{\mathrm{d}x}=\dfrac{1}{x}\dfrac{\mathrm{d}y}{\mathrm{d}t},$$

$$\dfrac{\mathrm{d}^2y}{\mathrm{d}x^2}=\dfrac{\mathrm{d}\left(\dfrac{\mathrm{d}y}{\mathrm{d}x}\right)}{\mathrm{d}x}=\dfrac{\mathrm{d}\left(\dfrac{1}{x}\dfrac{\mathrm{d}y}{\mathrm{d}t}\right)}{\mathrm{d}x}=-\dfrac{1}{x^2}\dfrac{\mathrm{d}y}{\mathrm{d}t}+\dfrac{1}{x}\dfrac{\mathrm{d}\left(\dfrac{\mathrm{d}y}{\mathrm{d}t}\right)}{\mathrm{d}t}\dfrac{\mathrm{d}t}{\mathrm{d}x}$$

$$=-\dfrac{1}{x^2}\dfrac{\mathrm{d}y}{\mathrm{d}t}+\dfrac{1}{x}\dfrac{\mathrm{d}^2y}{\mathrm{d}t^2}\dfrac{1}{x}=\dfrac{1}{x^2}\left(\dfrac{\mathrm{d}^2y}{\mathrm{d}t^2}-\dfrac{\mathrm{d}y}{\mathrm{d}t}\right),$$

代入方程,则有

$$\left(\dfrac{\mathrm{d}^2y}{\mathrm{d}t^2}-\dfrac{\mathrm{d}y}{\mathrm{d}t}\right)-2\dfrac{\mathrm{d}y}{\mathrm{d}t}+2y=\mathrm{e}^{3t},$$

即

$$\dfrac{\mathrm{d}^2y}{\mathrm{d}t^2}-3\dfrac{\mathrm{d}y}{\mathrm{d}t}+2y=\mathrm{e}^{3t}.$$

此为二阶常系数线性非齐次微分方程,由待定系数法可以求得其通解为

$$y=Y+y^*=C_1\mathrm{e}^t+C_2\mathrm{e}^{2t}+\dfrac{1}{2}\mathrm{e}^{3t}.$$

再将 $\mathrm{e}^t=x$ 代入上式,得原方程的通解为

$$y=C_1 x+C_2 x^2+\dfrac{1}{2}x^3.$$

又 $y'=C_1+2C_2 x+\dfrac{3}{2}x^2$,代入初始条件 $y(1)=\dfrac{1}{2}, y'(1)=\dfrac{7}{2}$,得

$$\begin{cases}C_1+C_2+\dfrac{1}{2}=\dfrac{1}{2},\\ C_1+2C_2+\dfrac{3}{2}=\dfrac{7}{2},\end{cases} \quad 解得 \quad \begin{cases}C_1=-2,\\ C_2=2,\end{cases}$$

故所求特解为 $y = -2x + 2x^2 + \dfrac{1}{2}x^3$.

三、问题 3：如何处理综合题？如何将问题转化为微分方程并求解？

例 11 设 $f(x) = \sin x - \int_0^x (x-t)f(t)\mathrm{d}t$，求 $f(x)$.

解 原方程可化为
$$f(x) = \sin x - x\int_0^x f(t)\mathrm{d}t + \int_0^x tf(t)\mathrm{d}t,$$

令 $x=0$，可得 $f(0)=0$. 方程两边求导，得
$$f'(x) = \cos x - \int_0^x f(t)\mathrm{d}t - xf(x) + xf(x) = \cos x - \int_0^x f(t)\mathrm{d}t,$$

再令 $x=0$，可得 $f'(0)=1$. 方程两边再求导，得
$$f''(x) = -\sin x - f(x), \quad 即 \quad f''(x) + f(x) = -\sin x.$$

设 $y = f(x)$，于是问题化为求解初值问题
$$\begin{cases} y'' + y = -\sin x, \\ y(0) = 0, \ y'(0) = 1. \end{cases}$$

方程 $y'' + y = -\sin x$ 为二阶常系数线性非齐次微分方程，对应齐次方程的特征方程为 $r^2 + 1 = 0$，得特征根为 $r_{1,2} = \pm \mathrm{i}$. 又因为其自由项为 $-\sin x$，所以可设该方程的特解为
$$y^* = x(A\cos x + B\sin x) = Ax\cos x + Bx\sin x,$$
则
$$(y^*)' = A\cos x + B\sin x - Ax\sin x + Bx\cos x,$$
$$(y^*)'' = -2A\sin x + 2B\cos x - Ax\cos x - Bx\sin x.$$

将 y^* 和 $(y^*)''$ 代入方程，可得
$$-2A\sin x + 2B\cos x = -\sin x, \quad 则 \quad A = \dfrac{1}{2}, \ B = 0,$$

从而 $y^* = \dfrac{1}{2}x\cos x$. 故该方程的通解为
$$y = C_1\cos x + C_2\sin x + \dfrac{1}{2}x\cos x,$$

得
$$y' = -C_1\sin x + C_2\cos x + \dfrac{1}{2}\cos x - \dfrac{1}{2}x\sin x.$$

代入初始条件 $y(0)=0, y'(0)=1$，可解得 $C_1=0, C_2=\dfrac{1}{2}$，故
$$y = f(x) = \dfrac{1}{2}(\sin x + x\cos x).$$

第 16 讲 高阶线性微分方程

例 12 利用代换 $y=\dfrac{u}{\cos x}$ 将方程
$$y''\cos x - 2y'\sin x + 3y\cos x = \mathrm{e}^x$$
化简,并求该方程的通解.

解 因为 $y=\dfrac{u}{\cos x}$,所以 $u=y\cos x$,于是
$$u' = y'\cos x - y\sin x, \quad u'' = y''\cos x - 2y'\sin x - y\cos x,$$
则原方程可化简为
$$u'' + 4u = \mathrm{e}^x.$$
该方程为二阶常系数线性非齐次微分方程,对应齐次方程的特征方程为 $r^2+4=0$,得特征根为 $r_{1,2}=\pm 2\mathrm{i}$,又自由项为 e^x,于是设其特解为 $u^*=A\mathrm{e}^x$,得 $(u^*)''=A\mathrm{e}^x$. 将 u^* 和 $(u^*)''$ 代入方程可得 $A=\dfrac{1}{5}$,故通解为 $u=C_1\cos 2x+C_2\sin 2x+\dfrac{1}{5}\mathrm{e}^x$. 再回代 $u=y\cos x$,即得原方程的通解为
$$y\cos x = C_1\cos 2x + C_2\sin 2x + \dfrac{1}{5}\mathrm{e}^x.$$

16.3 练习题

1. 若二阶微分方程 $y''+3y'=f(x)$ 的一个特解为 $y^*(x)$,求该方程的通解.
2. 求以 $y=C_1\mathrm{e}^x+C_2\mathrm{e}^{2x}+\mathrm{e}^x$ 为通解的微分方程.
3. 若微分方程 $y''+by'+cy=3\mathrm{e}^{-2x}$ 有特解 $y=\mathrm{e}^x(1-x\mathrm{e}^{-3x})$,求其通解.
4. 求微分方程 $y''+y'-6y=4\mathrm{e}^{2x}$ 的通解.
5. 求微分方程 $y''+y=-2\sin x$ 的通解.
6. 求微分方程 $y''-y'=2\mathrm{e}^x-x^2$ 的通解.
7. 求微分方程 $x^3y'''+xy'-y=3x^4$ 的通解.
8. 求微分方程 $y''-2y'+y=\dfrac{\mathrm{e}^x}{x}$ 的通解.
9. 设曲线 $y=f(x)$ 过原点,在 $[0,+\infty)$ 上有二阶导数,且满足方程
$$\int_0^x f(t)\mathrm{d}t + \dfrac{1}{3}\cos 3x = x^2 - f'(x),$$
求 $f(x)$.
10. 设 $f(x)$ 为偶函数,且满足
$$f'(x) + 2f(x) - 3\int_0^x f(t-x)\mathrm{d}t = -3x+2,$$
求 $f(x)$.

附录　综合练习卷

综合练习卷(一)

一、选择题(本题共 10 小题,每小题 5 分,满分 50 分)

1. 设函数 $f(x)$ 满足 $\lim\limits_{x \to 1} \dfrac{f(x)}{\ln x} = 1$,则 （　　）

   A. $f(1) = 0$
   B. $\lim\limits_{x \to 1} f(x) = 0$
   C. $f'(1) = 1$
   D. $\lim\limits_{x \to 1} f'(x) = 1$

2. 下列曲线中有渐近线的是 （　　）

   A. $y = x + \sin x$
   B. $y = x^2 + \sin x$
   C. $y = x + \sin \dfrac{1}{x}$
   D. $y = x^2 + \sin \dfrac{1}{x}$

3. 设函数 $f(x)$ 具有 2 阶导数,$g(x) = f(0)(1-x) + f(1)x$,则在 $[0,1]$ 上 （　　）

   A. 当 $f'(x) \geqslant 0$ 时,$f(x) \geqslant g(x)$
   B. 当 $f'(x) \geqslant 0$ 时,$f(x) \leqslant g(x)$
   C. 当 $f''(x) \geqslant 0$ 时,$f(x) \geqslant g(x)$
   D. 当 $f''(x) \geqslant 0$ 时,$f(x) \leqslant g(x)$

4. 已知函数 $f(x) = \begin{cases} x, & x \leqslant 0, \\ \dfrac{1}{n}, & \dfrac{1}{n+1} < x \leqslant \dfrac{1}{n}, n = 1, 2, \cdots, \end{cases}$ 则 （　　）

   A. $x = 0$ 是 $f(x)$ 的第一类间断点
   B. $x = 0$ 是 $f(x)$ 的第二类间断点
   C. $f(x)$ 在 $x = 0$ 处连续但不可导
   D. $f(x)$ 在 $x = 0$ 处可导

5. 若函数 $f(x) = \begin{cases} \dfrac{1 - \cos\sqrt{x}}{ax}, & x > 0, \\ b, & x \leqslant 0 \end{cases}$ 在 $x = 0$ 处连续,则 （　　）

   A. $ab = \dfrac{1}{2}$　　B. $ab = -\dfrac{1}{2}$　　C. $ab = 0$　　D. $ab = 2$

6. 设函数 $f(x)$ 可导, 且 $f(x)f'(x) > 0$, 则 （   ）

   A. $f(1) > f(-1)$ B. $f(1) < f(-1)$
   C. $|f(1)| > |f(-1)|$ D. $|f(1)| < |f(-1)|$

7. 已知函数 $f(x) = \begin{cases} 2(x-1), & x < 1, \\ \ln x, & x \geq 1, \end{cases}$ 则 $f(x)$ 的一个原函数是 （   ）

   A. $F(x) = \begin{cases} (x-1)^2, & x < 1, \\ x(\ln x - 1), & x \geq 1 \end{cases}$

   B. $F(x) = \begin{cases} (x-1)^2, & x < 1, \\ x(\ln x + 1) - 1, & x \geq 1 \end{cases}$

   C. $F(x) = \begin{cases} (x-1)^2, & x < 1, \\ x(\ln x + 1) + 1, & x \geq 1 \end{cases}$

   D. $F(x) = \begin{cases} (x-1)^2, & x < 1, \\ x(\ln x - 1) + 1, & x \geq 1 \end{cases}$

8. 若反常积分 $\int_0^{+\infty} \dfrac{1}{x^a(1+x)^b} dx$ 收敛, 则 （   ）

   A. $a < 1$ 且 $b > 1$ B. $a > 1$ 且 $b > 1$
   C. $a < 1$ 且 $a + b > 1$ D. $a > 1$ 且 $a + b > 1$

9. 若 $y = (1+x^2)^2 - \sqrt{1+x^2}$, $y = (1+x^2)^2 + \sqrt{1+x^2}$ 是微分方程 $y' + P(x)y = Q(x)$ 的两个解, 则 $Q(x) =$ （   ）

   A. $3x(1+x^2)$ B. $-3x(1+x^2)$
   C. $\dfrac{x}{1+x^2}$ D. $-\dfrac{x}{1+x^2}$

10. 设 $y = \dfrac{1}{2}e^{2x} + \left(x - \dfrac{1}{3}\right)e^x$ 是二阶常系数非齐次线性微分方程 $y'' + ay' + by = ce^x$ 的一个特解, 则 （   ）

    A. $a = -3, b = 2, c = -1$ B. $a = 3, b = 2, c = -1$
    C. $a = -3, b = 2, c = 1$ D. $a = 3, b = 2, c = 1$

二、填空题(本题共 6 小题,每小题 5 分,满分 30 分)

1. $\lim\limits_{x \to 0} \dfrac{\ln(\cos x)}{x^2} = $ _____.

2. $\lim\limits_{n \to \infty} \left(\dfrac{1}{\ln(n+1) - \ln n} - n\right) = $ _____.

3. 已知 $f(x)$ 是周期为 4 的可导奇函数, 且 $f'(x) = 2(x-1), x \in [0, 2]$, 则 $f(7) = $ _____.

4. 设 $f(x) = x^2 \cos(2x)$, 则 $f^{(2024)}(0) = $ _____.

5. $\int_{-\frac{\pi}{2}}^{\frac{\pi}{2}} \left(\frac{\sin x}{1+\cos x} + |x| \right) dx = $ _____ .

6. 微分方程 $xy' + y(\ln x - \ln y) = 0$ 满足条件 $y(1) = e^3$ 的解为 $y = $ _____ .

三、解答题(本题共 6 小题,满分 70 分)

1. (10 分) 求极限 $\lim\limits_{x \to +\infty} \dfrac{\int_1^x \left[t^2 \left(e^{\frac{1}{t}} - 1 \right) - t \right] dt}{x^2 \ln\left(1 + \dfrac{1}{x}\right)}$.

2. (12 分) 设函数 $y = f(x)$ 由方程 $y^3 + xy^2 + x^2 y + 6 = 0$ 确定,求 $f(x)$ 的极值.

3. (12 分) 求 $\lim\limits_{n \to \infty} \sum\limits_{k=1}^{n} \dfrac{k}{n^2} \ln\left(1 + \dfrac{k}{n}\right)$.

4. (12 分) 设 $f(x)$ 在 $[0,1]$ 上具有 2 阶导数,且 $f(1) > 0$, $\lim\limits_{x \to 0^+} \dfrac{f(x)}{x} < 0$. 证明:

(1) 方程 $f(x) = 0$ 在区间 $(0,1)$ 内至少存在一个实根;

(2) 方程 $f(x) f''(x) + [f'(x)]^2 = 0$ 在 $(0,1)$ 内至少存在两个不同实根.

5. (12 分) 设函数 $y(x)$ 满足方程 $y'' + 2y' + ky = 0$,其中 $0 < k < 1$.

(1) 证明:反常积分 $\int_0^{+\infty} y(x) dx$ 收敛;

(2) 若 $y(0) = 1, y'(0) = 1$,求 $\int_0^{+\infty} y(x) dx$ 的值.

6. (12 分) 设函数 $f(x)$ 在定义域 I 上的导数大于零,若对任意的 $x_0 \in I$,曲线 $y = f(x)$ 在点 $(x_0, f(x_0))$ 处的切线与直线 $x = x_0$ 及 x 轴所围成区域的面积恒为 4,且 $f(0) = 2$,求 $f(x)$ 的表达式.

综合练习卷(二)

一、选择题(本题共 10 小题,每小题 5 分,满分 50 分)

1. 极限 $\lim\limits_{x\to\infty}\left(\dfrac{x^2}{(x-a)(x+b)}\right)^x =$ ( )

   A. 1   B. e C. e^{a-b} D. e^{b-a}

2. 函数 $f(x)=\dfrac{x^2-x}{x^2-1}\sqrt{1+\dfrac{1}{x^2}}$ 的无穷间断点的个数为 ( )

   A. 0   B. 1   C. 2   D. 3

3. 当 $x\to 0$ 时,$\alpha(x),\beta(x)$ 是非零无穷小量,给出以下四个命题:

   ① 若 $\alpha(x)\sim\beta(x)$,则 $\alpha^2(x)\sim\beta^2(x)$;
   ② 若 $\alpha^2(x)\sim\beta^2(x)$,则 $\alpha(x)\sim\beta(x)$;
   ③ 若 $\alpha(x)\sim\beta(x)$,则 $\alpha(x)-\beta(x)=o(\alpha(x))$;
   ④ 若 $\alpha(x)-\beta(x)=o(\alpha(x))$,则 $\alpha(x)\sim\beta(x)$.

   其中所有真命题的序号是 ( )

   A. ①③   B. ①④   C. ①③④   D. ②③④

4. 设 $f(x)$ 可导,$F(x)=f(x)(1+|\sin x|)$,则 $f(0)=0$ 是 $F(x)$ 在 $x=0$ 处可导的 ( )

   A. 充分必要条件
   B. 充分但非必要条件
   C. 必要但非充分条件
   D. 既非充分又非必要条件

5. 曲线 $y=\dfrac{x^2+x}{x^2-1}$ 的渐近线的条数为 ( )

   A. 0   B. 1   C. 2   D. 3

6. 连续函数 $y=f(x)$ 在区间 $[-3,-2],[2,3]$ 上的图形分别是直径为 1 的上、下半圆周,在区间 $[-2,0],[0,2]$ 上的图形分别是直径为 2 的下、上半圆周. 设
$$F(x)=\int_0^x f(t)\mathrm{d}t,$$
则下列结论正确的是 ( )

   A. $F(3)=-\dfrac{3}{4}F(-2)$ B. $F(3)=\dfrac{5}{4}F(2)$

   C. $F(-3)=\dfrac{3}{4}F(2)$ D. $F(-3)=-\dfrac{5}{4}F(-2)$

7. 设函数 $f(x)$ 与 $g(x)$ 在 $[0,1]$ 上连续,且 $f(x)\leqslant g(x)$,则 $\forall c\in(0,1)$,有 ( )

A. $\int_{\frac{1}{2}}^{c} f(t)dt \geqslant \int_{\frac{1}{2}}^{c} g(t)dt$ B. $\int_{\frac{1}{2}}^{c} f(t)dt \leqslant \int_{\frac{1}{2}}^{c} g(t)dt$

C. $\int_{c}^{1} f(t)dt \geqslant \int_{c}^{1} g(t)dt$ D. $\int_{c}^{1} f(t)dt \leqslant \int_{c}^{1} g(t)dt$

8. 已知 $I_1 = \int_0^1 \frac{x}{2(1+\cos x)}dx$, $I_2 = \int_0^1 \frac{\ln(1+x)}{1+\cos x}dx$, $I_3 = \int_0^1 \frac{2x}{1+\sin x}dx$, 则 ( )

A. $I_1 < I_2 < I_3$ B. $I_2 < I_1 < I_3$

C. $I_1 < I_3 < I_2$ D. $I_3 < I_2 < I_1$

9. 设平面区域 D 由曲线段 $y = \sqrt{x}\sin\pi x (0 \leqslant x \leqslant 1)$ 与 x 轴围成, 则 D 绕 x 轴旋转所成旋转体的体积为 ( )

A. $\frac{\pi}{8}$ B. $\frac{\pi}{4}$ C. $\frac{\pi}{2}$ D. π

10. 在下列微分方程中, 以 $y = C_1 e^x + C_2 \cos 2x + C_3 \sin 2x$ (C_1, C_2, C_3 为任意常数) 为通解的是 ( )

A. $y''' + y'' - 4y' - 4y = 0$ B. $y''' + y'' + 4y' + 4y = 0$

C. $y''' - y'' - 4y' + 4y = 0$ D. $y''' - y'' + 4y' - 4y = 0$

二、填空题(本题共 6 小题, 每小题 5 分, 满分 30 分)

1. 若 $\lim\limits_{x \to 0}\left(\frac{1 - \tan x}{1 + \tan x}\right)^{\frac{1}{\sin kx}} = e$, 则 $k = $ _____.

2. 已知函数 $f(x) = \frac{1}{1 + x^2}$, 则 $f^{(3)}(0) = $ _____.

3. 曲线
$$\sin(xy) + \ln(y - x) = x$$
在点 $(0, 1)$ 处的切线方程是 _____.

4. $\int_1^{e^2} \frac{\ln x}{\sqrt{x}}dx = $ _____.

5. 具有特解 $y_1 = e^{-x}$, $y_2 = 2xe^{-x}$, $y_3 = 3e^x$ 的三阶常系数线性齐次微分方程是 _____.

6. 二阶常系数线性非齐次微分方程
$$y'' - 4y' + 3y = 2e^{2x}$$
的通解为 $y = $ _____.

三、解答题(本题共 6 小题, 满分 70 分)

1. (10 分) 设函数 $f(x) = x + a\ln(1 + x) + bx\sin x$, $g(x) = kx^3$, 若 $f(x)$ 与 $g(x)$ 在 $x \to 0$ 时是等价无穷小, 求 a, b, k 的值.

2. (12 分) 已知函数 $y(x)$ 由方程 $x^3+y^3-3x+3y-2=0$ 确定,求 $y(x)$ 的极值.

3. (12 分) 设 $f(x)$ 是连续函数.

(1) 利用定义证明:函数 $F(x)=\int_0^x f(t)\mathrm{d}t$ 可导,且 $F'(x)=f(x)$;

(2) 当 $f(x)$ 是以 2 为周期的周期函数时,证明:函数
$$G(x)=2\int_0^x f(t)\mathrm{d}t-x\int_0^2 f(t)\mathrm{d}t$$
也是以 2 为周期的周期函数.

4. (12 分) 设位于第一象限的曲线 $y=f(x)$ 经过点 $\left(\frac{\sqrt{2}}{2},\frac{1}{2}\right)$,曲线上任一点 $P(x,y)$ 处的法线与 y 轴的交点为 Q,且线段 PQ 被 x 轴平分.

(1) 求曲线 $y=f(x)$ 的方程;

(2) 若曲线 $y=\sin x$ 在 $[0,\pi]$ 上的弧长为 l,试用 l 表示曲线 $y=f(x)$ 的弧长 s.

5. (12 分) 设函数 $y(x)$ 是微分方程 $y'+\dfrac{1}{2\sqrt{x}}y=2+\sqrt{x}$ 满足条件 $y(1)=3$ 的解,求曲线 $y=y(x)$ 的渐近线.

6. (12 分) 设奇函数 $f(x)$ 在 $[-1,1]$ 上具有二阶导数,且 $f(1)=1$,证明:

(1) 存在 $\xi\in(0,1)$,使得 $f'(\xi)=1$;

(2) 存在 $\eta\in(-1,1)$,使得 $f''(\eta)+f'(\eta)=1$.

综合练习卷(三)

一、选择题(本题共 10 小题,每小题 5 分,满分 50 分)

1. 若 $\lim\limits_{x\to 0}\left(\dfrac{1}{x}-\left(\dfrac{1}{x}-a\right)e^x\right)=1$,则 $a=$ ( )

   A. 0　　　　B. 1　　　　C. 2　　　　D. 3

2. 若 $\lim\limits_{x\to 0}(e^x+ax^2+bx)^{1/x^2}=e$,则 ( )

   A. $a=\dfrac{1}{2}, b=-1$　　　　B. $a=-\dfrac{1}{2}, b=-1$

   C. $a=\dfrac{1}{2}, b=1$　　　　D. $a=-\dfrac{1}{2}, b=1$

3. 当 $x\to 0$ 时,$\int_0^{x^2}(e^{t^3}-1)\mathrm{d}t$ 是 x^7 的 ( )

   A. 低阶无穷小　　　　B. 等价无穷小
   C. 高阶无穷小　　　　D. 同阶但非等价无穷小

4. 设函数 $f(x)$ 在 $x=0$ 处连续,下列命题错误的是 ( )

   A. 若 $\lim\limits_{x\to 0}\dfrac{f(x)}{x}$ 存在,则 $f(0)=0$

   B. 若 $\lim\limits_{x\to 0}\dfrac{f(x)+f(-x)}{x}$ 存在,则 $f(0)=0$

   C. 若 $\lim\limits_{x\to 0}\dfrac{f(x)}{x}$ 存在,则 $f'(0)$ 存在

   D. 若 $\lim\limits_{x\to 0}\dfrac{f(x)-f(-x)}{x}$ 存在,则 $f'(0)$ 存在

5. 设 $f(0)=0$,则 $f(x)$ 在点 $x=0$ 处可导的充要条件为 ( )

   A. $\lim\limits_{h\to 0}\dfrac{1}{h^2}f(1-\cos h)$ 存在　　　　B. $\lim\limits_{h\to 0}\dfrac{1}{h}f(1-e^h)$ 存在

   C. $\lim\limits_{h\to 0}\dfrac{1}{h^2}f(h-\sin h)$ 存在　　　　D. $\lim\limits_{h\to 0}\dfrac{1}{h}[f(2h)-f(h)]$ 存在

6. 曲线 $y=(x-1)(x-2)^2(x-3)^3(x-4)^4$ 的拐点是 ( )

   A. $(1,0)$　　B. $(2,0)$　　C. $(3,0)$　　D. $(4,0)$

7. 设 $I=\int_0^{\pi/4}\ln(\sin x)\mathrm{d}x, J=\int_0^{\pi/4}\ln(\cot x)\mathrm{d}x, K=\int_0^{\pi/4}\ln(\cos x)\mathrm{d}x$,则 I,J,K 的大小关系为 ( )

   A. $I<J<K$　　　　B. $I<K<J$
   C. $J<I<K$　　　　D. $K<J<I$

8. 设 m,n 均是正整数,则反常积分 $\int_0^1 \dfrac{\sqrt[m]{\ln^2(1-x)}}{\sqrt[n]{x}}\mathrm{d}x$ 的收敛性   (   )

    A. 仅与 m 的取值有关   B. 仅与 n 的取值有关

    C. 与 m,n 的取值都有关   D. 与 m,n 的取值都无关

9. 微分方程 $y''-4y'+8y=\mathrm{e}^{2x}(1+\cos 2x)$ 的特解可设为 $y^*=$ (   )

    A. $A\mathrm{e}^{2x}+\mathrm{e}^{2x}(B\cos 2x+C\sin 2x)$

    B. $Ax\mathrm{e}^{2x}+\mathrm{e}^{2x}(B\cos 2x+C\sin 2x)$

    C. $A\mathrm{e}^{2x}+x\mathrm{e}^{2x}(B\cos 2x+C\sin 2x)$

    D. $Ax\mathrm{e}^{2x}+x\mathrm{e}^{2x}(B\cos 2x+C\sin 2x)$

10. 设二阶可导函数 $f(x)$ 满足
$$f(1)=f(-1)=1,\quad f(0)=-1,$$
且 $f''(x)>0$,则 (   )

    A. $\int_{-1}^{1}f(x)\mathrm{d}x>0$ B. $\int_{-1}^{1}f(x)\mathrm{d}x<0$

    C. $\int_{-1}^{0}f(x)\mathrm{d}x>\int_{0}^{1}f(x)\mathrm{d}x$ D. $\int_{-1}^{0}f(x)\mathrm{d}x<\int_{0}^{1}f(x)\mathrm{d}x$

二、填空题(本题共 6 小题,每小题 5 分,满分 30 分)

1. 曲线 $\begin{cases} x=\int_0^{1-t}\mathrm{e}^{-u^2}\mathrm{d}u, \\ y=t^2\ln(2-t^2) \end{cases}$ 在点 $(0,0)$ 处的切线方程为 _____.

2. 若 $\lim\limits_{n\to\infty}a_n=a>0,\lim\limits_{n\to\infty}b_n=0$,则 $\lim\limits_{n\to\infty}\dfrac{a_n^{b_n}-1}{b_n}=$ _____.

3. 已知函数 $f(x)=x\int_1^x \dfrac{\sin t^2}{t}\mathrm{d}t$,则 $\int_0^1 f(x)\mathrm{d}x=$ _____.

4. 设函数 $f(x)=\begin{cases} \lambda\mathrm{e}^{-\lambda x}, & x>0, \\ 0, & x\leqslant 0, \end{cases}$ 且 $\lambda>0$,则 $\int_{-\infty}^{+\infty}xf(x)\mathrm{d}x=$ _____.

5. 已知 $y_1=x\mathrm{e}^x+\mathrm{e}^{2x},y_2=x\mathrm{e}^x+\mathrm{e}^{-x},y_3=x\mathrm{e}^x+\mathrm{e}^{2x}-\mathrm{e}^{-x}$ 是某二阶线性非齐次微分方程的三个解,则此微分方程为 _____.

6. 欧拉方程 $x^2y''+xy'-4y=0$ 满足条件
$$y(1)=1,\quad y'(1)=2$$
的解为 $y=$ _____.

三、解答题(本题共 6 小题,满分 70 分)

1. (10 分)已知函数 $F(x)=\dfrac{\int_0^x\ln(1+t^2)\mathrm{d}t}{x^a}$,若 $\lim\limits_{x\to+\infty}F(x)=\lim\limits_{x\to 0^+}F(x)=0$,试

求 a 的取值范围.

2. (12分) 设 $f(x)$ 是周期为5的连续函数,它在点 $x=0$ 的某个邻域内满足关系式
$$f(1+\sin x)-3f(1-\sin x)=8x+\alpha(x),$$
其中 $\alpha(x)$ 是当 $x\to 0$ 时比 x 更高阶的无穷小,且 $f(x)$ 在 $x=1$ 处可导,求曲线 $y=f(x)$ 在点 $(6,f(6))$ 处的切线方程.

3. (12分) 求函数 $f(x)=\int_1^{x^2}(x^2-t)e^{-t^2}dt$ 的单调区间与极值.

4. (12分) 设 $f(x)$ 是区间 $\left[0,\dfrac{\pi}{4}\right]$ 上的单调可导函数,且满足
$$\int_0^{f(x)}f^{-1}(t)dt=\int_0^x t\,\dfrac{\cos t-\sin t}{\sin t+\cos t}dt,$$
其中 f^{-1} 是 f 的反函数,求 $f(x)$.

5. (12分) 设函数 $y(x)$ 是微分方程 $y'-xy=\dfrac{1}{2\sqrt{x}}e^{\frac{x^2}{2}}$ 满足条件 $y(1)=\sqrt{e}$ 的特解.

(1) 求 $y(x)$;

(2) 设平面区域 $D=\{(x,y)\mid 1\leqslant x\leqslant 2,0\leqslant y\leqslant y(x)\}$,求 D 绕 x 轴旋转一周所得旋转体的体积.

6. (12分) 已知函数 $f(x)$ 在 $[0,1]$ 上连续,在 $(0,1)$ 内可导,且 $f(0)=0,f(1)=1$,证明:

(1) 存在 $\xi\in(0,1)$,使得 $f(\xi)=1-\xi$;

(2) 存在两个不同的点 $\eta,\zeta\in(0,1)$,使得 $f'(\eta)f'(\zeta)=1$.

综合练习卷(四)

一、选择题(本题共 10 小题,每小题 5 分,满分 50 分)

1. 若 $\lim\limits_{x\to 0}\dfrac{\sin 6x + xf(x)}{x^3}=0$,则 $\lim\limits_{x\to 0}\dfrac{6+f(x)}{x^2}=$ (　　)

   A. 0　　　　B. 6　　　　C. 36　　　　D. ∞

2. 设函数 $f(x)=\arctan x$,若 $f(x)=xf'(\xi)$,则 $\lim\limits_{x\to 0}\dfrac{\xi^2}{x^2}=$ (　　)

   A. 1　　　　B. $\dfrac{2}{3}$　　　　C. $\dfrac{1}{2}$　　　　D. $\dfrac{1}{3}$

3. 当 $x\to 0^+$ 时,下列无穷小量中最高阶的是 (　　)

   A. $\displaystyle\int_0^x (e^{t^2}-1)\,dt$ 　　　　B. $\displaystyle\int_0^x \ln(1+\sqrt{t^3})\,dt$

   C. $\displaystyle\int_0^{\sin x} \sin t^2\,dt$ 　　　　D. $\displaystyle\int_0^{1-\cos x} \sqrt{\sin^3 t}\,dt$

4. 设函数 $y=f(x)$ 在 $(0,+\infty)$ 内有界且可导,则 (　　)

   A. 当 $\lim\limits_{x\to +\infty} f(x)=0$ 时,必有 $\lim\limits_{x\to +\infty} f'(x)=0$

   B. 当 $\lim\limits_{x\to +\infty} f'(x)$ 存在时,必有 $\lim\limits_{x\to +\infty} f'(x)=0$

   C. 当 $\lim\limits_{x\to 0^+} f(x)=0$ 时,必有 $\lim\limits_{x\to 0^+} f'(x)=0$

   D. 当 $\lim\limits_{x\to 0^+} f'(x)$ 存在时,必有 $\lim\limits_{x\to 0^+} f'(x)=0$

5. 设函数 $f(x)=\displaystyle\int_0^{x^2}\ln(2+t)\,dt$,则 $f'(x)$ 的零点个数为 (　　)

   A. 0　　　　B. 1　　　　C. 2　　　　D. 3

6. 曲线 $y=\dfrac{1}{x}+\ln(1+e^x)$ 的渐近线的条数为 (　　)

   A. 0　　　　B. 1　　　　C. 2　　　　D. 3

7. 如果
$$\int_{-\pi}^{\pi}(x-a_1\cos x-b_1\sin x)^2\,dx = \min_{a,b\in\mathbf{R}}\left\{\int_{-\pi}^{\pi}(x-a\cos x-b\sin x)^2\,dx\right\},$$
那么 $a_1\cos x+b_1\sin x=$ (　　)

   A. $2\sin x$　　　　B. $2\cos x$　　　　C. $2\pi\sin x$　　　　D. $2\pi\cos x$

8. 设 y_1,y_2 是一阶线性非齐次微分方程 $y'+p(x)y=q(x)$ 的两个特解,若存在常数 λ,μ 使得 $\lambda y_1+\mu y_2$ 是该方程的解,而 $\lambda y_1-\mu y_2$ 是该方程对应的齐次方程的解,则 (　　)

A. $\lambda = \dfrac{1}{2}, \mu = \dfrac{1}{2}$ \hspace{2em} B. $\lambda = -\dfrac{1}{2}, \mu = -\dfrac{1}{2}$

C. $\lambda = \dfrac{2}{3}, \mu = \dfrac{1}{3}$ \hspace{2em} D. $\lambda = \dfrac{2}{3}, \mu = \dfrac{2}{3}$

9. 已知微分方程 $y'' + ay' + by = c\mathrm{e}^x$ 的通解为 $y = (C_1 + C_2 x)\mathrm{e}^{-x} + \mathrm{e}^x$，则 a,b,c 的值依次为 ( )

  A. $1,0,1$ \hspace{2em} B. $1,0,2$ \hspace{2em} C. $2,1,3$ \hspace{2em} D. $2,1,4$

10. 设奇函数 $f(x)$ 在 $(-\infty, +\infty)$ 上具有连续导数，则 ( )

  A. $\displaystyle\int_0^x [\cos f(t) + f'(t)]\mathrm{d}t$ 是奇函数

  B. $\displaystyle\int_0^x [\cos f(t) + f'(t)]\mathrm{d}t$ 是偶函数

  C. $\displaystyle\int_0^x [\cos f'(t) + f(t)]\mathrm{d}t$ 是奇函数

  D. $\displaystyle\int_0^x [\cos f'(t) + f(t)]\mathrm{d}t$ 是偶函数

二、填空题（本题共 6 小题，每小题 5 分，满分 30 分）

1. 设 $\begin{cases} x = \sin t, \\ y = t\sin t + \cos t, \end{cases}$ 其中 t 为参数，则 $\left.\dfrac{\mathrm{d}^2 y}{\mathrm{d}x^2}\right|_{t=\frac{\pi}{4}} = $ _____.

2. 若曲线 $y = x^3 + ax^2 + bx + 1$ 有拐点 $(-1, 0)$，则 $b = $ _____.

3. 函数 $y = \dfrac{x^2}{\sqrt{1-x^2}}$ 在区间 $\left(\dfrac{1}{2}, \dfrac{\sqrt{3}}{2}\right)$ 上的平均值为 _____.

4. 已知函数 $f(x)$ 满足方程
$$f''(x) + af'(x) + f(x) = 0 \quad (a > 0),$$
且 $f(0) = m, f'(0) = n$，则 $\displaystyle\int_0^{+\infty} f(x)\mathrm{d}x = $ _____.

5. 微分方程 $xy' + 2y = x\ln x$ 满足 $y(1) = -\dfrac{1}{9}$ 的解为 _____.

6. 若二阶常系数线性齐次微分方程 $y'' + ay' + by = 0$ 的通解为 $y = (C_1 + C_2 x)\mathrm{e}^x$，则二阶非齐次微分方程 $y'' + ay' + by = x$ 满足条件 $y(0) = 2, y'(0) = 0$ 的解为 $y = $ _____.

三、解答题（本题共 6 小题，满分 70 分）

1. （10 分）已知函数 $f(x) = \dfrac{1+x}{\sin x} - \dfrac{1}{x}$，记 $a = \lim_{x \to 0} f(x)$.

  (1) 求 a 的值；

  (2) 当 $x \to 0$ 时，若 $f(x) - a$ 与 x^k 是同阶无穷小量，求常数 k 的值.

2. (12分) 若 $f(x)$ 在点 $x=1$ 处可导, 且 $\lim\limits_{x\to 0}\dfrac{f(e^{x^2})-3f(1+\sin^2 x)}{x^2}=2$, 求 $f'(1)$ 的值.

3. (12分) 求函数 $y=(x-1)e^{\frac{\pi}{2}+\arctan x}$ 的单调区间与极值, 并求该函数图形的渐近线.

4. (12分) 已知函数 $f(x)$ 和 $g(x)$ 在区间 $[a,b]$ 上连续, 且 $f(x)$ 单调增加, $0\leqslant g(x)\leqslant 1$. 证明:

(1) $0\leqslant \int_a^x g(t)\mathrm{d}t \leqslant x-a$, $x\in[a,b]$;

(2) $\int_a^{a+\int_a^b g(t)\mathrm{d}t} f(x)\mathrm{d}x \leqslant \int_a^b f(x)g(x)\mathrm{d}x$.

5. (12分) 设函数 $y(x)$ 是微分方程 $y'+xy=e^{-\frac{x^2}{2}}$ 满足条件 $y(0)=0$ 的特解.

(1) 求 $y(x)$;

(2) 求曲线 $y=y(x)$ 的上、下凸区间及拐点.

6. (12分) 设 $y=f(x)$ 在 $(-1,1)$ 内具有二阶连续导数, 且 $f''(x)\neq 0$, 试证:

(1) 对于 $(-1,1)$ 内的任意一点 $x\neq 0$, 存在唯一的 $\theta(x)\in(0,1)$, 有
$$f(x)=f(0)+xf'(\theta(x)x);$$

(2) $\lim\limits_{x\to 0}\theta(x)=\dfrac{1}{2}$.

参考答案

第1讲 数列的极限

2. (1) $\begin{cases} -1, & 0<|x|<1, \\ 0, & |x|=1, \\ 1, & |x|>1; \end{cases}$ (2) $\begin{cases} x, & x<0, \\ 0, & x=0, \\ x^2, & x>0; \end{cases}$ (3) $\dfrac{1}{1-x}$; (4) $\begin{cases} \dfrac{\sin x}{x}, & x\neq 0, \\ 1, & x=0. \end{cases}$

(5) 4; (6) 2; (7) $\dfrac{1}{4}$.

3. 0. 提示：由

$$\frac{a_1+a_2+\cdots+a_n+a_{n+1}}{n+1}=\frac{a_1+a_2+\cdots+a_n}{n}\cdot\frac{n}{n+1}+\frac{a_{n+1}}{n+1}$$

可得 $\lim\limits_{n\to\infty}\dfrac{a_n}{n}=0$.

4. $\dfrac{3}{2}$. 5. $\mathrm{e}-1$. 7. 1. 8. $\dfrac{1+\sqrt{1+4a}}{2}$.

9. $\dfrac{\sqrt{5}-1}{2}$. 提示：可证明 $\{a_{2n-1}\}$ 单减，$\{a_{2n}\}$ 单增，且 $0\leqslant a_n\leqslant 1$，于是 $\{a_n\}$ 收敛. 再由

$$\lim_{n\to\infty}a_{2n-1}=\lim_{n\to\infty}a_{2n}=\frac{\sqrt{5}-1}{2}\Rightarrow\lim_{n\to\infty}a_n=\frac{\sqrt{5}-1}{2}.$$

11. 2. 提示：显然数列 $\{a_n\}$ 单增，由反证法可得 $\{a_n\}$ 发散. 再由夹逼定理或者 Stolz 公式可求得极限值为 2.

第2讲 函数的极限

1. (4) 提示：$\forall\, 0<\varepsilon<1$，要使得

$$\left|\arctan x-\frac{\pi}{2}\right|<\varepsilon.$$

由于 $x\to+\infty$，因此可以限定 $x>0$. 此时 $0<\arctan x<\dfrac{\pi}{2}$，于是要使

$$\left|\arctan x-\frac{\pi}{2}\right|=\frac{\pi}{2}-\arctan x<\varepsilon,$$

则 $\tan\left(\dfrac{\pi}{2}-\arctan x\right)<\tan\varepsilon$，即 $\cot(\arctan x)=\dfrac{1}{x}<\tan\varepsilon$ 即可. 取 $X=\dfrac{1}{\tan\varepsilon}>0$，则当 $x>X$ 时，恒有

$$\left|\arctan x-\frac{\pi}{2}\right|<\varepsilon,$$

所以由函数极限的定义知 $\lim\limits_{x \to +\infty} \arctan x = \dfrac{\pi}{2}$.

2. (1) $x^2 - \dfrac{3}{2}$； (2) 4； (3) $\dfrac{2^{70}}{5^{100}}$； (4) $\dfrac{1}{3}$.

3. (1) 由 $f(1+0) = 0, f(1-0) = 1$ 知极限不存在；

   (2) 由 $f(0+0) = 1, f(0-0) = 0$ 知极限不存在；

   (3) 由 $f(0+0) = 0, f(0-0) = 1$ 知极限不存在.

   (4) 由 Heine 定理知极限不存在.

4. $f(x) = (x-1)(x-2)(x-3), -1$.

5. (1) $-\dfrac{1}{4}$； (2) $\dfrac{\pi}{2}$； (3) 4； (4) $\dfrac{\sqrt{2}}{2}$； (5) e^2； (6) $e^{\frac{4}{3}}$.

6. (1) $a = -3, b = 2$； (2) $a = 2, b = 1$； (3) $a = -1, b = -\dfrac{3}{2}$； (4) $a = 1, b = \dfrac{1}{3}$.

第 3 讲　无穷小量与无穷大量

1. (1) D； (2) A.　2. (1) $\dfrac{3}{2}$； (2) 2； (3) 6； (4) $a = 0, b = 1$.

3. 提示：因为 $\lim\limits_{x \to x_0} f(x) = \infty$，所以 $\forall M > 0, \exists \delta_1 > 0$，使得当 $0 < |x - x_0| < \delta_1$ 时，有
$$|f(x)| > \dfrac{M}{r}.$$
令 $\eta = \min\{\delta, \delta_1\}$，则当 $0 < |x - x_0| < \eta$ 时，有 $|f(x)g(x)| > \dfrac{M}{r} \cdot r = M$，故
$$\lim\limits_{x \to x_0} f(x)g(x) = \infty.$$

4. (1) 1； (2) $\dfrac{\sqrt{2}}{2}$； (3) $-\dfrac{1}{2}$； (4) $-\dfrac{4}{3}$； (5) 7； (6) $-\dfrac{3}{2}e$.

5. $k = \dfrac{1}{2}$.

第 4 讲　函数的连续性

1. (1) B； (2) B； (3) B； (4) B； (5) A.

2. (1) ln2； (2) $x = 1$； (3) $-\dfrac{1}{2}$； (4) -1； (5) $\pi, -\dfrac{\pi}{2}$.

3. (1) e^2； (2) $e^{-\pi^2/2}$； (3) $e^{-1/2}$； (4) $3^{\frac{n+1}{2}}$.

4. $x = -1, 0, 1$ 为第一类间断点；$x = \pm 2, \pm 3, \cdots, \pm n, \cdots$ 为第二类间断点.

5. (1) $f(x)$ 在 $\mathbf{R} \setminus \{0, 1, \pi\}$ 上连续，且 $x = 0$ 为第二类的无穷间断点，$x = 1$ 为第一类的跳跃间断点，$x = \pi$ 为第一类的可去间断点.

   (2) $f(x)$ 在 $(-\infty, 0) \cup (0, 1) \cup (1, +\infty)$ 上连续，且 $x = 0$ 为第一类的可去间断点，$x = 1$ 为第一类的跳跃间断点.

   (3) $f(x)$ 在 $(-1, 0) \cup (0, 1) \cup (1, +\infty)$ 上连续，且 $x = 0$ 为第一类的跳跃间断点，$x = 1$ 为第二类的无穷间断点.

(4) 由极限可得函数 $f(x)$ 的定义域为 $(-1,+\infty)$, 且 $f(x)$ 在 $(-1,1)\bigcup(1,+\infty)$ 上连续, $x=1$ 为第一类的跳跃间断点.

(5) $f(x)$ 在 $(0,+\infty)$ 上连续, 没有间断点.

7. (1) $a>0, b<0$;　(2) $\dfrac{1}{a}$.

9. **提示**: 对任意 $x>0$, 有
$$f(x)=f(\sqrt{x})=f(x^{1/4})=\cdots=f(x^{1/2^n}),$$
令 $t=x^{1/2^n}$, 则当 $n\to\infty$ 时, 有 $t\to 1$. 于是, 由函数在 $x=1$ 处连续可得
$$f(x)=\lim_{n\to\infty}f(x^{1/2^n})=\lim_{t\to 1}f(t)=f(1).$$
同理, 对任意 $x<0$, 由
$$f(x)=f(x^2)=f(|x|^2)=f(|x|)=\cdots=f(|x|^{1/2^n})$$
知 $f(x)=f(1)$. 于是对任意 $x\in(-\infty,0)\bigcup(0,+\infty)$, 有 $f(x)=f(1)$. 又由 $f(x)$ 在 $x=0$ 处连续知 $f(0)=f(0+0)=f(0-0)=f(1)$, 从而得证.

10. **提示**: 设 $f(x)=2^x-1-x^2$, 则由 $f(0)=0, f(1)=0$ 以及 $f(2)=-1<0, f(5)=6>0$ 即可得证.

11. **提示**: 构造辅助函数 $F(x)=f(x)+x$, 则由
$$\lim_{x\to+\infty}F(x)=\lim_{x\to+\infty}x\left(1+\dfrac{f(x)}{x}\right)=+\infty,$$
$$\lim_{x\to-\infty}F(x)=\lim_{x\to-\infty}x\left(1+\dfrac{f(x)}{x}\right)=-\infty$$
以及零点存在定理即可得证.

12. **提示**: 在区间 $[0,2\pi]$ 上, 由
$$|\sin(x_1\cos x_1)-\sin(x_2\cos x_2)|\leqslant(1+2\pi)|x_1-x_2|,$$
知一致连续.

取 $x'_n=2n\pi+\dfrac{\pi}{2}+\dfrac{1}{2n\pi}, x''_n=2n\pi+\dfrac{\pi}{2}$, 则
$$\left|f\left(2n\pi+\dfrac{\pi}{2}+\dfrac{1}{2n\pi}\right)-f\left(2n\pi+\dfrac{\pi}{2}\right)\right|$$
$$=\left|\sin\left(2n\pi\cdot\sin\left(\dfrac{1}{2n\pi}\right)+\dfrac{\pi}{2}\sin\left(\dfrac{1}{2n\pi}\right)+\dfrac{1}{2n\pi}\sin\left(\dfrac{1}{2n\pi}\right)\right)\right|\to\sin 1\quad(n\to\infty),$$
故在 $[0,+\infty)$ 上非一致连续.

13. **提示**: 因为 $\lim\limits_{x\to+\infty}f(x)$ 存在, 所以由柯西收敛定理可得
$$\forall\varepsilon>0,\exists X>0,\forall x_1,x_2\in(X,+\infty), 有 |f(x_1)-f(x_2)|<\varepsilon,$$
于是函数 $f(x)$ 在 $(X,+\infty)$ 上一致连续.

又对上述 $X, f(x)$ 在闭区间 $[0,X]$ 上连续, 则由 Cantor 定理知 $f(x)$ 在 $[0,X]$ 上一致连续. 综上, 函数 $f(x)$ 在区间 $[0,+\infty)$ 上一致连续.

第5讲　导数的概念与计算

2. 不对. 例如, $f(x)=x$ 在点 $x=0$ 处值 $f(0)=0$, 但 $f'(0)=1\neq 0$.

3. 不能. 例如, 曲线 $f(x)=\sqrt[3]{x^2}$ 在点 $(0,0)$ 处的切线是 $y=0$, 但函数 $f(x)=\sqrt[3]{x^2}$ 在点 $x=0$ 处不可导.

4. (1) $2f'(x_0)$; (2) -2; (3) $-\pi, 1-\pi$; (4) 1; (5) $-49!$; (6) $-\sqrt{3}$; (7) 2π.

5. (1) B; (2) D; (3) A.

6. 连续但不可导.

7. (1) $1+\dfrac{2}{x^2}+\dfrac{6}{x^3}-\dfrac{24}{x^5}$; (2) $\dfrac{2}{a}\left(\sec^2\dfrac{x}{a}\cdot\tan\dfrac{x}{a}-\csc^2\dfrac{a}{x}\cdot\cot\dfrac{x}{a}\right)$;

(3) $-\dfrac{a}{|a+x|\cdot\sqrt{2x(a-x)}}$; (4) $\dfrac{1}{\sqrt{1+x^2}}$;

(5) $-\dfrac{2x(\sqrt{x^2+a^2}-\sqrt{x^2-a^2})}{\sqrt{x^4-a^4}(\sqrt{x^2+a^2}+\sqrt{x^2-a^2})}$;

(6) $(\sin x)^x(x\cot x+\ln\sin x)$;

(7) $2x\cos(x^2+1)f'(\sin(x^2+1))-\dfrac{f'(\sqrt{x})}{2\sqrt{x(1-f^2(\sqrt{x}))}}$;

(8) $f'(x)=\begin{cases}2x, & x>1, \\ 2x^2, & x<1.\end{cases}$

8. $a=\dfrac{1}{2\mathrm{e}}$. 9. -1. 10. $\dfrac{1}{\mathrm{e}}$. 12. (1) $\dfrac{t}{2}$; (2) $-\dfrac{\mathrm{e}^y}{2(1+t)(y-1)}$.

13. (1) $\dfrac{y(1-\ln y)}{x-y}$; (2) $-\mathrm{e}^{x+y}\cdot\dfrac{\sin x+\cos x}{\sin y+\cos y}$; (3) $\dfrac{y-x}{y+x}$; (4) $\dfrac{2xf'(x^2-y^2)}{1+2yf'(x^2-y^2)}$.

14. $f(x)=x^2+2x$. 15. $f'(x)=\begin{cases}0, & x>0, \\ \dfrac{2-x^2}{(1+x^2)^2}, & x<0.\end{cases}$ 16. $y=6x-2$.

17. 提示: 利用导数的定义、函数极限的绝对值性质以及函数极限的局部保序性.

18. 提示: 利用单侧导数的定义、函数极限的局部保序性以及连续函数的零点定理.

19. 水面上升的速度为 $\dfrac{16}{25\pi}$ m/min.

第6讲　高阶导数与微分

1. (1) $\dfrac{6\arccos x}{1-x^2}-\dfrac{3x(\arccos x)^2}{(\sqrt{1-x^2})^3}$; (2) $x^{x-1}+(1+\ln x)^2 x^x$; (3) $-\dfrac{2(1+y^2)}{y^5}$.

2. $\dfrac{1}{4}$. 3. $a=\dfrac{1}{2}g''(x_0), b=g'(x_0), c=g(x_0)$.

4. (1) $(1+t)^2(3+t)\mathrm{e}^t$; (2) $-\dfrac{2}{(\sin t+\cos t)^3\mathrm{e}^t}$; (3) $\mathrm{e}^{-x}(2+t\mathrm{e}^x)\cos t-(\mathrm{e}^{-x}+t)^2\sin t$.

5. (1) $(-1)^n\cdot n!\cdot\left(\dfrac{2}{(x-2)^{n+1}}-\dfrac{1}{(x-1)^{n+1}}\right)$;

(2) $(1+x^2-n^2+n)\sin\left(x+n\cdot\dfrac{\pi}{2}\right)-2nx\cos\left(x+n\cdot\dfrac{\pi}{2}\right)$;

(3) $\dfrac{3}{4}\sin\left(x+n\cdot\dfrac{\pi}{2}\right)-\dfrac{1}{4}\cdot 3^n\cdot\sin\left(3x+n\cdot\dfrac{\pi}{2}\right)$;　(4) $4^{n-1}\cos\left(4x+n\cdot\dfrac{\pi}{2}\right)$;

(5) $y^{(n)}=\begin{cases}2x-1+\dfrac{1}{(x+1)^2},&n=1,\\ 2-\dfrac{2}{(1+x)^3},&n=2,\\ \dfrac{(-1)^{n+1}\cdot n!}{(x+1)^{n+1}},&n\geqslant 3.\end{cases}$

6. $f^{(n)}(1)=(-1)^n\cdot 2^n\cdot n!,\ f^{(n)}(-1)=n!\cdot 2^n$.

7. $f^{(n)}(0)=\begin{cases}0,&n=2k,\\ ((2k+1)!!)^2,&n=2k+3,\\ 1,&n=3,\\ 1,&n=1,\end{cases}$　其中 $k\in\mathbf{N}_+$.

8. $f^{(n)}(x)=n!(f(x))^{n+1}$.　9. $n=2$.

10. (1) $\mathrm{d}y=\dfrac{x-1}{\sqrt{x^2+1}}\mathrm{d}x$;　(2) $\mathrm{d}y=\dfrac{1-16x^2-x^4}{28x(1-x^4)}\cdot\sqrt[7]{\sqrt[4]{x}\cdot\dfrac{1-x^2}{1+x^2}}\mathrm{d}x$;

(3) $\mathrm{d}y=\dfrac{2x+y}{3y^2-2y-x}\mathrm{d}x$;　(4) $\mathrm{d}y=-\dfrac{1}{1+x^2}f'\left(\arctan\dfrac{1}{x}\right)\mathrm{d}x$;

(5) $\mathrm{d}y=\varphi'(x^2+\psi(x))(2x+\psi'(x))\mathrm{d}x$.

11. $(-1)^{n-2}\cdot(n-1)!\ \mathrm{d}x$.　12. $\mathrm{d}x$.

13. (1) $1-4x^3-3x^6$;　(2) $-\tan^2 x$;　(3) $\dfrac{1}{x(1+4x^2)}$;

(4) $[4f''(2x)-f(2x)(f'(x))^2]\sin f(x)+[4f'(2x)f'(x)+f(2x)f''(x)]\cos f(x)$.

14. (1) $\dfrac{2}{3}x^3+C(C\in\mathbf{R})$;　(2) $\dfrac{1}{2}\ln^2|x|+C(C\in\mathbf{R})$;　(3) $\dfrac{1}{3}\tan 3x+C(C\in\mathbf{R})$;

(4) $\dfrac{a}{|a|}\arcsin\dfrac{x}{a}+C(C\in\mathbf{R})$ 或 $-\dfrac{a}{|a|}\arccos\dfrac{x}{a}+C^*(C^*\in\mathbf{R})$.

15. $f(x)=\dfrac{c}{a^2-b^2}\left(\dfrac{a}{x}-bx\right),\ f'(x)=\dfrac{c}{b^2-a^2}\left(\dfrac{a}{x^2}+b\right)$,

$f^{(n)}(x)=\dfrac{ac\cdot(-1)^n\cdot n!}{(a^2-b^2)\cdot x^{n+1}}\ (n=2,3,\cdots)$.

16. 允许的重量的相对误差约为 9%.

第7讲　微分中值定理

1. 未必成立. 例如,$f(x)=x^2,x\in[-1,2]$.

2. 错. 因为分别对 $f(x)$ 和 $g(x)$ 应用 Lagrange 中值定理时的介值点 ξ 未必是同一个点.

11. $\xi=\dfrac{1}{2}$ 或 $\xi=\sqrt{2}$.

14. **提示**：利用单侧导数的定义、极限的局部保序性、连续函数的介值定理及 Rolle 定理.

17. **提示**：对辅助函数

$$g(x) = f(x) - \left(\frac{f(a)(x-b)(x-c)}{(a-b)(a-c)} + \frac{f(b)(x-c)(x-a)}{(b-c)(b-a)} + \frac{f(c)(x-a)(x-b)}{(c-a)(c-b)} \right)$$

应用 Rolle 定理.

第8讲　洛必达法则与泰勒公式

2. $-\dfrac{1}{3}$.

3. (1) 2；　(2) $\dfrac{1}{e} - \dfrac{2}{e}(x-1) + \cdots + \dfrac{(-1)^n \cdot 2^n}{e \cdot n!}(x-1)^n$；　(3) 3；

   (4) $\dfrac{(-1)^{n+1}\cos\xi}{(2n+2)!}x^{2n+2}$，其中 ξ 介于 x 与 0 之间.

4. (1) e；　(2) $\dfrac{1}{2}$；　(3) 1；　(4) 0；　(5) 1；　(6) $\dfrac{1}{2}$；　(7) -4；　(8) $\dfrac{1}{3}$；　(9) $\dfrac{1}{e}$；

   (10) 1；　(11) $\dfrac{1}{3}$；　(12) $\dfrac{1}{3}$；　(13) $\dfrac{1}{3}$；　(14) 4；　(15) 2；　(16) $\dfrac{1}{8}$；　(17) $-\dfrac{3}{16}$.

5. -1.　6. $a = -1, b = -\dfrac{1}{2}, k = -\dfrac{1}{3}$.　7. 2.

8. (1) $x + \dfrac{1}{3!}x^3 + \dfrac{9}{5!}x^5 + o(x^5)$；　(2) $\dfrac{1}{2}x^2 - \dfrac{1}{4}x^4 + \cdots + \dfrac{(-1)^{n-1}}{2n}x^{2n} + o(x^{2n})$；

   (3) $1 - 2x^2 + 3x^4 + \cdots + (-1)^n(n+1)x^{2n} + o(x^{2n})$；

   (4) $x + \dfrac{1}{2}x^2 + \dfrac{1}{3}x^3 + \dfrac{1}{4}x^4 - \dfrac{4}{5}x^5 + \dfrac{1}{6}x^6 + \dfrac{1}{7}x^7 + o(x^7)$.

9. (1) $(x-1) - \dfrac{1}{2}(x-1)^2 + \cdots + \dfrac{(-1)^{n-1}}{n}(x-1)^n + \dfrac{(-1)^n}{(n+1)\xi^{n+1}}(x-1)^{n+1}$，

   其中 ξ 介于 x 与 1 之间；

   (2) $x^2 + x^3 + \cdots + x^n + \dfrac{1}{(1-\xi)^{n+2}}x^{n+1}$，其中 ξ 介于 x 与 0 之间；

   (3) $\dfrac{1}{2 \cdot 3} + \dfrac{5}{4 \cdot 9}(x+1) + \cdots + \dfrac{3^{n+1} - 2^{n+1}}{2^{n+1} \cdot 3^{n+1}}(x+1)^n$

   $+ (-1)^{n+1}\left(\dfrac{1}{(\xi-2)^{n+2}} - \dfrac{1}{(\xi-1)^{n+2}}\right)(x+1)^{n+1}$，其中 ξ 介于 x 与 -1 之间；

   (4) $\dfrac{\pi}{4} - \dfrac{1}{4}x + \dfrac{1}{192}x^3 + \dfrac{4\xi(\xi^2-16)}{(16+\xi^2)^4}x^4$，其中 ξ 介于 x 与 0 之间.

11. $P(x) = 1 + (\ln 2)x + \dfrac{(\ln 2)^2}{2}x^2$.

12. (1) $\dfrac{2024!}{4!}$；　(2) $\cos 1 \cdot 11!$；　(3) $-\dfrac{1517 \cdot 2024!}{1011 \cdot 506}$；　(4) $2023!$；　(5) $2020!$.

14. (2) **提示**：对 $f(x \cdot \theta(x)) - f(0)$ 应用 Lagrange 中值定理.

第9讲　函数性态的研究

1. 极小值 $f(-1) = -1$，极大值 $f(1) = 1$.

2. **提示**：$f(x)$ 有驻点 0，1 和 $\dfrac{m}{m+n}$. 对 $x = 0$，若 m 为偶数，则为极小值点，极小值为 $f(0) =$

0,若 m 为奇数,则不是极值点;对 $x=1$,若 n 为偶数,则为极小值点,极小值为 $f(1)=0$,若 n 为奇数,则不是极值点;$x=\dfrac{m}{m+n}$ 为极大值点,极大值为 $f\left(\dfrac{m}{m+n}\right)=\dfrac{m^m n^n}{(m+n)^{m+n}}$.

3. $\dfrac{1}{200}$. **提示**:令 $f(x)=\dfrac{\sqrt{x}}{x+10000}(x>0)$,可得 $x=10000$ 为 $f(x)$ 的唯一极大值点,即为最大值点.

4. $\sqrt[3]{3}$. **提示**:令 $f(x)=x^{\frac{1}{x}}(x>0)$,可得 $x=\mathrm{e}$ 为 $f(x)$ 的唯一极大值点,即为最大值点. 因此数列的最大值项为第 2 项或第 3 项,由 $\sqrt[3]{3}>\sqrt{2}$ 即得结论.

5. C.

6. D. **提示**:由极限可得 $\lim\limits_{x\to a}\dfrac{f(x)-f(a)}{x-a}=0$,则 $f'(a)=0$. 再由极限的保号性知在点 $x=a$ 左边的小邻域内 $f(x)<f(a)$,而在点 $x=a$ 右边的小邻域内 $f(x)>f(a)$,故 $x=a$ 不是极值点.

7. **提示**:令 $f(x)=\mathrm{e}^x-ax^2$,则 $f(x)$ 在 $(-\infty,+\infty)$ 上连续,且 $f(0)=1$.

当 $x<0$ 时,由 $f'(x)=\mathrm{e}^x-2ax>0$ 及 $\lim\limits_{x\to-\infty}f(x)=-\infty$,可得 $f(x)$ 有唯一实根.

当 $x>0$ 时,化为讨论方程 $x=\ln a+2\ln x (a>0, x>0)$ 的根. 设 $g(x)=x-\ln a-2\ln x$,令
$$g'(x)=1-\dfrac{2}{x}=\dfrac{x-2}{x}=0,$$
可得 $g(x)$ 的唯一驻点 $x=2$,且经判断为极小值点,所以 $g(2)=\ln\dfrac{\mathrm{e}^2}{4a}$ 为 $g(x)$ 的最小值. 又
$$\lim\limits_{x\to 0^+}g(x)=+\infty, \quad \lim\limits_{x\to+\infty}g(x)=+\infty,$$
因此,当 $g(2)>0$ 时,$g(x)$ 无零点;当 $g(2)=0$ 时,$g(x)$ 有唯一零点;当 $g(2)<0$ 时,$g(x)$ 恰有两个零点.

综上,当 $0<a<\dfrac{\mathrm{e}^2}{4}$ 时,原方程有唯一根;当 $a=\dfrac{\mathrm{e}^2}{4}$ 时,原方程有两个根;当 $\dfrac{\mathrm{e}^2}{4}<a<+\infty$ 时,原方程有三个根.

8. **提示**:令 $f(x)=\tan x-\left(x+\dfrac{x^3}{3}\right)$,则当 $0<x<\dfrac{\pi}{2}$ 时 $f'(x)>0$,所以 $f(x)>f(0)=0$.

9. **提示**:当 $x>0$ 时,$\left(1+\dfrac{1}{x}\right)^x$ 单增,且 $\lim\limits_{x\to+\infty}\left(1+\dfrac{1}{x}\right)^x=\mathrm{e}$;另一方面,$\left(1+\dfrac{1}{x}\right)^{x+1}$ 单减,且 $\lim\limits_{x\to+\infty}\left(1+\dfrac{1}{x}\right)^{x+1}=\mathrm{e}$. 由单调性得证.

10. $\dfrac{4\pi R^3}{3\sqrt{3}}$. **提示**:设所求圆柱体的底半径为 r,高为 $2h$,则 $r^2+h^2=R^2$,即 $h=\sqrt{R^2-r^2}$,于是问题化为求函数
$$V(r)=\pi r^2\cdot 2h=2\pi r^2\sqrt{R^2-r^2}$$
的最大值. 易得当 $r=\sqrt{\dfrac{2}{3}}R$,$h=\dfrac{R}{\sqrt{3}}$ 时,内接圆柱体的体积最大.

11. 曲线有垂直渐近线 $x = 0$ 和水平渐近线 $y = 1$.

12. 曲线有水平渐近线 $y = -\dfrac{\pi}{2}$，无垂直渐近线.

13. 曲线有水平渐近线 $y = \pi$ 和 $y = -\pi$. 提示：由
$$\lim_{x \to +\infty} \dfrac{2x^2}{1+x^2}\arctan x = \pi, \quad \lim_{x \to -\infty} \dfrac{2x^2}{1+x^2}\arctan x = -\pi$$
即得.

14. 曲线有垂直渐近线 $x = 0$ 和斜渐近线 $y = x + 1$. 提示：由 $\lim\limits_{x \to 0^+} \dfrac{e^{1/x}}{1/x} = +\infty$ 及
$$a = \lim_{x \to \infty} \dfrac{f(x)}{x} = \lim_{x \to \infty} e^{\frac{1}{x}} = 1, \quad b = \lim_{x \to \infty}(f(x) - ax) = \lim_{x \to \infty} x(e^{\frac{1}{x}} - 1) = 1$$
即得.

第 10 讲　定积分的概念与性质

1. $\dfrac{1}{1+x^2}$.　2. $\dfrac{1}{3}$.　3. $x - 1$.　4. $f(x) = x + 2$.　5. $10, 5x$.　6. B.　7. B.

8. $2x\cos\left[\int_0^{x^2}\sin\left(\int_0^{y^2}f(t)\mathrm{d}t\right)\mathrm{d}y\right]\sin\left(\int_0^{x^4}f(t)\mathrm{d}t\right)$.　9. $-\dfrac{1}{2}$.　10. 1.　11. $1 - \dfrac{1}{e}$.

12. $2\sin(x-y)\cos^3(x-y)$.　13. $\sqrt[3]{\dfrac{3}{4}}$.

14. $x\int_0^x g(t)\mathrm{d}t - \int_0^x tg(t)\mathrm{d}t, \int_0^x g(t)\mathrm{d}t, g(x)$.　15. $f(x) = \dfrac{1}{x}$.

第 11 讲　不定积分的计算

1. (1) $-\dfrac{1}{97}\dfrac{1}{(x-1)^{97}} - \dfrac{1}{49}\dfrac{1}{(x-1)^{98}} - \dfrac{1}{99}\dfrac{1}{(x-1)^{99}} + C$；　(2) $\dfrac{\sqrt{2}}{4}\arctan\dfrac{x^2}{\sqrt{2}} + C$；

(3) $\dfrac{1}{4}\dfrac{1}{(\sin x + \cos x)^4} + C$；　(4) $-\ln(1 + \cos x) + C$；　(5) $2\arcsin\sqrt{x} + C$.

2. (1) $-\dfrac{1}{392}\dfrac{1}{(2+x^4)^{98}} + \dfrac{1}{198}\dfrac{1}{(2+x^4)^{99}} + C$；　(2) $\arctan x + \dfrac{1}{3}\arctan x^3 + C$；

(3) $\dfrac{2}{\sqrt{3}}\arctan\dfrac{2\tan\dfrac{x}{2}+1}{\sqrt{3}} + C$；　(4) $\dfrac{1}{3}\arctan\dfrac{\sin^2 x}{3} + C$；

(5) $\dfrac{1}{3}\ln\dfrac{|\tan x - 1|}{\sqrt{\tan^2 x + \tan x + 1}} - \dfrac{\sqrt{3}}{3}\arctan\dfrac{2\tan x + 1}{\sqrt{3}} + C$；

(6) $-\cos x - \dfrac{2}{\cos x} + \dfrac{1}{3\cos^3 x} + C$；　(7) $-\dfrac{4}{3}\sqrt{1 - x\sqrt{x}} + C$；

(8) $\dfrac{1}{2}\ln(x^2 + \sqrt{1+x^4}) - \dfrac{1}{2}\ln(1 + \sqrt{1+x^4}) + \ln|x| + C$；

(9) $\ln|x| - \ln\left(1 + \dfrac{x}{2} + \sqrt{1+x+x^2}\right) + C$；

(10) $\frac{1}{4}[(x^2+1)\sqrt{x^4+2x^2-1}-2\ln(x^2+1+\sqrt{x^4+2x^2-1})]+C$;

(11) $\frac{1}{5}(1+x^3)^{\frac{5}{3}}-\frac{1}{2}(1+x^3)^{\frac{2}{3}}+C$; (12) $\arcsin x-\sqrt{1-x^2}+C$.

3. (1) $-\frac{1}{2}\frac{1}{1+e^{2x}}+C$; (2) $-(\arccos\sqrt{x})^2+C$; (3) $e^{\sin x}(x-\sec x)+C$;

(4) $x\arctan(1+\sqrt{x})-\sqrt{x}+\ln(x+2\sqrt{x}+2)+C$;

(5) $-\frac{\arctan x}{1+x}+\frac{1}{2}\ln|1+x|+\frac{1}{2}\arctan x-\frac{1}{4}\ln(1+x^2)+C$;

(6) $-\frac{1}{2}\frac{1}{1+x^2}\ln(x+\sqrt{1+x^2})+\frac{1}{2}\frac{x}{\sqrt{1+x^2}}+C$.

4. $1+\sin x+x\cos x\ln x-(1+\sin x)\ln x+C$. 5. $\frac{1}{\sqrt{2x}(1+x)}$.

第 12 讲 定积分的计算

1. (1) 4; (2) $2-\frac{\pi}{2}$; (3) $\frac{3\pi}{8}+\frac{16}{15}$; (4) 3.

2. (1) C; (2) D; (3) A.

3. (1) 1; (2) $\frac{4}{3}-\frac{\sqrt{2}}{6}$; (3) $\frac{\pi}{16}$; (4) $\frac{5\pi}{8}$; (5) 50; (6) $\frac{(\ln 3)^2}{16}$; (7) $\frac{62}{5}$; (8) $\frac{3\pi}{2}$.

4. $\int_0^x f(t)dt = \begin{cases} 1-\cos x, & 0\leqslant x\leqslant 1, \\ \frac{x^2\ln x}{2}-\frac{x^2}{4}+\frac{5}{4}-\cos 1, & 1<x\leqslant 2, \\ x+2\ln 2-\cos 1-\frac{7}{4}, & x>2. \end{cases}$

5. $\frac{1}{4}\left(\frac{1}{e}-1\right)$. 6. $8-\frac{8}{e}$. 7. $\frac{7}{3}-\frac{1}{e}$. 8. $\frac{\pi}{2}$. 9. $\frac{\pi}{2}$. 11. $e+\frac{1}{e}$.

第 13 讲 定积分的应用

1. $\frac{8}{9}\left(\left(\frac{5}{2}\right)^{\frac{3}{2}}-1\right)$. 2. $\frac{3\pi a}{2}$. 3. $\frac{\pi}{12}$. 5. $\left(\frac{16}{3},\frac{256}{9}\right)$, $S_{\min}=\frac{512}{27}$. 6. $a=\frac{1}{3}$, $b=\frac{5}{3}$.

7. $\frac{3}{2}a^2$. 9. $\frac{2\pi}{3}(3-e)$. 10. $\frac{\pi}{2}$. 11. $V=2\pi^2 a^2 b$, $S=4\pi^2 ab$. 12. $\frac{\pi}{6}(5\sqrt{5}-1)$.

13. $\frac{32}{5}\pi a^2$. 14. $\frac{3}{5}\pi a^2(4\sqrt{2}-1)$. 15. (1) $P=\frac{2}{3}\rho g(N)$; (2) 作在中位线处.

16. $\pi R^3 Lg(2\rho-1)$. 17. $16\pi\rho g(J)$. 18. $(\sqrt{2}-1)$ cm. 19. 与点 B 距离 $\frac{4}{3}$ 处.

20. 引力大小为 $2\pi G\rho\left(1-\frac{a}{\sqrt{R^2+a^2}}\right)$, 方向垂直于圆盘向下.

第 14 讲 反常积分的计算和判敛

1. 令

$$\int_1^{+\infty} \frac{1}{x\sqrt{x-1}}\mathrm{d}x = \int_1^2 \frac{1}{x\sqrt{x-1}}\mathrm{d}x + \int_2^{+\infty} \frac{1}{x\sqrt{x-1}}\mathrm{d}x,$$

再令 $t = \sqrt{x-1}$,则当 $x \to 1^+$ 时 $t \to 0^+$,当 $x \to 2$ 时 $t \to 1$,当 $x \to +\infty$ 时 $t \to +\infty$,则

$$\text{原积分} = \int_0^1 \frac{2t\mathrm{d}t}{(t^2+1)t} + \int_1^{+\infty} \frac{2t\mathrm{d}t}{(t^2+1)t} = 2\arctan t \Big|_0^1 + 2\arctan t \Big|_1^{+\infty} = \pi.$$

2. 原式 $= \dfrac{1}{2}\int_0^{+\infty} \dfrac{\mathrm{d}(1+x^2)}{(1+x^2)^2} = -\dfrac{1}{2} \cdot \dfrac{1}{1+x^2}\Big|_0^{+\infty} = \dfrac{1}{2}.$

3. 原式 $= \int_1^{+\infty} \dfrac{\mathrm{e}^x \mathrm{d}x}{\mathrm{e} \cdot \mathrm{e}^{2x} + \mathrm{e}^3} = \dfrac{1}{\mathrm{e}}\int_1^{+\infty} \dfrac{\mathrm{d}\mathrm{e}^x}{\mathrm{e}^{2x}+\mathrm{e}^2} = \dfrac{1}{\mathrm{e}} \cdot \dfrac{1}{\mathrm{e}}\arctan\dfrac{\mathrm{e}^x}{\mathrm{e}}\Big|_1^{+\infty} = \dfrac{\pi}{4\mathrm{e}^2}.$

4. 原式 $\xrightarrow{\diamondsuit t = x-1} \int_2^{+\infty} \dfrac{1}{t^4 \cdot \sqrt{t^2-1}}\mathrm{d}t \xrightarrow{\diamondsuit t = \sec u} \int_{\pi/3}^{\pi/2} \dfrac{1}{\sec^4 u \cdot \tan u} \cdot \sec u \tan u \, \mathrm{d}u$

$= \int_{\pi/3}^{\pi/2} \cos^3 u \, \mathrm{d}u = \int_{\pi/3}^{\pi/2} (1-\sin^2 u)\mathrm{d}\sin u = \dfrac{2}{3} - \dfrac{3\sqrt{3}}{8}.$

5. 原式 $= \int_0^{+\infty} \dfrac{x\mathrm{e}^x}{(\mathrm{e}^x+1)^2}\mathrm{d}x = \int_0^{+\infty} \dfrac{x}{(\mathrm{e}^x+1)^2}\mathrm{d}(\mathrm{e}^x+1)$

$= -\int_0^{+\infty} x \mathrm{d}\dfrac{1}{\mathrm{e}^x+1} = \dfrac{-x}{\mathrm{e}^x+1}\Big|_0^{+\infty} + \int_0^{+\infty} \dfrac{1}{\mathrm{e}^x+1}\mathrm{d}x$

$= 0 + \int_0^{+\infty} \dfrac{\mathrm{e}^x}{(\mathrm{e}^x+1)\mathrm{e}^x}\mathrm{d}x = \int_0^{+\infty}\left(\dfrac{1}{\mathrm{e}^x} - \dfrac{1}{\mathrm{e}^x+1}\right)\mathrm{d}\mathrm{e}^x$

$= \ln\dfrac{\mathrm{e}^x}{\mathrm{e}^x+1}\Big|_0^{+\infty} = 0 - \ln\dfrac{1}{2} = \ln 2.$

6. 令 $I = \int_1^{+\infty} f(x)\mathrm{d}x = \int_1^{\mathrm{e}} \dfrac{1}{(x-1)^{\alpha-1}}\mathrm{d}x + \int_{\mathrm{e}}^{+\infty} \dfrac{1}{x\ln^{\alpha+1}x}\mathrm{d}x \xlongequal{\Delta} I_1 + I_2.$

对 I_1,由 q-积分的结论,当 $q = \alpha - 1 < 1$ 即 $\alpha < 2$ 时,收敛;

对 I_2,有

$$I_2 = \int_{\mathrm{e}}^{+\infty} \dfrac{1}{x\ln^{\alpha+1}x}\mathrm{d}x \xrightarrow{\diamondsuit t = \ln x} \int_1^{+\infty} \dfrac{\mathrm{d}t}{t^{\alpha+1}},$$

由 p-积分的结论,当 $p = \alpha + 1 > 1$ 即 $\alpha > 0$ 时,收敛.

综上,当 $0 < \alpha < 2$ 时,I 收敛.

7. 当 $\alpha < 0$ 时,若 x 足够大 $\left(x > 2^{-\frac{1}{\alpha}}\right)$,则 $x^{-\alpha} > 2$,故

$$\dfrac{1}{x^{\alpha}} - \sin\dfrac{1}{x^{\alpha}} > \dfrac{1}{x^{\alpha}} - 1 > \dfrac{1}{2x^{\alpha}},$$

而 $\int_1^{+\infty} \dfrac{1}{2x^{\alpha}}\mathrm{d}x$ 发散,故由比较判别法,原积分发散.

当 $\alpha = 0$ 时,原积分 $= \int_1^{+\infty}(1-\sin 1)\mathrm{d}x$,故发散.

当 $\alpha > 0$ 时,因为

$$\lim_{x\to+\infty} x^{3\alpha}\left(\dfrac{1}{x^{\alpha}} - \sin\dfrac{1}{x^{\alpha}}\right) = \lim_{x\to+\infty} x^{3\alpha}\left(\dfrac{1}{x^{\alpha}} - \left(\dfrac{1}{x^{\alpha}} - \dfrac{1}{3!}\left(\dfrac{1}{x^{\alpha}}\right)^3 + o\left(\dfrac{1}{x^{3\alpha}}\right)\right)\right) = \dfrac{1}{6},$$

所以当 $3\alpha > 1$，即 $\alpha > \frac{1}{3}$ 时，原积分收敛；当 $0 < 3\alpha \leqslant 1$，即 $0 < \alpha \leqslant \frac{1}{3}$ 时，原积分发散.

综上，当 $\alpha > \frac{1}{3}$ 时，原积分收敛；当 $\alpha \leqslant \frac{1}{3}$ 时，原积分发散.

8. 令
$$\text{原积分} = \int_0^1 \frac{\ln(1+x^2)}{x^\alpha}\mathrm{d}x + \int_1^{+\infty} \frac{\ln(1+x^2)}{x^\alpha}\mathrm{d}x \xlongequal{\Delta} I_1 + I_2.$$

对 I_1，因为 $\lim\limits_{x\to 0^+} x^{\alpha-2} \cdot \frac{\ln(1+x^2)}{x^\alpha} = 1$，故当 $\alpha < 3$ 时 I_1 收敛，当 $\alpha \geqslant 3$ 时 I_1 发散.

对 I_2，当 $\alpha \leqslant 1$ 时，因为 $\lim\limits_{x\to +\infty} x^\alpha \cdot \frac{\ln(1+x^2)}{x^\alpha} = +\infty$，故 I_2 发散；

当 $\alpha > 1$ 时，因为 $\lim\limits_{x\to +\infty} x^{\frac{\alpha+1}{2}} \cdot \frac{\ln(1+x^2)}{x^\alpha} = 0$，故 I_2 收敛.

综上，当 $1 < \alpha < 3$ 时，原积分收敛.

9. 注意到 $0 < x < \frac{\pi}{2}$ 时，$\ln\sin x < 0$，故不能直接用判敛法，但原积分与 $\int_0^{\frac{\pi}{2}} (-\ln\sin x)\mathrm{d}x$ 同敛散，因此考虑 $\int_0^{\frac{\pi}{2}} (-\ln\sin x)\mathrm{d}x$ 的敛散性即可.

显然，0 为 $\int_0^{\frac{\pi}{2}} (-\ln\sin x)\mathrm{d}x$ 的奇点. 因为

$$\lim_{x\to 0^+} \sqrt{x}(-\ln\sin x) = \lim_{x\to 0^+} \frac{-\ln\sin x}{x^{-\frac{1}{2}}} \xlongequal{\frac{\infty}{\infty}} \lim_{x\to 0^+} \frac{-\frac{\cos x}{\sin x}}{-\frac{1}{2}x^{-\frac{3}{2}}} = 0,$$

即 $q = \frac{1}{2} < 1, l = 0$，所以 $\int_0^{\frac{\pi}{2}} (-\ln\sin x)\mathrm{d}x$ 收敛，故原积分收敛.

10. 因为 $0, 1$ 均为原积分的奇点，故令
$$\text{原积分} = \int_0^{\frac{1}{2}} \frac{1}{\sqrt{1-x}\sin^\alpha x \sin^\beta \pi x}\mathrm{d}x + \int_{\frac{1}{2}}^1 \frac{1}{\sqrt{1-x}\sin^\alpha x \sin^\beta \pi x}\mathrm{d}x$$
$$\xlongequal{\Delta} I_1 + I_2.$$

对 I_1，因为
$$\lim_{x\to 0^+} x^{\alpha+\beta} \cdot \frac{1}{\sqrt{1-x}\sin^\alpha x \sin^\beta \pi x} = \frac{1}{\pi^\beta},$$

故当 $\alpha + \beta < 1$ 时，I_1 收敛；当 $\alpha + \beta \geqslant 1$ 时，I_1 发散.

对 I_2，因为
$$\lim_{x\to 1^-} (1-x)^{\frac{1}{2}+\beta} \cdot \frac{1}{\sqrt{1-x}\sin^\alpha x \sin^\beta \pi x} = \frac{1}{\pi^\beta (\sin 1)^\alpha},$$

故当 $\frac{1}{2} + \beta < 1$ 时，I_2 收敛；当 $\frac{1}{2} + \beta \geqslant 1$ 时，I_2 发散.

综上，当 $0<\beta<\dfrac{1}{2}$ 且 $\alpha+\beta<1$ 时，原积分收敛.

11. 因为
$$\lim_{x\to+\infty} x^{\frac{3}{2}} \cdot \frac{\sin x^2}{(\ln(1+\mathrm{e}^x))^2} = \lim_{x\to+\infty} x^{\frac{3}{2}} \cdot \frac{\sin x^2}{x^2\left(1+\dfrac{1}{x}\ln\dfrac{1+\mathrm{e}^x}{\mathrm{e}^x}\right)^2} = 0,$$

所以原积分收敛.

12. **(方法 1)** 用 Gamma 函数，有
$$\int_0^{+\infty} x\mathrm{e}^{-x}\,\mathrm{d}x = \int_0^{+\infty} x^{2-1}\mathrm{e}^{-x}\,\mathrm{d}x = \Gamma(2) = 1\cdot\Gamma(1) = 1.$$

(方法 2) 用分部积分法直接算，有
$$\int_0^{+\infty} x\mathrm{e}^{-x}\,\mathrm{d}x = -\int_0^{+\infty} x\,\mathrm{d}\mathrm{e}^{-x} = -x\mathrm{e}^{-x}\Big|_0^{+\infty} + \int_0^{+\infty}\mathrm{e}^{-x}\,\mathrm{d}x = 1.$$

13. **(方法 1)** 用 Gamma 函数，令 $t=\dfrac{x^2}{2}$，又 $x>0$，得 $x=\sqrt{2t}$，则
$$\int_0^{+\infty}\mathrm{e}^{-\frac{1}{2}x^2}\,\mathrm{d}x = \int_0^{+\infty}\mathrm{e}^{-t}\,\mathrm{d}(\sqrt{2t}) = \frac{1}{\sqrt{2}}\int_0^{+\infty} t^{-\frac{1}{2}}\mathrm{e}^{-t}\,\mathrm{d}t = \frac{1}{\sqrt{2}}\Gamma\left(\frac{1}{2}\right) = \frac{\sqrt{\pi}}{\sqrt{2}}.$$

(方法 2) 用换元积分法直接算，令 $x=\sqrt{2}t$，则
$$\int_0^{+\infty}\mathrm{e}^{-\frac{1}{2}x^2}\,\mathrm{d}x = \int_0^{+\infty}\mathrm{e}^{-t^2}\sqrt{2}\,\mathrm{d}t = \sqrt{2}\cdot\frac{\sqrt{\pi}}{2} = \frac{\sqrt{\pi}}{\sqrt{2}}.$$

第 15 讲 几类简单的微分方程

1. 原方程可改写为 $y'-\dfrac{3}{x}y = x^3\mathrm{e}^x$，此为一阶线性非齐次微分方程，其解为
$$y = x^3(\mathrm{e}^x + C).$$

2. **(方法 1)** 原方程可改写为 $\dfrac{\mathrm{d}x}{\mathrm{d}y} - \dfrac{1}{y}x = -1$，此为一阶线性非齐次微分方程，其解为
$$y = C\mathrm{e}^{-\frac{x}{y}}.$$

(方法 2) 原方程可改写为 $\dfrac{\mathrm{d}y}{\mathrm{d}x} = \dfrac{\dfrac{y}{x}}{1-\dfrac{y}{x}}$，此为齐次方程，令 $z=\dfrac{y}{x}$，其解为 $y=C\mathrm{e}^{-\frac{x}{y}}$.

3. **(方法 1)** 原方程可改写为 $y' = \dfrac{x^2-3y^2}{xy}$，此为齐次方程，令 $z=\dfrac{y}{x}$，得原方程的通解为
$$y^2 = \frac{C}{x^6} + \frac{1}{4}x^2.$$

(方法 2) 原方程 $y' + \dfrac{3}{x}y = xy^{-1}$ 是 $n=-1$ 的伯努利方程，令 $z=y^2$，得原方程的通解为
$$y^2 = \frac{C}{x^6} + \frac{1}{4}x^2.$$

4. 原方程可改写为 $y' = \dfrac{y-2}{y-x-5}$，此为形如 $y' = f\left(\dfrac{a_1 x + b_1 y + c_1}{a_2 x + b_2 y + c_2}\right)$ 的方程. 令 $u = x + 3, v = y - 2$，则可化为齐次方程，原方程的通解为 $2(x+3)(y-2) - (y-2)^2 = C$.

5. 原方程可改写为 $\dfrac{2y\,dy}{dx} = \dfrac{x - y^2}{x + y^2}$，令 $z = y^2$，则方程化为 $\dfrac{dz}{dx} = \dfrac{x - z}{x + z}$，此为齐次微分方程，原方程的通解为 $y^4 + 2xy^2 - x^2 = C$.

6. 原方程可改写为 $\dfrac{dy}{dx} = (x+y)^2 + 2(x+y)$，令 $z = x + y$，则方程化为 $\dfrac{dz}{dx} = z^2 + 2z + 1$，此为可分离变量的微分方程，原方程的通解为 $(x+y+1)(x+C) = -1$.

7. 令 $z = x^2 + y$，则原方程化为 $z' = 2x(z+1)$，此为可分离变量的微分方程，原方程的通解为 $x^2 + y + 1 = Ce^{x^2}$.

8. 令 $z = \sin y$，则原方程化为 $z' + z = x + 1$，此为一阶线性非齐次微分方程，原方程的通解为 $\sin y = x + Ce^{-x}$.

9. 原方程可改写为 $\dfrac{y'''}{y''} = 1$，等式两边同时对 x 积分，得 $\ln|y''| = x + \ln C$，故 $y'' = C_1 e^x$，再积分两次，得原方程的通解为 $y = C_1 e^x + C_2 x + C_3$.

10. 此为不显含 y 的微分方程，令 $z = y'$，则 $y'' = \dfrac{dz}{dx}$，代入原方程，得 $\dfrac{dz}{dx} = z + x$，此为一阶线性非齐次微分方程，原方程的通解为 $y = C_1 e^x + C_2 - \dfrac{x^2}{2} - x$.

11. 此为不显含 x 的微分方程，令 $y' = z(y)$，则 $y'' = z\dfrac{dz}{dy}$，代入原方程，得 $yz\dfrac{dz}{dy} - 1 = z^2$，此为可分离变量的微分方程，原初值问题的解为 $y = \dfrac{1}{2}(e^{x-1} + e^{1-x})$.

12. 在原等式中令 $x = 1$，得 $f(1) = 1$. 再在原等式左右两边同时对 x 求导，得
$$f'(x) = \dfrac{f(x)}{x^3 f(x) + x},$$
故所求 $f(x)$ 为初值问题 $y' = \dfrac{y}{x^3 y + x}, y(1) = 1$ 的解. 又因为 $y' = \dfrac{y}{x^3 y + x}$ 可化为
$$\dfrac{dx}{dy} = \dfrac{x^3 y + x}{y} = \dfrac{x}{y} + x^3,$$
此为以 y 为自变量, x 为未知函数的伯努利方程，解之得
$$f^2(x) = -\dfrac{2}{3} x^2 f^3(x) + \dfrac{5}{3} x^2.$$

13. 原方程可化为 $e^{-x^2} f(x) = 1 + \int_0^x e^{-t^2} f(t)\,dt$，令 $x = 0$，可得 $f(0) = 1$. 又方程两边同时对 x 求导，得
$$-2x e^{-x^2} f(x) + e^{-x^2} f'(x) = e^{-x^2} f(x), \quad 故 \quad f'(x) = (1 + 2x) f(x),$$
此为一阶线性齐次微分方程，可得 $f(x) = e^{x + x^2}$.

第 16 讲　高阶线性微分方程

1. 特征根为 $r_1 = 0, r_2 = -3$，故微分方程的通解为 $y = C_1 + C_2 \mathrm{e}^{-3x} + y^*(x)$.

2. 通解 $y = C_1 \mathrm{e}^x + C_2 \mathrm{e}^{2x} + \mathrm{e}^x = (C_1+1)\mathrm{e}^x + C_2 \mathrm{e}^{2x}$ 有两个独立的任意常数，故所求微分方程为二阶微分方程. 又由
$$y = (C_1+1)\mathrm{e}^x + C_2 \mathrm{e}^{2x}, \quad y' = (C_1+1)\mathrm{e}^x + 2C_2 \mathrm{e}^{2x}, \quad y'' = (C_1+1)\mathrm{e}^x + 4C_2 \mathrm{e}^{2x},$$
可得 $y'' - y' = 2C_2 \mathrm{e}^{2x} = 2(y'-y)$，故 $y'' - 3y' + 2y = 0$，此即为所求微分方程.

3. 根据特征根的不同情况，方程 $y'' + by' + cy = 3\mathrm{e}^{-2x}$ 的通解可能有以下形式：

(1) 若特征根 $r_1 \neq r_2$ 且 $r_1 \neq -2, r_2 \neq -2$，则通解形式为 $y = C_1 \mathrm{e}^{r_1 x} + C_2 \mathrm{e}^{r_2 x} + A\mathrm{e}^{-2x}$；

(2) 若特征根 $r_1 = r_2 \neq -2$，则通解形式为 $y = (C_1 + C_2 x)\mathrm{e}^{r_1 x} + A\mathrm{e}^{-2x}$；

(3) 若特征根 $r_1 = -2, r_2 \neq -2$，则通解形式为 $y = C_1 \mathrm{e}^{-2x} + C_2 \mathrm{e}^{r_2 x} + Ax\mathrm{e}^{-2x}$；

(4) 若特征根 $r_1 = r_2 = -2$，则通解形式为 $y = (C_1 + C_2 x)\mathrm{e}^{-2x} + Ax^2 \mathrm{e}^{-2x}$.

因为原方程有特解 $y = \mathrm{e}^x(1 - x\mathrm{e}^{-3x}) = \mathrm{e}^x - x\mathrm{e}^{-2x}$，符合上面的第三种情况，所以特征根为 $r_1 = -2, r_2 = 1$，且 $y^* = -x\mathrm{e}^{-2x}$ 为原方程的一个特解，于是原方程的通解为
$$y = C_1 \mathrm{e}^{-2x} + C_2 \mathrm{e}^x - x\mathrm{e}^{-2x}.$$

4. $y = C_1 \mathrm{e}^{-3x} + C_2 \mathrm{e}^{2x} + \dfrac{4}{5} x \mathrm{e}^{2x}$.　　5. $y = C_1 \cos x + C_2 \sin x + x\cos x$.

6. $y = C_1 + C_2 \mathrm{e}^x + 2x\mathrm{e}^x + \dfrac{1}{3} x^3 + x^2 + 2x$.

7. 此为欧拉方程，令 $x = \mathrm{e}^t$，即 $t = \ln x$，则原方程可化为
$$D(D-1)(D-2)y + Dy - y = 3\mathrm{e}^{4t}, \quad 即 \quad \frac{\mathrm{d}^3 y}{\mathrm{d}t^3} - 3\frac{\mathrm{d}^2 y}{\mathrm{d}t^2} + 3\frac{\mathrm{d}y}{\mathrm{d}t} - y = 3\mathrm{e}^{4t}.$$
此为三阶常系数线性非齐次微分方程，通解为 $y = (C_1 + C_2 t + C_3 t^2)\mathrm{e}^t + \dfrac{1}{9}\mathrm{e}^{4t}$，回代 $x = \mathrm{e}^t$，得原方程的通解为
$$y = (C_1 + C_2 \ln x + C_3 \ln^2 x)x + \frac{1}{9} x^4.$$

8. 此为二阶常系数线性非齐次微分方程，但其自由项 $\dfrac{\mathrm{e}^x}{x}$ 不属于有通解公式的任意一种，故只能用常数变易法. 原方程对应齐次方程的通解为 $Y = C_1 \mathrm{e}^x + C_2 x\mathrm{e}^x$，所以设原方程的一个特解为 $y^* = C_1(x)\mathrm{e}^x + C_2(x)x\mathrm{e}^x$. 由
$$\begin{cases} C_1'(x)\mathrm{e}^x + C_2'(x)x\mathrm{e}^x = 0, \\ C_1'(x)(\mathrm{e}^x)' + C_2'(x)(x\mathrm{e}^x)' = \dfrac{\mathrm{e}^x}{x}, \end{cases} \quad 可得 \quad \begin{cases} C_1'(x) = -1, \\ C_2'(x) = \dfrac{1}{x}, \end{cases}$$
取 $\begin{cases} C_1(x) = -x, \\ C_2(x) = \ln x, \end{cases}$ 得原方程的一个特解为 $y^* = -x\mathrm{e}^x + \ln x \cdot x\mathrm{e}^x$. 故方程的通解为
$$y = C_1 \mathrm{e}^x + C_2 x\mathrm{e}^x + x\mathrm{e}^x \ln x - x\mathrm{e}^x.$$

9. 在方程左右两边求导，得 $f(x) - \sin 3x = 2x - f''(x)$. 令 $x = 0$，得 $f'(0) = -\dfrac{1}{3}$. 又由

曲线 $y = f(x)$ 过原点，得 $f(0) = 0$. 因此问题转化为求解初值问题

$$\begin{cases} y'' + y = \sin 3x + 2x, \\ y(0) = 0, \ y'(0) = -\dfrac{1}{3}, \end{cases}$$

可得 $f(x) = 2x - \dfrac{1}{8}\sin 3x - \dfrac{47}{24}\sin x$.

10. 因为 $\displaystyle\int_0^x f(t-x)\mathrm{d}t \xrightarrow{\diamondsuit u = t - x} \int_{-x}^0 f(u)\mathrm{d}u$，故原方程化为

$$f'(x) + 2f(x) - 3\int_{-x}^0 f(u)\mathrm{d}u = -3x + 2.$$

上面等式两边求导得

$$f''(x) + 2f'(x) - 3f(-x) = -3, \quad 即 \quad f''(x) + 2f'(x) - 3f(x) = -3,$$

解得 $f(x) = C_1 \mathrm{e}^{-3x} + C_2 \mathrm{e}^x + 1$. 又因为 $f(x)$ 为偶函数，所以 $f'(x)$ 为奇函数，从而 $f'(0) = 0$. 再在原方程中令 $x = 0$，得 $f(0) = 1$. 从而得到 $C_1 = C_2 = 0$，则 $f(x) = 1$.

附录　综合练习卷
综合练习卷（一）

一、选择题

1. B.　2. C.　3. D.　4. D.　5. A.　6. C.　7. D.　8. C.　9. A.　10. A.

二、填空题

1. $-\dfrac{1}{2}$.　2. $\dfrac{1}{2}$.　3. 1.　4. $-2^{2023}\mathrm{C}_{2024}^2$.　5. $\dfrac{\pi^2}{4}$.　6. $x\mathrm{e}^{2x+1}$.

三、解答题

1. 原式 $= \lim\limits_{x \to +\infty} \dfrac{\displaystyle\int_1^x \left[t^2\left(\mathrm{e}^{\frac{1}{t}} - 1\right) - t\right]\mathrm{d}t}{x^2 \cdot \dfrac{1}{x}}$

$= \lim\limits_{x \to +\infty} \dfrac{\displaystyle\int_1^x \left[t^2\left(\mathrm{e}^{\frac{1}{t}} - 1\right) - t\right]\mathrm{d}t}{x} \xlongequal{\frac{\infty}{\infty}} \lim\limits_{x \to +\infty} \left[x^2\left(\mathrm{e}^{\frac{1}{x}} - 1\right) - x\right]$

$= \lim\limits_{x \to +\infty}\left[x^2\left(1 + \dfrac{1}{x} + \dfrac{1}{2x^2} + o\left(\dfrac{1}{x^2}\right) - 1\right) - x\right] = \lim\limits_{x \to +\infty}\left(\dfrac{1}{2} + o(1)\right) = \dfrac{1}{2}$.

2. 方程 $y^3 + xy^2 + x^2y + 6 = 0$ 两边关于 x 求导，得

$$3y^2 y' + y^2 + 2xyy' + 2xy + x^2 y' = 0.$$

令 $y' = 0$，则有 $y^2 + 2xy = 0$，从而 $y = 0$（矛盾）或 $y = -2x$. 将其代入原方程得 $6x^3 = 6$，解得 $x = 1, y = -2$，于是 $f(1) = -2, f'(1) = 0$. 上式两边关于 x 再次求导得

$$6y(y')^2 + 3y^2 y'' + 4yy' + 2x(y')^2 + 2xyy'' + 2y + 4xy' + x^2 y'' = 0.$$

将 $x = 1, f(1) = -2$ 及 $f'(1) = 0$ 代入上式，得 $f''(1) = \dfrac{4}{9} > 0$. 因此 $x = 1$ 是 $f(x)$ 的极小值点，极小值为 $f(1) = -2$.

3. 原式 $= \lim\limits_{n\to\infty}\sum\limits_{k=1}^{n}\left[\dfrac{k}{n}\ln\left(1+\dfrac{k}{n}\right)\cdot\dfrac{1}{n}\right]\xlongequal{\text{定积分的定义}}\int_{0}^{1}x\ln(1+x)\mathrm{d}x$

$= \dfrac{x^2}{2}\ln(1+x)\Big|_{0}^{1} - \int_{0}^{1}\dfrac{x^2}{2(1+x)}\mathrm{d}x = \dfrac{1}{2}\ln 2 - \dfrac{1}{2}\int_{0}^{1}\dfrac{x^2-1+1}{1+x}\mathrm{d}x$

$= \dfrac{1}{2}\ln 2 - \dfrac{1}{2}\int_{0}^{1}\left(x-1+\dfrac{1}{1+x}\right)\mathrm{d}x = \dfrac{1}{2}\ln 2 - \dfrac{1}{2}\left[\dfrac{x^2}{2}-x+\ln(1+x)\right]\Big|_{0}^{1}$

$= \dfrac{1}{2}\ln 2 - \dfrac{1}{2}\left(\dfrac{1}{2}-1+\ln 2\right) = \dfrac{1}{4}.$

4. (1) 由 $\lim\limits_{x\to 0^+}\dfrac{f(x)}{x}<0$ 及函数极限的局部保号性知,存在 $x_1\in(0,1)$,使得 $\dfrac{f(x_1)}{x_1}<0$,从而 $f(x_1)<0$. 又 $f(1)>0$,且 $f(x)$ 在 $[0,1]$ 上连续,故由连续函数的零点定理知,至少存在一点 $\xi\in(x_1,1)\subset(0,1)$,使得 $f(\xi)=0$.

(2) 由于 $f(x)$ 在 $[0,1]$ 上连续且 $\lim\limits_{x\to 0^+}\dfrac{f(x)}{x}$ 存在,故

$$f(0) = \lim\limits_{x\to 0^+}f(x) = \lim\limits_{x\to 0^+}\dfrac{f(x)}{x}\cdot\lim\limits_{x\to 0^+}x = 0,$$

对 $f(x)$ 在区间 $[0,\xi]$ 上应用罗尔定理,可知存在 $\eta\in(0,\xi)$,使得 $f'(\eta)=0$.

令 $F(x)=f(x)f'(x)$,则

$$F(0)=f(0)f'(0)=0,\quad F(\eta)=f(\eta)f'(\eta)=0,\quad F(\xi)=f(\xi)f'(\xi)=0.$$

对 $F(x)$ 在区间 $[0,\eta]$,$[\eta,\xi]$ 上分别应用罗尔定理,可知存在 $\theta_1\in(0,\eta)$,$\theta_2\in(\eta,\xi)$,使得

$$F'(\theta_1)=0,\quad F'(\theta_2)=0,$$

从而 $F'(x)=f(x)f''(x)+[f'(x)]^2$ 在区间 $(0,1)$ 内至少有两个不同的零点.

5. (1) 原方程的特征方程为 $\lambda^2+2\lambda+k=0$,解得 $\lambda_{1,2}=-1\pm\sqrt{1-k}<0$,于是

$$y(x)=C_1\mathrm{e}^{\lambda_1 x}+C_2\mathrm{e}^{\lambda_2 x},$$

则

$$\int_{0}^{+\infty}y(x)\mathrm{d}x = \int_{0}^{+\infty}(C_1\mathrm{e}^{\lambda_1 x}+C_2\mathrm{e}^{\lambda_2 x})\mathrm{d}x = \left(\dfrac{C_1}{\lambda_1}\mathrm{e}^{\lambda_1 x}+\dfrac{C_2}{\lambda_2}\mathrm{e}^{\lambda_2 x}\right)\Big|_{0}^{+\infty}$$

$$= 0-\dfrac{C_1}{\lambda_1}+0-\dfrac{C_2}{\lambda_2} = -\left(\dfrac{C_1}{\lambda_1}+\dfrac{C_2}{\lambda_2}\right),$$

所以 $\int_{0}^{+\infty}y(x)\mathrm{d}x$ 收敛.

(2) 由 $y''+2y'+ky=0$ 可得

$$\int_{0}^{+\infty}y(x)\mathrm{d}x = \int_{0}^{+\infty}-\dfrac{1}{k}[y''(x)+2y'(x)]\mathrm{d}x = -\dfrac{1}{k}[y'(x)+2y(x)]\Big|_{0}^{+\infty}$$

$$= -\dfrac{1}{k}\left\{\lim\limits_{x\to+\infty}[y'(x)+2y(x)]-[y'(0)+2y(0)]\right\}.$$

由(1)知

$$\lim\limits_{x\to+\infty}y(x) = \lim\limits_{x\to+\infty}(C_1\mathrm{e}^{\lambda_1 x}+C_2\mathrm{e}^{\lambda_2 x})=0,$$

$$\lim\limits_{x\to+\infty}y'(x) = \lim\limits_{x\to+\infty}(C_1\lambda_1\mathrm{e}^{\lambda_1 x}+C_2\lambda_2\mathrm{e}^{\lambda_2 x})=0,$$

再代入 $y(0)=1, y'(0)=1$，可得 $\int_0^{+\infty} y(x)\mathrm{d}x = -\frac{1}{k}(0-1-2) = \frac{3}{k}$。

6. 曲线 $y=f(x)$ 在点 $(x_0, f(x_0))$ 处的切线为 $y=f'(x_0)(x-x_0)+f(x_0)$。令 $y=0$，由 $f'(x_0)>0$ 解得 $x=x_0-\frac{f(x_0)}{f'(x_0)}$，即该切线与 x 轴的交点为 $\left(x_0-\frac{f(x_0)}{f'(x_0)}, 0\right)$。于是由题设知

$$\frac{|f(x_0)-0|\cdot\left|x_0-\left(x_0-\frac{f(x_0)}{f'(x_0)}\right)\right|}{2}=4,$$

整理得到

$$\frac{f^2(x_0)}{f'(x_0)}=8, \quad x_0\in I,$$

即 $f(x)$ 满足微分方程 $8y'=y^2$。分离变量得 $\frac{8}{y^2}\mathrm{d}y=\mathrm{d}x$，再两边积分得 $-\frac{8}{y}=x+C$。代入 $f(0)=2$，得到 $C=-4$，从而 $y=\frac{8}{4-x}$。因此 $f(x)=\frac{8}{4-x}, x\in I$。

综合练习卷(二)

一、选择题

1. C. 2. B. 3. C. 4. A. 5. C. 6. C. 7. D. 8. A. 9. B. 10. D.

二、填空题

1. -2. 2. 0. 3. $y=x+1$. 4. 4. 5. $y'''+y''-y'-y=0$.

6. $y=C_1\mathrm{e}^x+C_2\mathrm{e}^{3x}-2\mathrm{e}^{2x}$。

三、解答题

1. 因为

$$1=\lim_{x\to 0}\frac{x+a\ln(1+x)+bx\sin x}{kx^3}$$

$$=\lim_{x\to 0}\frac{x+a\left[x-\frac{x^2}{2}+\frac{x^3}{3}+o(x^3)\right]+bx\left[x-\frac{x^3}{3!}+o(x^3)\right]}{kx^3}$$

$$=\lim_{x\to 0}\frac{(1+a)x+\left(b-\frac{a}{2}\right)x^2+\frac{a}{3}x^3+o(x^3)}{kx^3}$$

$$=\lim_{x\to 0}\frac{(1+a)x+\left(b-\frac{a}{2}\right)x^2+\frac{a}{3}x^3}{kx^3},$$

所以 $\begin{cases} a+1=0, \\ b-\frac{a}{2}=0, \\ \frac{a}{3k}=1, \end{cases}$ 解得 $a=-1, b=-\frac{1}{2}, k=-\frac{1}{3}$。

2. 方程 $x^3 + y^3 - 3x + 3y - 2 = 0$ 两边关于 x 求导,得到
$$3x^2 + 3y^2 y' - 3 + 3y' = 0. \qquad ①$$
令 $y' = 0$,得 $3x^2 - 3 = 0$,即 $x = \pm 1$.

将 $x = 1$ 代入原方程,得到 $y^3 + 3y - 4 = 0$,即 $(y-1)(y^2 + y + 4) = 0$,因 $y^2 + y + 4 > 0$,故 $y = 1$;

将 $x = -1$ 代入原方程,得到 $y^3 + 3y = 0$,即 $y(y^2 + 3) = 0$,从而 $y = 0$.

式 ① 两边再关于 x 求导,得
$$6x + 6y(y')^2 + 3y^2 y'' + 3y'' = 0. \qquad ②$$
将 $x = 1, y = 1, y' = 0$ 代入式 ②,得到 $y''(0) = -1 < 0$,故 $x = 1$ 为 $y(x)$ 的极大值点;将 $x = -1, y = 0, y' = 0$ 代入式 ②,得到 $y''(0) = 2 > 0$,故 $x = -1$ 为 $y(x)$ 的极小值点.

综上所述,$y(x)$ 在 $x = 1$ 处取得极大值 $y(1) = 1$,在 $x = -1$ 处取得极小值 $y(-1) = 0$.

3. (1) $F'(x_0) = \lim\limits_{x \to x_0} \dfrac{F(x) - F(x_0)}{x - x_0} = \lim\limits_{x \to x_0} \dfrac{\int_{x_0}^{x} f(t) \mathrm{d}t}{x - x_0} = \lim\limits_{x \to x_0} f(\xi) = f(x_0).$

(2) $G(x+2) - G(x) = 2\int_{x}^{x+2} f(t) \mathrm{d}t - 2\int_{0}^{2} f(t) \mathrm{d}t = 2\int_{0}^{2} f(t) \mathrm{d}t - 2\int_{0}^{2} f(t) \mathrm{d}t = 0.$

4. (1) 曲线 $y = f(x)$ 在点 $P(x, y)$ 处的法线方程为
$$Y - y = -\frac{1}{y'}(X - x),$$
由此得 $Q\left(0, y + \dfrac{x}{y'}\right)$. 依题意得 $y + y + \dfrac{x}{y'} = 0$,即 $2yy' = -x$,解得 $y^2 = -\dfrac{1}{2}x^2 + C$. 由于曲线经过点 $\left(\dfrac{\sqrt{2}}{2}, \dfrac{1}{2}\right)$,所以 $C = \dfrac{1}{2}$,于是 $y^2 = \dfrac{1}{2}(1 - x^2)$,即
$$x^2 + 2y^2 = 1 \quad (\text{其中 } x > 0, y > 0).$$

(2) 因为
$$l = \int_{0}^{\pi} \sqrt{1 + \cos^2 x}\, \mathrm{d}x \xrightarrow{\text{令 } x = \frac{\pi}{2} + t} \int_{-\frac{\pi}{2}}^{\frac{\pi}{2}} \sqrt{1 + \sin^2 t}\, \mathrm{d}t = 2\int_{0}^{\frac{\pi}{2}} \sqrt{1 + \sin^2 t}\, \mathrm{d}t,$$
再令 $x = \cos t, y = \dfrac{\sqrt{2}}{2}\sin t \left(0 < t < \dfrac{\pi}{2}\right)$,则
$$s = \int_{0}^{\frac{\pi}{2}} \sqrt{[x'(t)]^2 + [y'(t)]^2}\, \mathrm{d}t = \dfrac{1}{\sqrt{2}}\int_{0}^{\frac{\pi}{2}} \sqrt{1 + \sin^2 t}\, \mathrm{d}t = \dfrac{\sqrt{2}}{4}l.$$

5. 微分方程的通解为
$$y(x) = \mathrm{e}^{-\int \frac{1}{2\sqrt{x}} \mathrm{d}x}\left[\int (2 + \sqrt{x}) \mathrm{e}^{\int \frac{1}{2\sqrt{x}} \mathrm{d}x}\, \mathrm{d}x + C\right] = \mathrm{e}^{-\sqrt{x}}\left[\int (2 + \sqrt{x})\mathrm{e}^{\sqrt{x}}\, \mathrm{d}x + C\right],$$

再令 $\sqrt{x} = t$,则
$$\int (2 + \sqrt{x})\mathrm{e}^{\sqrt{x}}\, \mathrm{d}x = \int (4t + 2t^2)\mathrm{e}^{t}\, \mathrm{d}t = (4t + 2t^2)\mathrm{e}^{t} - \int (4 + 4t)\mathrm{e}^{t}\, \mathrm{d}t$$
$$= (4t + 2t^2)\mathrm{e}^{t} - (4 + 4t)\mathrm{e}^{t} + \int 4\mathrm{e}^{t}\, \mathrm{d}t = 2t^2 \mathrm{e}^{t} = 2x\mathrm{e}^{\sqrt{x}},$$

于是方程的通解为
$$y(x) = e^{-\sqrt{x}}(2xe^{\sqrt{x}} + C) = 2x + Ce^{-\sqrt{x}}.$$
又 $y(1) = 3$,则 $C = e$,故 $y(x) = 2x + e^{1-\sqrt{x}}$.

因为
$$a = \lim_{x \to +\infty} \frac{y}{x} = \lim_{x \to +\infty} \frac{2x + e^{1-\sqrt{x}}}{x} = 2, \quad b = \lim_{x \to +\infty}(y - 2x) = \lim_{x \to +\infty} e^{1-\sqrt{x}} = 0,$$

所以 $y = 2x$ 为曲线 $y = y(x)$ 的斜渐近线.

6. (1) 令 $F(x) = f(x) - x$. 由 $f(x)$ 为奇函数可知 $f(0) = 0$,又 $f(1) = 1$,故 $F(0) = F(1) = 0$,由罗尔定理知,存在 $\xi \in (0, 1)$,使得
$$F'(\xi) = f'(\xi) - 1 = 0, \quad \text{即} \quad f'(\xi) = 1.$$

(2) 令 $g(x) = e^x[f'(x) - 1]$,则 $g(x)$ 在 $[-1, 1]$ 上可导. 由于 $f(x)$ 为奇函数,故 $f'(x)$ 为偶函数,即 $f'(x) = f'(-x)$. 于是由(1)可知 $f'(-\xi) = f'(\xi) = 1$,从而 $g(-\xi) = g(\xi) = 0$. 再由罗尔定理知,存在 $\eta \in (-\xi, \xi) \subset (-1, 1)$,使得
$$g'(\eta) = e^\eta(f''(\eta) + f'(\eta) - 1) = 0, \quad \text{即} \quad f''(\eta) + f'(\eta) = 1.$$

综合练习卷(三)

一、选择题

1. C. 2. A. 3. C. 4. D. 5. B. 6. C. 7. B. 8. D. 9. C. 10. B.

二、填空题

1. $y = 2x$. 2. $\ln a$. 3. $\frac{1}{4}(\cos 1 - 1)$. 4. $\frac{1}{\lambda}$.

5. $y'' - y' - 2y = (1 - 2x)e^x$. 6. x^2.

三、解答题

1. 若 $a \leqslant 0$,则
$$\lim_{x \to +\infty} \frac{\int_0^x \ln(1+t^2)dt}{x^a} = \lim_{x \to +\infty} x^{-a} \cdot \int_0^x \ln(1+t^2)dt = +\infty,$$

与已知矛盾,故 $a > 0$. 由
$$0 = \lim_{x \to +\infty} \frac{\int_0^x \ln(1+t^2)dt}{x^a} = \lim_{x \to +\infty} \frac{\ln(1+x^2)}{ax^{a-1}}$$

知 $a - 1 > 0$,即 $a > 1$;再由
$$\lim_{x \to 0^+} \frac{\int_0^x \ln(1+t^2)dt}{x^a} = \lim_{x \to 0^+} \frac{\ln(1+x^2)}{ax^{a-1}} = \lim_{x \to 0^+} \frac{x^2}{ax^{a-1}} = \lim_{x \to 0^+} \frac{1}{a} \cdot x^{3-a} = 0,$$

得 $a < 3$. 综上,得 $1 < a < 3$.

2. 在 $f(1 + \sin x) - 3f(1 - \sin x) = 8x + \alpha(x)$ 两边令 $x \to 0$,取极限得
$$f(1) - 3f(1) = \lim_{x \to 0}(8x + \alpha(x)) = 0 \Rightarrow f(1) = 0.$$

由
$$\lim_{x \to 0} \frac{f(1+\sin x) - f(1)}{\sin x} + 3\lim_{x \to 0} \frac{f(1-\sin x) - f(1)}{-\sin x} = \lim_{x \to 0} \frac{8x}{\sin x} + \lim_{x \to 0} \frac{\alpha(x)}{\sin x} = 8,$$

得 $4f'(1) = 8$, 即 $f'(1) = 2$. 又
$$f'(6) = f'(5+1) = f'(1) = 2, \quad f(6) = f(1) = 0,$$
则切线方程为
$$y - f(6) = f'(6)(x-6), \quad 即 \quad y = 2(x-6).$$

3. 因为
$$f(x) = \int_1^{x^2}(x^2-t)\mathrm{e}^{-t^2}\mathrm{d}t = x^2\int_1^{x^2}\mathrm{e}^{-t^2}\mathrm{d}t - \int_1^{x^2}t\mathrm{e}^{-t^2}\mathrm{d}t,$$
$$f'(x) = 2x\int_1^{x^2}\mathrm{e}^{-t^2}\mathrm{d}t + 2x^3\mathrm{e}^{-x^4} - 2x^3\mathrm{e}^{-x^4} = 2x\int_1^{x^2}\mathrm{e}^{-t^2}\mathrm{d}t,$$
则由 $f'(x) = 0$ 可得 $x = 0, \pm 1$ 为函数 $f(x)$ 的驻点. 从而 $f(x)$ 的单调增加区间为 $(-1,0)$ 和 $(1,+\infty)$, 单调减少区间为 $(-\infty,-1)$ 和 $(0,1)$. $f(-1)$ 和 $f(1)$ 为 $f(x)$ 的极小值, 且
$$f(-1) = f(1) = \int_1^1 (1-t)\mathrm{e}^{-t^2}\mathrm{d}t = 0;$$
$f(0)$ 为 $f(x)$ 的极大值, 且
$$f(0) = \int_1^0 (-t)\mathrm{e}^{-t^2}\mathrm{d}t = \frac{1}{2}\left(1-\frac{1}{\mathrm{e}}\right).$$

4. 已知等式两边对 x 求导, 得
$$xf'(x) = x\,\frac{\cos x - \sin x}{\sin x + \cos x},$$
当 $x \neq 0$ 时, 可得 $f'(x) = \dfrac{\cos x - \sin x}{\sin x + \cos x}$, 所以
$$f(x) = \int \frac{\cos x - \sin x}{\sin x + \cos x}\mathrm{d}x = \int \frac{\mathrm{d}(\sin x + \cos x)}{\sin x + \cos x} = \ln|\sin x + \cos x| + C. \qquad ①$$
再在已知等式中令 $x = 0$, 得 $\int_0^{f(0)} f^{-1}(t)\mathrm{d}t = 0$. 因为 $f(x)$ 是 $\left[0, \dfrac{\pi}{4}\right]$ 上的单调可导函数, 可知 $f^{-1}(t)$ 的值域为 $\left[0, \dfrac{\pi}{4}\right]$, 它是单调非负的, 故必有 $f(0) = 0$. 将其代入式①得 $C = 0$, 于是 $f(x) = \ln|\sin x + \cos x|$. 又因为 $x \in \left[0, \dfrac{\pi}{4}\right]$, 故
$$f(x) = \ln(\sin x + \cos x), \quad x \in \left[0, \frac{\pi}{4}\right].$$

5. (1) 因为
$$y(x) = \mathrm{e}^{\int x\mathrm{d}x}\left[\int \mathrm{e}^{-\int x\mathrm{d}x} \cdot \frac{1}{2\sqrt{x}}\mathrm{e}^{\frac{x^2}{2}}\mathrm{d}x + C\right] = \mathrm{e}^{\frac{x^2}{2}}\left(\int \frac{1}{2\sqrt{x}}\mathrm{d}x + C\right)$$
$$= \mathrm{e}^{\frac{x^2}{2}}(\sqrt{x} + C),$$
又由 $y(1) = \sqrt{\mathrm{e}}$ 得 $C = 0$, 于是 $y(x) = \sqrt{x}\,\mathrm{e}^{\frac{x^2}{2}}$.

(2) $V = \int_1^2 \pi\left(\sqrt{x}\,\mathrm{e}^{\frac{x^2}{2}}\right)^2\mathrm{d}x = \pi\int_1^2 x\mathrm{e}^{x^2}\mathrm{d}x = \dfrac{\pi}{2}\mathrm{e}^{x^2}\bigg|_1^2 = \dfrac{\pi}{2}(\mathrm{e}^4 - \mathrm{e})$.

6. (1) 令 $g(x)=f(x)+x-1$，则 $g(0)=-1,g(1)=1$。由连续函数的零点定理可知，存在 $\xi\in(0,1)$，使得 $g(\xi)=0$，即 $f(\xi)+\xi-1=0$，也即 $f(\xi)=1-\xi$。

(2) 分别对区间 $[0,\xi]$ 和 $[\xi,1]$ 上的 $f(x)$ 使用拉格朗日中值定理，可得存在 $\eta\in(0,\xi)$ 和 $\zeta\in(\xi,1)$，使得

$$f(\xi)-f(0)=f'(\eta)\xi,\quad f(1)-f(\xi)=f'(\zeta)(1-\xi),$$

于是

$$f'(\eta)=\frac{f(\xi)-f(0)}{\xi}=\frac{1-\xi-0}{\xi}=\frac{1-\xi}{\xi},$$

$$f'(\zeta)=\frac{f(1)-f(\xi)}{1-\xi}=\frac{1-(1-\xi)}{1-\xi}=\frac{\xi}{1-\xi},$$

从而 $f'(\eta)f'(\zeta)=1$。

综合练习卷（四）

一、选择题

1. C.   2. D.   3. D.   4. B.   5. B.   6. D.   7. A.   8. A.   9. D.   10. A.

二、填空题

1. $\sqrt{2}$.   2. 3.   3. $\frac{\sqrt{3}+1}{12}\pi$.   4. $n+am$.   5. $\frac{1}{9}x(3\ln x-1)$.   6. $-xe^x+x+2$.

三、解答题

1. (1) $a=\lim\limits_{x\to 0}f(x)=\lim\limits_{x\to 0}\left(\frac{1+x}{\sin x}-\frac{1}{x}\right)=\lim\limits_{x\to 0}\frac{x+x^2-\sin x}{x\sin x}$

$$=\lim_{x\to 0}\frac{x+x^2-\sin x}{x^2}=1+\lim_{x\to 0}\frac{x-\sin x}{x^2}=1+0=1.$$

(2) 因为

$$\lim_{x\to 0}\frac{f(x)-a}{x^k}=\lim_{x\to 0}\frac{\dfrac{x^2+x-\sin x}{x\sin x}-1}{x^k}=\lim_{x\to 0}\frac{x^2+x-\sin x-x\sin x}{x^{k+1}\sin x}$$

$$=\lim_{x\to 0}\frac{x^2+x-\sin x-x\sin x}{x^{k+2}}=\lim_{x\to 0}\frac{(x-\sin x)(1+x)}{x^{k+2}}=\lim_{x\to 0}\frac{\dfrac{1}{6}x^3}{x^{k+2}},$$

所以当 $x\to 0$ 时，若 $f(x)-a$ 与 x^k 是同阶无穷小，则 $k+2=3$，即 $k=1$。

2. 由

$$\lim_{x\to 0}\frac{f(e^{x^2})-3f(1+\sin x)}{x^2}=2,$$

可得 $\lim\limits_{x\to 0}(f(e^{x^2})-3f(1+\sin x))=0$，即 $f(1)=0$。又因为

$$\lim_{x\to 0}\frac{f(e^{x^2})-3f(1+\sin x)}{x^2}$$

$$=\lim_{x\to 0}\frac{f(e^{x^2})-f(1)}{x^2}-\lim_{x\to 0}\frac{3f(1+\sin^2 x)-3f(1)}{x^2}$$

$$=\lim_{x\to 0}\frac{f(e^{x^2})-f(1)}{e^{x^2}-1}\cdot\frac{e^{x^2}-1}{x^2}-3\lim_{x\to 0}\frac{f(1+\sin^2 x)-f(1)}{\sin^2 x}\cdot\frac{\sin^2 x}{x^2}$$

$$=f'(1)-3f'(1)=-2f'(1)=2,$$

所以 $f'(1) = -1$.

3. 因为
$$y' = e^{\frac{\pi}{2}+\arctan x} + (x-1) \cdot \left(\frac{\pi}{2} + \arctan x\right)' e^{\frac{\pi}{2}+\arctan x}$$
$$= e^{\frac{\pi}{2}+\arctan x} + (x-1) \cdot \frac{1}{1+x^2} \cdot e^{\frac{\pi}{2}+\arctan x} = \frac{x^2+x}{x^2+1} e^{\frac{\pi}{2}+\arctan x},$$

令 $y' = 0$,得驻点 $x_1 = 0, x_2 = -1$. 从而严格单调增加区间为 $(-\infty, -1)$ 与 $(0, +\infty)$,严格单调减少区间为 $(-1, 0)$,且 $f(0) = -e^{\frac{\pi}{2}}$ 为极小值,$f(-1) = -2e^{\frac{\pi}{4}}$ 为极大值.

因为
$$\lim_{x \to +\infty} f(x) = \lim_{x \to +\infty} (x-1)e^{\frac{\pi}{2}+\arctan x} = e^{\pi} \lim_{x \to +\infty}(x-1) = +\infty,$$
$$\lim_{x \to -\infty} f(x) = \lim_{x \to -\infty} (x-1)e^{\frac{\pi}{2}+\arctan x} = \lim_{x \to -\infty}(x-1) = -\infty,$$

所以此函数无水平渐近线;同理,也没有垂直渐近线. 又因为
$$a_1 = \lim_{x \to +\infty} \frac{f(x)}{x} = e^{\pi}, \quad b_1 = \lim_{x \to +\infty} [f(x) - a_1 x] = -2e^{\pi},$$
$$a_2 = \lim_{x \to -\infty} \frac{f(x)}{x} = 1, \quad b_2 = \lim_{x \to -\infty} [f(x) - a_2 x] = -2,$$

则函数的斜渐近线为 $y = a_1 x + b_1 = e^{\pi}(x-2)$ 及 $y = a_2 x + b_2 = x - 2$.

4. (1) 直接由 $0 \leqslant g(x) \leqslant 1$ 可得
$$0 \leqslant \int_a^x g(t)dt \leqslant \int_a^x 1 dt = x - a, \quad x \in [a, b].$$

(2) 令 $F(u) = \int_a^u f(x)g(x)dx - \int_a^{a+\int_a^u g(t)dt} f(x)dx$,其中 $u \in [a, b]$,则
$$F'(u) = f(u)g(u) - f\left(a + \int_a^u g(t)dt\right) \cdot g(u)$$
$$= g(u)\left[f(u) - f\left(a + \int_a^u g(t)dt\right)\right].$$

由(1) 知 $0 \leqslant \int_a^u g(t)dt \leqslant u - a$,所以 $a \leqslant a + \int_a^u g(t)dt \leqslant u$,又由于 $f(x)$ 单增,故
$$f(u) - f\left(a + \int_a^u g(t)dt\right) \geqslant 0,$$

于是 $F'(u) \geqslant 0$,即 $F(u)$ 单调不减,得 $F(u) \geqslant F(a) = 0$. 取 $u = b$,即得 $F(b) \geqslant 0$.

5. (1) 由一阶线性微分方程求解公式,可得
$$y = e^{\int(-x)dx}\left(\int e^{-\frac{x^2}{2}} \cdot e^{\int x dx} dx + C\right) = e^{-\frac{x^2}{2}}\left(\int 1 dx + C\right)$$
$$= xe^{-\frac{x^2}{2}} + Ce^{-\frac{x^2}{2}},$$

代入 $x = 0, y(0) = 0$ 可得 $C = 0$,因此 $y = xe^{-\frac{x^2}{2}}$.

(2) 因为

· 283 ·

$$y' = e^{-\frac{x^2}{2}} + x \cdot e^{-\frac{x^2}{2}} \cdot (-x) = (1-x^2)e^{-\frac{x^2}{2}},$$

$$y'' = (-2x)e^{-\frac{x^2}{2}} + (1-x^2) \cdot e^{-\frac{x^2}{2}} \cdot (-x) = (x^3 - 3x)e^{-\frac{x^2}{2}},$$

令 $y'' = 0$,可得 $x = 0, x = \pm\sqrt{3}$. 又当 $x < -\sqrt{3}$ 时,$y'' < 0$;当 $-\sqrt{3} < x < 0$ 时,$y'' > 0$;当 $0 < x < \sqrt{3}$ 时,$y'' < 0$;当 $x > \sqrt{3}$ 时,$y'' > 0$. 因此,曲线 $y = y(x)$ 的向下凸区间为 $(-\sqrt{3}, 0)$ 和 $(\sqrt{3}, +\infty)$,向上凸区间为 $(-\infty, -\sqrt{3})$ 和 $(0, \sqrt{3})$;拐点共有 3 个,分别为

$$\left(-\sqrt{3}, -\sqrt{3}e^{-\frac{3}{2}}\right), \quad (0,0), \quad \left(\sqrt{3}, \sqrt{3}e^{-\frac{3}{2}}\right).$$

6. (1) 由拉格朗日中值定理,$\forall x \in (-1,1)$ 且 $x \neq 0$,$\exists \theta \in (0,1)$,使得

$$f(x) = f(0) + xf'(\theta x), \quad 其中 \theta 与 x 有关.$$

又由 $f''(x)$ 连续且 $f''(x) \neq 0$,可知 $f''(x)$ 在 $(-1,1)$ 内不变号,所以 $f'(x)$ 在 $(-1,1)$ 内严格单调,从而 θ 唯一.

(2) 因为 $f'(\theta x) = \dfrac{f(x) - f(0)}{x}$,所以 $f'(\theta x) - f'(0) = \dfrac{f(x) - f(0) - xf'(0)}{x}$,则

$$\frac{f'(\theta x) - f'(0)}{\theta x} \cdot \theta = \frac{f(x) - f(0) - xf'(0)}{x^2}.$$

令 $x \to 0$,得

$$f''(0) \cdot \lim_{x \to 0} \theta = \lim_{x \to 0} \frac{f(x) - f(0) - xf'(0)}{x^2} = \lim_{x \to 0} \frac{f'(x) - f'(0)}{2x} = \frac{1}{2}f''(0),$$

又 $f''(0) \neq 0$,所以 $\lim\limits_{x \to 0} \theta = \dfrac{1}{2}$.